U0366261

国家出版基金项目
NATIONAL PUBLICATION FOUNDATION

中国传统建筑

解析与传承

中华人民共和国住房和城乡建设部 编

THE INTERPRETATION AND INHERITANCE OF
TRADITIONAL CHINESE ARCHITECTURE

Ministry of Housing and Urban-Rural Development of
the People's Republic of China

陕西卷

Shaanxi Volume

中国建筑工业出版社

图书在版编目（CIP）数据

中国传统建筑解析与传承　陕西卷／中华人民共
和国住房和城乡建设部编. —北京：中国建筑工业出版
社，2017.9
　ISBN 978-7-112-21196-8

　Ⅰ.①中…　Ⅱ.①中…　Ⅲ.①古建筑–建筑艺术–陕
西　Ⅳ.①TU-092.2

　中国版本图书馆CIP数据核字（2017）第219404号

责任编辑：张　华　李东禧　唐　旭　吴　绫　吴　佳
责任设计：王国羽
责任校对：焦　乐　姜小莲

中国传统建筑解析与传承　陕西卷
中华人民共和国住房和城乡建设部　编
　　　*
中国建筑工业出版社出版、发行（北京海淀三里河路9号）
各地新华书店、建筑书店经销
北京锋尚制版有限公司制版
北京富诚彩色印刷有限公司印刷
　　　*
开本：880×1230毫米　1/16　印张：26　字数：764千字
2017年10月第一版　2019年3月第二次印刷
定价：248.00元
ISBN 978-7-112-21196-8
　　　（30835）
版权所有　翻印必究
如有印装质量问题，可寄本社退换
（邮政编码 100037）

总　序

Foreword

　　几年前我去法国里昂地区，看到有大片很久以前甚至四百年前建造的夯土建筑，也就是干打垒房子，至今仍在使用。20世纪80年代，当地建设保障房小区时，要求一律建造夯土建筑，他们采用了现代夯土技术。西安科技大学的两位老师将这种技术引入国内，在甘肃、河北等多地建了示范房。现代夯土技术的改进点在于科学配比土与石子、使用模板和电动器具夯筑，传承了夯土建筑的优点，如造价低、节能保温，弥补了缺陷，抗震性增强，也美观，颇受农民的好评。我对这个事例很感兴趣并悟出一个道理，做好传承关键要具备两种精神：一是执着，坚信许多传统能够传承、值得传承。法国将传统干打垒房子当作好东西，努力传承，而我国虽然是生土建筑数量最多的国家，但今天各地却都视其为贫穷落后的标志，力图尽快消灭；二是创新，要下力气研究传统的优点及缺点，并用现代技术克服其缺点，赋予其现代功能，使传统文明成果在今天焕发新的生命力。这两方面的功夫我们都不够。

　　文明古国的中国，在实现现代化的进程中，只有十分自信、满腔热情地传承了优秀传统文化，才能受到全世界的尊重。建筑是一个民族生存智慧、工程技术、审美理念、社会伦理等文明成果最集中、最丰富的载体，其传承及体现是一个国家和民族富强与贫弱的标志。改变今天建筑缺失传统文化的局面，我们需要重新认识我国传统建筑文化，把握其精髓和发展脉络，挖掘和丰富其完整价值，探索传统与现代融合的理念和方法。2012年，住房和城乡建设部村镇建设司组织了首次传统民居全国普查，编纂了《中国传统民居类型全集》，其详细、准确、系统地展示了我国传统民居的地域性。在此基础上，2014年又启动了"传统建筑解析与传承"调查研究，这是第一次国家层面组织的该领域的大型调查研究，颇具价值：

　　价值一，它是至今对我国传统建筑文化最全面、最系统的阐释。第一，本次调查研究地域覆盖广，历史挖掘深，建筑类型多。31个省（市、区）开展了调查研究，每个省的研究也都覆盖了全域；一些省对传统建筑文化的追溯年代突破了记录；建筑类型不仅涵盖了官式建筑、庙宇、祠堂等，更涵盖了各类代表性民居。第二，更加注重从自然、人文、技术、经济几条主线解析传统建筑文化，而不是拘泥于建筑本身；不但阐释了传统建筑的物质形体，而且阐释了传统建筑文化的产生机制。第三，研究体例和解析维度保持了基本一致，各省都通过聚落格局、建筑群体与单体、细部与装饰、风格与装修对传统建筑进行解析。通过解析，大大丰富和提升了对我国传统建筑文化精髓的认识，如：中国传统建筑与自然相适应，和谐共生，敬天惜物；与生存实际相适应，容纳生产生活；与社会伦理相适应，井然有序；与发展相适应，灵活易变，是模块化的鼻祖。第四，内在形式统一，体现了中华文明的持久性和一致性；木结构等技术高度成熟，体现了中华民族的智慧；丰富的地区差异，体现了中华文化的多样性。一些研究基础较差的省，第一次对传统建筑有了全面认识；一些研究基础较好的省，又深化了认识。可以说，这次全面调查研究是对中国传统建筑文化的一次重新认识。

价值二，也是更重要的价值，它是就如何传承传统建筑文化、如何实现传统与现代融合这一难题，至今所进行的广泛深入的探索。第一，提出了更为本质、更具指导意义的传承理论和原则，如建筑文化的三大传承主线：自然、人文、技术；"形"的传承、"神"的传承、"神形兼备"的传承；适应性传承、创新性传承、可持续性传承等理论；坚持挖掘地域文化与建筑的关联性，坚持寻找并传承其最有价值和生命力的要素，坚持与时代发展相接轨等原则。第二，提出了更具操作性的传承方法和要点，如建筑肌理、应对自然环境、空间变异、建造方式、建筑材料、符号特征六方面的传承方法。第三，收集、展示、分析了近代以来大量的现代建筑探索传承的案例，既包括比较成功的，也包括比较失败的，具有很好的参考意义。同时也提出了应防止的误区。

价值三，唤起了对传统建筑文化的空前热情。通过这次研究，各地建设部门更加重视传统建筑文化的传承工作了，这将有利于扭转当前我国城乡建设缺乏传统文化的局面。在学术界，不仅老专家倾力投入，新参与的专家学者也越来越多，而且十分积极。过去研究传统建筑的专家学者与从事设计的建筑师交流不多，通过这次研究，两个群体融合到了一起，不仅有利于传承的研究，更有利于传承的实践。有的老专家说，等了几十年，终于等到国家组织这项工作了。

探索传统建筑文化与现代建筑的融合是难度极大的挑战，永远在路上。虽然本次调查研究存在着许多不足和局限，但第一次组织全国专业力量努力探索的成果，惠及当今，流芳百年，意义非凡，不仅具有中国意义，也具有世界意义。在此，谨向为成就这一大业，辛勤无私付出并作出卓越贡献的所有专家学者、建筑师和技术人员、各地建设部门领导和职工，表示衷心的感谢和崇高的敬意。此外，我还深深感受到，组织实施全国范围的、具有历史意义的调查研究，是其他组织和个人难以做到的，是中央部委必须承担的重要职责，今后还要多做。

住房和城乡建设部总经济师　赵晖

2016年9月

编委会

Editorial Committee

发起与策划：赵　晖

组 织 推 进：张学勤、卢英方、白正盛、王旭东、王　玮、王旭东（天津）、
　　　　　　于文学、翟顺河、冯家举、汪　兴、孙众志、张宝伟、孙继伟、
　　　　　　刘大威、沈　敏、侯淅珉、王胜熙、李道鹏、李兴军、陈华平、
　　　　　　尹维真、蒋益民、蔡　瀛、吴伟权、陈孝京、余晓斌、文技军、
　　　　　　宋丽丽、赵志勇、斯朗尼玛、韩一兵、杨咏中、白宗科、岳国荣、
　　　　　　海拉提·巴拉提

指 导 专 家：崔　恺、吴良镛、冯骥才、孙大章、陆元鼎、张锦秋、何镜堂、
　　　　　　朱光亚、朱小地、罗德启、马国馨、何玉如、单德启、陈同滨、
　　　　　　朱良文、郑时龄、伍　江、常　青、吴建中、王小东、曹嘉明、
　　　　　　张俊杰、张玉坤、杨焕成、黄汉民、王建国、梅洪元、黄　浩、
　　　　　　张先进、洪再生、郑国珍

秘 书 长：林岚岚

工 作 组：罗德胤、徐怡芳、杨绪波、吴　艳、李立敏、薛林平、李春青、
　　　　　　潘　曦、王　鑫、苑思楠、赵海翔、郭华瞻、贾一石、郭志伟、
　　　　　　褚苗苗、王　浩、李君洁、徐凌玉、师晓静、李　涛、庞　佳、
　　　　　　田铂菁、王　青、王新征、郭海鞍、张蒙蒙、丁　皓、侯希冉

陕西卷编写组：

组织人员：王宏宇、李　君、薛　钢

编写人员：周庆华、李立敏、赵元超、李志民、孙西京、王　军（博）、刘　煜、吴国源、祁嘉华、刘　辉、
武　联、吕　成、陈　洋、雷会霞、任云英、倪　欣、鱼晓惠、陈　新、白　宁、尤　涛、师晓静、
雷耀丽、刘　怡、李　静、张钰曌、刘京华、毕景龙、黄　姗、周　岚、石　媛、李　涛、黄　磊、
时　洋、张　涛、庞　佳、王怡琼、白　钰、王建成、吴左宾、李　晨、杨彦龙、林高瑞、朱瑜葱、
李　凌、陈斯亮、张定青、党纤纤、张　颖、王美子、范小烨、曹惠源、张丽娜、陆　龙、石　燕、
魏　锋、张　斌

调研人员：陈志强、丁琳玲、陈雪婷、杨钦芳、张豫东、刘玉成、图努拉、郭　萌、张雪珂、于仲晖、周方乐、
何　娇、宋宏春、肖求波、方　帅、陈建宇、余　茜、姬瑞河、张海岳、武秀峰、孙亚萍、魏　栋、
千　金、米庆志、陈治金、贾　柯、刘培丹、陈若曦、陈　锐、刘　博、王丽娜、吕咪咪、卢　鹏、
孙志青、吕鑫源、李珍玉、周　菲、杨程博、张演宇、杨　光、邸　鑫、王　镭、李梦珂、张珊珊、
惠禹森、李　强、姚雨墨

北京卷编写组：

组织人员：李节严、侯晓明、李　慧、车　飞

编写人员：朱小地、韩慧卿、李艾桦、王　南、
钱　毅、马　泷、杨　滔、吴　懿、
侯　晟、王　恒、王佳怡、钟曼琳、
田燕国、卢清新、李海霞

调研人员：刘江峰、陈　凯、闫　峥、刘　强、
段晓婷、孟昳然、李沐含、黄　蓉

天津卷编写组：

组织人员：吴冬粤、杨瑞凡、纪志强、张晓萌

编写人员：朱　阳、王　蔚、刘婷婷、王　伟、
刘铧文

调研人员：张　猛、冯科锐、王浩然、单长江、
陈孝忠、郑　涛、朱　磊、刘　畅

河北卷编写组：

组织人员：封　刚、吴永强、席建林、马　锐

编写人员：舒　平、吴　鹏、魏广龙、刁建新、
刘　歆、解　丹、杨彩虹、连海涛

山西卷编写组：

组织人员：张海星、郭　创、赵俊伟

编写人员：王金平、薛林平、韩卫成、冯高磊、
杜艳哲、孔维刚、郭华瞻、潘　曦、
王　鑫、石　玉、胡　盼、刘进红、
王建华、张　钰、高　明、武晓宇、
韩丽君

内蒙古卷编写组：

组织人员：杨宝峰、陈　彪、崔　茂

编写人员：张鹏举、彭致禧、贺　龙、韩　瑛、
额尔德木图、齐卓彦、白丽燕、
高　旭、杜　娟

辽宁卷编写组：

组织人员：任韶红、胡成泽、刘绍伟、孙辉东

编写人员：朴玉顺、郝建军、陈伯超、杨　晔、
周静海、黄　欢、王蕾蕾、王　达、
宋欣然、刘思铎、原砚龙、高赛玉、
梁玉坤、张凤婕、吴　琦、邢　飞、
刘　盈、楚家麟

调研人员：王严力、纪文喆、姚 琦、庞一鹤、
　　　　　赵兵兵、邵 明、吕海平、王颖蕊、
　　　　　孟 飘

吉林卷编写组：

组织人员：袁忠凯、安 宏、肖楚宇、陈清华
编写人员：王 亮、李天骄、李雷立、宋义坤、
　　　　　张 萌、李之吉、张俊峰、孙守东
调研人员：郑宝祥、王 薇、赵 艺、吴翠灵、
　　　　　李亮亮、孙宇轩、李洪毅、崔晶瑶、
　　　　　王铃溪、高小淇、李 宾、李泽锋、
　　　　　梅 郊、刘秋辰

黑龙江卷编写组：

组织人员：徐东锋、王海明、王 芳
编写人员：周立军、付本臣、徐洪澎、李同予、
　　　　　殷 青、董健菲、吴健梅、刘 洋、
　　　　　刘远孝、王兆明、马本和、王健伟、
　　　　　卜 冲、郭丽萍
调研人员：张 明、王 艳、张 博、王 钊、
　　　　　晏 迪、徐贝尔

上海卷编写组：

组织人员：王训国、孙 珊、侯斌超、魏珏欣、
　　　　　马秀英
编写人员：华霞虹、王海松、周鸣浩、寇志荣、
　　　　　宾慧中、宿新宝、林 磊、彭 怒、
　　　　　吕亚范、卓刚峰、宋 雷、吴爱民、
　　　　　刘 刊、白文峰、喻明璐、罗超君、
　　　　　朱 杭
调研人员：章 竞、蔡 青、杜超瑜、吴 皎、
　　　　　胡 楠、王子潇、刘嘉纬、吕欣欣、
　　　　　林 陈、李玮玉、侯 炬、姜鸿博、
　　　　　赵 曜、闵 欣、苏 萍、申 童、
　　　　　梁 可、严一凯、王鹏凯、谢 屾、
　　　　　江 璐、林叶红

江苏卷编写组：

组织人员：赵庆红、韩秀金、张 蔚、俞 锋
编写人员：龚 恺、朱光亚、薛 力、胡 石、
　　　　　张 彤、王兴平、陈晓扬、吴锦绣
　　　　　陈 宇、沈 旸、曾 琼、凌 洁、
　　　　　寿 焘、雍振华、汪永平、张明皓、
　　　　　晁 阳

浙江卷编写组：

组织人员：江胜利、何青峰
编写人员：王 竹、于文波、沈 黎、朱 炜、
　　　　　浦欣成、裘 知、张玉瑜、陈 惟、
　　　　　贺 勇、杜浩渊、王焯瑶、张泽浩、
　　　　　李秋瑜、钟温歆

安徽卷编写组：

组织人员：宋直刚、邹桂武、郭佑芹、吴胜亮
编写人员：李 早、曹海婴、叶茂盛、喻 晓、
　　　　　杨 燊、徐 震、曹 昊、高岩琰、
　　　　　郑志元
调研人员：陈骏祎、孙 霞、王达仁、周虹宇、
　　　　　毛心彤、朱 慧、汪 强、朱高栎、
　　　　　陈薇薇、贾宇枝子、崔巍懿

福建卷编写组：

组织人员：蒋金明、苏友佺、金纯真、许为一
编写人员：戴志坚、王绍森、陈 琦、胡 璟、
　　　　　戴 玢、赵亚敏、谢 骁、镡旭璐、
　　　　　祖 武、刘 佳、贾婧文、王海荣、
　　　　　吴 帆

江西卷编写组：

组织人员：熊春华、丁宜华
编写人员：姚 赯、廖 琴、蔡 晴、马 凯、
　　　　　李久君、李岳川、肖 芬、肖 君、
　　　　　许世文、吴 琼、吴 靖

调研人员：兰昌剑、戴晋卿、袁立婷、赵晗聿、
　　　　　翁之韵、项琛春、廖思怡、何　昱

山东卷编写组：

组织人员：杨建武、尹枝俏、张　林、宫晓芳
编写人员：刘　甦、张润武、赵学义、仝　晖、
　　　　　郝曙光、邓庆坦、许丛宝、姜　波、
　　　　　高宜生、赵　斌、张　巍、傅志前、
　　　　　左长安、刘建军、谷建辉、宁　荞、
　　　　　慕启鹏、刘明超、王冬梅、王悦涛、
　　　　　姚　丽、孔繁生、韦　丽、吕方正、
　　　　　王建波、解焕新、李　伟、孔令华、
　　　　　王艳玲、贾　蕊

河南卷编写组：

组织人员：马耀辉、李桂亭、韩文超
编写人员：郑东军、李　丽、唐　丽、韦　峰、
　　　　　黄　华、黄黎明、陈兴义、毕　昕、
　　　　　陈伟莹、赵　凯、渠　韬、许继清、
　　　　　任　斌、李红建、王文正、郑丹枫、
　　　　　王晓丰、郭兆儒、史学民、王　璐、
　　　　　毕小芳、张　萍、庄昭奎、叶　蓬、
　　　　　王　坤、刘利轩、娄　芳、王东东、
　　　　　白一贺

湖北卷编写组：

组织人员：万应荣、付建国、王志勇
编写人员：肖　伟、王　祥、李新翠、韩　冰、
　　　　　张　丽、梁　爽、韩梦涛、张阳菊、
　　　　　张万春、李　扬

湖南卷编写组：

组织人员：宁艳芳、黄　立、吴立玖
编写人员：何韶瑶、唐成君、章　为、张梦淼、
　　　　　姜兴华、罗学农、黄力为、张艺婕、
　　　　　吴晶晶、刘艳莉、刘　姿、熊申午、
　　　　　陆　薇、党　航、陈　宇、江　嫚、

吴　添、周万能
调研人员：李　夺、欧阳铎、刘湘云、付玉昆、
　　　　　赵磊兵、黄　慧、李　丹、唐娇致、
　　　　　石凯弟、鲁　娜、王　俊、章恒伟、
　　　　　张　衡、张晓晗、石伟佳、曹宇驰、
　　　　　肖文静、臧澄澄、赵　亮、符文婷、
　　　　　黄逸帆、易嘉昕、张天浩、谭　琳

广东卷编写组：

组织人员：梁志华、肖送文、苏智云、廖志坚、
　　　　　秦　莹
编写人员：陆　琦、冼剑雄、潘　莹、徐怡芳、
　　　　　何　菁、王国光、陈思翰、冒亚龙、
　　　　　向　科、赵紫伶、卓晓岚、孙培真
调研人员：方　兴、张成欣、梁　林、林　琳、
　　　　　陈家欢、邹　齐、王　妍、张秋艳

广西卷编写组：

组织人员：彭新唐、刘　哲
编写人员：雷　翔、全峰梅、徐洪涛、何晓丽、
　　　　　杨　斌、梁志敏、尚秋铭、黄晓晓、
　　　　　孙永萍、杨玉迪、陆如兰
调研人员：许建和、刘　莎、李　昕、蔡　响、
　　　　　谢常喜、李　梓、覃茜茜、李　艺、
　　　　　李城臻

海南卷编写组：

组织人员：霍巨燃、陈孝京、陈东海、林亚芒、
　　　　　陈娟如
编写人员：吴小平、唐秀飞、贾成义、黄天其、
　　　　　刘　筱、吴　蓉、王振宇、陈晓菲、
　　　　　刘凌波、陈文斌、费立荣、李贤颖、
　　　　　陈志江、何慧慧、郑小雪、程　畅

重庆卷编写组：

组织人员：冯　赵、吴　鑫、揭付军
编写人员：龙　彬、陈　蔚、胡　斌、徐千里、

舒　莺、刘晶晶、张　菁、吴晓言、
石　恺

调研人员：群　英、丹增康卓、益西康卓、
次旺郎杰、土旦拉加

四川卷编写组：

组织人员：蒋　勇、李南希、鲁朝汉、吕　蔚
编写人员：陈　颖、高　静、熊　唱、李　路、
朱　伟、庄　红、郑　斌、张　莉、
何　龙、周晓宇、周　佳
调研人员：唐　剑、彭麟麒、陈延申、严　潇、
黎峰六、孙　笑、彭　一、韩东升、
聂　倩

贵州卷编写组：

组织人员：余咏梅、王　文、陈清鋆、赵玉奇
编写人员：罗德启、余压芳、陈时芳、叶其颂、
吴茜婷、代富红、吴小静、杜　佳、
杨钧月、曾　增
调研人员：钟伦超、王志鹏、刘云飞、李星星、
胡　彪、王　曦、王　艳、张　全、
杨　涵、吴汝刚、王　莹、高　蛤

云南卷编写组：

组织人员：汪　巡、沈　键、王　瑞
编写人员：翟　辉、杨大禹、吴志宏、张欣雁、
刘肇宁、杨　健、唐黎洲、张　伟
调研人员：张剑文、李天依、栾涵潇、穆　童、
王祎婷、吴雨桐、石文博、张三多、
阿桂莲、任道怡、姚启凡、罗　翔、
顾晓洁

西藏卷编写组：

组织人员：李新昌、姜月霞、付　聪
编写人员：王世东、木雅·曲吉建才、拉巴次仁、
丹　达、毛中华、蒙乃庆、格桑顿珠、
旺　久、加雷

甘肃卷编写组：

组织人员：蔡林峥、任春峰、贺建强
编写人员：刘奔腾、张　涵、安玉源、叶明晖、
冯　柯、王国荣、刘　起、孟岭超、
范文玲、李玉芳、杨谦君、李沁鞠、
梁雪冬、张　睿、章海峰
调研人员：马延东、慕　剑、陈　谦、孟祥武、
张小娟、王雅梅、郭兴华、闫幼锋、
赵春晓、周　琪、师宏儒、闫海龙、
王雪浪、唐晓军、周　涛、姚　朋

青海卷编写组：

组织人员：杨敏政、陈　锋、马黎光
编写人员：李立敏、王　青、马扎·索南周扎、
晁元良、李　群、王亚峰
调研人员：张　容、刘　悦、魏　璇、王晓彤、
柯章亮、张　浩

宁夏卷编写组：

组织人员：杨　普、杨文平、徐海波
编写人员：陈宙颖、李晓玲、马冬梅、陈李立、
李志辉、杜建录、杨占武、董　茜、
王晓燕、马小凤、田晓敏、朱启光、
龙　倩、武文娇、杨　慧、周永惠、
李巧玲
调研人员：林卫公、杨自明、张　豪、宋志皓、
王璐莹、王秋玉、唐玲玲、李娟玲

新疆卷编写组：

组织人员：马天宇、高　峰、邓　旭
编写人员：陈震东、范　欣、季　铭

主编单位：

中华人民共和国住房和城乡建设部

参编单位：

北京卷：北京市规划委员会
　　　　北京市勘察设计和测绘地理信息管理办公室
　　　　北京市建筑设计研究院有限公司
　　　　清华大学
　　　　北方工业大学

天津卷：天津市城乡建设委员会
　　　　天津大学建筑设计规划研究总院
　　　　天津大学

河北卷：河北省住房和城乡建设厅
　　　　河北工业大学
　　　　河北工程大学
　　　　河北省村镇建设促进中心

山西卷：山西省住房和城乡建设厅
　　　　北京交通大学
　　　　太原理工大学
　　　　山西省建筑设计研究院

内蒙古卷：内蒙古自治区住房和城乡建设厅
　　　　　内蒙古工业大学

辽宁卷：辽宁省住房和城乡建设厅
　　　　沈阳建筑大学
　　　　辽宁省建筑设计研究院

吉林卷：吉林省住房和城乡建设厅

吉林建筑大学
吉林建筑大学设计研究院
吉林省建苑设计集团有限公司

黑龙江卷：黑龙江省住房和城乡建设厅
　　　　　哈尔滨工业大学
　　　　　齐齐哈尔大学
　　　　　哈尔滨市建筑设计院
　　　　　哈尔滨方舟工程设计咨询有限公司
　　　　　黑龙江国光建筑装饰设计研究院有限公司
　　　　　哈尔滨唯美源装饰设计有限公司

上海卷：上海市规划和国土资源管理局
　　　　上海市建筑学会
　　　　华东建筑设计研究总院
　　　　同济大学
　　　　上海大学
　　　　上海市城市建设档案馆

江苏卷：江苏省住房和城乡建设厅
　　　　东南大学

浙江卷：浙江省住房和城乡建设厅
　　　　浙江大学
　　　　浙江工业大学

安徽卷：安徽省住房和城乡建设厅
　　　　合肥工业大学

福建卷：福建省住房和城乡建设厅
　　　　厦门大学

江西卷：江西省住房和城乡建设厅
　　　　南昌大学
　　　　江西省建筑设计研究总院
　　　　南昌大学设计研究院

山东卷：山东省住房和城乡建设厅
　　　　山东建筑大学
　　　　山东建大建筑规划设计研究院
　　　　山东省小城镇建设研究会
　　　　山东大学
　　　　烟台大学
　　　　青岛理工大学
　　　　山东省城乡规划设计研究院

河南卷：河南省住房和城乡建设厅
　　　　郑州大学
　　　　河南大学
　　　　河南理工大学
　　　　郑州大学综合设计研究院有限公司
　　　　河南省城乡规划设计研究总院有限公司
　　　　河南大建建筑设计有限公司
　　　　郑州市建筑设计院有限公司

湖北卷：湖北省住房和城乡建设厅
　　　　中信建筑设计研究总院有限公司

湖南卷：湖南省住房和城乡建设厅
　　　　湖南大学
　　　　湖南大学设计研究院有限公司
　　　　湖南省建筑设计院

广东卷：广东省住房和城乡建设厅
　　　　华南理工大学
　　　　广州瀚华建筑设计有限公司
　　　　北京建工建筑设计研究院

广西卷：广西壮族自治区住房和城乡建设厅
　　　　华蓝设计（集团）有限公司

海南卷：海南省住房和城乡建设厅
　　　　海南华都城市设计有限公司
　　　　华中科技大学
　　　　武汉大学
　　　　重庆大学
　　　　海南省建筑设计院
　　　　海南雅克设计有限公司
　　　　海口市城市规划设计研究院
　　　　海南三寰城镇规划建筑设计有限公司

重庆卷：重庆市城乡建设委员会
　　　　重庆大学
　　　　重庆市设计院

四川卷：四川省住房和城乡建设厅
　　　　西南交通大学
　　　　四川省建筑设计研究院

贵州卷：贵州省住房和城乡建设厅
　　　　贵州省建筑设计研究院
　　　　贵州大学

云南卷：云南省住房和城乡建设厅
　　　　昆明理工大学

西藏卷：西藏自治区住房和城乡建设厅
　　　　西藏自治区建筑勘察设计院
　　　　西藏自治区藏式建筑研究所

陕西卷：陕西省住房和城乡建设厅
　　　　西安建大城市规划设计研究院
　　　　西安建筑科技大学建筑学院
　　　　长安大学建筑学院
　　　　西安交通大学人居环境与建筑工程学院
　　　　西北工业大学力学与土木建筑学院
　　　　中国建筑西北设计研究院有限公司
　　　　中联西北工程设计研究院有限公司
　　　　陕西建工集团有限公司建筑设计院

甘肃卷：甘肃省住房和城乡建设厅
　　　　兰州理工大学
　　　　西北民族大学

甘肃省建筑设计研究院

青海卷：青海省住房和城乡建设厅
　　　　西安建筑科技大学
　　　　青海省建筑勘察设计研究院有限公司
　　　　青海明轮藏传建筑文化研究会

宁夏卷：宁夏回族自治区住房和城乡建设厅
　　　　宁夏大学
　　　　宁夏建筑设计研究院有限公司
　　　　宁夏三益上筑建筑设计院有限公司

新疆卷：新疆维吾尔自治区住房和城乡建设厅
　　　　新疆建筑设计研究院
　　　　新疆佳联城建规划设计研究院

目 录

Contents

第三章　陕北地区传统建筑解析

第四章　陕南地区传统建筑解析

下篇：陕西现代建筑传承

第六章   陕西现代建筑传承设计的原则、策略与方法

第七章　陕西现代建筑发展综述

第八章　陕西现代建筑设计传承实践探索

第九章　结语

附　录

参考文献

后　记

前　言

Preface

　　陕西位于中国中部，是中华民族的发源地，在这里孕育了中华文明从诞生、发展、壮大到辉煌的整个历程，是中国传统建筑文化之根和精神故乡。陕西还是古代丝绸之路的起点，相当时期内是东西方文化融合的核心地带和文化辐射的中心。境内的秦岭是中国南北分界线，黄土高原自陕北向甘肃延伸，形成了陕北、关中和陕南三个地域特色迥异的区域。无论从历史文化的丰富性还是自然气候的多样性方面，陕西都是值得我们认真剖析和研究的区域。

　　改革开放后中国城市建设取得了令人骄傲的业绩，但技术和生活方式的全球化使得人与传统地域空间逐渐隔离，中国传统建筑文化的主体意识逐步淡化，城市空间和形态的趋同化和西方化现象严重，我们的城市建筑越来越没有自己的特色，就像被整容过，千篇一律。面对这种局面，我们不禁要问：我是谁，我从哪里来，又要到哪里去？

　　毋庸讳言：我们这一代建筑师，乃至七零后、八零后、九零后对西方文化的了解远胜于对中国文化的了解，火烧圆明园的阴影仍然是我们无法挥去的梦魇，它不仅烧毁了一个举世无双的世界文化遗产，更为可怕的是，湮灭了中国文化的自信心。我们幼小的心灵向往的是美国的迪士尼乐园，舌尖上弥漫着肯德基的味道；我们往往对西方建筑史耳熟能详，对西方现代建筑理论追捧，对欧美建筑师顶礼膜拜，唯独对中国传统建筑文化失语，更别说对中国传统建筑文化的系统研究。遇到此种需求的业务，也只是被动恶补一下传统文化知识的"急就章"，鲜有主动的研究和孜孜不倦的追求。

　　陕西是中国文化的天然博物馆，中国历史上的许多大戏也在这片沃土上上演，古都西安更是这部大戏的高潮，从城市建筑的角度，它涵盖了宫殿、民居、寺院等各种类型，创造了不同自然气候条件下的"场所精神"，理应担负起中华民族伟大复兴的重任。

　　人类社会正处在大变革、大发展和大调整的时代，中国的发展使我们终于可以站在文明的高度来看待自己的文化，审视自己所走过的道路。随着中国经济的再次崛起，中华文化的复兴理所当然地要向全世界贡献新的中国智慧。中国悠久的历史和灿烂的文化始终是我们创作的源泉，回顾历史，重要的是创造未来，基于这种背景启动了"中国传统建筑解析和传承—陕西卷"这部书的工作，希望填补在这方面的研究空白。我们以"为往圣继绝学"的责任感、使命感，试图系统地梳理陕西的传统建筑文化，也试图回答中国文化五千年延绵不绝的内在因素。

正如刘易斯·芒福德所说："我们的任务不是仿效过去，而是理解过去，这样我们才能以同样的具有创造性的精神，来面对我们当前时代的新的机遇。"本书的目的是梳理和总结陕西传统建筑的特色，传承和弘扬传统建筑文化精神。全书分为上下两篇。上篇对陕西传统建筑产生的自然环境、社会历史和人文背景作了全面的概括，针对关中、陕南、陕北的不同地域，深入分析了传统建筑的布局特色，结构和材料选择，形式特点和装饰符号，重点剖析了这些特征产生的内在因素和发展变化，为传统建筑的承继和地域化创作提供了哲学基础和"DNA"。下篇回顾了陕西几代建筑师的创作，提出了未来创作的方向，初步建立了陕西建筑文化的体系，分析了陕西建筑文化的特征，也客观梳理了陕西对中国建筑文化的主要贡献，在此基础上较为深入地总结了近一个世纪以来陕西建筑师在承继方面的足迹和探索，回答了为什么西安城墙历经浩劫，却能够独自巍然屹立，为什么"新唐风"的实践在西安落地生花，为什么西安的城市风貌能保持为最中国城市的原因所在。

著名的西安碑林是把传统文化刻在石头上，建筑则是石头在大地上书写的史书。西安城市是中国风貌最浓郁的城市之一，在新时期仍是最坚持走传统与现代相结合之路的城市。长期以来，陕西具有一种历史担当，具有"先天下之忧而忧"的忧患意识，具有"与往圣继绝学"的胸怀和主动表现中国和谐建筑思想的责任。

传统与现代是一个永恒的主题，无时无刻纠结着中国建筑师的创作。前辈建筑师大多是出于民族自尊心而被动地举起民族主义大旗，创作了一大批具有中国传统特色的作品。新中国成立后，一批优秀建筑师来到陕西，英雄有了用武之地，主动探索现代建筑与传统文化的结合之路，在这片黄土地上留下了令人赞叹的作品，继海派、京派及岭南学派之后，创立了长安学派。

文明有先后，文化没有高下，文明求同，但文化要存异。中国建筑的现代化，现代建筑的地域化是21世纪建筑师面临的挑战，"一带一路"的战略构想，使我们能够站在更高的历史角度看待文化的融合和文明的提升。

历史是最好的老师，让历史告诉未来。研究过去为的是将来，我们只有下大力气进行大量的基础性研究，才能找到未来的道路，这也就是这部书的价值。当然，在短时间内完成这样一个理论巨作，难以面面俱到，准确完整，在探索之路上只有进行时，没有完成时，我们希望各位同仁不吝赐教，为这个大厦不断添砖加瓦，共同完成这个世纪工程。

第一章　绪论

陕西位于中国陆地版图的中部，是中华民族和中华文化的主要发祥地。境内秦岭横亘，地理、气候、人文由此呈现出鲜明的南、北特征，相应也形成了陕北、关中与陕南风格迥异的建筑、城镇、景观形态。陕北、陕南一直以关中为核心保持着文化与资源的互补交流，元代以后，三大区域纳入了统一的行政区划。陕西作为世界遗产——古丝绸之路的起始地，很长一段时间内是开创至繁盛时期线路以及线路周边地区文化辐射的源脉，中国建筑传统的精髓也相应凝聚于此。历经千余年的发展繁荣、变迁衰退，如今随着"一带一路"的兴起，城乡社会发展需要建筑创作在现代空间与传统智慧之间完成新的融合，陕西传统建筑无疑值得我们去认真解析与传承。

第一节　陕西自然地理条件

一、陕西的区位

陕西地处中国大陆腹地，西北地区东部，南北长约880公里，东西宽约160～490公里，全省地域南北长、东西窄。根据地形地貌和气候，全省自然划成三个分区，即陕北、关中和陕南（图1-1-1）。

陕西与甘肃、宁夏、内蒙古、山西、河南、湖北、四川、重庆8个省及直辖市相邻，是全国邻接省区数量最多的省份。省域纵跨黄河、长江两大流域，又因秦岭横贯东西，使得陕西兼有南、北方的气候和植被条件。陕西在世界版图上也占有举足轻重的地位，对华夏文明产生过重要影响的丝绸之路，自西汉开始便在陕西与欧洲之间构筑了通道，延续

数千年之久。

二、陕西的地理环境

（一）陕西的地形地貌

陕西的地理环境整体上呈现丰富多样的态势，南北高，中部低，西部高，东部低，区域内山水环绕，地形多样，自然形成了陕西北部的陕北黄土高原、中部的关中平原和南部的秦巴山区。截然不同的自然和地理环境，为陕西境内的传统建造活动奠定了基础，形成了鲜明的地域特色。按照地貌特征，陕西的地貌可划分为六大类型，由北向南依次为：风沙过渡区、黄土高原区、关中平原区、秦岭山地区、汉江盆地区和大巴山地区（图1-1-2）。全省海拔主要分布在500～2000米之间，海拔最高的是秦岭山区，海拔最低的是

图1-1-1　陕西省陕北关中陕南分区示意图（来源：根据《陕西地理省情白皮书（2012）》，丁琳玲 改绘）

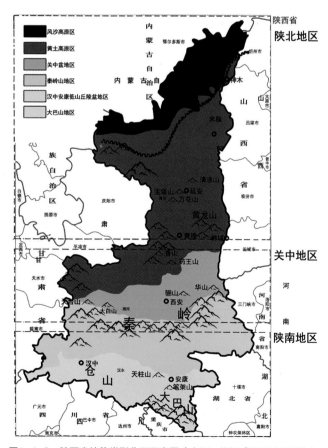

图1-1-2　陕西省地貌类型分区示意图（来源：根据《陕西地理省情白皮书（2012）》，丁琳玲 改绘）

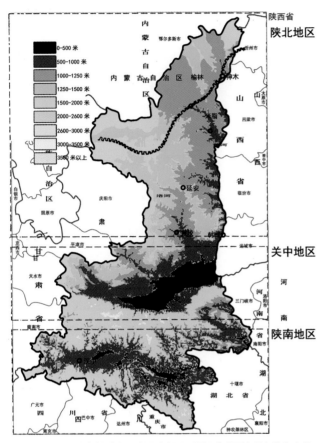

图1-1-3 陕西省海拔分布示意图（来源：根据《陕西地理省情白皮书（2012）》，丁琳玲 改绘）

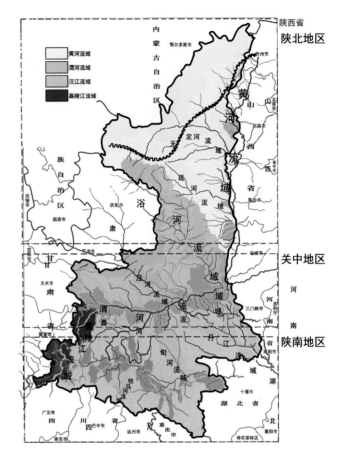

图1-1-4 陕西省流域分布信息示意图（来源：根据《陕西地理省情白皮书（2012）》，丁琳玲 改绘）

关中平原的渭南市（图1-1-3）。

　　陕西境内水系十分丰富，兼涉黄河、长江两大流域。黄河最大支流——渭河贯穿关中平原，是关中的主要水源，"八水绕长安"曾是关中盛景；陕北黄土高原上的无定河、延河、洛河，最终汇入了黄河；秦岭以南的秦巴山区，主要有汉江、嘉陵江、丹江、旬河、牧马河等，是长江的主要支流。这些河流，既给流域地区冲刷出了不同的地理地貌，也为流域内滋养了丰富的物产（图1-1-4）。

（二）陕西的气候

　　陕西地跨北温带和亚热带，整体属大陆性季风气候，由于南北延伸达到800公里以上，所跨纬度多，加之山势

地形、水网分布的影响，境内气候差异很大，由北向南渐次过渡为温带、暖温带和北亚热带（图1-1-5）。同时，各个地区由于微地形的作用，还形成了复杂多样的小气候。气候的多样性也成就了陕西独特的跨越南北的多元化地域建筑风格。

　　秦岭与淮河一起，成为分割中国南方和北方的天然屏障，也将陕西的自然环境一分为二：秦岭北麓的关中平原四季分明，良田万顷；与关中平原接壤的黄土高原则丘壑纵横，干旱少雨；秦岭以南，气候湿润多雨，植被覆盖率极高。种类丰富的物产，为传统建筑的营造提供了丰厚的材料土壤。

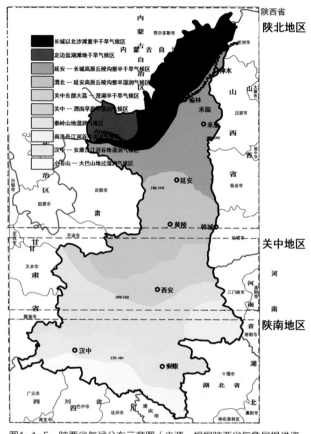

图1-1-5　陕西省气候分布示意图（来源：根据陕西省气象局提供资料，丁琳玲 改绘）

第二节　陕西历史文化综述

一、人文历史基本脉络

陕西是中华民族先祖华胥、炎帝、黄帝的陵寝所在地。相传华胥氏是中华民族的元祖，陕西是华胥古国之所在，后稷曾在这里教民农耕，仓颉曾在这里发明文字，周文王曾在这里制定礼乐制度，周武王曾在这里分封天下。据《国语》载，早在西周初年，周王朝以今河南省陕县境内的"陕原"为界划分疆界：陕原以东为"陕东"，由周公管辖，陕原以西为"陕西"，由召公管辖，陕西因此得名。陕西的人文历史虽然始终以关中地区为核心，陕南、陕北与之保持着密切的互动联系，但历史上其地理行政区划有着复杂曲折的

变化。据《陕西通史·历史地理卷》，秦汉以来，今关中、陕北各地时有分合，秦岭以南的陕南地区却一直和今四川、湖北等省区有关联。直至元代设陕西行省，秦岭以南的陕南地区和关中、陕北地区并入管辖，不过陕西行省仍兼辖甘肃兰州以东和宁夏部分地区。直到清代初年，甘肃另建行省，陕西省的地理行政区划得到固定并沿用至今。行政区划与历史、地理、政治、经济、军事、文化等保持着密切的关系，陕西行政地理区划的这些历史特征，有助于我们历史地、整体地把握陕西传统建筑的基本特征及其地域性问题。

陕西是中国古代文明的摇篮，也是中华民族的发祥地，并在很长一段时间内成为中国古代社会政治、经济文化的中心。距今6000年以上的新石器时代仰韶文化半坡遗址和姜寨遗址，真实地呈现了早期文明的聚落形态。至5000年前，陕西关中成为华夏人文始祖——炎黄二帝的族源地，黄帝陵也因此成为中华民族人文先祖祭祀盛典的场所。从公元前11世纪西周的建立开始，经过秦、西汉，至前赵、前秦、后秦、西魏、北周，直到隋、唐，前后千余年，陕西作为中国古代十多个王朝的国都所在地，对中华民族的形成和中国古代文明的发展均产生过巨大的影响。陕西的人文历史地位，正如《陕西通史·总序》所言："西周华夏族的发展壮大和礼乐文明的构建；秦统一六国，始融各地区多元文化为一，奠定了古代中国多民族统一国家政治、经济和军事格局；汉唐高度发展的物质文明和精神文明，中华民族凝聚核心——汉族的正式形成和发展，丝绸之路与中外文化交流等，无一不是以当时国都所在的陕西为中心和出发点的。"陕西悠久厚重的人文历史，不仅集聚了"中华民族精粹主体文化的意识"，而且凝聚着作为中华优秀传统文化重要组成的建筑传统智慧。

二、地域文化三大板块

在把握陕西人文历史基本特征的同时，还需具体把握陕西人文历史的地域特征。根据现行的地理行政区划分，陕西可分为陕南、陕北和关中三个部分。由于地理环境和上述行政区划

的变化，三个地理区域也形成了截然不同的地域文化。

关中位于陕西中部，西起宝鸡，东至潼关，南抵秦岭，北接黄土高原，海拔约325~800米，面积约3.4万平方公里，包括西安、咸阳、宝鸡、渭南和铜川五个城市。关中的称谓是有原因的。一是因为地理位置在陕西省中部；二是因为据四关之中的独特地势：西有宝鸡的大散关之险，东有潼关的函谷关之固，北有黄土高原上的萧关，南有秦岭山中的武关，四方有关隘，是易守难攻之地，故称"关中"；三是因为适宜休养生息：作为中国的南北分界线，秦岭山脉挡住了东南季风的潮湿气流，黄土高原及其山脉又对西北寒风形成了遮挡，使得关中地区既没有梅雨季节的困扰，也很少有西北寒流来袭，四季分明，易于农耕。历史上，陕西地区的北部和西部多为游牧民族所在地，因此，无论从早期文明起源来看还是从古代文明发展所需的地缘优势来看，以关中地区为核心的陕西总体而言处于古代农耕文明与游牧文明的交汇地带，地理优势和文明地缘优势共同促成了古代文明生成与发展的边缘效应。资源、地缘以及文化长期的开放融合，在这里成就了上古时期的文明初创、西周时期的文明奠基、大秦时期的文明融合集成以及汉唐时期的文明辉煌等，因此，也成就了周秦汉唐等中华历史上的都城典范在这里留下清晰而完整的脉络，所谓"关中自古帝王都"正是其历史表征。关中作为古代中国文明及正统文化的核心区域，长期以来在中华民族的集体记忆和信仰情感中保留着历久弥新的影响。唐宋以后，关中文化、民风逐渐凸显出独有的地域特色，北宋大儒张载在这里开创了儒学正统之一脉的关学，提出了著名的"横渠四句"："为天地立心，为生民立命，为往圣继绝学，为万世开太平"，清晰地显露了关中文化另一个方面的特色，即：恪守传统、扎根现实、情系民生、胸怀天下。

陕北地处黄土高原的中心，陕西北部，故称陕北，总面积为9.4平方公里，包括延安市和榆林市。陕北属温带大陆性半干旱气候，基本地貌类型是黄土塬、梁、峁、沟、柱，海拔900~1500米，主要由黄土高原和毛乌素沙地构成。历史上，陕北曾是水草丰盛之地，司马迁在《史记》中称这里"畜牧为天下饶"，游牧和战争曾是陕北的主要文化现象。

从商周时代起，陕北的鬼方、白狄、匈奴、林胡、稽胡、鲜卑、突厥、党项、羌、女真、蒙古、满等少数民族先后在这块土地上繁衍生息，成为中原文化与少数民族文化融合交流之地，是畜牧为主的地区。西汉以后，农耕业开始发展，这里成为半农半牧地区。隋唐时期，陕北南界的黄龙山仍然是农耕区和半农半牧区的天然分界线。就地取材，易于施工的窑洞，就是这种半农半牧生活的产物。陕北自古多战事，秦时大将蒙恬，秦始皇长子扶苏都曾驻守陕北。为抗击匈奴，秦王朝还修筑了穿越陕北的快速通道——直道，与长城等共同构成了陕北地区的军事体系。鉴于宋代与西夏、金的征战教训，明朝继续在陕北地区修筑长城。今天，长城仍然是陕北地区重要的历史遗存，与寨、堡等一起成了军事文化的标志。同时，我们还能从陕北的一些地名中，嗅出战争的"味道"，如延安市吴起县便是以戍边大将吴起的名字命名的，榆林市定边县、安边镇、靖边县的名称，显然寄托着当时人们对边防安定的愿望。此外，陕北在近现代历史中形成了极为鲜明的红色革命文化，信仰坚定、自由浪漫、积极勤奋、团结包容等人文精神气质处处显现在陕北的山川河流、历史建筑之中。

陕南处于秦巴山脉之间，包括汉中、安康和商洛三市，总面积为6.9万平方公里。境内群山环绕，林木茂密，物产丰富，内聚汉中盆地和安康盆地。陕南地区虽然在地理行政区划上归属陕西较晚，但历史上一直与关中保持着资源及文化上互动交流，是汉唐时期关中核心地域的资源与战略后方以及交通要道。汉水贯通陕南主要城市与乡镇，流域中汉中盆地气候宜人、农田肥沃，是巴蜀与关中之间的交通要道，也是关中的资源后方；流域中安康盆地历来为军事战略要地和商贸通道，成为连通关中、巴蜀与荆楚的枢纽。陕南很多城镇为山地，居于秦岭与巴山腹地，支流众多。由于这样的自然地理环境，陕南地域文化受到荆楚、巴蜀、秦陇等文化圈的叠加影响，对待正统文化的态度偏于自由自适，历史上积淀出了特殊的文化现象，即商贸、归隐与农耕文化相结合。陕南许多村镇形成了重要商业集镇，商贾云集，自成气候。商洛地区的漫川古镇、凤凰古镇，安康地区的恒口古镇、蜀河古镇（有"小汉口"之誉）、熨斗古镇等，都曾经是当地名噪一时的集贸市场和汉江水道物流集散中转要地。以马头墙为标志的徽派建筑，以飞檐翘角为标志的荆楚建筑，以围合式格局为主的行帮会馆，都是当年商业带来多种文化交融的历史见证。多种地域文化的交流，优美恬静的山水环境，纯净古朴的山野遗风，使秦岭巴山自古就是归隐的好地方，这里有为逃避焚书坑儒而归隐商山的"四皓"，有隐居安康云雾山中的鬼谷子，有在汉中先隐后出的刘邦，有功成名就归隐留坝的张良等。

第三节　陕西传统建筑综述

一、陕西传统建筑的基本特征

厚重的历史造就了陕西的独特性，中国传统建筑文化大都渊源于此，其思想基础更是中华文明的滥觞。《周礼》开启了秩序文明的篇章，《诗经》呈现了陕西建筑文化起源的思想境界，丝绸之路引发了中外文明的交流，林林总总，形成了天人合一的有机整体观、亲亲与自由互补的生活文化观和象意相生、尚象制器的空间艺术观，体现出了兼具华夏建筑文化传统与陕西地域意识的思想特征。

建筑思想落实到建筑创作实践和物质环境的营造上，陕西传统建筑也逐渐形成了较为成熟的设计方法，具体表现为：①中正与变化的群体肌理组织。在群体建筑和空间规划组织中，传统建筑强调以中正和变化为主的空间组织手法，形成正格与变格交互的群体肌理关系。②空间的虚实相生与平面的有序展开。陕西传统建筑多以院落组织空间，常常为多级多进，以有限展示无限，强调二维平面和线性有序展开，围绕着院落往而复还，空间首尾相顾，充分表达了空间的辩证关系。③情景交融的时空体验。在注重礼法与习俗的同时，陕西传统建筑还注重空间序列按情境展开，强调情感交融的时空体验。④考工典仪因地制宜的材料择用。陕西传统建筑以土、木、石为主要原材料，材料的选择和施工过

程展示出了对自然的敬畏和营造的智慧。土的使用造就了陕西跨越南北的整体性，但地形地貌的区别又为南北风格迥异的独特性提供了条件。⑤融合多类艺术的建筑内涵升华。陕西传统建筑以儒、道、禅为文化支柱，融古典名著、诗词歌赋、琴棋书画、成语故事、戏剧歌舞等多类艺术、多种思想于一体，成为了寄物咏志、寓教于形的文化载体。所有这些，构成了陕西传统建筑的营造方法特征。

厚重的积淀使得陕西的传统建筑呈现出八个主要的物象特征，即：帝都源脉，匠人营国；木构雄伟，宫殿巍峨；礼制建筑，祭天祀祖；佛道祖庭，兼收并蓄；郊野园林，城乡一体；宏伟帝陵，自然融合；四塞为固，军事防御；纵贯南北，多彩民居。陕西的传统建筑奠定了我国封建社会建筑体系的主要格局，产生了我国传统民居的基本类型与形式，规定与应用了建筑模数尺度，具有了组织与施行特大工程的实施经验。陕西也是我国最早的建筑文献的实践之所，传统建筑的发展对周边国家产生了巨大而深远的影响。

二、主流文化对陕西传统建筑的影响

处于华夏文化核心区的陕西，其传统建筑中会凝聚更多整个民族在物质和精神上的优秀成果，以空间形式展现着华夏文化的发展脉络。从各个时期形成的传统建筑上可以发现古代中国主流文化留下的明显烙印。

首先，儒家文化的深入人心。制定《周礼》与"独尊儒术"两个重要的历史性事件均完成于陕西，决定了儒学与陕西的渊源关系。"仁以处人，有序和谐"是儒家文化的原发点，是核心之核心，自然也决定了陕西传统建筑对伦理秩序更加情有独钟。"匠人营国，方九里，旁三门。国中九经九纬，经涂九轨，左祖右社，面朝后市"可以说是古代中国为保持城市"有序和谐"最早提出的建设规范。隋朝大兴、唐朝长安城中的棋盘式布局和里坊建设，更将这种秩序落到了实处。在民间，不管是大户人家的庭院深深，还是寻常百姓的独立门户，正房与厢房的主次分明，官绅与百姓的院门位置，梁架柱石装饰上的分寸讲究，无不是在"有序"中求

"和谐"理念的形象体现。以张载为代表的关学思想是儒家思想继承者中的佼佼者，关学影响之大，也体现在建筑的许多方面。

其次，道家文化的根深蒂固。"紫气东来"的成语、"楼观讲经"的传说，都将老子与陕西联系了起来。与长安城遥相呼应的终南山，更以悠久的归隐传统而闻名天下。这些都证明了道家文化与陕西的渊源关系。如果说儒家的积极入世能够满足官方的渴求，那么，"与天地共逍遥"的超然状态，则正好满足了官场失意者遁世归隐的需要。在这方面，魏晋士大夫陶渊明开归隐田园之先河，唐人王维更将这种思想与山林相结合，在地处终南山麓的蓝田建辋川别业。据史料记载，隋唐时期，从长安城到终南山的广大地区，散布着众多大大小小的离宫别馆，既是达官显宦修身养性的场所，也是他们遁世归隐之地。现如今，我们还可以在陕西城乡存留下来的官式和民式建筑上，看到各种"道法自然"的文化印记，如俯仰天地的选址原则、顺风顺水的布局思想、集花草鸟兽之大成的三雕图案等。

再次，佛家文化的广泛分布。佛教西来，却与道家的"返璞归真"有着异曲同工之妙。所不同的是，道家看重自然，佛家皈依精神。据专家考证，唐代长安城中的寺庙建筑有195处之多，分别建在77个里坊之内，并以大小雁塔而著名。长安周边的名山胜水之间，更是寺观林立，香火鼎盛，保留下来的有：南五台下的圣寿寺，王顺山上的悟真寺，圭峰下的草堂寺，樊川沃野中的香积寺、华岩寺、兴国寺、兴教寺、洪福寺等。另外，延安地区子长县的钟山佛教石窟，咸阳地区彬县的大佛寺石窟，使陕西成为了集佛寺、佛塔和石窟于一省的佛教建筑圣地，为研究古代中国城乡佛教建筑的布局、形态、规格、功能、工艺提供了场所。每一座佛寺的规划建设均受它所在的宗派文化的影响，如对后世影响深远的禅宗便是其中的代表。禅宗推崇的"明心见性"、"僧家自然者，众生本性也"的思想在中国大地以及东南亚的诸多禅宗寺院建筑中都有所体现，特别是发源于唐代而兴盛于日本的造园思想，也是吸收了禅宗精神的产物。如今，倡导"自然本性、象征意义"的枯山水园林便是其遗存。

三、陕西传统建筑的综合性、地域性与多样性

主流文化在陕西传统建筑中的体现亦如上述，考虑到陕西地理区划以关中为核心区域，兼具陕南、陕北的历史互动，陕西传统建筑还表现为综合性与地域性的双重特征，这种特征是历史、地域文化和地理环境共同作用而成的。作为丝绸之路的起始地，作为历代帝王都城所在地，关中地区一直受到来自西域少数民族及异域文化、东南地区荆楚文化、西南地区巴蜀文化等的重要影响，这当然也会在这里的建筑上留下烙印，使陕西传统建筑在汲取自然灵气的同时，更有条件从多种文化中获得营养，形成海纳百川、有容乃大的文化格局。

同时，陕西传统建筑因为境内地理、气候、人文等因素的明显差异，形成了多样的各具鲜明特色的建筑形态、结构及表现形式，既有根据当地自然条件建造起来的窑洞、石片屋和干阑式木板房，也有严格按照政治秩序建造起来的棋盘格局的城池和高等级宫殿，既有中规中矩的四合院、三合院，也有南味十足的飞檐翘角和徽派建筑的马头墙。与其他省份不同，陕西传统建筑因地理环境和行政区划沿革的影响，地域建筑文化在取材用料、建造工艺、形制样式和使用功能上也都呈现出更加复杂的地域特征。从取材范围上看，南方地区多木石建筑，北方地区多土木建筑，这是由各地区自然环境决定的，但是融贯南北的地理环境，使陕西的传统建筑集这三种材质之大成，并在使用上都达到了很高的水平。

从建造工艺上看，不管是布局规划还是环境营造，不管是垒砌夯筑还是雕梁画栋，地方性的营造工艺确实灿若群星，但是，国家都城所在地的优势使陕西在很长的历史时期内集中着全国最优秀的能工巧匠，博采众家营造技艺之所长，不仅在本地区建造了各类高水平的建筑，还通过官方的途径成为全国的示范。从建筑功能上看，民间重使用，官方重礼仪，这是古代中国建筑的基本区分，而且官与民的建筑之间也存在着较大的差异。但是，作为农业社会盛世时期中心地带的陕西，尤其是关中地区，不仅建有规格极高的皇家

建筑，民间建筑的档次也不同凡响。同时，宗教建筑、军事建筑、少数民族建筑以及丧葬建筑在这里都很发达，以空间的形式展示着这块土地上曾经有过的政治开明与经济上的繁荣。

四、陕西的建筑文化贡献

陕西在传统建筑领域不但有精神方面的建树，也有实物操作方面的贡献，对中国乃至世界的古代建筑都产生了深远的影响：

首先，陕西是中国传统建筑思想的大成之地。任何实践活动只有成熟到一定程度的时候才可能形成思想。考古发现证明，成形于仰韶时期的华夏文明曾经在广袤的土地上多元分布，并形成了各自的特点。当然，与人们生活密切相关的建筑也出现了很多类型，形成了以土、木、石为材质，以穴、巢、篷为形态，以城池、村落、民居为格局的大分布，在年深日久中积累了各自的营造技艺和文化传统。这种情况在西周时期达到了高峰，呈百花齐放之势。相传由周公旦所著《周礼》集四方八面之大成，对包括营造在内的各种社会活动进行规范，提出了以公正性和公平性为原则的建筑理念，在建筑领域确立了以天地为核心的等级制度和伦理制度，并以国家意愿昭示天下，对陕西乃至古代中国的建筑都产生了极其深远的影响。我们虽然说不清周公制礼定规的具体地点，但是，西周王朝在宝鸡岐山留下的宫殿遗址和祖陵、在西安市南郊建丰镐二都的史实，都证明了西周初年在陕西关中地区的活动范围。可以肯定，对华夏文明产生过深远影响的《周礼》以及《周礼·考工记》中提出的各种营造规范，都大致成形于这一时期。由此可以断定，中国传统建筑理论中师法天地的自然观、以家国为中心的伦理观、以等级辈分为内容的秩序观、以对称均衡为美的审美观、以表率示范为手法的教化观，均滥觞于陕西。

其次，陕西是中国传统营造技艺的荟萃之地。我国作为一个多民族的大国，根据不同地域、不同信仰、不同习俗营造自己的家园，在构建多种建筑形态的同时也势必会凝聚出各种技艺，形成不同的建筑风格和流派。纵览中国漫长的建筑发展脉络，用灿若群星来形容，一点也不为过。我们可以从两个方面来看这种情况：从地域分布来看，陕西只是其中的一个普通成员；从文化分布来看，陕西却因曾经的皇家所在而能独占鳌头。在大一统的社会条件下，社会生活中的各种优质资源都会向皇家聚集，建筑当然也不会例外。可以肯定，在一千多年的建都历史中，陕西集中过当时国内最好的工匠，汇集过国内最好的材料，也营造出了许多堪称一流的建筑形态，在中国古代建筑中既空前，也绝后——秦汉隋唐的都城布局，阿房宫、建章宫、大明宫的殿堂建造，以西周的灵台、秦代的咸阳宫苑、汉代的上林苑、唐代的大明宫为代表的园林，历经几百年不倒的城墙与众多民居，秦陵、长陵、乾陵等皇家大墓……凡此种种，足以证明陕西历史上经典建筑的数量之多，形态之丰富，也证明着陕西当年在营造技艺方面所达到的辉煌成就。

再次，陕西出现了建筑与艺术结合的巅峰之作。艺术起始于模仿而升华于创造，往往寄托着人们对美好生活的理解与憧憬。对居住环境的美化起始于仰韶时期。在华夏大地上广泛分布的彩陶工艺，为后来出现的砖瓦以及在砖瓦上雕刻花卉图案打下了基础，也反映出了人们美化居住空间的早期愿望。将居室与艺术结合，使建筑成为审美载体的情况出现在春秋战国时期。百家争鸣的大气候，使人们的审美追求得到了空前的释放，出现了大批以华美著称的园林建筑：楚国有华丽壮观的章华台，齐国有令文人墨客惊叹的柏寝台，吴国有姑苏台，赵国有丛台，一幅"万国花园"的景象。然而，在横扫六合之后，秦王朝并没有将这些付之一炬，而是选精入秦，在都城咸阳的北原上再建六朝建筑，营造帝都之辉煌，使秦都成为当时华夏大地上精美建筑的"大观园"。魏晋南北朝是中国历史上的第二次思想大解放时期，中国进入了"最富有艺术精神的时代"，[①] 建筑营造与

---

① 宗白华. 美学散步[M]. 上海：上海人民出版社，1981：208.

艺术创作水乳交融般地融汇在一起，陕西在隋唐时期达到了巅峰。唐代是一个"任何事物无不可以入诗"[①]的年代，建筑水平之高是学界公认的，都城长安不仅有84平方公里的巨大版图，还有整齐如棋盘的里坊格局，不仅有容纳千人的麟德大殿，还有辉煌耀目的彩色琉璃，不仅有城墙内星罗棋布的民居，还有大小雁塔与城楼共同构筑起来的城市天际线……这种情况不仅引发了当时文人墨客的万千感慨，还吸引着日韩以及东南亚诸国的建筑师前来膜拜修习，回国按照在长安的所见重建自己的都城和家园。总之，唐代的建筑进入了一个展示人文气象、彰显美学精神的至高境界。

唐宋以后，陕西传统建筑文化仍然具有深入的影响，同时地域性的营造智慧也表现出了自身的特征。这里不谈在建筑思想、设计方法等方面至今依然是值得中国建筑创作继承和发扬的理论基础问题，在唐宋以后的一些建筑现象层面，也有诸多表现，这里择其中一二来阐明。尽管宋以后文化重心开始东移，但是，后来所有王朝建造的城池，规模有大小，时间有长短，却始终保持着"方九里，旁三门"的基本规制，遵循着"左祖右社"的重祖精神。在最能代表中国古代建筑营造技艺的《营造法式》中所记载的各种殿堂柱网的布置、梁架结构的用料、砖石垒砌的工艺、石砖木材上的装饰，都已经在唐代的建筑活动中被广泛运用了。明代出现了《园冶》这样的造园经典，作者在对传统园林智慧的理解与提炼中，也曾明确提出要以汉唐为据。今天，在紫禁城这座承载过明清两个王朝的皇宫建设中，我们仍然可以从太和、中和、保和三大殿中看到唐大明宫含元、宣政、紫宸三大殿的阵势，从偏殿后宫的整齐布局中看到长安城里坊的影子，从前殿后宫的安排中看到汉唐时期皇家宫室的基本格局。在地域性的营造智慧方面，陕西传统建筑利用砖石与生土构成独具特色的窄四合院空间形态、黄河龙门景观追求"寻胜意象"的本土创作理念等，都表现出了自身的创造性特征。

第四节 陕西现代建筑传承与发展

陕西现代建筑的传承与发展，在不同历史时期，受到不同外来因素的影响，在中式与西式、传统与现代、新与旧的关系上进行着不断的探索。近年来，在适宜性、创新性、可持续性和保护性原则之下，陕西现代建筑在传承悠久历史文化积淀的理论与实践探索中，逐渐提出了独到的见解、积累了丰富的经验、形成了鲜明的风格，同时，对本土材料、技艺的传承与创新，也使得现代陕西建筑作品呈现出多样而鲜明的地域特色。

一、源自优秀历史文化的传承设计

悠久厚重的历史文化积淀，为陕西现代建筑的传承与发展提供了无与伦比的创作源泉。特别是关中地区，历经周、秦、汉、唐等十三朝长达千余年的建都史，给这里留下了丰富的城市和建筑遗迹，包括世界四大古都之一的西安（古称长安）、中国历史上第一个统一王朝（秦朝）的国都——咸阳、西周王室的重要活动区域——宝鸡等，使这里成为古代中国都城建设时间最长、成就最高、遗存最为丰富的地区。历史上流传下来的优秀传统建筑思想、营造方法和物象成果，成为了陕西地区宝贵的文化遗产和传承设计最为重要的创作源泉。在此背景下，现代西安城市规划格局，延续了古长安"渭水贯都，以象天汉"的山水格局，"表南山之巅以为阙"的山—城轴线关系以及"九宫格局、中轴对称、棋盘路网"等城市肌理和空间构架；黄帝陵群体布局，传承了"山水形胜、一脉相承、天圆地方、大象无形"的布局理念；陕西历史博物馆、大慈恩寺玄奘三藏院、大唐芙蓉园、西安博物馆、大唐西市、唐大明宫丹凤门遗址博物馆、长安塔等，形成了陕西现代建筑传承创作中独具特色的"新唐风"建筑系列；大唐不夜城街区，提取了唐长安城的"里坊制"街区布局与"院落式"建筑群组合形式；大唐西市博

---

① 闻一多. 闻一多说唐诗[M]. 北京：北京出版社，2015.

物馆设计，隐含了隋唐里坊布局、棋盘路网的肌理特征；大兴新区，力图将汉代建筑的文脉、神韵、符号、材料、肌理等，用新的建筑语言进行整合与表达。

二、源自地域建筑文化的传承设计

丰富多样的本土材料和技艺，为陕西现代建筑的传承发展提供了鲜明的地域特征要素。黄土沟壑中生长出的土窑/石窑、八百里秦川造就的秦砖汉瓦、秦巴山地形成的木构竹编等，为陕西现代建筑的传承发展提供了大量具有鲜明特征的地域元素。例如：富平国际陶艺博物馆挖掘了砖和砖拱这种当地最常见的乡土材料和砌筑工艺，通过变径砖拱所形成的强烈的韵律，形成了融于大地景观的建筑艺术作品；蓝田"父亲的宅"，在墙面表层运用当地精心挑选的浅滩卵石，采用反传统工艺砌筑，创造出了具有当地特色但又非当地的建筑；西安灞柳驿酒店，将夯土墙与玻璃幕墙相结合，在现代建筑中彰显出地域特征；延安枣园新窑居的设计，在科学分析的基础上，挖掘并利用了生土材料的节能优势，创造出了既传承传统生态智慧，又适应现代生活，同时延续了地域特征的新建筑形式。

第五节　本书结构与内容编写说明

陕西传统建筑历史源远流长、内涵博大精深、地域特色鲜明，本书编纂不仅要在内容上跨越古今，从而较为充分地体现其历史内涵，而且要在篇章架构上彰显其精华重点，以照应不同地域特色的关联、区分。更为重要的是，按中国传统建筑"解析与传承"课题的整体要求，全书应该针对陕西传统建筑的重要特征进行提炼，完成建筑创作经验的总结、传承与创新。另外，本书所讨论的传统建筑是广义的概念，包含一定意义上的城市规划和传统园林。在陕西的建筑文化发展历程中，这三者紧密关联，融为一体，特别是关中历代都城和皇家园林的营建，对传统建筑文化产生了重要的影响。因此，对传统城镇与园林也应进行一定层面的探讨。这些目标和要求虽然不是本书编写任务能够一蹴而就的，但成为了本书结构及内容编写的基准方向。结合陕西传统建筑这一基本研究对象，最后对本书结构和内容编写情况给予简要说明。

本书基本结构由绪论、解析、传承、结语四大部分合计9章组成。

"绪论"独立成章，从自然地理、历史人文、建筑传统、现代传承等主要层面综合阐述陕西传统建筑的内涵、精髓与现代传承的思路及意义。

"解析篇"由第二、三、四章与第五章组成，构成了解析陕西传统建筑的主要部分。正如前文所述，陕西省域在地理、历史与人文方面分为三个特色极为鲜明的地区（关中、陕北、陕南），它们在建筑的历史、风格、技艺及文化等多个层面存在区别，因而本书以第二、三、四章来分别给予解析。三个地域的建筑历史关联性及综合比较、解析在本次编写中暂未给予专题探讨，但在绪论、第五章中相关部分略有阐述。从整个课题研究的目标来看，第五章是全书的核心部分之一，是对陕西传统建筑重要特征的总结与提炼。该章力图对陕西传统建筑思想特征进行深度解析与高度提炼，尽管诸多内容也具有中国建筑传统的普适性思想特征，但因许多内容的主要源脉出于陕西或与这片土地有紧密的关系，因而需要在此进行梳理方可廓清；其次，由思想层面的解析、提炼转向相应的更为具体的创作方法特征的总结；最后是对长期连续的建筑实践塑造的物质表象特征进行归纳。希望这三大部分内容能使读者从思想上深刻地理解陕西传统建筑的文化内涵，又能够使读者较为便捷地得到陕西传统建筑的具体物质特点。该章与第七章形成了传统与现代的呼应关联。

"传承篇"由第六、七章与第八章组成，构成了总结陕西现代建筑创作经验、传承陕西传统建筑智慧精华的主要部分。第六章既是陕西传统建筑延伸至近现代的历史脉络梳理，也是对陕西传统建筑与现代建筑过渡期间创作经验的初步总结。第七章是对应于第五章的另一个核心部分，针对解析篇所呈现的陕西传统建筑思想智慧及建筑精华，结合现代陕西建筑创作实践及其发展趋势，更为明确地提出了陕西现代建筑传承设计的一般原则、基本策略和主要方法。第八章则是以更为具体的专题及案例，围绕陕西传统建筑多个层面的特征展开的阐述。

"结语篇"即第九章，是对全书研究内容的原理式总结，并对陕西建筑未来的发展提出了有意义的展望。

上篇：陕西传统建筑解析

第二章 关中地区传统建筑解析

　　关中位于陕西中部，南依秦岭，北接黄土高原，渭河自西向东贯穿其中。适宜农耕的地理条件，使关中地区很早就成为了中华祖先活动的场所，留下了丰富的历史遗存，成为了中华文明的重要发源地。尤其是周秦汉唐延续千余年的建都历史，使关中地区在很长一段时间里一直处于中华文明的核心地位，在政治、经济、文化等方面起着引领和导向的作用。时至今日，我们仍然可以在华夏民族的众多民俗中看到关中文化的影子。经由陕西传统建筑发散开去的传统建筑文化，主要体现了陕西传统建筑注重整体的自然观，注重礼仪、家族观念的文化传统的空间艺术观等。

　　关中深厚的文化不仅形成了中国传统的都城营建理论和顺应自然发展的村落体系，还孕育出了从宫殿建筑、陵墓建筑、宗教建筑、景观园林到传统民居等丰富的建筑类型。本章将分门别类地从选址格局、建筑形态、地域材料、装饰风格等方面解析其中的营造智慧。

第一节　关中地区的自然环境与人文历史

一、区域范围

关中位于陕西中部渭河平原，自古就是一个政治、经济、文化的繁荣地带。关中西起宝鸡，东至潼关，东西长约360公里，南抵秦岭，北接黄土高原，宽窄不一，最宽的地方在东部的渭南地区，达100公里，中部的西安附近宽约75公里，西部的宝鸡一带仅20公里。西部的宝鸡地区，东部的渭南华县地区，分别由秦岭与黄土高原逐渐闭合，形成关隘。从空中鸟瞰关中，东西收拢，中部宽阔，呈"新月"形状。关中的平均海拔约325~800米，面积约3.4万平方公里。

关中之地是指"自汧、雍以东至河（黄河）、华（华山）"的区域（《史记·货值列传》）。所谓四关，是指西部散关（大震关），东部潼关（函谷关），北部萧关（金锁关），南部武关（蓝关），因位于四方关隘之中，故称"关中"。"现在一般所说的关中，是指陕西中部秦岭以北，子午岭、黄龙山以南，陇山以东，潼关以西的区域……这里不仅将函谷关、萧关划出境外，就连武关也不在其内。"[①]

关中南部是作为中国南北分界线的秦岭山脉，有72个峪口；北部是黄土高原及其山脉。沿渭河发育的渭河平原，形成了独特的小气候，四季分明，土地肥沃，水源丰沛，物产丰富，为关中地区发展农业提供了得天独厚的条件，所谓"秦地被山带河，四塞以为固……因秦之故，资甚美膏腴之地，此所谓天府者也。"[②]

二、自然环境

关中位于黄土高原与秦岭山脉之间，是喜马拉雅运动时期形成的一个巨形盆地。盆地南北两侧沿山脉和高原的断层线不断上升，中部则平缓下降，平均海拔400米左右，形成了南北高、中间低的地貌特征。

关中地貌形成后，不仅有渭河及其两侧支流带来的大量泥沙，还有从黄土高原吹来的黄沙。经过千万年的堆积覆盖，关中中部地区形成了密实而深厚的黄土层，"黄壤千里，沃野弥望"，有"八百里秦川"的美号。关中的北部是平原向高原的过渡地带，由于地壳间歇性变动和雨水冲刷，形成了高度不等的黄土丘陵地貌，也被称为"渭北高原"，在关中北部地区形成了一道高低起伏的黄土覆盖层。关中盆地的南部与秦岭接壤，地势也由北向南逐渐增高，最终与秦岭的浅山地带相连接，黄土也随着地势的增高而变薄，显露出山石。

三、人文历史

在"普天之下，莫非王土"的年代，连续不断地建都，在决定了关中正统文化地位的同时，也吸引着四面八方的来访者，决定了正统文化向各地区辐射推广的态势。以建筑为例，关中地区的建筑形态、材料、工艺不仅是地域的，还会以各种形式示范全国，对中国传统建筑文化的形成产生了重要影响。在很长一段时间里，关中地区形成的代表性建筑，既是当地的，又是全国的。因此，解析关中建筑文化的演变过程，有助于我们对中国建筑的发展有一个源头性的理解。

远古时期，优越的自然条件，为关中先民繁衍生息提供了基础。根据考古发掘，在西安、临潼、渭南等地发现的仰韶文化遗址，属于以母系为主的氏族公社聚居区。可见，早在约6000年前，先民们就已经在这里开始了营造活动。《易经·系辞》中的"上古穴居而野处"就是对这一时期民居情况的写照。

周代的丰京、镐京作为关中地区早期的都城，在今天西安市长安区马王村和斗门镇一带。《周礼·考工记》所记载的都城规制，体现了中早期的"城市规划"思想，并形成了类型丰富和等级鲜明的建筑形制。

---

① 史念海，李之勤. 《陕西军事历史地理概述》。
② 司马迁. 《史记·刘敬叔孙通列传第三十九》。

秦人统一全国以前，其活动区域也主要集中在关中。在统一战争中，秦始皇每灭一国，便在咸阳北原上仿建其宫殿一处，号称"六国宫殿"。统一后，秦始皇又将全国富豪12万户迁到咸阳，从而使这里的人口激增到近百万，极大地扩大了城市规模，同时也将当时中国建筑的不同理念和众多技艺进行了荟萃，使咸阳都城具有了国家形象。

汉代取得了平定北方匈奴侵扰的骄人功业，"文景之治"开始中兴农耕，逐步恢复经济，完成了思想上的大统一和疆域上较长时期的无战事，使汉代的江山社稷延续了400年之久。富庶与安宁的社会环境，使得人们有更多的时间和精力用于建筑形态、材料和工艺的发展，在宫殿建造、园林设计和土木砖石的运用上都达到了很高的水平。

隋唐是经过魏晋几百年动乱之后出现的又一个统一时期。由宇文恺主持设计的大兴城，将中国古代井然有序的规划思想发挥到了极致，大明宫、华清池、芙蓉园等建筑遗址，仍然可以折射出当时皇家建筑的辉煌。政治、经济、文化的繁荣，使得上到达官贵人，下至普通百姓，在满足日常生活需求的基础上萌生了丰富的精神追求。时至今日，关中地区古村落中规整的合院式布局，古建老宅中程式化的梁架结构，以"五脊六兽"为代表的屋顶装饰和木砖石雕的大量运用，都不同程度地折射出了唐时建筑的遗风。应该说，中国历史上建筑的实用功能与审美功能取得深度的结合，肇始于魏晋，大成于隋唐，对后世产生了深远的影响。在充满自信的唐人眼里，建筑这一古老的营造活动已经不再是单纯的生存场所，而是标榜身份、修养、家境等文化优越感的一种载体，以造型、用料、装饰等手段，足以塑造出给人以精神震撼的空间。这才是唐代建筑的基本气质，与以诗而闻名的时代风气相辅相成。

自唐以后，中国的文化中心开始东移，但是，各个朝代的统治者仍然把长安作为控制西北和西南的军事重镇。

作为中华文明的一个重要发源地，关中不仅有蓝田、半坡、姜寨等古老文化的辉煌，也有周秦汉唐的都城地位，使这里出现的每一种建筑现象都曾经代表着古代中国的最高水平。千余年的建都史，不仅在这里形成了星罗棋布的高规格城池和官式建筑，还留下了许多与官式建筑相呼应的民间营造，形成了关中地区以正统文化为核心的营造传统。

第二节　关中地区城乡格局及规划传统

一、关中城乡历史格局与发展变迁

关中是我国农耕文明发展较早的地区，丰富的地表和地下水系为城乡发展提供了便利条件，素有"天府之国"和"膏腴"、"陆海"① 的称誉。因其具有"进可攻、退可守"，"四塞之固"，"金城千里"的地理优势，使关中成为了京畿要地：东出潼关、函谷关，是通往东方的咽喉要道；东南过峣关、蓝关和武关，是通往南阳、襄樊的大道；西越陇山，沿渭河向西，是通往西北的必经之路，关中南部秦岭，通过褒斜道、陈仓道、子午道等通往汉中、四川。因此，西安作为中国古代都城地区，具有"内制外拓"② 的地理基础，使政治中心可以依托于农业经济腹地，成为历代所重视的军事战略要地，并呈现出延续发展的城乡格局关系特征。

关中地区城乡格局的形成及其规划传统

关中之地，孕育了自周以来都城地区的发展，形成了以长安为中心的城乡发展格局。"陕省外控新疆，内毗陇蜀，表以终南太华，带以泾渭洪河，其中沃野千里，古称天府四塞之区，粤自成周而后，以迄秦汉隋唐，代建国都。"③

---

① 陕西师范大学地理系. 西安市地理志[M]. 西安：陕西人民出版社，1988.
② 侯甬坚. 历史地理学探索[M]. 北京：中国社会科学出版社. 2004.
③ （清）毕沅. 关中胜迹图志序[M]. 中国台北：新文丰出版公司印行，1996.

1. 史前聚落的分布及其建筑形态

关中地区最早的人类活动可以追溯至旧石器时代，以蓝田猿人为代表。进入新石器时代以来，史前聚落遗址分布多集中于平原地带的渭河及其主要支流沣河、浐河、灞河、泾河、洛河等流域的河流阶地之上（图2-2-1）。

关中建筑形态以半坡、姜寨聚落遗址最为典型。受自然条件的制约，渭河以南的平原条件优越，黄土具有垂直节理特性，仰韶文化聚落遗址早期发掘中，半地穴式的房屋与竖穴土坑墓较多，而后期出现了地面式房屋，其建筑形态受地区自然地理环境影响的特征明显（图2-2-2～图2-2-4）

客省庄文化聚落遗址中出现了平面呈"吕"字形的房屋，同时，聚落建筑群的布局也打破了早期向心式的形态特征，房屋形态布局呈南向成组或成排布置。

图2-2-3 临潼姜寨聚落遗址形态（来源：《古都西安》）

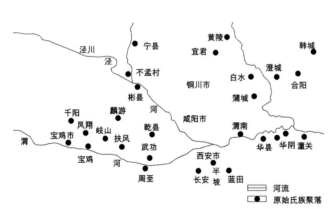

图2-2-1 新时期时代关中地区原始氏族聚落分布示意图（来源：《古都西安》）

图2-2-2 西安地区仰韶文化聚落遗址分布示意图（来源：《古都西安》）

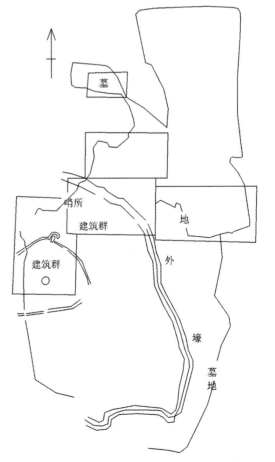

图2-2-4 西安半坡仰韶文化聚落遗址形态（来源：《古都西安》）

关中地区城垣聚落大致出现在仰韶文化晚期以及龙山文化时代，较有代表性的是半坡晚期聚落遗址中的夯筑城址。城垣聚落的出现在一定程度上说明，在仰韶文化晚期至龙山时代，关中地区聚落便开始由邑向城市乃至国家转变。

2. 都城时期城乡关系及城市形制

西周是我国典籍制度形成的重要时期，作为京畿之地，关中在都城时期经历了大的发展，并奠定了城乡关系的基本格局，同时也是奠定中国城市规划制度的重要时期。

1）西周时期：城乡分野，都城建制

西周时期关中地区出现"城"、"乡"分化，即国与野之分，国包括王城及周边四郊之地，野则是四郊以外的区域，王城之外、四郊之内设六乡，野则设六遂，故国野之制又称为"乡遂之制"（图2-2-5）。采邑制度与分封制度对该时期城乡格局产生了深远的影响：有宗庙之邑，即主邑以及"采邑主所属之农民为耕种田地而建立的居所"，即"鄙"①，集中分布在关中西部渭河以北岐周附近以及关中中部渭河以南丰镐附近的渭河支流区域。

周代开创了以"礼"为纲的营城制度，《周礼·考工记》所载"匠人营国，方九里，旁三门。国中九经九纬，经涂九轨，左祖右社，面朝后市，市朝一夫"的营国制度对后世产生了深远的影响（图2-2-6）。周朝在地方管理上分为国野制和分封制，政治制度为宗法制，以《周礼》为纲，形成中尊思想和四合空间模式，以王宫形成构图中心，"井田"思想演化为方格式闾里与道路系统，自给自足的封闭思想造就了封闭的城市市场、闾里住区及王宫（图2-2-7）。

同时，对城市管理进行分级建设和分级管理，为中国城市制度的形成和发展奠定了重要的基础。

2）秦汉时期：象天法地，山水营城

秦汉时期，筑长城以保天下、修驰道以通天下、立岳渎以纲纪天下，在中华大地奠定了"天下人居格局"的基本结构。②

在都城营造方面，"渭水贯都，以象天汉"③、"表南山之巅以为阙"④的大咸阳城规划，以现实地理形态附会天象，以大尺度山水营造城市的思想为后世长安奠定了格局，也为都城及建筑规划提供了借鉴（图2-2-8）。以都城为核心，以陵邑、苑囿环拱而绕的汉唐长安城，形成了取意星象的"卫星城"组群形态。

秦汉时期的城市管理以中央集权为主。汉长安周围皇帝陵墓处设陵城，以管理各地贵族富豪，形成了壮观的城市带，所谓"南望杜霸，北眺五陵，名都对郭，邑居相承"⑤（班固《西都赋》）。汉承秦制，西汉时期增至57县，同

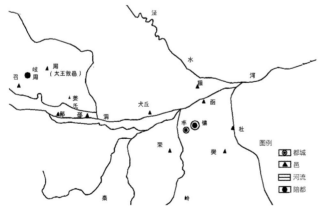

图2-2-5　西周时期关中地区城邑分布示意图（来源：《中国历史地图集》）

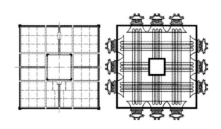

图2-2-6　礼制王城图及戴震《考工记》王城图（来源：《考工记营国制度研究》）

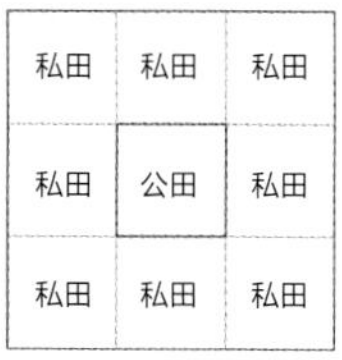

图2-2-7　井田制示意图（来源：《井田制研究》）

---

① 马新. 乡遂之制与西周春秋之乡村形态[J]. 文史哲，2010（3）：58-66.
② 吴良镛. 中国人居史. 北京：中国建筑工业出版社，2014：10.
③ 《三辅黄图》
④ 《史记·秦始皇本纪》
⑤ 东汉. 班固《西都赋》

时施行陵邑制度，迁富户于帝陵墓处并设置陵城，陵邑人口多，经济较为发达，成为了区域的副中心城市，对当时的城市格局产生了重要的影响。

秦汉时期亭驿制度对关中地区的城市交通格局产生了重要影响：通过设有驿站（馆）的交通线路的规划，实现军事公文以及物资的快速传递和运输。秦驰道成为了后来西汉时期长安通往各地的路网骨架和交通主干，亭驿制度则对沿线驿站和城市的快速建设以及关中地区的商贸往来产生了重要影响。[①] 亭驿交通线路的建设和发展不仅为实现京畿地区对于国家范围的控制做出了突出贡献，而且也为对外经贸、文化交流提供了可能：西汉时期在亭驿线路基础上开辟了丝绸之路。西汉长安城延承周礼而建（图2-2-9）。

3）隋唐时期：山水意匠，营城典范

隋唐时期，关中地区属于关内道，后为京畿道（图2-2-10），并形成了"国都—道—府（州）—县"四级城市体系，此外，按照唐朝基层行政单位的划分，城内设坊，郊区设乡、里。根据《长安志》中对于长安县、万年县的统计，两县共有104乡、436里，城市近郊村镇规模不断扩大。

隋唐人居基于秦汉，承自魏晋，将规划、园林、建筑、工艺等各领域吸纳、融汇，为中国人居树立了制度与艺术的典范。[②] 全新创造的大兴城，一方面继承了传统儒家"理想王城"的基本精神，另一方面也吸纳了魏晋以来的佛、道文化。在城市布局上，以《易经》中的"六爻"概括自然的六坡地形，立兴善寺、玄都观于都城轴线两侧之"九五"高坡，并以宫城作为全城的基本模数，形成了"九五"关系的空间布局。在政治与社会理想上，以"左祖右社，前朝后市"的布局继承了祖社关系，创新了朝市关系（图2-2-11）。

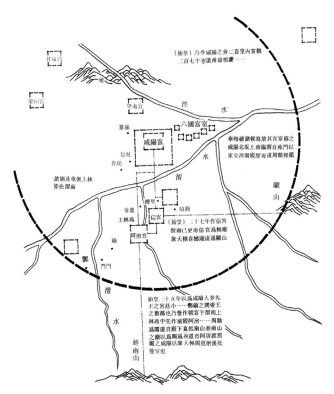

图2-2-8　秦咸阳区域规划思想示意图（来源：《建筑历史研究》）

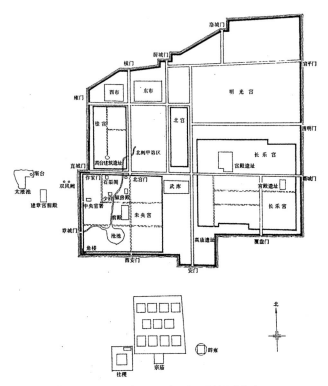

图2-2-9　西汉长安城形制（来源：《西安历史地图集》）

① 周俭. 丝绸之路交通路线（中国段）历史地理研究[M]. 南京：江苏人民出版社，2012.
② 吴良镛. 中国人居史[M]. 北京：中国建筑工业出版社，2014：10.

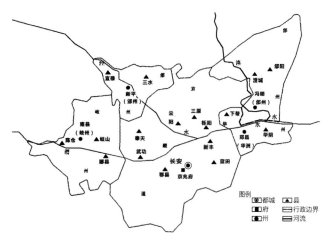

图2-2-10　唐关中地区城市分布示意图（来源：《中国历史地图集》）

始建于隋代的长安城在唐代发展壮大，其城市人口最多时超过100万，是当时的政治、经济、文化中心。该时期的文人士大夫阶层在城市经营中发挥着越来越重要的作用，诸多涵养文士精神的新空间得以孕育，引领了长安城市空间之变革，经营之新气象。自此，文人逐渐成为影响城市规划与城市文化的重要力量。在城市布局上，承袭并巩固了汉长安北起嵯峨山、南至子午谷的城市大轴线以及苑囿池沼环拱都城的组群布局。

3. 府城时期的城乡格局

自唐末以降，西安废不为都，但依然发挥着地区中心城市的重要职能，成为了西北地区军事重镇，历经五代、北宋、金、元、明、清，关中城乡格局也因此而有所变化。

1）唐末五代

由于分裂割据，五代关中的行政制度有所改易，实行以州（府）统县的二级行政制度。五代时期，由永兴军处理关中地区的军政事务，关中大部分属京兆府所领，京兆府辖20县。

唐末就原长安城皇城改建所得新城（图2-2-12），呈回字形的重城形制。新城面积仅占整个唐长安的1/16，城

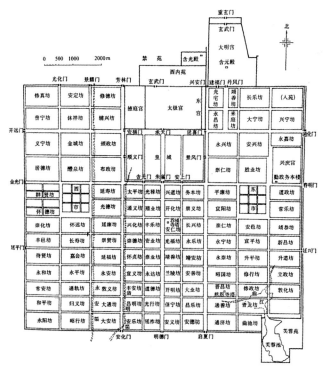

图2-2-11　隋唐长安城市形制（来源：《西安历史地图集》）

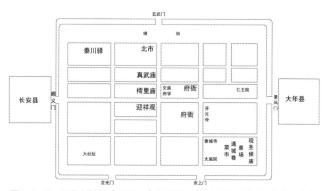

图2-2-12　五代新城图（来源：《古都西安：西安的历史的变迁与发展》）

内有新筑的子城（衙城）作为官府所在区，还在新城的东、西两侧各建一座小城，作为下辖之长安县、大年县的治所。全城的中轴线由东西向大街构成，城市内部布局不太规整，学校、市肆、寺观、民居等建筑主要分布在城市的中北部或东南部。[①] 这种布局对后世西安城的发展影响很大。

① 史念海. 西安历史地图集[M]. 西安：西安地图出版社，1986：108.

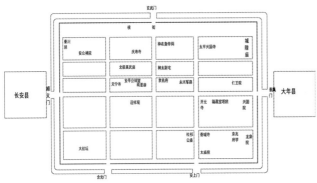

图2-2-13　北宋京兆府城图（来源：根据《古都西安：西安的历史的变迁与发展》，张婧 改绘）

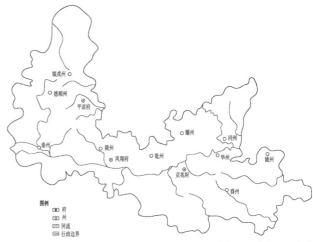

图2-2-14　北宋京兆府路和凤翔路范围示意图（来源：《中国历史地图集》）

2）北宋、金时期

宋代迁都开封，从此关中失去国都地位。此时期关中的行政制度为路、州、县三级制，"路"取代唐代之"道"，成为地方最高一级行政区划，下领府、州、军、监，县下还有乡里。关中县级城市经过汉唐时代的长期发展，已经处于基本稳定的状态。金基本沿袭了北宋的制度，路是最高一级行政区，下领府、州，其下设县，县下有镇及乡里，时有变动。在关中设立京兆府路和凤翔路（图2-2-13），京兆府共领12县。陕南属南宋，仍设利州路。

北宋与金代，新城均是恢复唐代旧称的京兆府之治所，称之为京兆府城（图2-2-14、表2-2-1）。城内外总布局与五代新城相仿，无大变动。[①] 京兆府的主轴线由东西向主要街道形成，同时府城城墙附近分布有一些城巷，这是此时期京兆府城街巷的特色。[②] 在与城门相对的大街基础上形成了次一级的街道，由此将城区划分为若干厢坊。[③] 城内官署、市廛与民居厢坊交错分布，寺庙祠观混布其中。

北宋京兆府城内建筑分布表　　　　　　　　　　　　　　　表2-2-1

方位	建置名称	备注
中部	京兆府衙、天宁寺、安平公主祠堂、樗里庙、永兴军路治、北极真武庙、种太尉宅、竹林大王祠、雍侯庙	天宁寺，元时称大寺；真武庙，金时改为玉虚观；种太尉宅在府衙后街；竹林大王祠祀寇莱公
东部	仁王院、开元寺、福昌宝塔院、兴国院	仁王院乃荐福寺下院；兴国院为廊院，位于开元寺
东南部	杜岐公庙、善感禅院、京兆府学、龙泉院、太白现圣侯院、张中孚宅、宣圣庙	杜岐公庙元时称嵇康庙；府学北有南北向府学街通草场街；张中孚宅后为钱监，金时为利用仓；宣圣庙即文庙；太白现圣侯院金时为延祥观，元时称太白庙
南部	香严禅院、崇圣禅院	崇圣禅院俗称经塔寺
西部	广角禅寺、开福寺、祐德观	祐德观元时改为玉清宫
东北部	太平兴国寺、郑余庆庙、城隍庙	城隍庙金时称延祥观，元时仍称城隍庙
西北部	秦川驿、安众禅院	安众禅院俗称西禅院
北部	庆寿寺、神农皇帝祠	神农皇帝祠赐改永昌庙观
西南部	妙果尼寺	妙果尼寺旧称台尼寺、两台寺，北宋开宝中改名

来源：《西安的历史的变迁与发展》

① 朱士光，肖爱玲. 古都西安的发展变迁及其历史文化嬗变之关系[J]. 陕西师范大学学报（哲学社会科学版），2005，34（4）：83-89.
② 朱士光，吴宏岐. 古都西安：西安的历史的变迁与发展. [M]. 西安：西安出版社，2003，378-379.
③ 朱士光，肖爱玲. 古都西安的发展变迁及其历史文化嬗变之关系[J]. 陕西师范大学学报（哲学社会科学版），2005，34（4）：83-89.

3）元、明、清时期

蒙元帝国设"行中书省"，省以下辖有路、府、州、县四级。元代关中地区属奉元路所领。奉元路设治所为奉元路城，共辖八州十二县（图2-2-15），其规模和格局和前代相仿。行政中心仍然位于城中心，且中心建有钟楼。北部城区为工商业聚集之地。东南部文化类建置更多。城内东西主要街道两侧各有一些街道与其平行，居民多分布于四周（图2-2-16）。[①]

明朝关中地区的行政区划基本承元制，即省以下设立府或直隶州，府下辖州及县，直隶州和府属州亦辖县，不辖县的府属州称为散州。关中布政使司辖今关中全境和甘肃嘉峪关以东，今宁夏和内蒙古昭盟的大部，青海湖以东部分地区。这一时期陕西的经济发展主要集中在关中平原地区。关中地区的中心腹地又由西安府占据，是关中地区社会经济最为发达的城市区域，也是关中地区乃至西北地区的政权核心所在地。

明设西安府与西安府城，较前代作了扩建与增修：首先是于明洪武七年（1374年）将北、东城墙各自向外延展了约1/3，使城内面积由原来的5.2平方公里扩大为7.9平方公里。

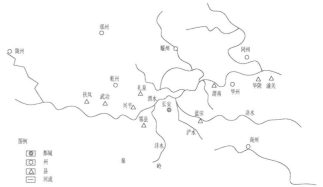

图2-2-15　元代关中地区城邑分布示意图（来源：《中国历史地图集》）

其次是在城内中间偏北处修建了秦王府，其形制为重城结构，即内城之外套萧墙，王府约占府城面积的1/8。再次是于明神宗万历十年（1582年）将钟楼由原址迎祥观移建于今址，形成了以钟楼为中心，东、西、南、北四条大街向外辐射的街道骨架。又次则是为加强防御，也为适应商贸发展，又加修了四面城门外的关城，以东门外之东郭新城为最大。经扩建增修后的明西安府城，经600多年沿用至今，即今之西安古城。

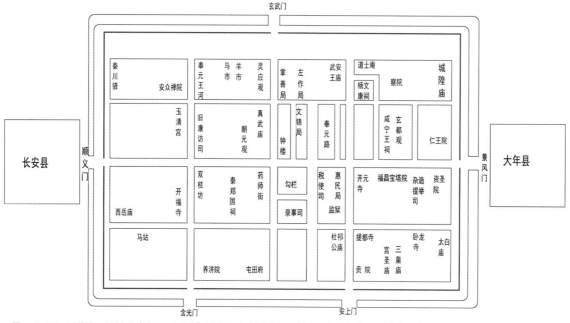

图2-2-16　元代奉元路城图（来源：根据《古都西安：西安的历史的变迁与发展》，张婧 改绘）

① 朱士光，吴宏岐主编. 古都西安：西安的历史的变迁与发展. [M]. 西安：西安出版社，2003，392-395.

图2-2-17 清时期关中城市分布图（来源：根据《中国历史地图集》，贺夏雨 改绘）

初，西安府城由汉城、满城和南城组成。[①] 满城和南城是为专供军队驻扎而修筑的驻防城，仅满城面积就占去了全城的1/3。城内形成了政治中枢和军事堡垒共存的局面。城市内部构成秉承了封建社会政治中心的建设模式，即以公署为中心，学校、庙社和诸坛宇相应布局。晚清时期，西安城市的空间功能包括行政、军事、教育、教化、商业、居住等几个主要方面，并随着新的城市功能的出现而逐步发生变化（图2-2-18）。[②]

清代关中地区的行政实际上仍是省、府、县三级制，大都是在北宋县级城镇和县以下城、镇、寨、堡的基础上发展而来的（图2-2-17）。清代的西安府城亦是重城形态。清

关中富庶之地，孕育了农耕文明和认知经验：仰观天象、俯察地理，掌握一年四季的变化对农业的影响，观察天象变化的吉祥征兆，形成了集宇宙秩序、自然秩序、社会秩序、空间秩序于一体的"天人合一"的理念和发展模式，讲求人的精神境界与天道协调的最高理想，形成了家国同构、天圆地方、"居中为尊"、四方围合、轴线对称等体现等级秩序的营城理念和建筑营造思想，同时，辅以因地制宜的规

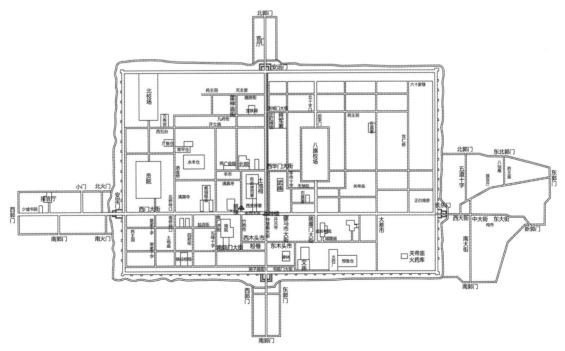

图2-2-18 晚清时期西安城图（来源：《近代西安城市空间结构演变研究（1840—1949）》）

---

① 《续修陕西通志稿·卷八·建置三》："（乾隆）四十五年汉军出旗，奏明南城仇归汉城，隶成宁县。"可见西安城内除满城与南城以外的部分，通常称为"汉城"，由成宁、长安两县直接管理，其概念与南城的别名"汉军城"不同。
② 任云英. 近代西安城市空间格局演变研究（1840—1949）[D]. 西安：陕西师范大学，2005：151.

划策略奠定了中国传统建筑思想的核心。

关中地区，集中了我国古代盛世时期的都城地区，奠定了中国都城的建设形制，形成了以礼制为核心的城市规划、建设和管理体系，周、秦、汉、隋唐时期的都城空间艺术涵盖了其空间构架、文化框架和社会框架，反映了古代都城独特的、形象丰富的社会文化和精神内涵。其整体规划思想、空间逻辑的处理、轴线的运用、纵深空间的序列层次、园林空间手法及意境展现等，奠定了中国建筑体系的基础，在今天仍具有现实的理论价值。

总体上，关中城乡格局的形成受到自然环境和社会经济及政治体制发展的影响，呈现出延续发展和适应性演化的基本格局，长期延续以西安地区为中心、以关中地区为腹地的地域格局，形成了相对稳定的沿渭河及其支流发展的城乡格局。以村为经济和社会组织单位，呈现出社会经济相对稳定的均质发展基底，而以西安为核心的城市地区，则发生了显著的变化，总体上呈现出自城到乡的梯度演变格局。同时，这一格局也长期影响并形成了陕西地域城乡传统建筑的发展。

二、关中传统村落选址与格局分析

（一）关中传统村落选址与格局的内在动因

1. 与自然环境的和谐共生

关中传统村落的选址与格局大多遵循"天人合一"的指导思想。选址与格局应当充分尊重自然，强调天道与人为的合一，强调自然与人类相同、相近和统一的原则。

1）传统观念影响下的村落选址

中国的传统村落是建立在自给自足的小农经济基础之上的，因此山、水、地就成为了影响生产和生活的最基本要素。"背山面水，负阴抱阳"这种典型的村落模式被认为"藏风聚气"，有利于生态。例如阶地平原区的礼泉县烽火村，泾河自北环绕而过，南面为白蟒山，依山傍水，环境宜人。村落恰坐落在霍童溪转弯的"澳"处，体现了古人"背山面水"的选址理念，它位于东南方的原始森林，又恰好起到了挡风的天然屏障作用（图2-2-19）。

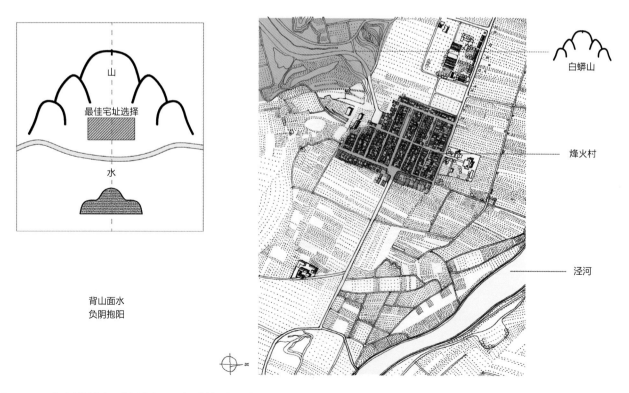

图2-2-19 烽火村村落布局分析（来源：陕西省第四批传统村落申报工作小组测绘资料）

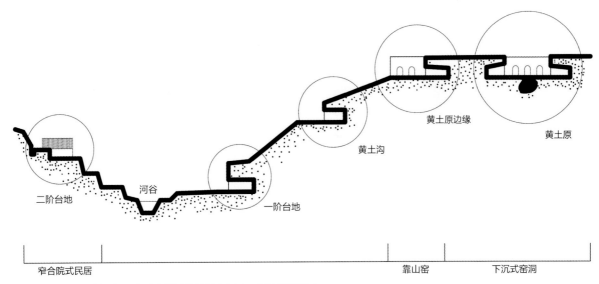

图2-2-20　渭北地貌横断面与民居类型的关系（来源：《中国窑洞》）

2）地形地貌因素影响下的村落布局

相比较气候条件，关中地区典型的河流阶地和黄土台塬的地形地貌成为了村落选址的关键因素。先民们在选择与规划传统村落时，都要结合山、水、塬、沟、峁等自然地貌，对选址与格局进行合理的布置。渭河两侧的阶地平原区地势平坦，自然条件优越，村落布局规整统一，建筑形式采用规整的窄合院式；渭北的黄土台塬区塬面广阔，整体地势呈阶梯状或倾斜的盾状，村落布局自由分散，建筑形式则以靠山窑和下沉式窑洞为主（图2-2-20）。

阶地平原区地势平缓，村落格局受礼制文化影响较大，地貌因素的决定性较弱。而黄土台塬区地势起伏变化，黄土冲沟方向及土层厚度决定着村落的选址和布局，村落的建造过程中多利用黄土层特有的壁立性强的自然力，创造出垂直立体的空间形态。村落与台地错落有致，依山就势地结合，彼此为庭院和屋顶，建筑形式则为高差大的区域建窑洞式民居，较为开阔的区域建合院。韩城县桑树坪镇王峰村，古寨位于两溪交汇之处，形成了龙潭大瀑布、老虎河瀑布等令人惊叹的自然瀑布群，在村内随处可见古桥、流水。村落的布局沿着台塬逐级展开，与周边的自然景观环境融为一体（图2-2-21）。

2. "周礼"的沿袭传承

1）"周礼"与村落社会组织结构的关系

起源于关中的周礼文化，无疑对传统村落的形成和发展起着至关重要的作用，宗法制度、礼教传统也是影响乡村聚落形态的决定性因素，家庭、家族、宗族式血缘关系形成了一个个聚族而居的组织单元、独立的宗法共同体。

自上而下的礼制秩序，管理上达及县，而乡村层级的秩序维持则依赖于以乡绅为代表的宗族。在自然经济条件下，宗族组织管理着一切，建立并维持着村落社会生活各方面的秩序，如村落选址、规划建设、伦理教化、社会规范、环境保护和公共娱乐等，一般都设置族田，建造祠堂，编制族谱，同时由于宗族内有族长掌握领导权，有一定的组织系统，所以这类村落的建设大多有一定的规划，在族谱中也有全村的规划及构思意象的图样。在这种单一的社会组织的绝对控制之下，乡村文化生活与村落建设的规划体系有着一种十分默契的对应关系，并通过村落的布局、分区，礼制建筑，园林和公共娱乐设施等体现出来。村落物质环境的主要构成要素，如街巷、住宅、祠堂、庙宇、书院、文昌阁、廊桥、涝池、园林等的组织和安排也表现出一种条理清晰的有序性（图2-2-22）。

图2-2-21 韩城县王峰村与自然生态环境的融合（来源：韩明 摄）

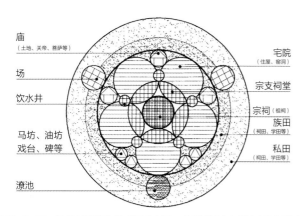

图2-2-22 传统村落营构模式图（来源：《韩城村寨与党家村民居》）

图2-2-23 党家村祠堂分布分析图（来源：根据《韩城村寨与党家村民居》，王怡琼 改绘）

2）"周礼"影响下的村落布局

在宗族制度的影响下，村落的空间结构则是以宗祠为核心的同心内聚形，是以血缘关系相关联且等级森严的宗族组织。例如韩城党家村中，村落的形态结构是以村内党家祠堂和贾家祠堂为中心，再以成规模的居住院落围绕的一种营构方式（图2-2-23）。宗祠是村落的结构核心，也是族员心理场所的中心，祠堂前是具有交通、聚会及生活功能的场，每当村内召集大家开会时，都会在祠堂前的这一开敞空间内聚集。因此，这个中心不仅是人们日常生活居住的中心，更是整个村落文脉的核心。

图2-2-24 韩城市新城办留芳村村落骨架式格局分析（来源：陕西省第四批传统村落申报工作小组测绘资料）

礼制思想自诞生以来长期左右着我国居民的生活方式和行为，也是关中传统村落空间营构的基础。因此，关中平原地区的聚落空间大多以正格形式布局，院落空间也大多呈中轴对称分布，房屋的功能及规格也是按等级制度来安排等，这与中国长幼有序的家庭伦理不谋而合。在建筑上，尺度、形制乃至色彩、图案等，也有明确的等级差别。讲究礼制秩序的传统民居在聚落外环境上是以老庄思想为主导，强调对自然环境的尊重。都城建设的正格和变格法在平坦的平原区大量衍生、应用。村落结构多呈骨架式格局，街巷纵横交错，布局比较集中和规整，建筑形式多为内向型窄合院式。例如韩城市新城办留芳村就是典型的骨架式格局，古村地处黄河岸边，南北邻沟，唯西边连接原野，民居也以极具关中特色的四合院式民居为主。村落布局上最值得称赞的是清代修建的九巷十八家，其特点是每两户相邻，左右两边均有小巷，牲口、车辆可以出入。自明清始，村庄建设规模空前，街道规划整齐，房舍排列有序（图2-2-24）。

3. "安全防御"下的构筑制约

1）关中"村寨结合"的特点

关中地区因为土地肥沃、气候温和，历来为各朝建都首选之地，也成为了改朝换代和兵马慌乱之所，所以，传统村落无论在选址、格局还是构筑上，都可以清晰看到保证聚落安全的各种措施，因而"住防合一"、"村寨结合"成为了关中传统村落的一个主要特点。关中地区即使是平原也是沟峁相伴，因此，大部分村落在选址时通常选择险要的天然地势（深沟、高崖等），构筑一种整体性的防卫气氛，作为外围防卫的基础性铺垫。党家村的选址便是典型一例。党家村选址于韩城东部黄土台塬的边缘区泌水河流经的沟谷当中，北依高原，南临泌水，日照充足，地处葫芦形的谷底，可抵御西北风的侵害，泌水河可提供丰富的生活用水，地势北高南低，利于排水，村落的选址充分体现了这种防御自然灾害，利于生产生活的特征（图2-2-25）。

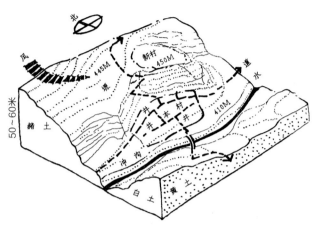

图2-2-25　党家村的地形（来源:《韩城村寨与党家村民居》）

2）"安全防御"思想下的村落布局

在防御思想的影响下，关中传统村落的布局呈现出集居和密居的整体性形态特征，在韩城等地的堡寨型传统村落中表现得尤为突出。传统村落的防御体系主要由村落外围的整体性防线、村落内的防御体系、村落内的最小防御单元三个层次构成。

（1）村落外围的整体防线

关中地区传统村落往往利用天然的地形和沟壑形成村落防御性的整体边界，建构完整的防御性寨子，一般有完整的城墙、城寨、寨门，它是一种高级别的、坚固的防御方式，构成了村落的第一层防御体系。比如党家村上寨——泌阳堡依托天然的峭壁修筑了坚实的堡墙（图2-2-26），并在险要处建造了堡门，用以扼守通往下寨的必经之处，形成了森严的守卫边界。

（2）村落内的防御体系

村落内的防御体系是由村落内部的街道网、街门、望楼等构成的人工规划的第二层防御体系，主要包括以下内容:

①街道网

为了防止外敌侵入，街道网一般不取整齐的直交，多采用"T"字形和"卍"字形的迷路和尽端小路，使生人在内部难以辨别方向和道路，以迷惑进入内部的敌人。关中传统村落的村内路网一般形成环状，四通八达，无死胡同，敌人一旦攻入村内，村民可及时逃生。

②街门

街门是与住户、基地布置和街道网相关联的重要防御设施，它一般位于村落街道的紧要地点，大体分两级设置，以数户构成一个防御单元。在"T"字形和"卍"字形路网的尽端入口设置街门，再以数个防卫单元为一组，在干线道路附近设置街门，在这种情况下，住户的宅基地面宽越小越有利于防御。街的路幅较窄也是防御的重要特征之一，例如党家村的主街道路幅宽3米，南北小街2米，尽端小路仅1.2米，在街巷的一些重要位置设置街门，可谓"一夫当关，万夫莫开"（图2-2-27）。

③望楼

有的村落还设置瞭望楼。望楼一般位于村子的中心，是整个村子的制高点，以方便观察四周的敌情，例如党家村的

图2-2-26　党家村堡墙（来源:李涛 摄）

图2-2-27　党家村街巷和街门（来源:李涛 摄）

图2-2-28　党家村看家楼（来源：李立敏、李涛 摄）

图2-2-29　党家村院落高强封闭（来源：李立敏 摄）

图2-2-30　党家村民居暗道（来源：李涛 摄）

看家楼（图2-2-28）。

（3）村落内的最小防御单元

村落内部的民居是其最小的防御单元，用于防止外敌对普通住户及其房屋建筑的侵犯。因为防御的需要，关中的民居一般会筑起厚实高大的外墙，外墙上不开窗或仅开小窗（图2-2-29）。民居主要采用三合院、四合院等内向封闭的形式。在建宅时，按照屋主人的需要，常在宅基地内兴建一些暗道、紧急入口等防御性的紧急疏散设施，以方便在出现敌情时藏匿或逃走（图2-2-30）。

关中传统村落的防御体系以党家村最具代表性。党家村的上寨——泌阳堡在建造时充分考虑防御的需要，选址于绝壁之上，并依托于地势建造了坚固的城墙，与本村之间仅以一处通道联系，易守难攻。早期建设的本村在布局上也考虑了防御的需要。首先，大部分建筑是采用青砖砌筑的四合院，面宽小、进深大，十几个院落为一组，形成了密集的居住和封闭的形态；其次，巷道多采用"丁"字形和"卍"字形的迷路式结构，巷道的宽度很小，约为3～4米，在一些重要的空间节点上设置了街门，达25处之多；再次，在本村的中心位置设置了用于瞭望敌情的看家楼，形成了多层次的防御体系分布（图2-2-31）。

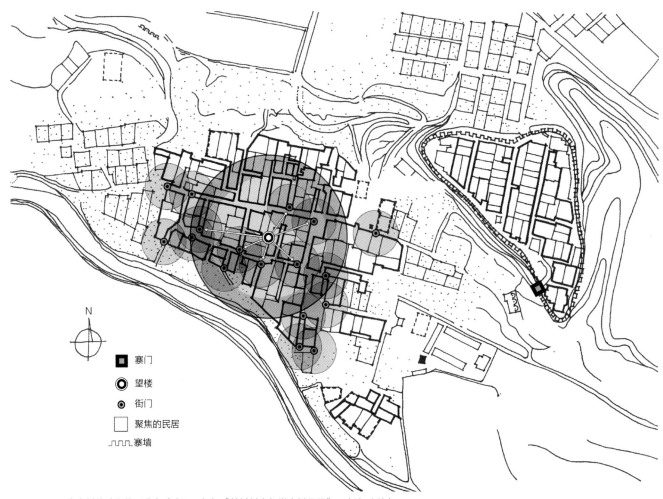

图2-2-31　党家村的防御体系分布（来源：根据《韩城村寨与党家村民居》，李涛 改绘）

4. 宗族经济的影响

在关中传统的农业型社会中，除了传统农耕业外，有很多村落将部分人口从单纯的农业劳动中分离出来，从事商业、手工业等多种活动，发展成了以宗族为单元的村落产业。传统村落的发展和选址自然以宗族经济为导向，向产业资源相对丰富、对外商业交通相对便利的区域发展。澄城县尧头镇尧头村的选址受宗族经济的影响显著，尧头村以烧制陶瓷而闻名，高岭土是北方制陶瓷的重要原料，因此村落选择在煤炭和高岭土资源丰富的区域，丰富的煤炭资源为陶瓷的烧制提供了充足的燃料。另一方面，尧头村距澄城县城约10公里，地处陕西渭北高原东部，属于黄土高原向关中平原的过渡地带，在古时交通相对便利，便于商贸运输。

宗族经济在一定程度上也会影响到村落的布局，一些村落为了发展宗族经济，从事商业和手工业，以不同姓氏的宗族集团为单位，围绕家族产业进行集团化的布局，产业和居住形成了相对集中的关系和功能分区，在每个宗族集团中建有相应的宗祠，形成中心，各宗族集团又相对聚集从而形成了产业上的优势。尧头村的村落布局便显现出了宗族经济的显著影响，按照不同姓氏的宗族经济分散居住，共有周家洞、白家城、南城、旧城、南关、后寨子等20余个自然村落，每个家族集团又经营着各自的宗族产业，使得村落形成了按宗族姓氏分散又依产业相对集中的空间分布特征。

尧头村的传统建筑主要有共占地约4平方公里的古窑炉40余座，有2座古窑炉的砖雕文字显示为清道光、咸丰年间

图2-2-32　渭南澄城尧头村古窑遗址（来源：李涛 摄）

图2-2-33　渭南澄城尧头村的祠堂（来源：李涛 摄）

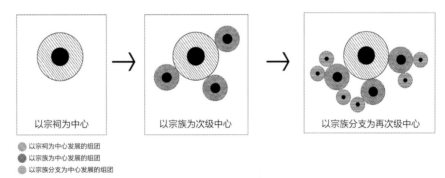

图2-2-34　村落结构发展模式图（来源：王怡琼 绘）

（图2-2-32）。尧头村有古商业街一条，现存建筑约50%为清代建筑。住宅窑洞约1200孔，院落多为四合院式，大门多为窑洞式，部分砖雕工艺考究。以白家、周家、宋家、李家、雷家等各姓宗族祠堂为聚居的核心，周边围绕着民居（图2-2-33）。村落中散布着窑神庙、东岳庙、龙王庙、娘娘庙等公共建筑。

（二）关中地区传统村落选址与格局的空间特征解析

1. 传统村落的空间结构特征

根据传统村落的形成机制，可分为两类：一类是自发的，一类是有规划或部分有规划建造的。无论是哪一类村落，都具有一种建立在农耕经济和"天人合一"思想上的有机生长的村落形态，其空间组织形态往往表现出一种均质协调和缓慢发展的特征。

关中的大部分村落都是以血缘关系为纽带的同族村落，村落布局的整体结构受我国传统的祖先崇拜思想和家庭演变模式的影响，往往以祠堂为中心围绕布置，宗祠既是村落的祭祀、心理中心，又是整个宗族的中心。宗族壮大后，各房又有小的分支，从而形成更小层级的组团，村落的发展就是在组团之间的缝隙饱和后，以增加组团的方式不断扩大，这便形成了一种以同心圆模式向外继续发展的状态，从而形成了一个村落的生长（图2-2-34）。

1）传统村落的空间结构类型

传统聚落的基本结构主要是指聚落的平面结构形态，由于村落大多数是自发建成的，聚落形态与周边环境有很大的关系，受到周围环境的多重影响。村落结构主要有三种类型：团块形村落、带形村落、散列形村落。

（1）团块形村落

团块形村落多分布于关中阶地平原区和用地较为平坦的黄土台塬区，在长期的聚落发展中处于历代皇权集中之所，地势平坦，聚落结构多为正格形式。其空间结构完整，层次鲜明，发展余地广阔，用地较为规整，属集中发展模式。村落形态近乎圆形或不规则多边形，常位于耕作中心或近中心。村落的空间结构则是以宗祠为核心的同心内聚型，强调建筑群多层次的发展，总体中有轴线和节奏的起伏及空间的疏密变化。例如韩城县柳村古寨（图2-2-35），村落整体布局紧凑，居住建筑围绕一个或几个公共中心整齐布置，道路具有清晰的层次性，主街、次街、巷道均匀分布。发展过程中，建筑沿现有道路延伸即可，新的村落中心也易于在拓展中形成。团块形村落一般空间领域感、归宿感比较强，用地紧凑、节约、街巷尺度宜人，在曲折、进退、对景、节律等方面运用较好。

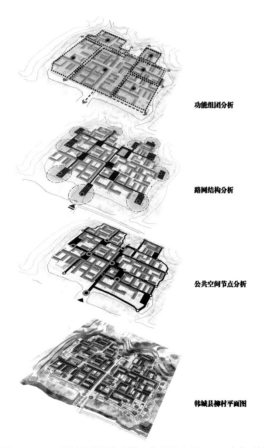

功能组团分析

路网结构分析

公共空间节点分析

韩城县柳村平面图

图2-2-35　韩城县柳村古寨格局分析图（来源：西建大建筑学2011级毕设小组 提供）

（2）带形村落

带形村落多位于平原或开阔地带，受道路影响较大，一般邻近河道或道路，沿河岸、湖岸、道路、山谷、冲沟等呈带形扩展。带形村落沿着轴线走向延伸布局，建筑成行列地紧密排列。仔细观察可发现，组团内部依然遵循着正格的布局模式，组团之间的组织则以变格的形式出现，以顺应地形地貌。这种聚落类型的方向性十分明确，肌理清晰，层次鲜明。由于村落形态较为狭长，公共服务设施较难布置，故在阶地平原区，带形村路多沿着主路呈长条形发展，例如渭南市澄城县尧头村（图2-2-36），地处渭北台塬区，村落沿冲沟和山谷边缘而建，带形村落中人流行进的方向比较明确，空间序列十分清晰。

（3）散列形村落

散列形村落多分布于"台""塬"地带，民居住宅零星分布，道路由于地形的限制而相对较灵活，多为未经统一规划的自然村路。例如三原县柏社村（图2-2-37），村落整体形态最为原始，建筑散落在自然环境中，与周边环境融为一体，村落形态充分顺应原有自然，并未过多地人为改造，有一种自然率性的肌理美。建筑内部多聚于一个中心，如水井、晒谷场等。

2）传统村落的街巷层级

传统村落的道路系统因村落选址环境的不同而不同，关中平原地区因地势相对平坦，村落的路网通常较为规整、方正。

（1）传统村落的街巷种类

关中传统村落的主要道路多沿东西向排布，南北向则多为小巷且布局较为密集。街道受地形的限制自然多变，大多尽量避免一望到底的街道形式。街巷布局多呈树枝状分布，街为干、巷为枝，街巷结构一般呈一字形、丁字形、十字形、迂回形（图2-2-38）。

丁字形道路在关中平原地区明清时期的村落中大量出现，从防御的角度看，丁字街遮挡了视线，可起到迷惑入侵者的作用。从地区气候上说，丁字形道路相比于十字形道路，更有助于阻挡冷气流，改善村落内部的小气候。

十字形道路将村落分割成为规则的网格，有时与丁字形道路相结合，形成"土"、"王"、"玉"字形的道路体系。

图2-2-36　渭南市澄城县尧头村村落格局分析图（来源：渭南市住建局 提供）

图2-2-37　柏社村村落格局分析图（来源：西安建大城市规划设计研究院 提供）

　　一字形道路作为联系住宅与建筑群体的道路，由两侧宅院的高墙围合构成狭长的空间，避免了往来交通的嘈杂，确保了居住空间的安静与私密。

　　迂回形道路通常是在渭北的窑居村落中大量出现，由于受地形的影响，有些村落并没有规整的布局，道路设计迂回、循环。

　　（2）传统村落的街巷空间层次

　　传统村落的空间布局往往通过空间序列和节奏将街巷各层级的私密空间呈现出来，往往从村落的入口至村落的核心空间要经过一系列的起、承、转、合。比如党家村，因为受地形的限制自然多变，大多尽量避免一望到底的街道形式，利用自然景观或村落内的重要公共建筑如塔、庙等作为"收点"，增强空间的序列感以及节奏的变化。

　　关中平原地区，地势平坦，多数村落布局较为规整，通过分析居民进入村落后行进的路径可以发现，布局规整的村落有着完整、清晰的空间层级变化，具体表现为：村入口—主街—公建层级—次街—住宅层次或者入口—院落（图2-2-39）。这是一个公共空间—半公共空间—半私密空间—私密空间逐级过渡的渐变过程，各空间沿着轴线逐一展开，人流路线的方向、清晰明确。

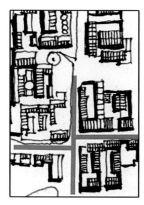
"十"字形道路

"丁"字形道路

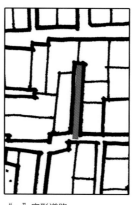
"一"字形道路

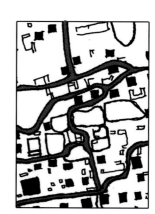
迂回形道路

图2-2-38　传统村落街巷类型分析图（来源：王怡琼 绘）

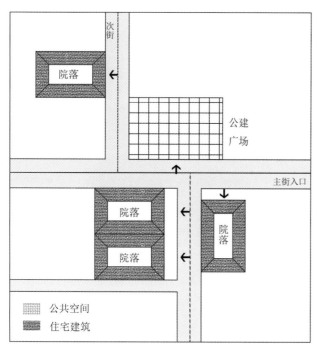

图2-2-39　传统村落的空间层级变化示意图（来源：王怡琼 绘）

（3）传统村落的公共建筑分布

传统村落中不同种类的公共空间，是村落空间构成的重要部分。这些公共空间是村民们集体活动的场所，也是各家之间相互联系的重要元素，是血缘关系、地缘关系、宗教信仰、社会交往习俗的物态载体。

文教建筑作为村落空间的标志性建筑，可丰富村落的空间层次，在关中传统村落中往往以较大的寺庙与戏台或戏楼配套出现，形成村中重要的公共集会空间，并兼做晾晒等生产空间。村庙是关中平原地区村落中最常见的宗教建筑，是村落地缘关系的体现。在传统村落中，"三家之村必有一庙"，而一村数庙的现象也十分常见。庙宇的位置还常常与风水、方位紧密相关，例如掌管科举仕途前程的"文昌阁"、"魁星楼"，一般出现在村落的东南角，与天上"文曲星"的位置一致，体现了"天人合一"的传统哲学思想。又如陕西合阳县灵泉村内现存较完整的观音庙、三义庙以及戏台（图2-2-40），祭祀关公的三义庙修建在一进村的瓮城中，庙内配殿为戏台，由村墙围合而成的瓮城自然就成为了供人们祭拜和观演的场所，正对戏台的最佳观赏位置常常都是正对着寺庙内的神像，这种戏台或是戏楼的寺庙通常位于村落的中心位置，方便各个方向的村民到达。

祠堂的重要性体现为村落的空间结构是以祠堂为中心布置的，以祠堂来组织建筑群空间布局，在平面形态上形成一种由内而外自然生长的村落格局。由单一宗祠"分裂"出更多的分支宗祠，再分别以这些宗祠为次中心，完成村落空间的生长过程。

2. 传统村落的空间形态特征

传统村落的空间形态包括村落内部的建筑体量、高度、形态、天际线、制高点以及街巷的尺度、界面、材料、色彩、质感等。民居建筑是构成村落形态的基本细胞单元，关

图2-2-40　合阳县灵泉村内文教建筑与宗祠分布（来源：西建大建筑学院2009级灵泉村毕设小组 提供）

中传统村落的空间形态按照民居建筑的不同可以分为合院式村落和窑洞式村落两种。

1）合院式村落的空间形态特征

在整体的空间形态上，合院式村落通常由尺度较小的合院民居院落构成，建筑高度一般为1~2层，采用坡屋顶的建筑形式，主要有单坡、双坡两种类型。合院村落的空间形态表现出了关中传统民居的内向封闭和质朴厚重，由民居构成的合院村落形成了丰富的天际轮廓线，宗祠、塔等构成了天际线的制高点，外部空间形态整体而有机（图2-2-41）。合院村落中常常利用自然的景观或者人工的构筑物，如古

树、塔、庙、祠堂等形成空间的中心或收束，以增强村落空间的可识别性和标志性（图2-2-42）。通向宅院的小路具有明确的方向感和领域感，道路交叉的地方往往是重要的空间节点，临街的建筑形态多有变化，在村落中也设置了一些古井、戏楼等公共设施，提升了空间的趣味性和交往功能。

在街巷的空间形态上，合院村落的道路主要沿东西向排布，街道受地形影响而多变（图2-2-43），避免一望到底的形式。组合多变的民居院落形成了丰富的街道空间界面形态，临街的墙体和入口虚实交替，使得空间界面既朴素又具有韵律感，街道的宽窄变化也使得街巷本身有机自然，变化

图2-2-41　党家村的群体空间形态示意（来源：王怡琼 绘）

图2-2-42　党家村入口空间节点（来源：王怡琼 绘）

图2-2-43　党家村街巷空间节点（来源：王怡琼 绘）

形成的宽阔处通常是交往的空间。关中地区合院式村落的巷道宽度一般在2米左右，D/H大约在0.6左右（图2-2-44），再加上建筑檐口出挑明显，街巷的顶空间被压缩，空间围合感强，尺度亲切。合院村落街巷的材料通常为砖石材料，色

彩以灰色和土色为主，具有厚重的历史沧桑感。

合院式村落的典型代表是党家村，借用自然地势，形成了形态规整、变化有序的村落布局形态和浑然一体的院落群。它的特点是风貌古朴典雅，地方气息浓郁，村中街巷空

图2-2-44　党家村村落街巷尺度（来源：李涛 摄）

图2-2-46　三原柏社村下沉式窑洞村落鸟瞰图（来源：西建大建筑学院 2011级毕设小组 提供）

图2-2-45　党家村的街巷空间（来源：王怡琼 绘）

图2-2-47　三原柏社村窑洞式村落（来源：李涛 摄）

图2-2-48　三原柏社村窑洞式村落庭院（来源：李涛 摄）

间尺度亲切（图2-2-45），建筑材料以当地的黄土或青砖为主，整体色彩稳重古朴。建筑群体组合丰富，以看家楼、塔作为中心的体量构成了丰富而有变化的天际轮廓线。

2）窑洞式村落的空间形态特征

关中地区的窑洞村落以下沉式窑洞为主。下沉式窑洞主要分布在黄土台塬地区，其布局形式受地形限制较小，村落整体采用散点布局形式，星罗棋布地散布在黄土台塬之上（图2-2-46）。下沉式窑洞村落的大部分建筑隐藏于地下，在地面上只留有少量房屋和大量树木（图2-2-47），村落的营造就地取材，以天然的黄土作为建筑材料，建筑色彩与环境融为一体，天际轮廓线自然，形成了"进村不见村，树冠见三分，麦垛星罗布，户户窑院沉"的景象。

下沉式窑洞村落中最具代表性的是三原县柏社村，村落周边为典型的关中渭北旱原区田园自然景象，果树林木繁茂，地势北高南低。村落内部除北部有数条自然冲沟洼地嵌入外，基本为平坦的塬面。村落内部环境优美静谧，高大繁茂的揪树遮天蔽日，形成了十分封闭、幽静的村落空间环境。柏社村数量众多的下沉式窑洞建筑作为古老而特殊的人居方式，积淀了丰厚的建筑、历史、人文信息（图2-2-48）。

第三节　传统建筑群体与单体

关中传统建筑类型多样，有宫殿、陵墓等皇家建筑，有佛寺、道观等宗教建筑，有文庙、书院等教育建筑，也有民居等居住建筑。宫殿是举行朝会、庆典等的场所，也是皇家核心政务机构建筑群；陵墓是皇室陵寝，也是举行纪念祀典的场所；宗教建筑则是古代的信仰祭祀场所，它融入了市民生活，其外部空间或周边环境常常成为民众文化生活的公共空间。可以说，这些建筑都具有一定程度的公共性，因此本章将关中传统建筑分为两大类：一类是包含了部分公共活动在内的公共建筑，一类是供人们居住生活的民居建筑。

一、宫殿建筑

在中国历史上，位于关中平原的长安是历时最长的古都，建都历史超过千年，享有"秦中自古帝王州"的盛誉。千年的都城积淀，滋养了宫殿建筑的繁盛。秦咸阳、汉长安和唐长安中的宫殿建筑，无疑是都城中最重要的建筑群，凝聚了当时全国最优秀的工匠和各类营建者的心血。如果说宫殿是古代建筑中华美的王冠，那么汉唐长安的宫殿就是这王冠上的璀璨明珠。[1]

当然，各时期的宫殿还是有所不同的：秦汉时期，宫殿建设兴盛，都城中宫殿的规模气势之大、建筑数量之多、体量造型之壮丽，远胜于前，具有一种磅礴开拓的气势；隋唐时期，都城建设表现出了中央集权的气魄与实力，宫殿集中设置于都城中轴线之北端，宫室制度也更加严密和成熟，建筑造型开朗豪迈，华丽雍容，具有洒脱浪漫的气质。

（一）秦咸阳宫——宫殿布局象天法地

秦朝都城咸阳，创于战国中期秦孝公十二年（公元前350年）。它摒弃了传统的城郭制度，在渭水南北广阔的地区建造了许多离宫，东至黄河，西至汧水，南至南山，北至九嵕山，都是咸阳的范围。秦咸阳城市和宫殿的规划体现了象天法地的观念。北塬上的咸阳宫"端门四达，以则紫宫，象帝居"，以人间宫殿象征天上。明清宫城称为紫禁城，其渊源可以上溯到秦朝的"紫宫"与"禁中"。秦人以渭水象征银河，河上架桥和复道，直抵人间离宫阿房，正与天象相合。秦咸阳的这种设计思想，成为以天地为象征的"地区设计"的伊始。[2] 同时，这种布局也显示了秦始皇统一大业功成之后的经天纬地、气吞山河、人间与天地同构，象征了皇权的崇高和永恒（图2-3-1）。

（二）汉未央宫——非壮丽无以重威

西汉长安的主要宫殿，依建造时间的先后，为长乐、未央、建章三宫，各宫自为宫城。长乐初居高祖，以后居太后，未央才是正式的大朝之宫，建章则具有离宫的性质。

汉高祖七年（公元前200年），西汉王朝开始营建未央宫。"未央"一词出自《诗经·小雅·庭燎》："夜如何其？夜未央。"未央即未尽之意，代表皇族子孙永远昌盛兴旺。

在规模上，未央宫是西汉最大的宫殿，其宫城平面近方形，东西2250米、南北2150米，约占汉长安城总面积的1/7。在布局形制上，未央宫也是西汉长安最正统的宫城，平面近方形，继承了夏商以来宫城方形的传统。未央宫内的布局可以分为南、中、北三部分，分别由两条横贯宫城的大街分隔开。南部西侧是未央宫的重要池苑——沧池。中部以居中的前殿为主体建筑，北部是皇宫中的后宫区。[3]

未央宫前殿殿基之现状，东西宽约200米，南北深400米，由南向北逐渐升高，分三层台地，北部最高处高出周围地面15米左右。在未央宫平面图上可以看到，前殿因借原有丘陵地增高筑成，位于全宫中心。早在三千年前的陕西岐山凤雏早周遗址中已出现置主体建筑于中心的布局。到春秋战国时期，这种布置已形成传统，并出现了理论。战国末年的著作

---

① 贺从容. 古都西安[M]. 北京：清华大学出版社，2011.
② 吴良镛. 中国人居史[M]. 北京：中国建筑工业出版社，2014.
③ 贺从容. 古都西安[M]. 北京：清华大学出版社，2011.

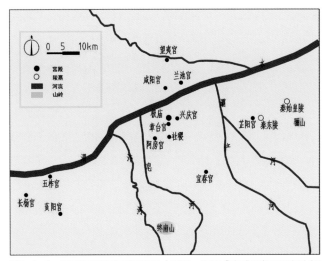

图2-3-1　秦咸阳宫殿分布示意图（来源：根据《秦咸阳象天设都空间模式初探》，周方乐 改绘）

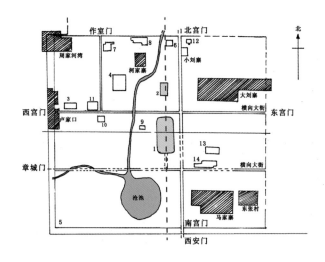

图2-3-2　汉未央宫遗址平面分析图（来源：根据《中国古代城市规划、建筑群布局及建筑设计方法研究》，陈建宇 改绘）

图2-3-3　陕西西安汉长安城未央宫遗址前殿复原设想图（来源：《宫殿考古通论》）

《吕氏春秋》（"审分览·慎势"）中说："古之王者，择天下之中而立国，择国之中而立宫，择宫之中而立庙"，并言明是为了得"势"以便于统治。未央宫的布局中，前殿居中就是这种为了得势而"择中"的思想的表现（图2-3-2）。[1]

整个宫城的布局特征是以皇帝大朝的主体宫殿——前殿建筑群为中心，后妃的寝宫建筑群列于其北，其他主要宫殿居于主体宫殿之后，辅助宫殿建筑集中在主体和主要宫殿两侧，形成了以帝后宫殿沿线为南北中轴，向东、西两翼展开的宫城布局模式，并为后世宫城所沿用。前殿建筑群由南、中、北三座大殿组成，三大殿之前均有宏大的庭院，可能分别为外朝、内朝和正寝（图2-3-3），这种布局形制或为后代宫城三大殿之制的先河。[2]

主持营建未央宫的丞相萧何认为："天子以四海为家，非壮丽无以重威。"这种用建筑 艺术渲染至高无上的皇权的仪式空间，使后世诸代君王有了效仿的依据，成为了后世帝都营建的核心理念之一。

（三）西汉明堂辟雍——审美与伦理的统一

所谓明堂，即"明正教之堂"，"正四时，出教化"，是明正教之处。辟雍者，"象璧，环雍之以水，象教化流行"，是宣教化之所。明堂、辟雍，是古代皇帝明正教、宣教化，将教化传播于天下的场所，是中国古代最高等级的皇家礼制建筑之一。

明堂早在西周时期已出现，西汉长安南郊的明堂辟雍遗

---

① 傅熹年. 中国古代城市规划、建筑群布局及建筑设计方法研究[M]. 北京：中国建筑工业出版社，2001.

② 贺从容. 古都西安[M]. 北京：清华大学出版社，2011.

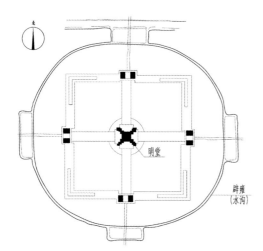

图2-3-4　西汉明堂辟雍总平面图（来源：《中国古建筑探微》）

图2-3-5　西汉明堂南立面图（来源：《中国古建筑探微》）

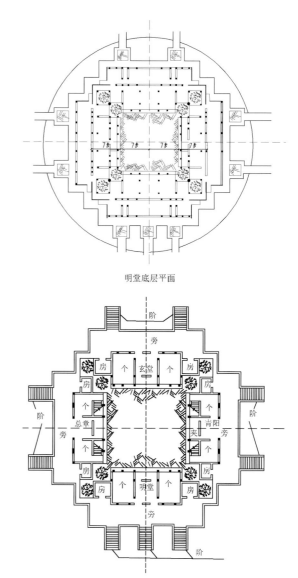

明堂底层平面

二层平面

图2-3-6　西汉明堂平面图（左为首层，右为二层）（来源：《中国古建筑探微》）

址，发掘于1957年，是目前中国考古发现最早的明堂实例。它位于汉长安城正南门——安门外大道以东，距安门约2公里处。

西汉明堂、辟雍，可以说集中体现了古文经学的儒学审美观。它的布局规整、匀称，总体上为轴对称构图，但出于功能的要求或是造型的要求，南、北两面并不完全相同，南面显然是正面，这样又形成了一个镜面对称的构图。它不拘泥于"圆盖"的传说，使用了方形屋顶，但又不完全是正方形，而是东西略长一点（约60厘米），以便在构造上很自然地做出一个带短脊的屋顶。整个设计显示出了动（轴对称带有旋转性）中有静（镜面对称带有稳定性），圆中有方，方中有变（折角方形，有主有从），变中有度（服从主体效果，又有共同的尺度关系）的儒家哲学——美学的基本精神（图2-3-4，图2-3-5）。[1]

虽然现在还不知道这座建筑当初具体的象征含义，但

其中包含的一（中心主体），二（每面双阙，左、右阶），三（门屋、太室间数，堂个数），四（四方向，四堂），五（五室），六（后夹六间，南北堂房间个数），七（太室三间四向），八（平台每面八间），九（九阶九室）等数字及其组合（图2-3-6），不论作出何种解释，其总体都保持着规则、和谐、凝重、合乎人的正常尺度的形式美法则。在这

---

① 王世仁. 中国古建筑探微[M]. 天津：天津古籍，2004.

里，审美与伦理，形式与内容得到了统一。①

（四）唐大明宫——盛唐标志，宫殿巅峰

作为唐长安城的政治文化中心，唐大明宫是中国古代规模宏大、规划严谨、制度完备的宫殿群，反映了唐代宫殿的规划建制在继承和创新方面的高度成就，堪称中国乃至东亚宫殿建筑的巅峰之作。②

大明宫在长安城北墙东部城外，平面呈南北长方形，东宫城北段呈西北一东南走向。大明宫四周总长约7071米，总面积为3.42平方公里，是东汉与之后各朝代宫室中规模最大的一座，相当于今天的北京紫禁城的4.8倍。③

布局上，大明宫内分朝区、寝区、后苑三部分，用东西向横墙、横街分割。学者认为，大明宫规划以50丈为网格模数并结合大明宫所处复杂地形构成了合理而灵活的布局。第一、二重墙之距为50丈，第二、三重墙之距为100丈，第三重墙与北宫墙之距为450丈，它们分别合50丈网格的1格、2格和9格。至于第一重墙与宫城南墙之距合3格尚余17丈，则是因为宫城南墙和龙首原的位置都是固定的，既要借用长安外郭北城墙为宫墙，又要建含元殿于龙首原南沿，遂无法同时顾及50丈网格，规划时只能以含元殿为基准定第二重宫墙，向南推50丈为第一重宫墙，向北推100丈为第三重宫墙，再向北推450丈为宫城北墙。这样，自第一重宫墙至宫城北墙正合600丈，计12个网格。④ 大明宫城北墙宽386丈，即7个网格并余36丈。南城墙宽466丈，即9个网格并余18丈。这大约是北墙要相当于南面光宅、靖善两坊之宽，而南墙又要使主殿宣政、紫宸二殿在中轴线上所致，遂无法兼顾使网格为整数了。综上所述，全宫南北为15格余17丈，东西为9格余16丈，基本是符合规律的（图2-3-7）。如果用作图法把北宫墙画成与南面同宽，假定全宫为矩形，在其间画对角线求其几何中心，则寝

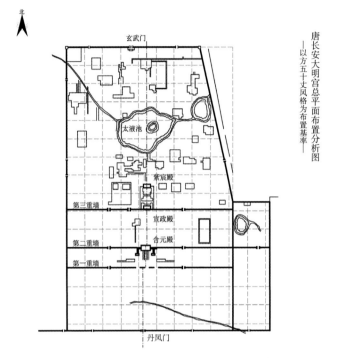

图2-3-7　唐长安大明宫总平面布置分析图（来源：根据《中国古代城市规划、建筑群布局及建筑设计方法研究》，方帅 改绘）

区主殿——紫宸殿基本位于对角线交点之上，和此前所见"择中"的传统手法是一致的。⑤

大明宫也是宫殿选址因地制宜的成功范例。宫内地形是南端为平地，中部为一东西走向的高地，南面陡坡，北面缓坡，坡北为太液池，池之东、北面为平地，自含元殿起，其北诸殿都建在高地上，主殿含元殿、宣政殿、紫宸殿三殿又建在地形最高处，在宫中可以俯览整个长安城，《两京新记》中说它"北据高岗、南望爽垲，终南如指掌，坊市俯可窥"（图2-3-8）。

宫殿之制，隋唐一改魏晋南北朝三百多年中一直沿用的主殿东、西建东堂、西堂的三殿并列的布局制度，远法周礼改为依进深序列布置的"三朝之制"，以显示统一盛世的气魄。大明宫以含元殿为外（大）朝，宣政殿为治（中）朝，

① 王世仁. 中国古建筑探微[M]. 天津：天津古籍，2004.
② 张锦秋. 丹凤门遗址保护展示工程设计[J]. 中国文化遗产.
③ 傅熹年. 中国古代建筑史[M]. 北京：中国建筑工业出版社，2001.
④ 傅熹年. 中国古代建筑史[M]. 北京：中国建筑工业出版社，2001.
⑤ 傅熹年. 中国古代城市规划、建筑群布局及建筑设计方法研究[M]. 北京：中国建筑工业出版社 2001.

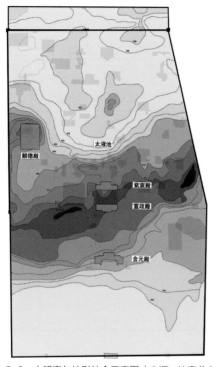

图2-3-8　大明宫与地形结合示意图（来源：毕竟龙 绘）

紫宸殿为内（燕）朝，三朝依进深序列布置，形成南北中轴线。由于地形所限，同时也为了满足含元殿与慈恩寺中唐高宗为纪念其母长孙皇后而建的大雁塔遥遥相对，含元殿、丹凤门依次向西偏移，使得中轴线南部略向西偏移。[①]

丹凤门是唐大明宫的正门，是皇帝出入宫城的主门，也是宣布登基改元、颁布大赦等重要法令，举行宴会等外朝大典的重要政治场所。城墙（宫墙）南北宽9.76米，马道宽4.35米，城台有五个门道，均宽8.5米，尺度、质量、规格皆为隋唐城门之最。[②] 丹凤门向北610米左右，经龙尾道上到10米高的高台上即达大明宫的正殿——含元殿，这里是举行元正、冬至大朝会的场所，也是大唐天子接见外国来的藩王、使臣的场所，是盛唐的标志。含元殿矗立在高于地面约15.6米的台地上，与丹凤门之间形成了一个开阔的殿前广场。含元殿两侧向前伸出两座阙阁，东为翔鸾阁，西为栖凤阁。殿两侧向前折出廊道，与双阁相接，形成一个"凹"字形的空间，环抱殿前广场。含元殿外观为十三间的重檐大殿，三层台阶，都用石块包砌，装青石雕花栏杆。殿前龙尾道平段地面铺素面砖，坡段地面铺莲花砖。高大的殿宇，东西对峙的阁阙，左右延伸的龙尾道以及巨大的殿前广场，形成了含元殿极其壮大恢宏的空间氛围与场面（图2-3-9），正与西汉时萧何所说的"天子以四海为家，非壮丽无以重威"的天子之居的象征性意义相合。[③]

大明宫寝区主殿——紫宸殿已经坐落在园林化的环境之中了。[④] 紫宸殿之西有延英殿建筑群，是日朝、常朝以外临时有事召见大臣之处；紫宸殿之东有浴堂殿、温室殿，是皇帝日常起居活动的重要殿宇。[③] 紫宸殿之后的蓬莱殿，已经进入以太液池为中心的宫苑区[④]，蓬莱殿之北有含凉殿，武则天就是在含凉殿生的唐睿宗。作为皇宫内部的生活区，园林化的环境、尺度适中的院落空间和朝区规模宏大的皇家礼仪空间形成了鲜明的对比且共存一体，体现了大壮与适形思想的辩证统一。

关中地区的宫殿建筑对后世宫殿的营建产生了深刻的影响，并且其影响还波及周边的日本、高丽、越南等国。穿越历史长河，当年高大恢宏的建筑群早已荡然无存，现在能看到的仅有古代宫殿建筑的夯土基址，这些宫殿遗址是见证各朝代历史最重要的实物资料，在中国的历史发展中占有不可或缺的地位，其价值弥足珍贵。

二、陵墓建筑

陕西关中帝陵的数量和密度为全国之最，这些帝王陵墓是周秦汉唐历史的缩影。恢宏厚重的帝陵跨越千年，绵延五百里，形制严谨。夏商周三代，西周定都关中，王陵分布

① 傅熹年. 中国古代建筑史[M]. 北京：中国建筑工业出版社，2001.
② 张锦秋. 丹凤门遗址保护展示工程设计[J]. 中国文化遗产.
③ 贺从容. 古都西安[M]. 北京：清华大学出版社，2011.
④ 杨鸿勋. 大明宫[M]. 北京：科学出版社，2013.

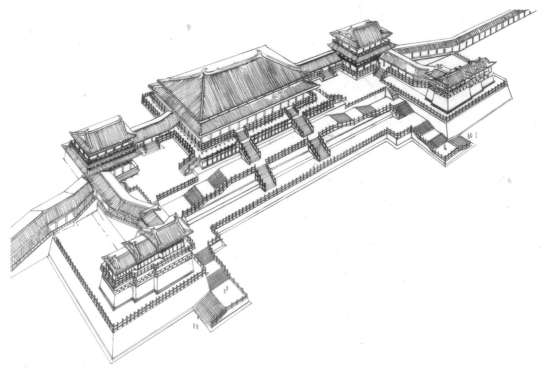

图2-3-9 大明宫含元殿复原鸟瞰（来源：《宫殿考古通论》）

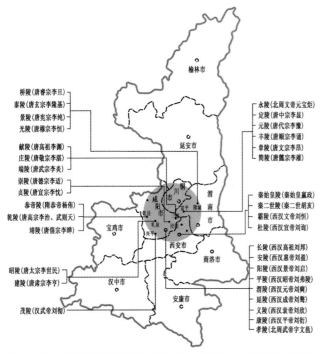

图2-3-10 关中帝陵分布情况（来源：《中国帝陵文化价值挖掘及旅游利用模式》）

在镐京附近，由于当时实行"不封不树"的丧葬制度，所以其规模和形制不得而知；秦始皇陵是中国第一座皇家陵园，耸立在临潼骊山北麓；西汉先后有 11 位皇帝执政，除霸陵、杜陵外，其余陵墓均位于咸阳原上，因其覆斗形状而被誉为"中国金字塔"；唐代处在封建社会的鼎盛阶段，"唐十八陵"位于关中北部坦荡的平原和挺拔峻秀的崇山之间（图2-3-10）。①

（一）陵墓选址——地势高亢、气势威严

自秦以来，历代皇帝都十分重视帝陵的选址和修筑。秦汉时期的帝陵选址在早期择地观念和原则的影响下，重视地势高亢，四周较为开阔的地形。地势高亢主要承袭了早期相宅和墓葬的择地原则，一则可以减少地下水浸泡陵墓的可能，二则有利于远望，视线通透。秦始皇陵的选择与早期山阳水阴的择地原则不完全一致，可以将其视为秦人喜好高

① 张建忠. 中国帝陵文化价值挖掘及旅游利用模式[D]. 陕西师范大学，2013.

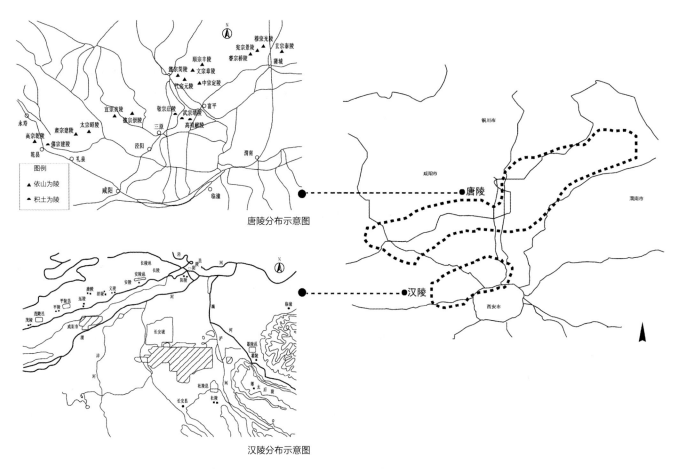

图2-3-11　汉唐陵分布示意图（来源：根据《中国帝陵文化价值挖掘及旅游利用模式》，宋宏春、周方乐 改绘）

大、开阔的择地标准的体现。[1]

西汉的渭北陵区，从阳陵至茂陵长达40公里，各个陵墓基本分布在一条直线上。西汉帝陵选址更多地受到商周以来王陵多置于都城附近高地上的思想的影响，带有明显的高亢、敞亮的特点。这种高敞的地势，除了可以远离渭河水的侵扰外，还可以居高临下，俯瞰长安全城，充分显示皇家的尊贵和威严，所以西汉帝陵比秦始皇陵更重视"敞"，其所在的渭河北岸高敞的台塬视野更为开阔。[2]

唐王朝共历经21位皇帝，除唐末二陵外，其余18座陵墓（唐高宗李治与武则天合葬于乾陵）均分布在渭河北岸的咸阳二道塬及北山各峰脚下，被称为"唐十八陵"。唐初，吸取堆土为陵容易被盗的历史教训，从昭陵起，确立了因山为陵的形制。将陵墓参差布置于有"龙盘凤翔之势"的冈峦之上，实现了自然景观与人文景观的有机联系，充分体现了中国古代"天人合一"的宇宙观。唐十八陵整体处于群山环绕的一个相对封闭的空间之内，完全符合东晋郭璞所著《葬经》中重视"藏风纳气"的选址观（图2-3-11）。在帝陵选址上，将以昭陵和乾陵为代表的唐陵和西汉帝陵相比较，因山为陵的唐陵的地势更高，气势更威严，比秦汉帝陵更加重视山、水的形势布局。[3]

---

① 傅熹年. 中国古代城市规划、建筑群布局及建筑设计方法研究[M]. 北京：中国建筑工业出版社，2001：20.
② 罗哲文，骆中钊. 风水学我国古代建筑的规划营造[J]. 古建园林技术，2008（2）.
③ 张建忠. 中国帝陵文化价值挖掘及旅游利用模式[D]. 陕西师范大学，2013.

（二）陵墓布局——事死如事生

《礼记·中庸》曰："敬其所尊，爱其所亲，事死如事生，事亡如事存，孝之至也。"依"事死如事生"的设计理念，秦始皇为自己修建的陵墓实际上是以咸阳的宫殿为样板，在地下再造了一座都城。陵园仿照秦国都城咸阳的布局建造，大体呈回字形。陵园内外两重城垣象征都城的皇城和宫城。内城里有寝殿、便殿等，体现了"前朝后寝"的宫殿建筑形制。[①] 秦始皇陵的封土形式为"覆斗方上"式，即在地宫上方有黄土堆成的三阶逐级收缩的方形夯土台；而地宫主体建筑顶部建成穹庐形，象征"天圆地方"。秦始皇陵的布局及设施，体现了秦王朝的中央集权专制制度。以人工堆积高大的封土和借助高大的骊山衬托出陵墓本身的宏大体量，反映了秦人好大的心理需求。[②]

汉代承袭秦制，西汉帝陵模仿西汉帝国的建设理念，继承了秦始皇陵"上具天文，下具地理"的理念。西汉诸帝陵园均仿都城制度营造，各陵园建有城垣，四面正中辟门，一般东门和北门比其余两门高大。帝陵的陵园布局除了受长安城建筑形制影响外，还沿袭了古代以西为上的礼制。东汉哲学家王允认为西方是"长老之地，尊者之位也"，"尊者在西，卑幼在东"，所以陵园位于陵区西部。西汉帝王陵墓的陵邑和陵庙的修建，寝、便殿的设立及寝园的形成，陪葬坑及陪葬墓的设置等均有明显模仿现实的特征。

唐陵依山为陵，陵园随着山势走向营建，因而平面也不甚规整，但仍旧每面各开一门，南、东、西门道一般与陵墓地宫正方向相对，北门道多随山势地形而定。四门分别为南朱雀、北玄武、东青龙、西白虎。唐陵陵区的平面布局也和唐长安城平面布局惊人地相似。唐长安分为郭城、皇城和宫城，都城坐北朝南，三重城垣的三座南门南北一线形成都城轴线。唐陵的三道门也象征都城的郭城、皇城和宫城的正门。每座门内均有献殿，门外有双阙、双兽。朱雀门为其正门，前有神道通向南部的双乳台。[③] 第一道门和第二道门之间的神道石刻，象征皇城中的百官衙署，神道两侧对称放置着石刻华表、翼马、鸵鸟、石人等，象征着皇帝的仪卫。乳台向南还有阙台，二台之间为陪葬区，象征郭城中的里坊的贵族宅邸（图2-3-12、图2-3-13）。

（三）神道序列空间——强调层次感，烘托纪念性

神道是自汉以来帝陵的重要组成部分，陵墓前修建的神道是引导死者灵魂升入天国的必由之路。在神道的两旁，

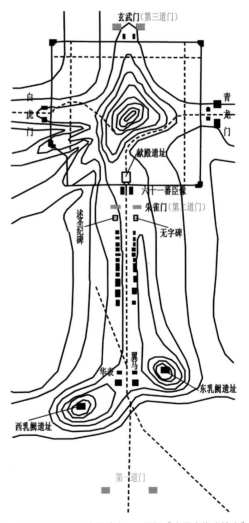

图2-3-12　乾陵平面示意图（来源：根据《中国古代建筑史》，宋宏春 改绘）

---

① 段清波. 秦始皇帝陵园相关问题研究[D]. 西北大学，2007.
② 徐卫民. 秦帝王陵墓制度研究[J]. 唐都学刊，2010：26（1）.
③ 潘谷西. 中国建筑史（第五版）[M]. 北京：中国建筑工业出版社，2004.

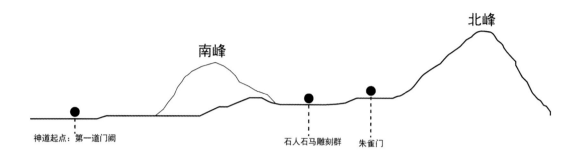

图2-3-13　唐乾陵剖面示意图（来源：方帅 绘）

排列着狮子、大象、石羊、石人等，象征护送"灵魂"的卫队，沿途镇凶驱邪。天国之门为神道尽头的墓阙，一般为仿木结构建筑的石阙。在墓阙上雕刻云气仙灵，奇禽怪兽，象征仙国之景，暗喻死者灵魂由此升入美妙而飘逸的理想之国。从陵墓建筑的地宫到寝庙，从寝庙到神道，从神道到墓阙，产生了一组富于变化的序列空间。

在陵墓空间环境的建设中，唐朝继承并发扬了东汉时期出现的墓前石刻的运用，开始注重陵园环境的空间序列。通过设置悠远的神道，用门阙、石刻加强序列的层次感，烘托浓重的纪念性气氛。以唐乾陵为例，唐乾陵奠定了唐代"依山为陵"葬制的基本模式，它将山陵与建筑整体有机地结合在一起，相互依托利用。北峰居高临下，控制全局，南面两峰成为外城的天然双阙。第一道高大的门阙位于神道的起点。往北，高耸的南二峰顶上设置了第二道门阙，穿过石人、石马雕刻群，直抵朱雀门，形成南北中轴线和左右对称相结合布置的建筑组群。从剖面上看，乾陵利用山势的自然起伏，产生了两次大的节奏变化，同时，在任何一个点都能看到主峰，提升了祭拜者对皇帝的敬仰之情，增强了陵区的神圣崇高感。[1] 从乾陵头道门踏上石阶路，共500多级台阶，台阶最高点和最低处的高差达80多米，南北主轴线长度近5公里。[2] 乾陵通过石刻、门阙，形成了主要的轴线

序列空间（图2-3-14）。[3] 这种序列空间设计方法恰当地选择与利用了自然环境，体现了设计者的智慧与水平，证明了唐代纪念性建筑规划的理念和实践具有较高的水准，被其后的历代陵墓设计者沿袭仿效。

（四）陵墓石刻——形神兼备，影响深远

关中帝陵的石刻是中国古代雕刻艺术的重要宝库之一。汉武帝茂陵的陪葬墓——霍去病墓前的一组大型石雕作品，有跃马、卧牛、伏虎、马踏匈奴等陪葬石刻制品，形神兼备，是目前我国保存时代最早的大型陵墓石刻艺术珍品，对历代陵墓石刻影响深远。[4]

唐陵前大多有石刻群，其中昭陵和乾陵为最佳，而且从乾陵开始，陵墓前面的石刻组合有了固定的制度。乾陵不仅以规模宏大而著称，而且以石刻众多而闻名（图2-3-15）。

总体说来，汉代石雕遵循的原则是顺乎自然。整个石雕采用巨大的整体石块，就其自然外形加以艺术处理，灵活使用圆雕、浮雕、线刻的表现手法，使之完全服从于石雕的造型。这种创作方法，对于天然的石头不加以破坏，只是顺势而为。唐代一改汉时的尚简朴之风为尽善尽美的精细之追求，其雕塑总是对石材进行全方位的刀刻和斧凿，显现出人力的伟大。

① 刘毅. 中国古代陵墓[M]. 天津：南开大学出版社，2010.
② 胡武功. 关中帝陵[J]. 中国西部，2002（1）.
③ 刘庆柱，李毓芳. 陵寝史话[M]. 北京：社会科学文献出版社，2011
④ 中国建筑工业出版社. 中国美术全集. 陵墓建筑[M]. 北京：中国建筑工业出版社，2004.

图2-3-14 乾陵神道序列空间（来源：刘京华 摄）

图2-3-15 乾陵神道石刻（来源：刘京华 摄）

三、宗教建筑

（一）佛教建筑

　　长安自古便是中国乃至远东地区佛教文化的重要策源地。从佛教早期的传播路线来看，长安是佛教传播者入华后必经的第一座汉地的重要城市，并且在隋唐时期成为了佛教文化推创、交流、传播的中枢（表2-1）。

1. 寺院译场——交融转化的空间组织

　　唐朝国力强盛，国家实行开放的治国政策以及极具包容性的宗教政策。这一时期的文学、建筑、美术、哲学等多个领域都丰富了中国佛教的内容。当时的长安是六大佛教祖庭，成了

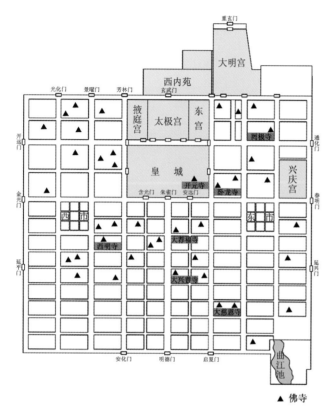

图2-3-16　唐长安城佛寺分布图（来源：根据《西安地区佛寺建筑研究》，何娇 改绘）

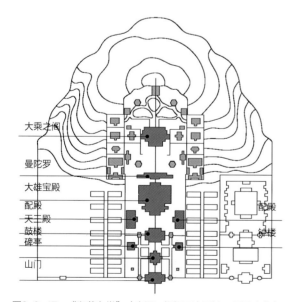

图2-3-17　"珈蓝七堂"（来源：根据百度网站，何娇 改绘）

汉传佛教建宗立派的发源地。唐朝借鉴并吸收了隋代佛教译经的经验，以国家行为建设"长安三大译场"，即大兴善寺、大慈恩寺和大荐福寺，组织大规模佛教译经，为汉传佛教分宗立派提供了重要的空间场所（图2-3-16）。

佛寺空间场所在布局上原本是印度制式，即以高大的佛塔为主体，其四周以方形广庭与回廊门殿环绕，中心性明显。初入中国的佛寺形式，也仍受此所制。后于南北朝时期，佛寺殿堂出现并开始发展，至唐宋时期，最终取代了印度以佛塔为全寺中心的形式，确定了以佛殿为佛寺中心的中国化庭院的形式。最为典型的即为禅宗寺庙的"珈蓝七堂"制度，是中国佛寺的基本布局形式。"珈蓝七堂"，从实物来看，"是指山门、天王殿、钟楼、鼓楼、东配殿、西配殿和大殿七座建筑，其特点是严格按照中轴线布置建筑，保持传统的宫廷、邸宅形式"（图2-3-17）。珈蓝七堂模式直接影响到长安佛寺的建设，以西安大慈恩寺最具代表性。[1]大慈恩寺内自南向北在中轴线上坐落有山门、大雄宝殿、佛殿大雁塔。在第一进院落内，山门的西北与东北两侧还坐落着钟、鼓二楼（图2-3-18）。这种形制的出现和发展，既是南北朝贵族"舍宅为寺"的结果，也是外来佛教文化与中国本土文化交融转化的典型代表。

2. 砖石仿木楼阁式塔——佛塔汉化形成唐塔建筑范式

佛塔传入我国后，不断与汉文化的建筑体系相融合，充分体现了与汉文化中亭、台、楼、阁建筑体系结合的风韵。唐、宋时期塔的建造达到了空前繁荣的程度，楼阁式、密檐式及亭阁式塔正值盛年。

陕西境内现存古塔有400余座，其中以西安慈恩寺大雁塔、荐福寺小雁塔最为著名。[2]大雁塔采用了砖石结构，但其蓝本仍是木结构楼阁式塔，其主要形象特征仍是仿木结构的崇楼，每层楼上均有仿木的门窗、柱子、梁枋和斗栱，塔檐由砖砌成仿木结构（图2-3-19）。除了在结构上大胆革

---

① 贺从容. 古都西安[M]. 北京：清华大学出版社，2011.
② 贺从容. 古都西安[M]. 北京：清华大学出版社，2011.

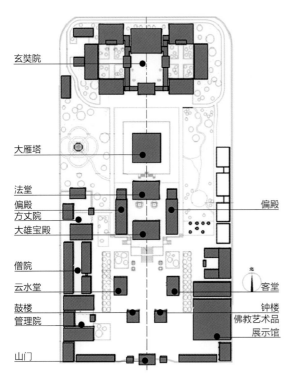

图2-3-18　大慈恩寺平面图（来源：根据《西安地区佛寺建筑研究》，何娇 改绘）

图2-3-19　西安大雁塔（来源：王军 摄）

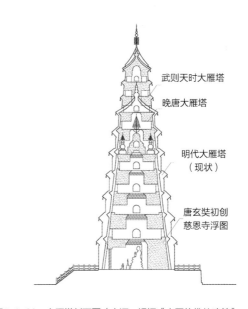

图2-3-20　大雁塔剖面图（来源：根据《中国的佛教建筑》，何娇 改绘）

新外，大雁塔还对塔的内部空间进行了改革，内设旋梯，增添了空间的流动性（图2-3-20），使其成了可登临的砖石仿木结构的楼阁式塔。大雁塔线条简练、明确，轮廓稳定端庄，节奏亲切和谐，艺术风格质朴大气，成为了唐塔建筑风格的典范。除楼阁式塔外，关中地区还有许多砖石砌筑的密檐式塔，如小雁塔（图2-3-21）。

3. 雁塔题名——宗教建筑空间功能的多样拓展

大慈恩寺不仅是玄奘实现宗教理想、弘扬佛法、传道译经的宗教空间，也是一座与皇权紧密联系的皇家寺院，蕴含着浓重的政治意味，同时，它还是一处歌舞升平、雅俗共赏的世俗空间。

唐代诗人在大雁塔留诗成为一时风尚，一度形成"塔院小屋四壁，皆是卿相题名"的盛景。入第进士到慈恩塔下举行题名活动，文人骚客也纷纷效仿，久而久之，"雁塔题名"成为流行的活动。除此之外，大雁塔也是唐长安城普通市民的公共活动场所，每逢佳节，市民结伴游览慈恩寺，登大雁塔已成风尚。

（二）道教建筑

道教是我国土生土长的古老宗教，其形成、传播、发展、壮大皆离不开历史上著名的政治、经济、文化中心——三辅地区，即今天的陕西关中地区。长安虽非道教创始之地，却是道教思想和理论的源脉之地。

图2-3-21　西安小雁塔（来源：王军 摄）

道教祖庭——楼观台位于西安周至县城东南，终南山北麓，是周代大思想家、哲学家、道家学说创始人——老子讲经传道之地。南北朝至隋唐间，以长安地区（终南山楼观台）为中心，出现了兴盛于我国北方的道教大宗——楼观道。楼观道是以崇奉老子与关令尹喜为教祖的道派，该道派自创立以来受到了历朝统治者的注意和重视，隋唐之际更是进入鼎盛时期，成为了李唐王朝崇奉的官方御用流派。公元624～735年，道教东渡高丽、日本等地，这是中国古代道教史上少有的几次中外交流，均发生于长安。[1]

道教在唐代具有国教的地位，全国各地纷纷建立宫观庙院。据《唐两京城坊考》记载，当时长安城内共有道观40多处（其中包括隋代建立的10处左右），有些道观规模非常雄伟宏大，如唐高宗李治为唐太宗追福而在保宁坊建立的昊天观，占尽一坊之地，隋文帝开皇二年建立的玄都观占据了崇业坊的大半用地，唐高宗李治为太子李弘建造的东明观，占据了普宁坊东南隅差不多四分之一的坊地。[2]

宋元以后对全国道教有重大影响的全真教是由京兆咸阳人王喆（又名王重阳）创立的，其弟子丘处机请旨元朝皇帝将祖师王重阳修道和葬骨之地——"祖庵"扩建为"重阳宫"。扩建后的重阳宫规模宏伟，殿阁林立，成为全国七十二路道教的总汇合处，西安地区再次成为全国道教的中心。[2]

道教至明清时期已渐趋衰微，再加上西安地处西北，远非京畿繁盛之地，所以早已失去了道教文化传播中心的地位。尽管如此，西安城内及周边地区仍保留有不少的道教庙宇，它们继续发挥着延续及传播道教文化的功能。直到今日，西安地区保留下来的道教宫、观、祠、庙与全国其他城市相比仍然是较多的。在《云笈七签》中，西安地区的华山是十大洞天中的"三元极真洞天"，三十六小洞天中的"太极总仙洞天"，太白山是三十六洞天中的第十一洞天——德元洞天，楼观台、玉峰、蓝水也均在"福地"之列。另外，在国家公布的30个重点道观中，西安及关中地区就占了5个，因此，西安及关中地区在全国道教文化中占有相当重要的地位。[2]

道教讲求的"清虚自持"、"返璞归真"、"俭朴隐居"的主张与关中特有的自然环境相结合，使关中宫观在分布、布局、用材等方面都形成了独特的特点。

1. 关中宫观分布——依恋名山、洞殿结合

关中地区南有秦岭，北有北山山脉，名山众多，渭河及其支流环绕其间。优越的自然环境为道教建筑的选址提供了得天独厚的优势，使关中地区道教建筑的分布对名山非常依

① 吕仁义. 西安与中国宗教文化的发展与传播[A]//传统伦理与现代社会——第15次中韩伦理学国际讨论会论文汇编（二）[C]. 中国伦理学会，陕西师范大学、陕西省伦理学会，2007：13.
② 吕仁义. 西安与中国宗教文化的发展与传播[A]//传统伦理与现代社会——第15次中韩伦理学国际讨论会论文汇编（二）[C]. 中国伦理学会，陕西师范大学、陕西省伦理学会，2007：13.

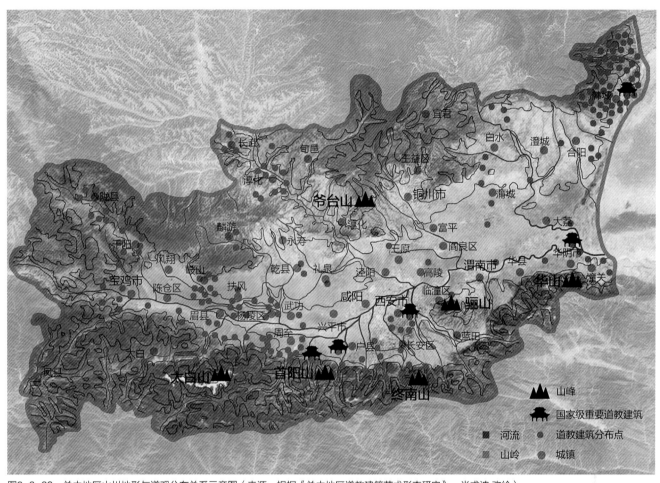

图2-3-22 关中地区山川地形与道观分布关系示意图（来源：根据《关中地区道教建筑艺术形态研究》，肖求波 改绘）

恋，如终南山形成了包括楼观台、骊山、太乙宫、重阳宫等在内的一系列道教建筑群，还有华山道教建筑群，铜川耀州区的药王山道教建筑群，宝鸡的太白山、吴山、景福山、磨性山等道教建筑群（图2-3-22）。

华山道观因地就势，洞殿结合，并且相互依存，使道观很好地和周围环境完美地结合在了一起。华山道观共21处，分布于崇山峻岭之间，没有固定的格式，随其自然，因形就势，往往以石洞为基础，小规模建设，不伤地脉，更有利于修道者融于自然，修行得道。这些山洞分布在华山的悬崖绝壁或峰头上，有的面临深渊，几乎无路可达。华山现存72个

石洞，其中悬于绝壁之上的37个皆为华山道教先贤倾毕生精力凿刻而成。[①]

2. 关中宫观选址——善用自然环境，营造理想仙境

关中地区的道教宫观，若选址在平原地带，则要求建筑背水、面街，若选址在山区丘陵地带，则要求建筑依山、环水、面屏。被称为"道教七十二福地"之首的道教祖庭——楼观台位于秦岭北麓中部的山前台塬和浅山区，南依秦岭，千峰叠翠，犹如重重楼观相叠，山间绿树青竹，山前梁岗起伏。说经台就建在群山北面的一座海拔580米的山冈上，称

---

① 邹通玄. 论华山道教生态保护[J]. 西部大开发，2010，9.

图2-3-23　古楼观山势图（来源：《关中胜迹图志》吴茜 改绘）

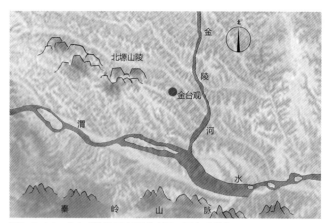

图2-3-24　金台观选址示意图（来源：周方乐 绘）

为南小山。该山是相对独立的，台南是秦岭群峰，台北与扇形土坎相连，面向渭水，台东、西有虎豹沟、田峪河环绕。说经台就建在这如画的秦川渭水之间，虽然受大的地理环境的限制，即它本身处在秦岭山脉北麓，山在南面、水在北面，不完全符合北面依山、南面环水的理想模式，但是，就整体大格局而言，依然处于背山环水的大环境中，有着优美的山水格局（图2-3-23）。①

宝鸡金台观选址于宝鸡北部渭北黄土台塬的半坡之上，虽未建于名山之巅，却也地势高亢，南面秦岭山脉，山形环列，林木葱郁，竟也有天人合一、天地交汇之意境。北塬山陵与秦岭山脉两山对峙，北高而南低，两山之中渭水东西穿行，上游偏北，下游偏南，成为一个横写的"S"形，北塬以东有金陵河，呈正写的"S"形，从北到南汇入渭河，这两条曲线凸出交叉处的山陵地带正是北塬，金台观即建于此（图2-3-24）。②

3. 关中宫观布局——因地制宜，既规整又灵活

关中地区道教宫观的基本格局受传统建筑的影响，仍然以院落来组织群体建筑。由于所处地理环境的不同，关中地区道教宫观大致分为两类：一类是位于城市平原地带的道观，布局严整，中轴对称，如华阴华山西岳庙、西安八仙庵；另一类是处于山地台塬的道观，基址落差大，受地形所限，无法完全采用中轴对称的传统布局，因此局部结合地形，因山就势，自由排布，形成了既规整又灵活的宫观布局。

西安八仙庵，位于城市平原，总体布局严整，建筑按中轴线对称排列，祭祀和供奉八仙的八仙殿是庵中主殿，因此位于中轴线上中心院落的正中，其他各殿按照供奉神仙的等级分别布置在中轴线的末端或东、西两侧跨院内（图2-3-25）。楼观台说经台位于山地，利用地形的高低不平，将等级不同的神仙供奉在不同高度的位置上。祭祀和供奉太上老君的启玄殿是主殿，位于地势的最高点，斗姥庙次之，救苦殿的地势就更低了，除了中轴线上的主殿之外，其他地位更低的神仙殿堂只能位于中轴线两侧的配殿位置（图2-3-26）。③

4. 建筑材料——多样环境资源条件下的多元选择

关中地区的宫观除采用传统的木材、青石之外，还利用生土窑洞建造殿堂，体现出了浓郁的地域特色。

---

①　张蕾. 楼观台道教建筑研究[D]. 西安：西安建筑科技大学建筑学院，2005.
②　田苗. 金台观建筑研究[D]. 西安：西安建筑科技大学建筑学院，2004.
③　张蕾. 楼观台道教建筑研究[D]. 西安：西安建筑科技大学建筑学院，2005.

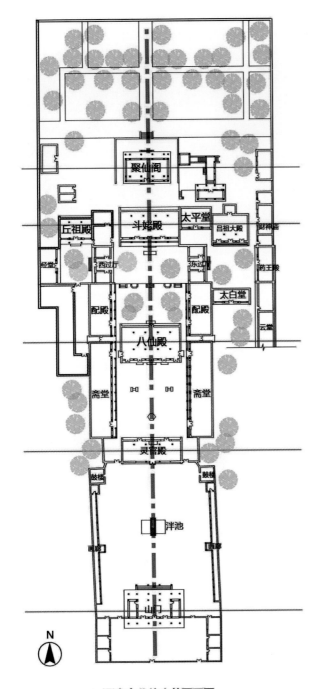

西安市八仙庵总平面图

图2-3-25 西安八仙庵平面图（来源：根据《陕西古建筑》，肖求波 改绘）

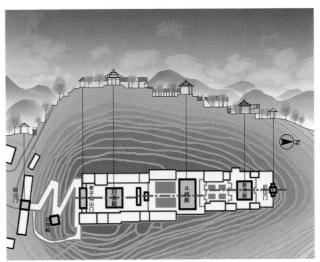

图2-3-26 楼观台说经台建筑群剖面示意图（来源：根据《楼观台道教建筑研究》，肖求波 改绘）

图2-3-27 三原城隍庙（来源：周方乐 摄）

（1）木材质殿堂

关中地区现存宫观殿堂大多采用抬梁式木结构，主殿周围有木构架回廊围绕，宫观内廊庑众多。如三原城隍庙中轴线上山门至仪门之间的两侧有碑廊，东、西庑殿前有廊架，寝宫前有廊架，连东侧院财神殿内也围有回形廊庑（图2-3-27）。

（2）青石殿堂

仿木构殿堂，石构建筑的一种，材料以青石为主，有的夹以少许木材。如关中地区合阳县玄武庙的青石殿，是为祭祀道教之神——玄武而修建的全青石建筑，平面8米见方，全部以青石砌筑，敦厚坚固。其屋顶采用仿木结构的重檐歇山顶，檐下石雕斗栱，室内天花以青石砌筑仿木结构藻井（图2-3-28）。

图2-3-28　合阳县玄武庙青石殿（来源：周方乐 摄）

图2-3-30　金台观三迭崖窑洞寝祠（来源：陈新 摄）

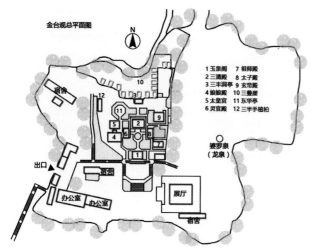

金台总平面图

1 玉泉阁　　7 祖师殿
2 三清殿　　8 太子殿
3 三丰洞亭　9 玄帝殿
4 娘娘殿　　10 三叠崖
5 太皇宫　　11 东华亭
6 灵官殿　　12 三丰手植柏

图2-3-29　金台观总平面图（来源：根据《陕西古建筑》，肖求波 改绘）

（3）生土殿堂

窑洞是西北黄土高原上特有的生土建筑形式，关中地区的宫观也利用了这种传统的建筑形式来修建殿堂。最具代表性的是宝鸡的金台观，自明初始，相继开凿了具有殿堂功能的三丰洞、药王洞等，并结合其他木构架建筑共同构建了颇具规模且以独特的生土窑洞殿堂为主要部分的道教宫观建筑群（图2-3-29、图2-3-30）。

5. 装饰做法——神仙信仰与传统装饰载体相结合

关中地区的道教建筑结合本土区域文化，形成了独特的装饰艺术形态：在传统地方特色的装饰题材和手法中融入了道教的宗教色彩，将道教文化和审美情趣渗入建筑装饰的方方面面，综合运用绘画、雕塑和书法，把诗词文学、神话传说、戏曲故事等与建筑本体融为一体，装饰精美、工艺高超，既呈现出了浓烈的民俗气息和地方特色，又鲜明地反映出了道教追求的吉祥和谐、长生久视、羽化登仙等思想。[①]

关中地区道教建筑的装饰主要集中在屋脊、瓦当、墀头、藻井、梁枋、窑门等部位，采用的装饰手法也是多样的，有砖雕、石雕、彩画、壁画、匾额、楹联等。这些极具传统地方特色的装饰做法渗透着浓厚的道教文化色彩，例如合阳玄武庙青石殿藻井就采用了石条垒砌的八卦形式，八卦造型正中做下垂垂莲柱装饰（图2-3-31）。西安都城隍庙牌坊背面的匾额上书写着具有陕西方言特色的道家警语："你来了么"（图2-3-32），目的是告诫大家做事要坦荡。宝鸡金台观玉皇阁明间檐柱楹联为清人王绳武所题："仙迹筑金台瓦否腾冠韶盖三千世界，神恩昭宝邑秦山渭水庇佑十万生民"，对仗工整，点出了金台观所在城邑、周围

① 郭敏. 关中地区道教建筑艺术形态研究[D]. 西安：西安理工大学，2012.

图2-3-31 合阳玄武庙青石殿藻井图（来源：周方乐 摄）

图2-3-32 西安城都城隍庙牌坊匾额（来源：周方乐 摄）

环境、创建历史及道家思想等内容。金台观三丰洞明间檐柱的楹联刻榜，乃明成祖朱棣所题："寻有德之人，人人得度，种无根之树树树皆空"，题品哲理深奥、意境高远，与宫观相映生辉，令人恋赏。[①]

（三）伊斯兰教建筑

有史料记载，长安是中国最早传入伊斯兰教的城市。伊斯兰教形成之初，正是中国封建社会发展的鼎盛时期——唐朝。当时，大食、波斯等国的商人通过丝绸之路，经过天山南北到达长安、洛阳等地客居下来，成为了中国最早的穆斯林先民。他们进入中国的同时带来了伊斯兰教文化以及典型的宗教建筑——清真寺。无论从官方史

籍还是民间文本的记载来看，中国的伊斯兰教清真寺最早出现在长安（西安）是毋庸置疑的。然而，由于年代久远，加之历代战乱频仍，唐宋乃至元代的穆斯林清真寺建筑实物及历史遗存难以找到踪迹，只有明清时期业已形成的西安穆斯林习惯称为"七寺十三坊"的传统居住和寺坊格局延续、保留了下来。明代后期到清代前期，中国伊斯兰教的经堂教育首先在陕西关中地区兴起并盛行，陕西一度成为当时中国内地伊斯兰教的宗教学术文化中心。在乾隆四十六年（1781年）陕西巡抚毕沅的奏折中写道："西安省城内回民不下数千家。俱在臣衙门前后左右居住。城中礼拜寺共有七座。"这七座礼拜寺就是西安城内的化觉巷清真大寺、大皮院清真寺、小皮院清真寺、大学习巷清真寺、北广济街清真寺、清真营里寺、洒金桥清真古寺。这七座清真寺，再加上当时西安城内穆斯林居住的街巷坊里，形成了西安穆斯林坊间流传的"七寺十三坊"的传统说法。

1. 坊上人——西安穆斯林寺坊文化

"坊"源于唐代，是唐时的一种区域划分。唐长安城共有南北向的大街11条，东西向的大街14条。这25条大街将长安城划分为了110个坊。唐长安作为丝绸之路的起点，容纳了大量从西亚、中亚迁入的穆斯林。随着大量穆斯林的涌入，伊斯兰教也开始在中国传播，为了宗教活动和生活的方便，穆斯林依清真寺而居，这种布局从公元7世纪中叶伊斯兰教传入中国开始一直延续至今，每座清真寺都形成了一个"坊"。"坊上人"是西安地区对信仰伊斯兰教的回族人的一种亲切的称谓。

自唐至清，以西安为中心的关中地区一直以来都是陕西穆斯林聚居的中心地带。西安先后建成了16个清真寺，形成了相对集中的东、西回民区。以建国巷清真寺、西新街清真寺、东关清真寺为中心形成了所谓的"东头回民"；以钟楼以西、西大街以北形成了所谓的"西头回民"。"西头回民"区的范围最大，聚居人口最多，历史最久，影响也最大，这里分布

---

① 郭敏. 关中地区道教建筑艺术形态研究[D]. 西安：西安理工大学，2012.

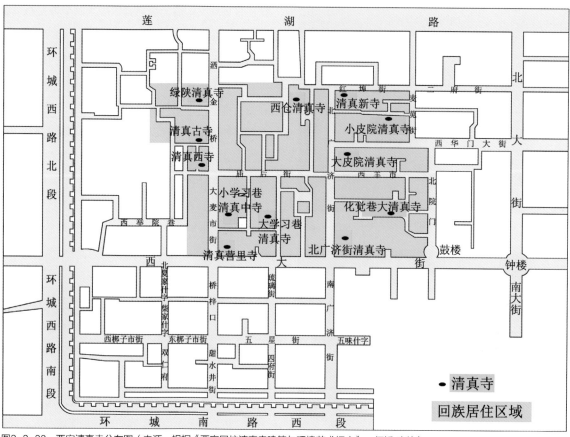

图2-3-33　西安清真寺分布图（来源：根据《西安回坊清真寺建筑与环境艺术探究》，何娇 改绘）

着11个清真寺，百年以上的古寺有7座（图2-3-33）。在这7座寺庙中，化觉巷清真大寺始建于两宋时期，历史最长，"七寺"中建造最晚的营里清真寺也有200多年的历史。[1]

2. "勾连搭"——拓展空间，满足礼拜需要

西安的回坊清真寺普遍使用了"勾连搭"的处理方式。所谓勾连搭，"就是两个或两个以上的屋顶前后檐相连，连成一个屋顶"。这样的处理方式能够极大地拓展建筑的内部空间，以便容纳更多的穆斯林进行礼拜（图2-3-34）。[2]

最能代表此项技术的当属回坊化觉巷清真大寺的礼拜殿。礼拜殿由三部分组成，分别是前卷棚、大殿和后窑殿。

图2-3-34　勾连搭结构示意图（来源：根据《西安回坊清真寺建筑与环境艺术探究》，何娇 改绘）

---

[1]　马希明. 西安清真大寺[M]. 西安：陕西人民美术出版社，1988.
[2]　刘致平. 中国伊斯兰建筑[M]. 乌鲁木齐：新疆人民出版社，1985.

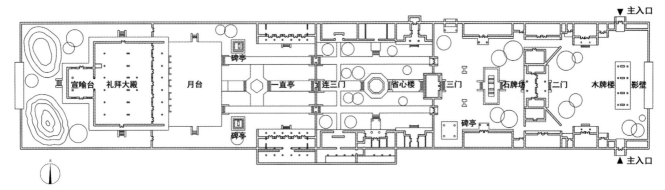

图2-3-35　西安化觉巷大清真寺平面图（来源：《西安化觉巷清真寺的建筑艺术》）

这三部分的屋顶以勾连搭的形式连接在了一起，所形成的空间非常大，能够满足礼拜的要求。实际上，明朝中叶以后，这种建筑方式就成为了大型清真寺的首选。这种结构灵活性非常大，当该清真寺所在的地区因为人口激增而无法容纳所有居民前来礼拜的时候，就可在不破坏原有房间的情况下用几个勾连搭将大殿的面积扩大。[①] 所以，回坊的大型清真寺大殿大都是窄而深的长方形。这种处理方式可以视为穆斯林智慧的结晶和中国建筑史上的精彩一笔。

3．回汉融合——具有中国审美情趣的空间布局

回坊清真寺的重要特点是伊斯兰建筑文化与中国传统建筑文化的融合统一，采用中国传统建筑的庭院布局和建筑形态，结合伊斯兰建筑的使用功能和形象特征，营建出了富有中国特色的清真寺建筑群落。同时，受中国审美情趣的影响，十分重视庭院景观的处理，庭院内部形成了一个个曲径通幽的山水小景，院内种植各种花草树木，还摆设有香炉、牌匾、碑刻、假山、小桥流水等，使清真寺成为了一个清秀雅致的所在。如化觉巷清真寺第四进院子内正中央建有一座六角形的凤凰亭，凤凰亭的两边有两座三角形的边亭，远望过去，三座亭子连在一起，正如凤凰展翅一样充满着雅致的趣味。这三座亭子又与不远处的庄严肃穆的礼拜大殿形成了鲜明的对比，二者并行不

悖，相得益彰，是整个院落的点睛之笔（图2-3-35）。[②]

4．装饰精美——兼容并蓄的审美特点

多样而华美的文字装饰、精雕细琢的砖雕也是回坊清真寺区别于其他地区宗教场所最明显的特点。回坊清真寺的雕刻主要运用雕刻和镂空相结合的手法，圆雕与半圆雕相结合，以此来增加砖雕画面的空间进深感。创作内容以几何图案和植物花纹为主（图2-3-36），如在化觉巷清真大寺中可以见到以几何图案为边框、以植物图案为主体、以阿拉伯文字为装饰的砖雕作品（图2-3-37）。回坊清真寺的砖雕还将书法作品融入其中，如小皮院清真寺，其中有大量的书法作品是以砖雕而非碑刻的形式保存下来的。回坊清真寺建筑装饰借鉴、吸收和运用了中国建筑的元素。[③] 这些装饰元素既体现了对伊斯兰文化的认同、归属，同样也反映了对中国传统文化的吸收、借鉴，形成了兼容并蓄、融会贯通的艺术特点。

四、教育建筑

（一）文庙建筑

唐代是孔庙发展史上的重要阶段。在孔庙制度方面，

---

① 刘致平. 中国伊斯兰建筑[M]. 乌鲁木齐：新疆人民出版社，1985.
② 张锦秋. 西安化觉巷清真寺的建筑艺术[J]. 建筑学报，1981，10.
③ 张锦秋. 西安化觉巷清真寺的建筑艺术[J]. 建筑学报，1981，10.

图2-3-36　化觉巷清真寺植物砖雕图（来源：陈新 摄）

图2-3-37　化觉巷清真大寺文字砖雕（来源：陈新 摄）

唐时从祀制的确定构建了一个庞大且可以不断生长的文化权威信仰体系，《大唐开元礼》的颁布对整个汉文化圈的礼乐律令皆影响深远，而其中有关孔庙和学校诸礼仪的制定，更为后世诸朝孔庙行礼的延传或变化提供了最为基本的参照坐标。在功能方面，明确了庙学并立，不可分割，即所谓"庙学制"的真正确定和推行。在孔庙发展方面，除了孔庙相关制度的确立，更为可贵的是逐步将孔庙树立为正统信仰的载体，并在中国历史上第一次切实地推动了地方孔庙的建设。

长安作为唐代都城，其中央官学孔庙也成为了当时孔庙发展的风向标和表率。[1]

唐代以降，全国性的政治、经济和文化中心东移，西安不复隋唐盛世风采，然虽无帝都之赫，却也安守一片故土，一直是宋、元、明、清控制西北、西南的政治、军事重镇。关中地区在新的历史条件下，有了新的发展，以张载为代表的"关学"成为宋明理学的重要组成部分，使以西安为中心的地域文化仍然具有一定的社会影响。[2]

陕西儒学的发展和文庙的建设在明代又达到一个勃兴阶段，现存17座关中文庙中大部分创建于明代洪武年间，还有许多文庙在洪武年间得到了大规模的修缮。清代文庙建筑格局沿袭明代，由于各地文庙建筑的基本功能都已具备，清代重修或修葺文庙时，其规格有所扩大，功能也更加完善。现存文庙建筑多为明清遗构，其中西安文庙（碑林）、韩城文庙、耀州区文庙、咸阳文庙先后被公布为全国重点文物保护单位（图2-3-38）。[3]

1. 唐长安国子监孔庙——国家诸学之表率

唐长安相循隋大兴，两朝国子监及孔庙自始即在务本坊。务本坊位于皇城东南，为朱雀大街（长安城南北向中轴线所在）东第二街北起第一坊，西北邻近皇城安上门。孔庙之西的太平坊内设有太公庙。由皇城南望，正是"东文西武"的空间格局，这种"文"、"武"空间在皇城南呈东、西鼎力之势，强调了皇城内"左祖右社"的礼仪制度在空间上的延续（图2-3-39）。[4]

《周易》："万物出乎震，震，东方也。齐乎巽，巽，东南也。齐也者，言万物之絜齐也。离也者，明也。万物皆相见，南方之卦也。圣人南面而听天下，向明而治，盖取诸此也。"也可视为祀先圣孔子的庙宇，空间定位在太庙之南、皇城外东南方的理论注脚。[5]

① 沈旸. 中国古代城市孔庙研究[D]. 南京：东南大学，2009.
② 沈旸. 中国古代城市孔庙研究[D]. 南京：东南大学，2009.
③ 刘二燕. 陕西明、清文庙建筑研究[D]. 西安：西安建筑科技大学建筑学院，2009.
④ 沈旸. 中国古代城市孔庙研究[D]. 南京：东南大学，2009.
⑤ 沈旸. 中国古代城市孔庙研究[D]. 南京：东南大学，2009.

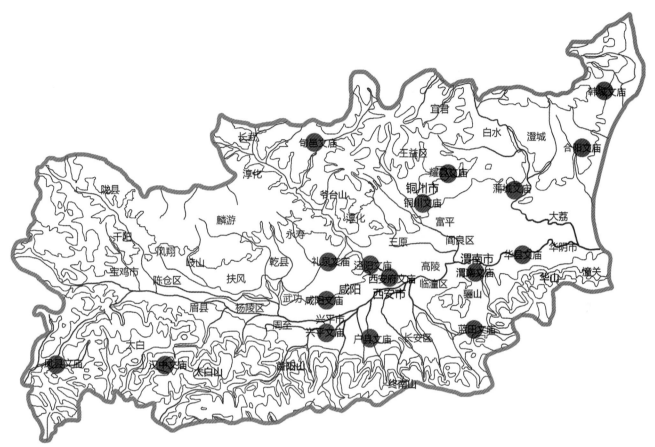

图2-3-38　现存关中地区文庙分布图（来源：周方乐 绘）

整个国子监（包括孔庙）总占地面积约6.25万平方米（约为边长250米的方形地块），孔庙大致建于贞观三年（公元629年）至七年（公元633年），庙学排布方式为左庙右学。孔庙周以宫垣，有二门：正门在南，为门屋，三间，饰朱色，悬"文宣王庙"额，列十戟；东门亦为门屋，门外有道路，神厨于道北，斋院在其后，均较为朴素。孔门圣贤集于一殿祭祀，庭院之中尚无后世孔庙为孔子从祀者专设的两庑建筑，祭殿装饰华美，基座高三尺五寸，有东、西两阶（图2-3-40）。除国子监内孔庙之外，长安太极宫城内尚有一孔庙，位于月华门西，东邻皇帝日常听政之两仪殿，南邻中书省，此庙恐为宫城内门下省弘文馆与东宫崇文

馆两馆师生四时至祭而设。[①]

2. 明清西安府学文庙——府县共用，一庙三学

明宪宗成化九年（1473年），西安府学文庙改扩建完工，又将咸宁、长安二县学移至文庙东、西两侧，这是明代西安庙学分布及变迁中的大事，可视为明、清历任官府集中建设城南文教区的开始。因三学共在，故称其所临前街为三学街，沿用至今。明万历二十二年（1594年），又对庙学、碑林进行了最为完备的整修，"一庙三学，翼比鹏翔，乔木联荫，清泮通流，宏规壮观，盖凡为学宫者或鲜其俪"。文庙居中，前为坊，内依次为泮池、棂星门、戟门、大成殿及

① 沈旸. 中国古代城市孔庙研究[D]. 南京：东南大学，2009.

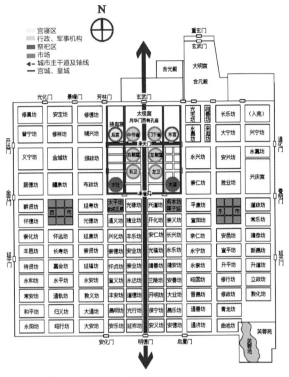

图2-3-39　隋唐两京"文武"空间与城市结构关系（来源：根据《中国古代城市孔庙研究》，周方乐 改绘）

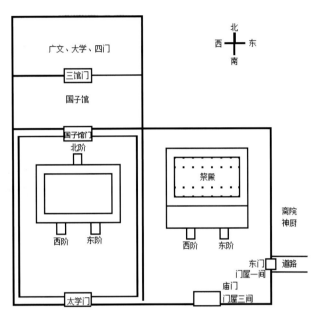

图2-3-40　唐长安国子监布局推测图（来源：根据《中国古代城市孔庙研究》，周方乐 改绘）

两庑，殿后为碑室，万历年间始有"碑林"之称，庙西为府学，再西为长安县学，庙东为咸宁县学，三学的排布关系符合府治及两县治的空间地理位置，俨然微缩的西安府城市布局，且三学均有明显中轴线（表2-3-1）。[①]

明清西安府学文庙布局　　　　　　　表2-3-1

名称	长安县学（西）	西安府学（中）	咸宁县学（东）
空间布局	大门、仪门各三楹，博文、约礼二斋，旁为号舍，敬一亭三楹，筑天梯于西城垣，曰"云路"。魁星楼设学西，与射圃东西并列。泮池初在大门处，与西安府学将泮池置于大门内不同，清初方移凿于二门之内，并在泮池上建"春风化雨"坊，设明伦堂三楹，堂东为科举题名之处。教谕、训导宅均在学后院	门前有坊，内有泮池，仪门内当道为魁星楼，中为明伦堂，旁为志道等四斋及东西号舍，复为尊经阁，阁后神器库	大门三楹，内为泮池；二门同，门内东博文斋、西约礼斋，各三楹，东西各列号房凡十七楹。明伦堂居中，其后为一小门，后设敬一亭，又后为教谕宅。县学大门前原有"腾蛟"、"起凤"二坊，康熙时（1662～1722年）已废。魁星楼则建于学南城墙上

① 沈旸. 中国古代城市孔庙研究[D]. 南京：东南大学，2009.

明西安文庙的特别之处在于祈祝文运建筑的反复出现：西安府学，仪门内当道为魁星楼，居于中心位置，可见对主掌文运星宿的重视；长安县学，筑天梯以登临城垣，美其名曰"云路"，当是寄寓学子早日及第，青云直上，又设魁星楼于学西，与射圃并列；咸宁县学，魁星楼则巍然立于学南城墙之上。至清嘉庆二十三年（1818年），西安城南实已密集分布了五座祈祝文运的楼阁建筑，除上述三处外，余二处为钟楼之上的文昌阁、咸宁县治东通化门上的魁星楼（图2-3-41）。[①]

3. 明清关中县学文庙——亦官亦民，地域特色浓郁

关中地区除西安府学文庙外，其余均为县学文庙。作为各地方重要的传统礼制建筑，在选址上，文庙大多遵循"文崇东南"的传统制度，如渭南文庙、华县文庙、韩城文庙、耀州区文庙、合阳文庙等都布置在城市的东南（图2-3-42），只有户县文庙与户县钟楼毗邻，处于户县老城接近城市中心的位置（图2-3-43）。布局上，文庙建筑群都采用中轴对称的严谨布局，产生强烈的轴向感。沿着中轴线，关中地区县学文庙建筑空间大体可分为三部分：前导空间、主体空间（祭祀空间）和后续空间（学宫空间），由此形成了关中县学文庙多为"前庙后学"的庙学合一的空间组织形式（图2-3-44）。[②]

关中地方县学文庙建筑多简单朴实，少有镌刻。虽然

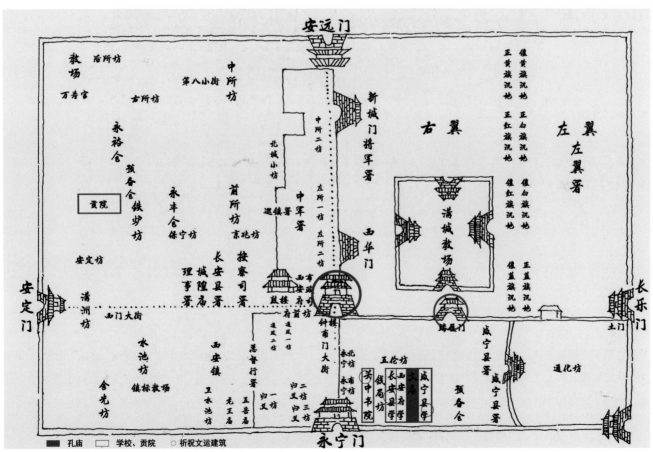

图2-3- 41   清西安文化教育建筑（来源：根据《中国古代城市孔庙研究》，周方乐 改绘）

① 沈旸. 中国古代城市孔庙研究[D]. 南京：东南大学，2009.
② 刘二燕. 陕西明、清文庙建筑研究[D]. 西安：西安建筑科技大学建筑学院，2009.

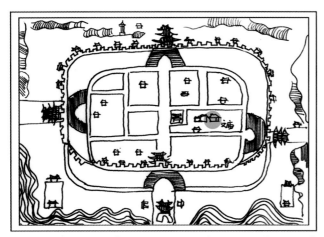

图2-3-42　《韩城县志》载韩城古城平面图（来源：根据《陕西古建》，周方乐 改绘）

图2-3-43　户县古城平面图（来源：根据《户县志》，周方乐 改绘）

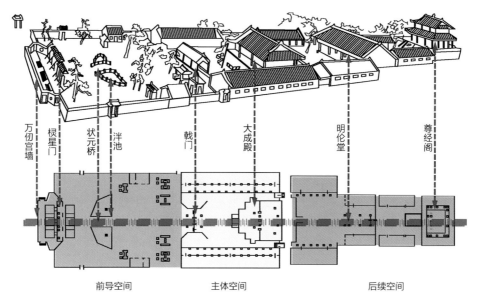

图2-3-44　韩城文庙鸟瞰图（来源：根据《陕西古建筑》，周方乐 改绘）

有些建筑装饰精巧细致，却布局得当，很有节制。作为全国统一的祭祀建筑，文庙的装饰细部要遵从一定的官式做法标准，如梁架采用旋子彩画，多用龙凤等装饰题材等，然而在其发展过程中，也不可避免地融入了富有地域特色的装饰细部做法，为文庙程式化的官式做法注入了亲切而富有活力的气氛，反映出了历代匠人自由创作的智慧。

关中地区文庙建筑装饰的特点，首先体现为檐下斗栱层的装饰性强，如泾阳文庙大成殿当心间平身科斗栱采用标准的

"三联斗"做法，次间平身科为"双联斗"做法（图2-3-45、图2-3-46），老角梁下木雕龙首，铁质龙须嵌抱垂鱼，垂鱼四面阳刻篆文"寿"字（图2-3-47）；其次，还表现在小木作上，如各文庙大成殿的门扇、隔扇一般都有精美的雕饰；第三，砖石作中的万仞宫墙，大成殿屋脊的琉璃雕饰、吻、兽、脊刹、台阶御道等，也都是体现装饰细部的重要部位，如万仞宫墙的龙形琉璃雕饰（图2-3-48）、台阶御道的龙形石雕等（图2-3-49）。此外，富有地域特色的瑞

图2-3-47　泾阳文庙大成殿老角梁下
龙首及垂鱼（来源：陈新 摄）

图2-3-45　泾阳文庙大成殿（来源：陈新 摄）

图2-3-46　泾阳文庙大成殿次间平身
科"双联斗"（来源：陈新 摄）

图2-3-48　韩城文庙万仞宫墙琉璃龙形雕饰（来源：周方乐 摄）

图2-3-49　泾阳文庙台阶御道盘龙石雕（来源：周方乐 摄）

兽、花卉、器物等也是主要的装饰题材。[①]

（二）书院建筑

　　"书院"之名出现于唐代，最早的官办书院为唐玄宗开元六年（公元718年）在东都洛阳明福门外设立的丽正书院，后于开元十三年（公元725年）改称集贤殿书院，这是中国古代最早以"书院"命名的文化机构。两宋时期，"书院"蓬勃发展，至南宋后，书院逐渐成为私人自主办学的教育场所，聚徒讲学成为书院的基本属性。

　　陕西的书院教育始于北宋著名思想家张载（1020～1077

---

① 刘二燕. 陕西明、清文庙建筑研究[D]. 西安：西安建筑科技大学建筑学院，2009.

图2-3-50　关中书院（来源：周岚 摄）

年），兴盛于明代，最为著名的莫属关学代表人物冯从吾创办的关中书院和陕西三原县人王天宇创办的弘道书院。明万历二十年（1592年），陕西著名教育家、关学代表人物冯从吾被罢官回乡后，在陕西宝庆寺讲学，因听者甚众而讲学场所狭小，于万历三十七年（1609年）在宝庆寺东边小悉园处建立关中书院（今西安市书院门）。由于朋党之争及办学思想等因素，关中书院在明天启六年（1626年）被禁毁。清康熙二年（1663年），关中书院重建。清朝的关中书院开始跨省区招收陕西、甘肃两省学生，逐渐在陕西省内外享有较高的声誉，一度成为全国四大著名书院之一（图2-3-50）。清光绪三十二年（1906年），关中书院改建为陕西省师范大学堂。至此，陕西境内的大小书院陆续跟随着这两大书院走上了官学化之路，成为了国家和社会教育的主体（表2-3-2）。[1]

明清时期关中书院发展概况	表 2-3-2
年份	事件
明万历二十年（1592 年）	关学代表人物冯从吾在宝庆寺讲学
明万历三十七年（1609 年）	宝庆寺东侧建立关中书院
明天启六年（1626 年）	关中书院被禁毁
清康熙六年（1663 年）	重建关中书院
清光绪三十二年（1906 年）	关中书院改名为陕西省师范大学堂

1. 书院选址——遵从"文崇东南"

明、清两朝西安城的中轴线东南侧聚集了众多文化学术机构，如文庙、西安府学、咸宁府学等，关中书院与周围的文化学术机构连为一片（图2-3-51）。书院始建于明朝，以"德教为先"作为办学思想，这是儒家思想传承与完善中国礼制文化的体现。[2]

① 刘晓喆. 清代陕西书院研究[D]. 西北大学，2008.
② 史念海. 西安历史地图集[M]. 西安：西安地图出版社，1996.

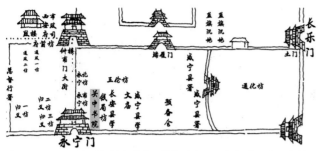

图2-3-51 明清时期关中书院区位图（来源：根据《西安历史地图集》，周方乐 改绘）

2. 书院空间布局——中轴对称、分区明确

中轴对称、以中为正是中国传统建筑空间布局的基本原则。据康熙《咸宁县志》记载，关中书院外建"关中书院"牌坊，大门一楹，内凿活水池，形若半璧，架桥其上。东设东廊，为讲学名公寓所；西设西圃，多士观德处也。池北竖小坊，扁曰"继往开来"。北设二门，再北设三门，各三楹。中建精一堂五楹，置道统主，后堂正学、理学名臣主于左右。协堂、两庆房各五楹，东西列号房各五十间，间设窗户、床第（图2-3-52）。[1]

关中书院自明万历三十七年（1609年）创建到光绪三十二年（1906年）改为陕西第一师范大学堂为止，历经明、清两朝共294年，其中明朝35年，清朝259年，现存建筑多为清代所建。整个书院进深170余米，书院内部讲学、藏书、祭祀三大功能沿轴线依次排开，形成五进院落的空间序列，功能分区明确。

3. 建筑单体与装饰——体量适宜，素雅朴实

关中书院作为关中地区教育及文化建筑的标志，其建筑体量适宜，造型简洁、统一，装饰素雅，体现出了朴实的建筑思想和浓郁的地方文化。建筑以砖木结构为主，主要殿堂屋顶采用重檐歇山顶，建筑单体最大开间为五间，层数以单层为主，局部二层（藏书楼与斋舍），其余建筑屋顶形式多为硬山式。书院的建筑装饰与民俗文化紧密结合。砖雕整体构图丰满，刀法朴实浑厚，映衬了关中地域文化的朴实和

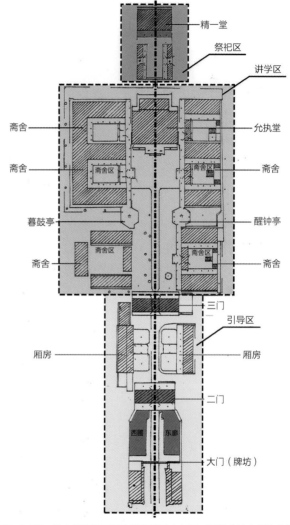

图2-3-52 关中书院平面及功能分析图（来源：根据《关中书院建筑文化与空间形态研究》，陈建宇 改绘）

厚重，其雕刻主体以"福禄同春"、"岁寒三友"等成语的谐音体现了传统社会观念中对十年寒窗无人问、一举成名天下知的殷切期望（图2-3-53）。清式彩画和玺、旋子、苏式三大类中，和玺彩画的等级最高，主要用于宫殿、坛庙等建筑，关中书院的允执堂、精一堂等主要建筑在装饰中采用了和玺彩画，次要建筑中使用旋子彩画，体现出了单体建筑的不同等级（图2-3-54）。另外，建筑色彩的使用也符合

---

① 高廷法修，陆耀遹等纂《咸宁县志》，清嘉庆二十四年修，民国二十五年重印本。

图2-3-53　砖雕装饰（来源：周岚 摄）

图2-3-54　彩画装饰（来源：周岚 摄）

中国传统建筑遵循礼制的特点。关中书院并非官式建筑，其建筑色调以青色为主，是典型的关中民居建筑色调。而允执堂、精一堂则采用了官式建筑的朱红色，这又体现出了清代关中书院的官学化转变。

五、风景园林

纵观关中风景园林发展史，可谓博大精深，与中华文明的发展脉络密不可分，在天人合一、象天法地的哲学思想的指引下，运用显山理水、因借自然的造园手法，呈现出了恢宏大气、富丽堂皇的形象特征和诗情画意、情景相融的艺术风格。

从伏羲时代的八卦图示、炎黄时代的天地人合一哲学立论，到西周时期因借自然选择都邑城址，营建宫廷、园囿，体现了先人对地理景象的感知，是中国古典园林的起源。秦始皇时期，以"表南山之巅以为阙，络樊川以为池"的理念建上林苑和阿房宫，汉武帝时期，相土度地、筑山理水，西汉茂陵富人袁广汉以掇山理水技术所筑的私园等，无论皇家园林还是私家园林，都体现了秦汉时期天人合一、象天法地的造园理念，园林呈现出大气恢宏、山水相融的特征。及至隋唐时期，宫廷园林、寺观别业、私家宅园等的设计因借自然，广泛采用"形胜"的理念，形成了"笼山为苑"、"师法自然"、"因山借水"、"因山为陵"、"寓情于景"等

设计手法。芙蓉园、曲江池、华清池、太液池、秦兰池、西内苑、东内苑与禁苑等皇家宫苑是隋唐时期园林的主要代表，宗教文化和隐逸文化的盛行，催生了寺观园林和山水别业，典型的如大慈恩寺、兴善寺、青龙寺、辋川别业、樊川别业、岑参别业等，这些园林在诗情画意的艺术风格上取得了辉煌的成就，是中国古代园林史的高峰。明清时期，中央禁止郡王建离宫别苑，因而陕西的园林多为郡王在其宅邸营建的小型园林，引水为池，就池造景。

地处黄河流域的华夏文明发源地，陕西省渭河冲积平原是十三代王朝建都所地区，承载了中国传统风景园林营建与意匠的起源、发展和兴盛的历史过程，对中国现代风景园林建设具有重要影响。主要表现为四个脉络：中国地景文化思想的孕育发展，风景名胜营建模式的形成；"一池三山"皇家园林及近代城市公园的建设；"文人园"兴起对现代园林的精神陶冶作用；终南山组石、种植文化和园林建筑等造园营建技术的成熟。

（一）孕育发展中国地景文化思想，形成风景名胜营建模式

中国地景文化起源于黄河流域的华夏文明，包括甘肃天水东部平凉崆峒山，至陕西关中、山西、河南、河北、山东一带。[①] 地景文化的起源和形成，是古人对其生存的自然

---

① 佟裕哲. 中国景园建筑图解[M]. 北京：中国建筑工业出版社，2001.

环境从观察认知、观念形成到思想表达的过程及其在城邑、宫殿、村落等选址营建上的空间语言表达，是一种中国式风景营造的思想和智慧。陕西关中地区的自然地理环境推动农业文明和人居文化的发展，使之成为了自西周以来十三代王朝的立都之地，成就了中国地景文化思想的形成，成为了东方山水美学思想及园林文化的孕育之地。[①] 因借自然地景环境的建筑群体、城池等人工工程的选址、布局和营建，是中国地景文化思想的主要内涵。主要体现为"笼山水为苑"、"《易经》相地数理"两个方面：

（1）"笼山水为苑"表现为相地选址与人工建筑的布局关系。隋宇文恺营造麟游仁寿宫时，依地景选景定界。笼碧城山和杜水西海、凤台山、堡子山等，成为了"山色苍碧、周环若城"的自然地景胜地。唐阎立德营建终南翠微宫，"才假林泉之势，因岩壑天成之妙，借方甸而为助，水态林姿，自然而成"[②]，此乃"丹青之功"，地景与建筑一体，构水墨画之意境，充分体现了山水同构、师法自然的设计思想。

（2）山形变化与《易经》相地数理。以农业文明为代表，祈求风调雨顺，山岳崇拜成为传统文化的主要组成部分。除了"德高如山"（伦理学）之外，《易经》相地学中，以山形地气为重，从"山谷异性，平原一气……山乘秀气，平乘脊气"发展到"龙为地气"，以龙喻山，并将人工工程塑造融入了因山、因势、因阜、因岗选龙脉等人工与自然一体的营造原则与理念。

地景文化思想的形成和发展，不仅仅来自古人对自然景象的觉知体验，更是一种观念的社会表达，并作用于意识的营建活动，代代相传。风景一词正是表现了人工营建介入自然形胜的整体景象，并附有人文思想、精神美学哲思的传统语汇。根据资料记载和案例遗存，按照自然环境特征、使用功能和规模，陕西地景文化遗存可大致分为5种类型：自然形胜和拜谒游赏的风景营建以及城镇村落、离宫别业、寺庙景观和陵寝墓园的选址布局与风景营建。

1. 自然形胜与拜谒游赏的风景营建

山岳水景之自然形胜，其自然地貌空间尺度宏大，主体景象具有最佳的感知和拜谒环境。"形胜"一词出自《荀子·强国》，战国时代孙卿子对秦国自然环境观察和评述："其固塞险，形式便，山林川谷美，天材之利多，是形胜也。"意思是地理形势优越、险要、便利，山川壮丽，包括亭台楼阁，山川胜迹等。形胜是中国风景园林文化的基本理念，也是中国自然美学与哲学的概念，更是中国风景营建思想的核心要义。

这些中国历史上著名的自然形胜，与其历史人文景观，共同构成了中国风景名胜区。自1982年以来，国家公布了五批国家级风景名胜区，陕西省的华山、临潼骊山、黄河壶口瀑布、宝鸡天台山、黄帝陵和合阳洽川等6个风景名胜区先后入选。省级风景名胜区包括黄河龙门—司马迁祠幕、药王山、凤翔东湖、唐玉华宫、楼观台、翠华山—南五台、周公庙、张良庙—紫柏山、白云山等31处，还有无数分布在省内的县市级风景名胜区。

西岳华山，是五岳中唯一一座"岳渎相望"之地貌格局，西岳庙是拜谒岳山的最佳视点，体现了石牌坊所刻"天威咫尺，尊严峻极"的气势。华山风景名胜区总体规划中，西岳庙通过古柏行连接华峪口玉泉院，与华山主峰形成了一条东北向视觉轴线。这是眺望和遥祭华山的最佳处，是古人的自然形胜之风景营建实践中，最完整而恢宏的一处实例（图2-3-55）。

作为区域性大地景观，韩城附近的黄河龙门堪称典型代表，形成了区域范畴的整体环境艺术。这一环境包括黄河、东龙门山、西龙门山、东禹庙、西禹庙、东岸"龙门八景"、西岸"龙门八景"，甚至在更大区域内覆盖了黄河东岸的河津、河西的韩城两个人居聚落，进而最终形成 "一河、两山、两庙、两套'八景体系'、两个人居聚落"的龙门人居环境整体构架。这一构架以自然和人工建设为物质依

---

① 刘晖，佟裕哲，王力. 中国地景文化思想及其现实意义之探索[J]. 中国园林，2014（6）：12-16.
② 韩净方. 传统聚落外部空间的现代演变[D]. 西安建筑科技大学，2006.

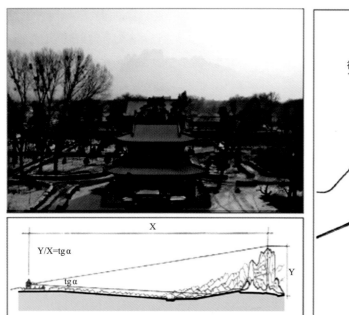

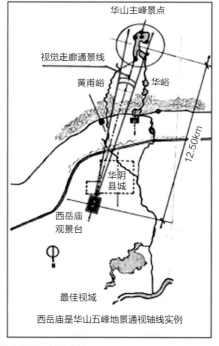

图2-3-55　华山主峰与西岳庙地景空间关系（来源：左上：西岳庙望华山主峰，刘晖 摄）

托，以人文精神为隐性线索，呈现出"面域"范畴和层级关系。环境中的任何"设计"要素，都体现龙门人居构架和不同层面中，首先进行关于整体的"关键位置"的审视、选择和再创造，最终将两岸禹庙架构在相互对应的关系中，寻求龙门文化景观的整体联系和融合（图2-3-56）。

在两岸龙门风景环境内部，亦有更为细致的，关乎各种典型性、标志性位置的"寻胜"（图2-3-57），如临河高地的"突兀"之处，出挑于崖壁的"险绝"之处，拓展开来的"平缓"之处，倚靠山塬的"就势"之处，隐于绿荫的"映翠"之处，具有空间围合性的"聚气"之处，具有空间联系或导引的"贯气"之处，或是"纵深远望"之处，"滨河俯瞰"之处，"对望彼岸"之处，"收纳全景"之处等。这些皆为古人在环境当中游走、体验、发掘，提炼出的"自然之胜"。这些特殊的关键位置的确立和解读，虽然并非出自设计，却成为了后续黄河龙门风景营造的设计基础和前提。

龙门文化景观展现了中国本土的营造智慧，具有三个特点：第一，基于龙门地区独特的自然环境，人们在深入其中登高、滨河、入谷的游走体验过程中，不断"寻胜"。针对那些具有关键性、标志性、独特性的空间位置，解读、确立其表征的意象特征，并以凸显"寻胜意象"为目的，在特定的位置实施建筑营造，进而将意象升华为意境；第二，在初步建设的环境当中登临、观望、体验、解读，仍以凸显意境为目标，发掘景致、观景位置及相互关系，进而实施二次甚至多次持续的更大面域的创作，这一过程是伴随着设计者的主观人生体会、人文使命和文化美学艺术的植入而共同熔炼的；第三，处于两种文化交汇处的景观营造，往往伴随着两个聚落之间的竞争，呈现出一种"争强"、"比胜"的景观意象，但同时基于整个黄河景观的文化纽带，在长期的观游体验中，两岸龙门景观建设从"对抗"走向了融合，形成了一个有机的黄河龙门景观。

2. 城镇聚落选址布局与风景营建

中国地景文化思想的风景营建，首先表现在人居聚落的选址、布局和工程建设结合自然环境的手法上，如《诗经》

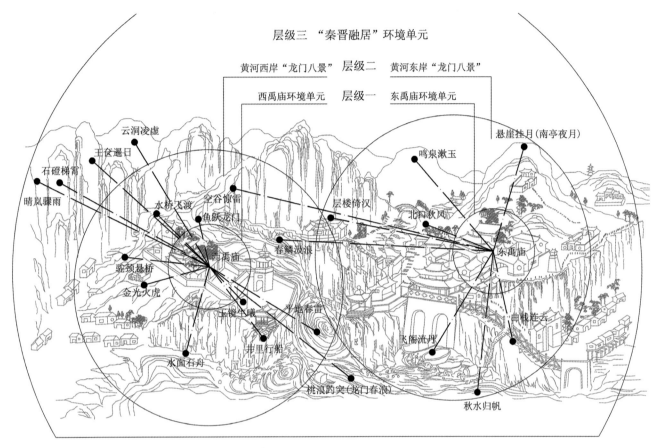

图2-3-56 黄河龙门的环境范畴与层级（来源：张涛 绘）

中记载的周酆城选址，秦咸阳城、唐长安城（隋大兴城）的规划布局和营建，村镇如韩城党家村等。

隋代宇文恺将中国八卦学传统哲理引入到城市风景营建中，大兴城（后来成为唐长安城）的城邑选址、布局，利用了当地独特的"六爻"（即六条高岗），巧妙地在其地形基础上布置了宫城、皇城、官署民居、寺观园林等不同功能的城市空间，使"六爻"成为了观赏唐长安城景观的眺望点和城市的天际轮廓线，创造了俯视市井丰富多变的景观效果，充分表现了地景文化的思想精华。其中"九五"之地为乐游原，分布着延兴门、青龙寺、兴善寺，向西延伸到朱雀大街处，是六冈中最大最高的冈阜带，最高点在青龙寺西升平坊内，海拔为460米，较市内街坊地高出约45米，是市民登高眺景之胜地。青龙寺处于乐游原之首，院址北枕高原，南望爽垲，与大雁塔相互通视，有互相眺望之美。

3. 离宫别业选址布局与风景营建

中国古代的离宫别业选址多遵循因借自然的地景文化思想，善于利用山水格局进行风景提升，又因当时的营建技术所限，为节约资费、劳力，形成了尽避构筑之苦、架筑之劳的建造智慧，创造了帝王工程与自然山水环境融为一体的诸多实例。地景营建手法，如冠山抗殿，绝壑为池，笼山为苑，疏泉抗殿，包山通苑，跨水架楹，分岩竦阙等。案例非常之多，如汉甘泉宫、隋仁寿宫、隋仙游宫、唐翠微宫、唐玉华宫、唐华清宫以及蓝天别业、辋川别业等。

隋代麟游仁寿宫亦为宇文恺所建，在唐代改为九成宫。宫殿群依碧城山阳，选天台山顶建仁寿殿乃"冠山抗殿"，天台山西侧北马坊河与杜水交汇处为西海，"绝壑为池"，成为"山色苍碧，周环若城"之地景形胜。唐玉华宫营建布局，阎立德因其地势属"层岩峻谷，元览遐长"（川谷窄而长，景观

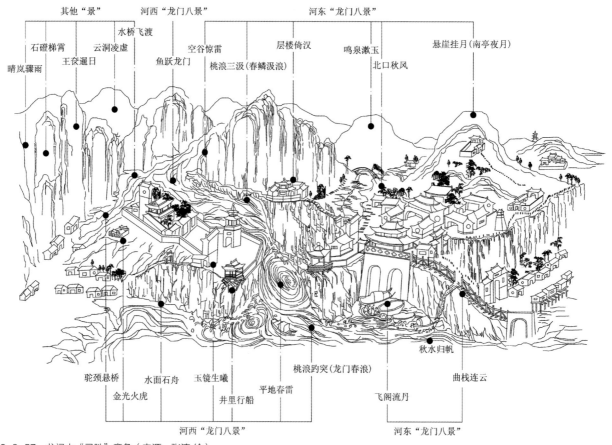

图2-3-57　龙门山"寻胜"意象（来源：张涛 绘）

不适之意），不仅"冠山抗殿"，进而还采用"疏泉抗殿，包山通苑"，"即涧疏隍，凭岩构宇"等手法，依自然之性而因地制宜。唐华清宫地理条件得天独厚，南为骊山屏障，北有渭水环绕，曲折迂回。在营建华清宫的过程中，阎立德运用"冶汤井为池，环山列宫室"，再现了地景思想。

4. 陵墓选址布局与风景营建

帝王诸侯之陵寝墓园的营建，从秦汉历代帝王"封土为陵"，到唐代"因山为陵"，再到明清"依山为陵"、"集帝王墓群为陵"，完成了中国古代陵墓从"以陵象山"到"以山象陵"的转变，代表了中国特有的地景文化思想。

汉代轩辕黄帝陵选址于桥山子午岭，山势西高东低，坡势缓长似桥，山下有沮水三面环绕，是"南北亘长岭，纵横列万山，地折庆延回，源分漆沮潺"的自然山水景观气势非凡之地。秦始皇陵"选于骊山之阿"和天华形胜之地，前临渭水，环水曲之势。唐代帝王借自然山形为陵，凿山洞为墓的，如李世民昭陵选址于北山九嵕山，李治、武则天乾陵选址于梁山（图2-3-58），唐玄宗李隆基陵选址于蒲城金粟山。后代明十三陵、清东陵的营建，依然能够体现出这种气象万千的地景空间景象。

5. 寺庙道观的选址布局与风景营建

寺庙道观的选址营建与自然环境紧密相关，更注重对先人及宗教思想的敬重以及对教化感悟世人的环境氛围。最早记载的周公庙"卷阿"作观景游乐，在陕西岐山之阳，三面环山，开口面南，中有泉水。《诗经》记载："有卷者阿，

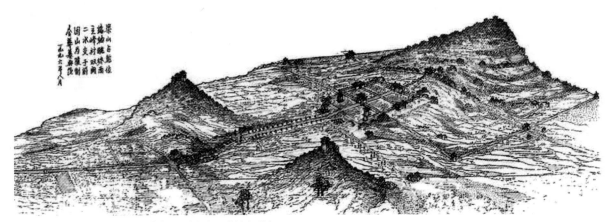

图2-3-58　唐乾陵陵园全景图（来源：佟裕哲、秦毓宗 绘）

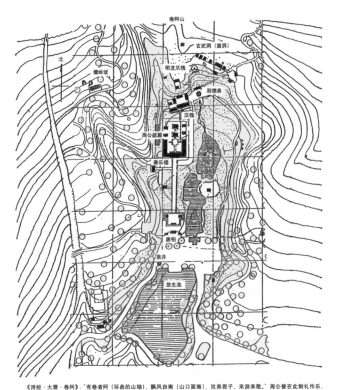

《诗经·大雅·卷阿》，"有卷者阿（环曲的山坳），飘风自南〔山口面南〕，岂弟君子，来游来歌。"周公曾在此制礼作乐。唐代命名周公庙，山坳中泉水命名润德泉。1985年考察尚存汉柏2株，唐槐2株，明龙爪槐1株。

图2-3-59　陕西岐山周公庙之卷阿地景空间格局（来源：《中国地景文化史纲图说》）

飘风自南，岂弟君子，来游来歌，以矢其音"，这可能是最早的风景游赏活动了（图2-3-59）。纪念人物的祠庙还有紫柏山上的汉代张良庙。

唐代宫观、禅寺多在山岳风景地带修建，因借山岳地景，类型多样，出色地运用了地景文化思想进行营建。"名山大川寺庙多"，寺因山兴盛，山因寺得名。宫观寺院工程结合山岳深谷的自然地景形势，产生了冠山抗殿、山腰掩映、峭壁建筑、窟檐建筑、台级建筑等多种类型。

在关中平原台地和秦岭北麓山岳之中，分布着许多历史上著名的寺庙道观，如终南山中的"天下第一福地"——楼观台，神禾塬上唐代香积寺，少陵塬畔的唐代华严寺和杜公祠，圭峰北麓长安八景之一"草堂烟雾"所在的草堂寺，还有周至仙游寺、佳县白云观等也利用了地景文化思想进行选址布局与风景营建。

历史上不同类型的中国风景营建的空间格局，都是选址、建造所依托的自然地貌地势，主体感官认知与君子比德精神逐渐融为一体，这种景象显然不同于江南私家园林"小中见大"的园林空间风格。中国地景文化思想的研究，脱离了传统园林空间文化的束缚，回归了中国式空间规划设计语言的探讨，是一种大尺度空间布局、方位以及意境感知与表达的价值取向，在今天的风景园林建设中应予传承。

（二）"一池三山"的皇家园林模式形成，影响了中国现代城市公园的建设

从中国古典园林的发展历程来看，其生成期和全盛期主要分布在殷、周、秦、汉和隋、唐时期的陕西关中平原地

区。[①] 与地景文化思想及风景营建的内容相互依存但又不尽相同，它主要体现在中国古典园林中皇家园林的造园模式和手法上，这部分也是中国园林研究中非常成熟的内容，对今天的公园和人工景区的规划设计营建具有重要作用。

1. 苑囿与山水审美观念的确立

皇家园林生成期主要表现为台、囿与园圃相结合，包含了风景式园林的物质因素，可视为中国古典园林的原始雏形，关键是促成了山水审美观念的确立，使得中国园林在风景式的方向上发展。西周文王时期，于沣水西岸沣京之北修建了35余平方公里的灵囿。这里是天然植被丰富、鸟兽繁育的广阔区域，供帝王畋猎圃游。筑灵台用于观天象和游览，灵台乃通天之所。灵沼是人工开凿的水体，据《三辅黄图》，灵沼在长安西30里。[②] 从此开启了皇家园林的营建活动，秦汉时期的上林苑亦是这种功能和形式，只是规模更大，人工营建的宫、殿、台、馆散布其中。

2. "一池三山"的造园模式，模拟自然山水成为范式，各种活动和相应的园林建筑布置其中

中国"一池三山"的筑池模式始于秦代，完整于汉代（图2-3-60）。建章宫太液池是迄今史书记载最为详尽、结构最为完整，池、山、树、鸟、舟、菰等环境最为丰富的一例。"一池三山"的仙境景观的传统，一直延续到唐大明宫太液池、元大都的太液池以及明清北京的北海琼岛、团城、圆明园的福海、西山的一池三山等。[③] "一池三山"的造园模式主要表现在：引水做渠，穿城入宫，开凿水池，池中筑台，池中立山，仿东海蓬莱、方丈和瀛洲三座仙山之意。如秦兰池宫之"兰池"，汉未央宫之"沧池"，建章宫之"太液池"，用池土筑台，高可远眺，池岸种植物，池内种荷花、菱角，池中泛舟。唐大明宫位于长安之龙首原上，宫廷区外朝之正殿含元殿，位于最高处，北侧原下降为平地，中央处是"太液池"，今遗址面积约为1.6公顷，池中蓬莱山耸立，山顶建亭，山上遍植花木，尤以桃花最盛，池岸

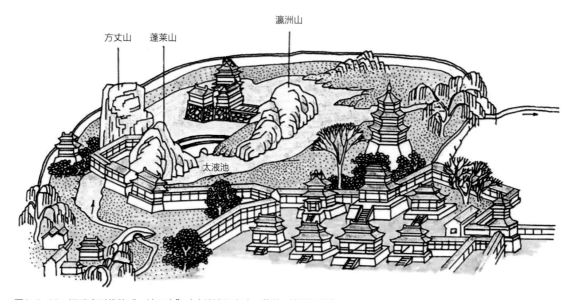

图2-3-60　汉武帝时代的"一池三山"（太液池和方丈、蓬莱、瀛洲三岛）

---

① 　周维权. 中国古典园林史（第三版）[M]. 北京：清华大学出版社，2008.
② 　周维权. 中国古典园林史（第三版）[M]. 北京：清华大学出版社，2008.
③ 　佟裕哲. 陕西古代景园建筑[M]. 陕西科学技术出版社，1998.

建回廊四百余间，苑林中设有殿堂、佛寺、道观、浴室、暖房、讲堂、学舍等，足见规模之宏大，功能之多样。一池三山的造园模式不仅仅是挖池筑山，更有植物种植和建筑物相配，是多功能相结合的园林布局和营建模式。

（三）"文人园"的兴起触发中国园林与文学、绘画的结合，开启精神意境的园林营建

陕西是私家园林在唐代兴盛时期的所在地，更是"文人园"兴起的地方，两者相互促进，并影响到了皇家园林的造园手法，开启了中国园林在诗情画意、意境内涵上的造园思想，对后来的园林发展和今天的风景园林建设影响至深。

1. 君子以利比德与士大夫思想

春秋战国时期，君子与山水比德的思想开始萌发，孔子在《论语》中引导仁者、智者去领悟山水，并以山水隐喻人的仁、智与性格差别。魏晋南北朝，思想活跃，士大夫阶层兴起，寄情山水与崇尚隐逸成为社会风尚，"曲水流觞"等各种游憩活动广为流传，发展至隋唐时期，更是成为了皇家和私家园林意趣的主导。柳宗元在《零陵三亭记》中写到："夫气烦则虑乱，视壅则志滞。君子必有游戏之物，高明之具，使之清宁平夷，恒若有余，然后理达而事成。"它将自然景象和游赏觉知提升到了对启蒙、陶冶君子思想的境界。

2. 文人参与营造园林

文人造园思想（道）与工匠造园技艺（术）开始了初步的结合，文人的立意通过工匠的操作而得以实现，"意"与"匠"的联系更加紧密。具有代表性的文人造园，如白居易和柳宗元。白居易在长安城中的新昌坊营建宅园，又在渭水之滨营建别墅园，在《新昌新居书事四十韵因寄元朗中张博士》一诗中记述到："丹凤楼当后，青龙寺在前。市街尘不到，宫树影相连。篱东花掩映，窗北竹婵娟。" 它包含有城中位置，园外借景及院内景色。

（四）风景园林营建技术

1. 终南山石组

终南山优美的自然风光，为唐代的造园提供了素材和蓝本，特别是唐代园林的叠山置石，许多山形走势都是参照终南山的真山真水意象，终南山石图成为了唐代园林石景的主要材料。

终南山的河道峪口有很多坠落到水中的石块，经过水流长时间的冲刷，形成了表面平行的纹理，是用于模仿水流的理想石材。这些纹理石，一部分由于石内部的物理材质相同，表面被冲刷成整齐的纹理，或纵或横，而有一部分由于内部含有其他杂质，如矿物晶体，两者坚固性不同，所以在冲刷过程中，材质松软的被冲刷成理想的纹理，而材质相对坚硬的被冲刷形成了镂空攒攒的纹理。[1]

杨惠之在庭院塑造中采用"粉墙为底，以石为绘"的塑壁之法，即壁山水，以粉（白）壁为纸，以石为绘也。壁山又称峭壁山。依理山石之法，理者相石皴纹，仿古人笔意为之。这种"塑壁"的新形式，即在墙壁上塑出云水、岩岛、树石。[2] 横纹立砌是唐代的一种理石手法，通常将石头立置，用纹理表现流水，以示峭壁之山的景意。

2. 唐代种植文化

唐代都城的绿化，据记载，主要的街道树为槐树，间植榆柳，所谓"迢迢青槐街，相去八九坊"，而在皇城宫城内则广种梧桐、桃树、李树和柳树，这从一些诗文中也可看出。如白居易的《长恨歌》中有"春风桃李花开日，秋雨梧桐叶落时。西宫南内多秋草，落叶满阶红不扫"之句。岑参亦有"青槐夹驰道，宫观何玲珑。秋色从西来，苍然满关中"。"千条弱柳垂青锁"之景，随处可见。

---

① 胡仁锋. 传统石景的现代演绎研究[D]. 西安建筑科技大学，2010.
② 佟裕哲. 陕西古代景园建筑[M]. 西安：陕西科学技术出版社，1998.

在唐代咏花诗词中，以咏牡丹花的最多，由此可见终唐一代牡丹花的盛况，可作为唐代植物景观的一个特色。唐大明宫遍种花木，尤以桃花为多。在华清宫内则种有梧桐，道路旁为槐树，院落里栽有白杨，植物多达数十种。

唐代，在城郊自然山水中建园林最著名的要属王维的辋川别业等，从其植物景观来看，大多得自于原有的自然植被，但造园者也在这个基础上造了一些颇有特色的植物景点，使园林更具自然田园的风味。

宰相牛僧儒在长安城内有归仁园，园内大量栽植树木花草，其植物景观特色是一种植物成片成丛地栽植，北有牡丹、芍药千株，中有竹子百亩，南为桃李弥望，即是说仅竹子就有六七公顷，占全园面积的一半以上，可见其植物景观是相当有气势的。[①]

"任何一个国家民族，它能绵延繁衍，必有一套文化传统来维系，来推动。"[②] 中国的风景园林文化，是中华民族在认知和表达人与自然环境关系上的思想和精神体现，它深厚、博大、精深，在漫长的历史进程中自我完善，外来影响甚微。这一文化传承至今，从未间断，并且深入人心，牢不可拔。中国历史上，风景园林与建筑、城市规划的意匠和营建融为一体，密不可分，今天风景园林学作为独立一级学科，从学科核心和社会发展需求的角度加以梳理和解析，有利于今天的风景园林学科行业的建设发展，对于传承和创新中华传统建筑文化，具有重要的意义。

六、市政建筑

（一）城墙

1. 星象相应的形态布局

陕西传统建筑中，存在着建筑布局与天体星象相呼应

的现象，人们常称之为"象天法地"。具体做法通常是将天文数字、天体特征、时空观念等融入建筑的布局、方位、装饰、结构等，从而赋予建筑以深刻的"宇宙"哲学韵味。

汉长安城规模宏大，其城墙的布局形态与星象呈现高度对应的状态。据考古发掘，其南墙中部南凸，东段偏北，西段偏南；西墙南、北两段错开；西北部分曲折延伸；只有几个关键部位正是星座的位置。南端凸出处为天玑星所在，建章宫独立于西南，正是开阳、摇光的连接部分，西北曲折的城墙与太子、勾陈连线吻合，天璇、天枢与勾陈（北极星）三点一线已被天文学证实，在天文观察中，沿着天璇至天枢的方向，即可找到北极星，和东墙的平直、完整相一致。更令人惊奇的是，连接安门、清华门、宣平门、洛城门、厨城门、横门、雍门、直城门的八条大道也基本相同，甚至主要宫殿、市场的大小比例也基本符合（图2-3-61）。[③]《三辅黄图》中有记载曰："城南为南斗形，北为北斗形，至今人呼汉京城为斗城是也。"[④]

2. 防御严密的功能布局

现存西安城墙，是明洪武三年至十一年（1370～1378年）在唐长安皇城和元奉元城的基础上扩建而成（图2-3-62），设有吊桥、闸楼、箭楼、正楼、角楼、敌楼、女儿墙、垛口等一系列军事设施，形成了一个完整的古代城市防御体系。

城门是城市唯一的出入通道，也是军事防御的重点。西安城墙东、西、南、北各辟城门，主要城门设有正楼、箭楼、闸楼三重城楼。闸楼在最外面，作用是升降吊桥；箭楼居中，正面和两侧设有方形窗口，供射箭用；正楼在最里面，是城的正门。箭楼与正楼之间用围墙连接，叫瓮城，是屯兵的地方，敌人攻进时可形成"瓮中捉鳖"之势。瓮城中还有通向城头的马道，缓上无台阶，便于战马上下。[⑤]

① 朱钧珍. 中国园林植物景观艺术[M]. 北京：中国建筑工业出版社，2003.
② 钱穆. 中华文化二十讲[M]. 北京：九州出版社，2011：2-5.
③ 李晓波，李强. 从天文到人文——汉唐长安城规划思想的演变[J]. 城市规划，2000，24（9）.
④ 何清谷. 中国古代都城资料选刊. 三辅黄图校释，中华书局，2005.
⑤ 苏芳. 西安明代城墙与城门（城门洞）的形态及其演变[D]. 西安建筑科技大学硕士论文，2006.

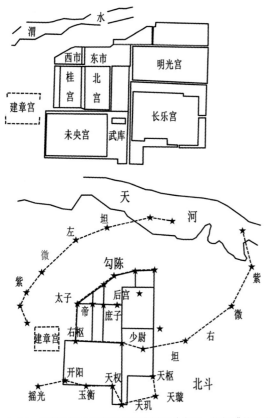

图2-3-61　汉长安考古复原图与天体星图（来源：根据《从天文到人文-汉唐长安城规划思想的演变》，宋宏春 改绘）

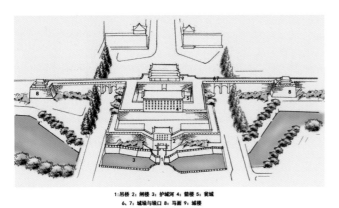

1: 吊楼 2: 闸楼 3: 护城河 4: 箭楼 5: 瓮城
6、7: 城墙与垛口 8: 马面 9: 城楼

图2-3-62　西安城墙防御设施（来源：黄姗 绘）

除了城门设防严密外，城墙的四个拐角还修有凸出城外的角楼，作用是辅助城门，观察和防御四面外来之敌。整个

城墙外侧，每隔120米有一座马面（也叫墩楼）。每个马面宽20米，从城墙向外伸出12米，高低、结构和城墙相同。马面之间距离的一半，恰好在弓箭的有效射程之内。城墙和马面上有女儿墙，墙上有既能藏身又能瞭望、射击的凹口和方孔。[①]

3. 科学有效的排水系统

为了保护城墙不受雨水浸泡，规定凡城墙顶部须"海墁砖砌，使雨水不能下渗城身，里面添设墙宇，安砌水沟，使水顺流而下"，可见当时对城墙的排水系统非常重视。从现存城墙可以看出，城墙内侧每隔40~60米有一个排水槽，为砖石结构，从城顶直至城底。槽身口宽0.65米，深0.76米，两壁各厚0.6米，排水槽顶部为石制吐水嘴，下部与沟渠相通。地面有雨水聚集时，可以沿着10~15度的斜面迅速导入流水槽中，顺流水槽汇入城下的沟渠，从而防止墙体被雨水浸泡，可有效地保护城墙。全城共修有167个排水槽。西安城墙能成为我国现存唯一保存完整且规模最大的古代城垣，科学的排水系统和实用耐久的建造技艺起到了重要的作用。[②]

（二）西安钟鼓楼

"晨钟暮鼓"是封建统治者维护社会秩序的手段，钟鼓楼主要起报警、报时、体现礼制威仪的作用。西安钟鼓楼居于城市古城墙范围内，是城市中突出的标志性建筑，并与文庙以及其他统治阶级建筑等共同组合成了屋顶，高低，色彩，方位有序的礼制体系空间象征着王权思想，凝结了古代人民的智慧，反映了我国古代城市规划的礼制制度。

西安钟楼（图2-3-63、图2-3-64）是我国规模最大、保存最完整的明代建筑之一，被誉为"古城明珠"，始建于明洪武年间，随着城市的发展，于明神宗万历十年（1582年）东迁，将其移至四条大街的交汇处，明确了城市的中心轴线，总高36米，为古城中最高的建筑，人们在钟楼上可

① 曹静. 西安城墙. 城市规划, 2000（05）.
② 西安市文物局，陕西省古建设计研究所联合考古调查组. 含光门段明城断面考古调查报告[J]. 文博, 2006.

图2-3-63　西安钟楼（来源：王军 摄）

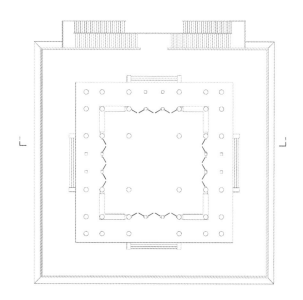

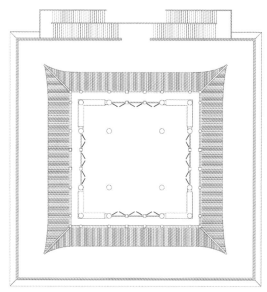

图2-3-64　西安钟楼平面图（来源：林源 提供）

以环顾四周的城墙与城楼。从立面上看，下层明间内分割出的左右两小间与副阶部分形成了四个相似形，左右对称，而位于上层的梢间、副阶，与明间中的相邻两小间也形成了四个相似形，如此规律的分布使立面富有韵律感与节奏感（图2-3-65、图2-3-66）。

钟楼主体为砖木结构，建在8.5米高的砖砌方形墩台上，基座四面正中各有一个高、宽均为6米的券形门洞，与东、南、西、北的四条大街相通，造型采取四面统一集中的形式，无论从哪条街上望去，都是完整的。基座之上为四角攒尖顶的重檐三滴水二层木结构楼阁，楼体部分通透的柱廊与坚实的基座虚实相衬；屋顶覆盖着碧色琉璃瓦，逐层收进，层次分明；各层均有斗栱、藻井、彩绘，形式古典，巍峨壮观，其建筑形制体现了皇家建筑严格的等级，体现了帝王的权威，是富有民族特色的古代建筑精品（图2-3-66）。

西安鼓楼（图2-3-67）建于明洪武十三年（1380年），是我国现存明代建筑中仅次于故宫太和殿、长陵祾恩殿的一座大体量的古代建筑，且在我国同类建筑中年代最久、保存最完好，从历史价值、艺术价值和科学性方面都属

于同类建筑之冠。

鼓楼建于高大的长方形基座上，外观为东西宽九间、南北深五间的歇山式重檐三滴水二层楼阁，上覆灰瓦，绿色琉璃瓦剪边。外檐和平坐都装饰有青绿色彩绘斗栱，使楼的整体显得层次分明，华丽秀美；楼基除两端尾外，不加其他装饰，却尽显雄浑和庄严（图2-3-68）。

除了屋顶外，古代的建筑彩绘同样有等级之分。鼓楼上分别使用了和玺彩绘和旋子彩绘，并绘有沥粉金龙。立面与

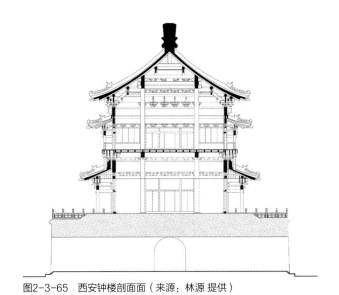

图2-3-65　西安钟楼剖面面（来源：林源 提供）

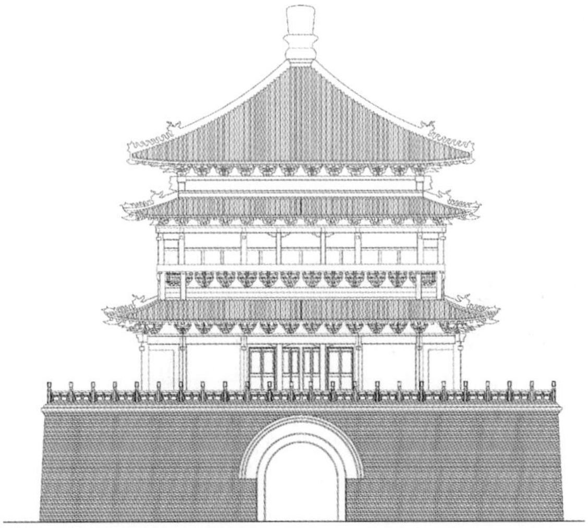

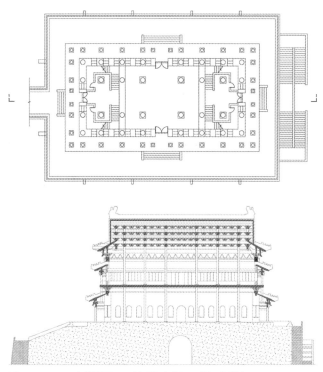

图2-3-68　西安鼓楼平面、剖面图（来源：林源 提供）

钟楼一样因相似形的分布而尽显和谐感。

钟鼓楼不仅是城市的政治中心，而且是带有公共用途的楼阁建筑，其历史地段多作为集市商业区，并延续至今。钟鼓楼作为高台建筑，有着良好的视线，可供登高远眺，在基座处设有券洞，以疏导交通，缓解城市中央的交通压力。

西安钟鼓楼发展到现在，在不同的历史时期与社会背景下，其担任的职能也在变化。现在钟鼓楼已不是城市的制高点，但钟楼依然是城市的轴心建筑。钟鼓楼承担着文化历史教育以及西安市的景观美化与交通疏导等职能，实际用途虽然已经消逝，但其艺术价值在现代城市生活中依然发挥着积极的作用，诉说着历史的进展……

图2-3-66　西安钟楼立面图（来源：林源 提供）

七、关中传统民居

（一）关中传统民居概况

据考证，中国最早的房屋建筑出现在陕西关中。经过了千百年的变迁，关中民居形成了自己独有的古朴、恢宏的

图2-3-67　西安鼓楼（来源：王军 摄）

建筑风格，故此有"中国民居看陕西，陕西民居看关中"的说法。

关中民居历史悠久，目前在各城镇中还保存有不少明清时代的民居，其中西安、三原和韩城等地的民居尤具有代表性。关中传统民居建筑的基本形制，从平面关系与空间结构上看，属于传统窄四合院形式，布局及空间处理都比较严谨，用地经济，选材与建造质量严格，装饰艺术水平较高。十三朝都城所在地的历史地位，促成了关中民居建筑的"多样的形式结构、端庄的民居形态、厚重的文化积淀、皇都的大气磅礴、精巧的建造技艺"等特点，形成了独特的民居形制和建筑风格。

（二）关中民居的历史演进与发展

1. 历史演进

1）原始社会时期

旧石器时代，人类的居所是天然的岩洞，发展到新石器时代，形成了固定的居民聚落。从宝鸡北首岭、临潼姜寨等著名的仰韶文化遗址来看，这个时期的村落已经有了初步的规划布局，居民聚落已有相当大的规模，具有了防御用的壕堑、公用的"大房子"、牲畜圈栏和储藏用的窖穴以及烧陶的窑、墓葬等。房屋的结构为木骨草泥墙壁或梁柱式构架，屋顶材料为茅草或草泥，平面造型有方有圆，也有不规则形，地面以上房屋尚少，多为半地穴式。总体布局有序，能清晰地反映出母系氏族社会聚落的特点和关中地区民居建筑的萌芽（图2-3-69、图2-3-70）。

2）奴隶社会时期

夏商时期有了"民居"这一普通庶民居住的建筑形式。民居形式已由半地穴式向地面建筑形式发展。

陕西岐山县凤雏村的西周遗址（图2-3-71）是我国发现的最早、最严整的四合院。这组建筑南北长45.2米，东西宽32.5米，房屋坐南朝北，中轴线上依次为影壁、大门、中院、前堂、后室，前堂与后堂之间有廊连接，门、堂、室的两侧为通长的厢房，将庭院围合成封闭的空间，院落四周有廊檐环

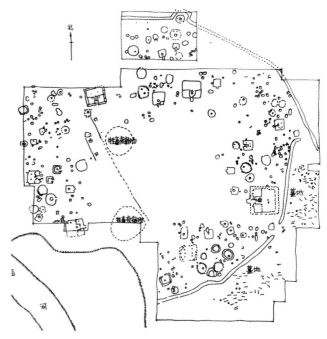

图2-3-69　陕西临潼姜寨遗址聚落布局（来源：《中国城市建设史》）

图2-3-70　西安半坡遗址（来源：陈雪婷 摄）

绕，前庭正中为门道，门道前4米处设有排水陶管和卵石叠筑的暗沟，以排除院内雨水。该遗址是对称严密的二进院落组成的四合院形式。它的平面布局及空间组合的本质与后世两千多年的封建社会中北方流行的四合院建筑并无不同。

3）封建社会时期

封建社会时期也是传统民居建筑发展、完善、成熟直至定型的时期。

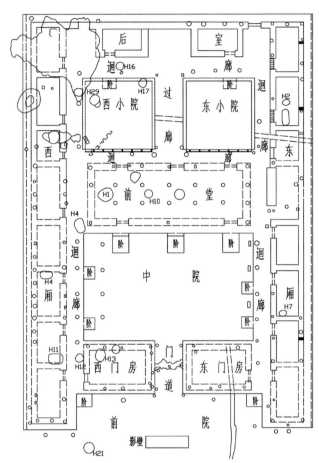

图2-3-71 陕西岐山凤雏村西周建筑遗址平面示意图（来源：根据《中国建筑史》，郭萌 改绘）

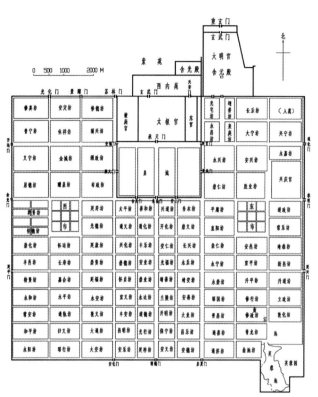

图2-3-72 唐代的里坊制（来源：根据《中国城市建设史》，郭萌 改绘）

图2-3-73 关中民居窄院（来源：杨钦芳 摄）

战国至秦汉时期，关中地区的民居建筑取得了巨大的发展。西汉时期的长安和东汉时期的洛阳居民区确立了闾里制度，民居采用了矩形的用地和端正的朝向。隋唐时期，里坊制日趋成熟。坊为大小不等的方整矩形，外围高墙，民居规划于内，民居用地皆取正向轴线布局（图2-3-72）。盛唐时期，长安民居中的合院住宅开始增多，时称"四合舍"。通常一处宅院由几个并排院落加上甬道连通后共同组成大合院。从院落的大门进去，一般要经过大门、中门、厅堂等，后面还有寝室，两侧也可加上厢房或耳房等。并排的院落以墙门连接，外围均以高墙围合。当时的院落已经具备不同的功能性和防御性。

唐长安建筑之雄伟及规模之宏大是空前的，并对之后的陕西民居建设产生了深远的影响，如深宅大院严谨的布局、正统的做工、精美的装修、精选的材料。

宋代取消了里坊制，城市居住区以街巷划分空间，里坊制发展为坊巷制。普通百姓的住房多为两间到三间，形式比较简单。

明清是关中民居发展的鼎盛时期。由正房、厢房、倒座、内院所组成的四合院制式已经基本确立下来，院落呈窄长形，称为"窄合院民居"（图2-3-73、图2-3-74），产生了多进合院式民居，并组合出了跨院式和多个纵列院落形式。现存的多数陕西民居皆为此时期所建。

韩城市党家村是清代优秀建筑的代表之一。党家村有建于600多年前的100多套四合院式民居，有保存完整的城堡、暗道、风水牌楼、祠堂以及哨楼等系列建筑，被国内外专家称为东方人类传统民居村寨的"活化石"（图2-3-75）。

4）近现代的延展

清至民国时期建造并保留下来的关中传统民居较多，也较完整，如灵泉村等。这一时期的民居多是土砖木结构，具有用地紧凑、层数加高、进深加大、拼联建造、注重装饰等特征。时至今日，仍然保持着质朴、敦厚的地方风貌。

2. 关中民居特征形成因素与发展规律

关中传统民居的原型是地域自然条件、地域资源和文化等诸多因素共同影响和作用的结果。首先是对关中黄土地域环境中的自然环境及"天人合一"的哲学观的综合表达，而宗教礼法、历史文化、黄土地上的农耕生活、家庭伦理等也都内化至人的观念中，并外化至关中民居的合院形制、建筑材料以及建造特征中。

图2-3-74　党家村民居窄院(来源：张豫东 绘)

图2-3-75　韩城党家村（来源：徐建生 摄）

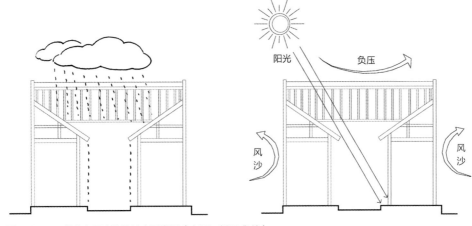

图2-3-76　关中窄四合院的特点示意图（来源：刘玉成 绘）

1）自然环境的选择

关中地区夏季炎热干燥，住宅建筑及院落需要遮阳及适宜的阴影区，因此，院落多狭长，房屋出檐较深远；而关中地区冬季寒冷，厚实的围合墙体、单坡的厦房、封闭的空间，增强了民居院落的抗寒性。同时，关中地区植被覆盖率较低，多风沙而少雨水，两面相对的单坡屋顶上的负风压对防风沙、保持院落温度、积蓄雨水都有很好的作用（图2-3-76）。此外，自古以来关中地区地少人多，宅院布置密集，院落趋向窄长。因此，在漫长的历史演进过程中，最终形成了关中民居窄长封闭单坡的建筑特点。

关中地区雨量小，而土层深厚、可塑性强，黄土成为了最佳的建筑材料。黄土物美价廉，保温隔热，随手可得，循环利用。关中的土质坚硬易塑，非常适合夯土版筑。因此，关中民居主体的承重以夯土墙和土坯墙为主（图2-3-77）。

另一方面，因关中地区的土质特点，窑洞或窑洞与合院相结合的组合方式在关中中北部也较为常见。窑洞的建造多为因地制宜，充分利用地形和周围的资源。

2）宗法等级观念的反映

传统的宗法等级观念也决定了关中民居的布局形态、建筑形制和材料的运用等。以上下尊卑为本质的礼制和等级观念，在民居的轴线布局，房屋的面宽、进深与单体建筑开间及单体建筑的等级划分等方面都有所表现。

例如与礼制相适应的建筑形制和施工则例，规定了各种等级的住宅或建筑允许的开间、用料及装饰等级等。明代对普通民居的形制规定："庶民庐舍定制不过三间五架，不许用斗栱饰彩色。"至清代，社会不同阶层的居住建筑在形制规范上，更加注重尊卑的秩序。大户人家的宅子多带有精美的雕刻彩绘、花格门窗，院落也是重重拼合；普通人家则常用正房、左右厦房以及街房组成的窄四合院，或正房和厦房拼成的三合院；而穷人则多是简单的单排房院或双排房院。院内的正房、厅房以及厢房，也从高度、材料等方面表现出一家之中的上下尊卑。

3）历史与文化的影响

关中地区有着深厚的历史文化积淀，民居的外在也表现着相应的历史渊源和文化象征。

长安历史上曾是十三朝国都，又是中国长期以来的经济文化中心，其传统民居具有严谨端庄的民居形态、厚重的文化积淀、皇都的大气磅礴、正统的做工、精巧的建造技艺等特点。

后又由于战乱频繁，关中地区逐渐演变为较为封闭、落后的地方经济、军事中心。关中地区的传统居住建筑亦呈现出强烈的防御性和内向性。明清时期的"堡"、"寨"等典型的防御性聚居村落更是在关中随处可见，有的村落还有独

图2-3-77　关中民居的夯土墙（左图为被称作"银包金"的土坯墙做法）（来源：白宁 摄）

图2-3-78　灵泉村堡门（来源：陈雪婷 摄）

立的寨门或堡门，如合阳县坊镇灵泉村，村内民居、街道整齐，朝北的围墙开出防御性的城门洞（图2-3-78）。

另一方面，农耕文化又是关中民间文化的主要特征，演化出的守土、保守的性格特征，与自然和谐相处的生活态度，决定了关中民居的朴实、内敛。

遵循《周礼》的居中、四向等传统礼制，平直、方正的宅院平面格局及其组合方式逐步形成了质朴、硬朗、厚重、端正的关中民居的整体性格。

4）民间艺术、风俗与宗教的影响

关中地区有着气势恢宏、深沉博大的民间艺术和深厚的文化积淀。具有浓厚地方特色的关中民间文化艺术，如剪纸、泥塑、脸谱、刺绣、绘画、雕刻等，对关中民居建筑造型，特别是传统民居的建筑细部装饰、建筑色彩等产生了极大的影响，其细腻、稳重、朴实而又生动逼真的艺术风格，反映的农耕生活情趣、乡土风情等艺术题材，也被大量地运用到民居建筑的创作中。

民间宗教信仰和宗教活动也影响着关中民居建筑。许多宗教活动都是在其居住建筑内进行的，如在家里正房厅内供奉菩萨、大门口设土地神龛、厨房供灶神等小型泥塑神像等，传统民居建筑中形成了为其专门服务的空间（图2-3-79）。

图2-3-79　私家土地爷神龛（来源：陈雪婷 摄）

（三）关中民居的特点与解析

1. 群体布局

关中地处八百里秦川，地势平坦、人口稠密。村镇布局比较集中和规整，平面呈矩形或团形。巷道也以平直居多，主、次街巷形成的路网通往每家宅院，传统住宅院落一般沿街巷布置，户户毗连、密密匝匝（图2-3-80）。由于通向各户的出

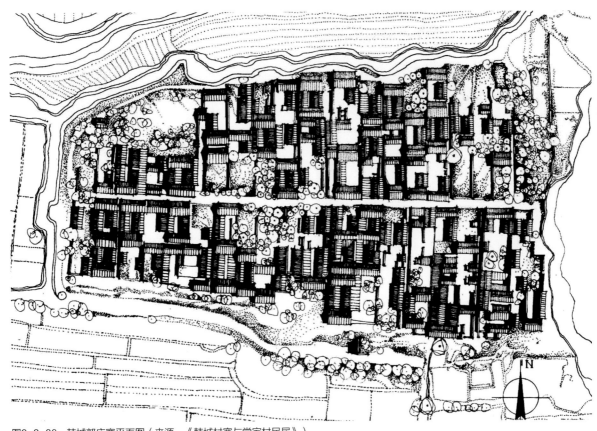

图2-3-80 韩城郭庄寨平面图（来源：《韩城村寨与党家村民居》）

入口限制了宅基的划分，一般居住地段的用地宽度不大。

街道宽与房高比多小于1∶1，尺度亲切宜人，气氛简朴、宁静、自然。局部地段的宽窄变化使长街的景观显得丰富生动，小块墙角边地也为居民停留、交往提供了合适的空间。小巷多尽端式"死胡同"，它们与主要街道形成树枝状路网结构，这类通向局部宅院的人行小巷，有的宽不足2米，具有明确的内向性和居住气氛（图2-3-81）。

2. 院落布局与特点

关中民居院落的主要布局方式是沿纵轴布置房屋，以厅堂为核心，两侧附属用房组织院落，向纵深发展。其建筑形制与气候、地理环境等关系紧密。通常宅基地较狭窄，正房面阔三间，不做耳房，两侧的厦房（在关中地区，把厢房称作厦房）向院内收缩，造成两厢檐端距离较小。庭院的宽度

一般由厅房（正房）中间的开间所决定，通常为3米左右。庭院的纵深长度取决于两边厦房间数。庭院的长宽比多为4∶1，形成狭长的庭院。这种窄院不仅节约用地，也解决了遮阳、避暑、防风沙等问题（图2-3-82）。

各户宅院之间，正房皆并山连脊，厦房背靠背地修建，厦房与正房屋面均采用向院内倾斜的单坡屋顶，屋面排水皆排向院内。建筑外墙上不开窗，主要靠朝向院内的门窗采光，所以将近一半的厦房终年不见阳光。

关中民居典型平面模式有：独院式、纵向多进式、横向联院式以及纵横交错式。

1）独院式平面

这是关中地区常用的民居平面布局形式，多沿用地四周布置房间，由前向后，依次是门房、庭院、正房和后院（图2-3-83）。为了多争取使用空间，在庭院两侧布置两栋单

图2-3-81　关中街巷（来源：白宁 摄）

图2-3-82　关中窄院布局（来源：根据《陕西民居》，刘玉成 改绘）

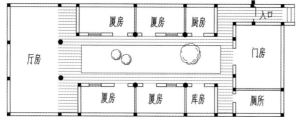

图2-3-83　典型的关中独院式平面（来源：根据《陕西民居》，刘玉成 改绘）

坡顶的厦房，组成四合院。这种独院式的用地面宽多为8～10米，进深约20米，比较窄长，俗称"关中窄院"，其布局特点是占地少、面积利用充分。

在整个院落中正房是全院的主体建筑，位于中轴线上，相对其他用房，它的基座高、尺度大。在建筑形式上，多为我国传统的一明两暗的布局，各开间通常为3米左右，进深一般为5～7米。功能上，明间一般用于接待宾客、日常起居、供奉神像、祭祀祖先及家族庆典活动，两暗房是主人和长辈的住房。

门房用途比较多，可以作居室、书房、会客或贮藏等用。厦房进深多为3米左右，正房与开间统一。两侧的厦房在功能上基本是供晚辈居住，或用作厨房及贮藏，建筑多东高西低，以示男尊女卑、长幼有序。后院用于饲养及厕所等杂用。

独院式平面布局，不仅可以单独使用，还可以用它组成多进式或联院式的多种平面。因此，这种独院式平面已成为关中地区民居的基本布局形式。

2）纵向多进式平面

这种布局是由独院式平面沿纵深方向重复组合而成。关中地区地少人多，宅基划分多以10米左右的三开间面宽居多，因此，形成了窄面宽、大进深的宅基。平面布局向纵深发展，形成层层厅堂院落组成的序列空间。这种平面布置，各厅堂院落的功能比较明确，简洁适用，空间灵活，节省用地。平面的功能划分通常以前庭、内院组织各类房屋，形成生活区。前庭具有外向性，由门庭、厦房和过厅围合组成，供接待、婚丧、庆典及家人团聚之用。内院多在过厅后面，是家庭内部起居、生活使用的空间，一般宾客不进入内院。后院多为服务性空间（图2-3-84）。

3）横向联院式平面

这是将几个多进式宅院，用数道墙门横向连通的民居类型。横向联院式宅院的各院之间仍用高墙分隔，各院一般设有独立的对外出入口，使各院仍保持有独立的多进式宅院的特点。各院之间以通道门相通，这种布局都有正院和偏院之分（图2-3-85）。

正院位置多居中布置，一般都具有建筑尺度高大、庭院宽敞、建筑材料和建造质量高以及装修精致等特点。正院具有主人起居、接待宾客等功能要求。偏院居正院之侧，多为晚辈和家人生活居住的场所，也有在偏院内开辟宅内花园的。

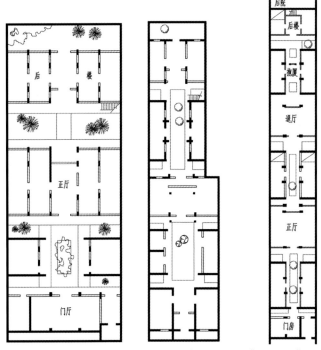

图2-3-84　纵向多进式关中院落平面图（来源：根据《陕西民居》，刘玉成 改绘）

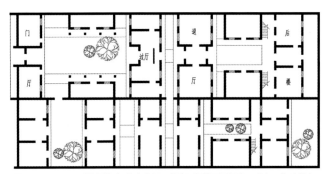

图2-3-85　三原县周家大院（来源：根据《陕西民居》，刘玉成 改绘）

图2-3-86　西安市北院门高宅（来源：图努拉 绘）

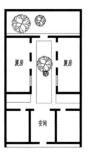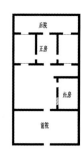

图2-3-87　常见三合院、二合院平面布置图（来源：根据《陕西民居》，刘玉成 改绘）

4）大型民宅

关中地区大型民宅，用地面积大，建筑规模大，多为昔日的高官、富户所有。这种布局是由几个甚至十几个多进式宅院连片组合而成的，如西安市北院门的高宅（图2-3-86），又如三原县内的石槽崔宅，将整条巷道连通，供独户使用。

5）普通民居中的其他宅院形式

普通人家或传统农村住宅的平面一般都比较简洁明了，多数是厦房为主，房屋类型少，经济、适用，而且布局灵活、自由。其平面布局基本上也属于关中窄院的传统形式。如以正房和左、右厦房拼成的三合院，正房和单侧厦房组成的二合院，也有简单的单排房院，或是单排房与储物或厨房组成的双排房院（图2-3-87）。

6）窑洞式院落

窑洞在关中地区的中北部也被广泛应用。窑洞的建造多因地制宜，充分利用地形和周围的资源，其建造方式和布局形式往往也会因环境的不同而产生很多不同的形式。

靠崖式窑洞一般在沟壑或山坡崖壁上同方向并排开挖。明锢式窑洞在平地上以砖石、土坯发券，砌筑成拱形洞。组成的院落灵活多变，可大可小，并可与其他建筑配合使用。地坑窑院落是在平地上向下挖出一个凹进去的大院子，以向下延伸的坡道作为入口，以院子底部为地坪，在四面坑壁上挖出拱穴，各窑洞也分卧室、厨房、储藏室和牲畜棚等，并形成了像传统四合院一样的地坑院（图2-3-88）。

图2-3-88 关中地坑窑（来源：郭萌 绘）

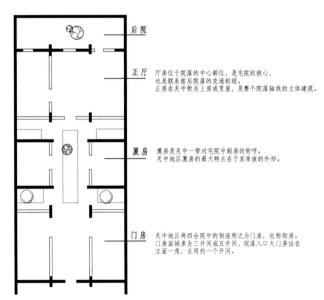

后院

正厅　厅房位于院落的中心部位，是宅院的核心，
也是联系前后院落的交通框纽。
正房在关中称为上房或里屋，是整个院落轴线的主体建筑。

厦房　厦房是关中一带对宅院中厢房的称呼。
关中地区厦房的最大特点在于其单坡的外形。

门房　关中地区将四合院中的倒座称之为门房，也称街房。
门房面阔多为三开间或五开间，院落入口大门多设在
立面一角，占用约一个开间。

图2-3-89 典型的关中民居建筑组成（来源：刘玉成 绘）

3. 关中民居的建筑造型和特点

1）关中民居建筑组成

关中民居主要由临街的门房、两侧的厦房、厅房和正房这几个主要的单体建筑配以围墙、墙门等围合而成（图2-3-89）。

2）建筑造型特点

（1）单坡屋顶的建筑特点

关中地区民居院落一般都沿街或巷道两侧布置，户户毗连构成群体，形成风格统一的沿街景观。院落中房屋多呈对

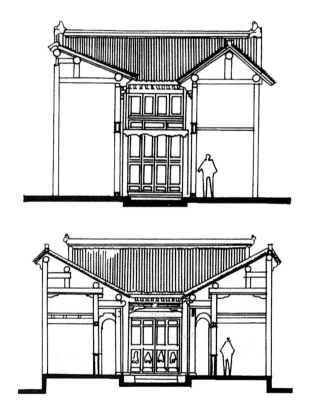

图2-3-90 关中窄院单坡剖面图（来源：根据《陕西民居》，陈雪婷改绘）

称布置，中轴明确。两侧厦房采用单坡屋面并向院内倾斜，是关中民居造型的最大特点（图2-3-90）。关中"八大怪"之一的"房子半边盖"指的就是由单坡屋面构成的特有的建筑造型。与其他地区民居厢房相比较，这是一种近似直角三角形的屋架支撑起来的单坡斜房，这种民居的建造方式

图2-3-91 倒座上的大门（来源：白宁 摄）

图2-3-92 关中民居的山墙（来源：白宁 摄）

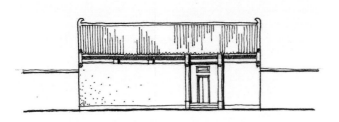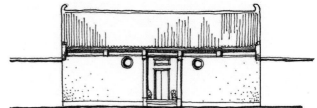

图2-3-93 无窗的门房和带高窗的门房（来源：根据《陕西民居》，陈雪婷 改绘）

在国内其他地区比较少见，具有明显的地域建筑文化特色。这种造型受关中地理、气候因素和政治、文化因素的影响而形成。两侧厢房屋面坡向院内，起到遮阳、避暑、防风沙、收集雨水的作用，同时使整个窄院空间更加封闭、内向，增强了建筑的防御性。

（2）临街倒座的造型特点

以三开间或五开间的倒座面向街道，多数在右边第一开间设置大门，仅少数富商或官宦人家居中设门（图2-3-91）。也有个别面宽为五开间的住房将大门设在右侧第二开间，把第一间作为厨房、贮藏间或设置上阁楼的楼梯。无论将大门设在哪一间，它都是立面的重点装修部分，形成构图中心。除少数住户的大门与外墙平外，多数住户的入口都向内凹进，大门一般设在由外墙向内约为房屋进深的1/2处。

倒座其他各间常以磨砖对缝的青砖墙面面向街道，为了满足安全和私密性要求，多数地区外墙上不开窗（图

2-3-92）。

（3）两厢山墙临街的造型特点

关中地区不少传统民居为三合院布局形式，形成两厢山墙面向街道。一般为硬山顶，屋面做双坡或坡向院内的单坡。硬山墙上部山花部分设通风小窗，小窗的花格用瓦片组成或做雕砖花格。大门门楼设在两厢山墙之间，是立面的重点装修部分。有的高于院墙，做成以木雕为主的垂花门，有的低于院墙，并以院墙为承托，搭水平椽向内外挑出做成对称式门楼，有的精雕细作，有的朴实无华，形式变化多样，与浑厚、封闭的高大山墙面形成对比，使得整个建筑外观显得生动活泼（图2-3-93）。

4. 结构与构造

关中民居的结构体系基本分为两种。一种是以木构架作为房屋骨架的砖木和土木房屋，这种结构形式广泛应用于关

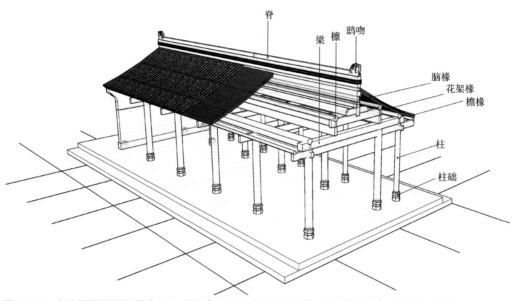

图2-3-94 关中民居建筑结构图（来源：根据《陕西关中传统民居建筑与居住民俗文化》，张豫东 改绘）

中大部分地区；另一种是利用黄土高原的自然地形和条件而开挖修建的窑洞式民居。

关中民居中的砖木和土木坡屋面房屋以木构架作为房屋骨架，承受屋面重量。屋架再以木柱为支撑传递荷载到基座上。建筑使用土坯墙或砖墙作为围护结构及空间分隔，砖墙和土坯墙与骨架脱开，只承受自重。这种结构体系与明代开始在北方流行的砖墙承重的民居最大的不同就是关中民居的主要外墙与木构架脱开，只承受各自的重量，故而有"墙倒屋不塌"的特点。这也为平面的划分、室内外空间的分隔、门窗的开设提供了自由灵活的条件（图2-3-94）。

1）木构架

木构架作为房屋骨架，承受屋面重量。一般木构架上都饰以木雕装饰，集结构与装饰功能为一体。关中民居木构架基本形式分为抬梁式和穿斗式。

抬梁式构架由柱、梁、檩、椽组成。陕西民居中的抬梁式构架形式大体可分为三架梁、四架梁、五架梁和七架梁。三架梁和四架梁木构架多用于进深较小的房屋，五架梁、七架梁常用于进深较大且内部空间需随使用要求可灵活分隔的厅堂和正房。在三架梁和五架梁式构架前或前后加一步架，

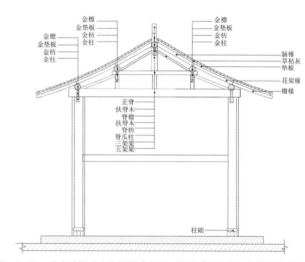

图2-3-95 关中抬梁式木构架图（来源：根据《陕西关中传统民居建筑与居住民俗文化》，张豫东 改绘）

设檐柱用挑尖梁与金柱连接，是陕西民居中应用最为广泛的一种构架形式，多见于进深较大和檐下需设廊的正房或厅堂（图2-3-95）。

穿斗式构架由柱子、穿枋、斗枋、纤子、檩木五种构件组成。以不同高度的柱子直接承托檩条，每根檩条都架在柱子上，有多少檩条即有多少柱子，柱下设柱顶石，柱与柱之

间用穿枋联系，以保持稳定。穿斗式木构架柱子较多，有利于抵抗风荷载，房屋尽端靠山墙的构架常做成穿斗式三架三柱和五架五柱。关中南部秦岭山区因为靠近陕南，有较多穿斗式构架的民居。

2）墙体围护结构

关中地区雨量少，地下水位低，土层厚，土质塑性强，因此本地区以土作为建筑材料的历史悠久，应用广泛。作为围护结构的墙体，除了采用砖墙外，很多传统民居中也使用土坯墙和夯土墙。明代以来，砖作为建筑材料在普通民居建筑中也得到广泛应用，然而，在关中传统民居中砖并未完全取代夯土墙，只用于局部或整体外包面，甚至西安地区的中等质量民居的沿街外墙、厢房和正房后墙、后院墙也都如此。土筑墙在农村更是广泛应用。做法有两种：一种是青砖与土坯结合，内砌土坯，外砌青砖，称为"银包金"，或将土坯夹在中间作芯子，内外都用青砖砌筑，称为"夹心墙"，该做法墙体较厚，土坯的保温隔热性能好，可使居室冬暖夏凉。另一种是在石或青砖勒脚以上全部用土坯砌筑，墙内外都用草泥粉刷，这是农村小型民居常用的做法。此外，夯土院墙，用草泥做屋面垫层，在小型民居中也甚为普遍，反映了关中人民对于丰富的黄土资源的充分运用。

5. 建筑细部与装饰艺术

关中民居中有许多建筑细部本身就是一种完美成熟的艺术品，它们极大地丰富和烘托了民居建筑造型，给朴实无华的民居增添了许多耐人寻味的地方色彩。

关中地区民居装饰，精雕细刻、做工精致，受京城匠师的工艺影响较深。重点装饰部位是入口门楼、影壁、屋脊、门窗及室内装修等。

1）入口门楼

门楼是民居的入口中心，各家各户的入口标志是户主重点装修的部位，门楼的形式和做工精巧与否，往往能反映出户主的身份地位，乃至整个宅院的质量。关中民居门楼丰富多彩，造型优美。关中居民门楼具有北方民居的一般形式，大门都体现出砖雕精细，做工讲究的特点。大门上多有

牌匾，多用木刻题字，如耕读第、诗书第等，有的则为砖雕（图2-3-96）。

2）影壁

影壁是北方传统民居建筑中的一个重要构成因素，宅门切忌直来直去，门直通会使家族不兴旺。因此，宅门便与影壁有不可分割的关系：大门内外均设有影壁，使其在视线上有一定的遮挡。影壁与宅门界定的空间是院外向院内的过渡空间。它不仅有风水方面的功能，同时也增加了空间意味和视觉层次感（图2-3-97）。位于门内的影壁上雕刻有丰富多彩的图案，取材立意主要为吉祥如意、国泰家宁，纹样的取材丰富，有飞龙舞凤、狮子戏球、飞禽展翅、四季花卉，有的用青石精雕，有的用方砖拼砌雕刻（图2-3-98）。

图2-3-96 关中民居的门楼（来源：张雪珂 绘）

图2-3-97 影壁（来源：陈雪婷 摄）

图2-3-98　照壁（来源：
刘玉成 绘）

图2-3-99　民居屋脊（来源：图努拉 绘）

图2-3-100　雕花屋脊（来源：刘玉成 绘）

3）屋脊

关中传统民居正房屋顶均为硬山坡顶，厦房一般为单坡顶。屋脊与脊吻都用砖砌。脊吻形式多样，有的是整体预制焙烧，而比较讲究的宅院屋脊与脊吻多是分段分块预制焙烧而成。分段预制的屋脊立体感很强，工艺水平很高。屋脊与脊吻分上下两层，下层与屋面相接，作为屋脊的基础，以横线脚装饰，上部为屋脊正身，饰以多种纹样。关中有的宅院屋脊与脊吻砖雕十分精美，有的大型宅院屋脊尺度很大，将近一人高（图2-3-99，图2-3-100）。

4）门窗隔扇及门罩

关中民居木装修做工精致、选材考究。传统民居的房屋门有两种形式：一类是成排的隔扇门，另一类是木门。隔扇门、窗均成双布置，一间布置四扇者居多。隔扇门的基本形式是由木料构成长方形框架，框架内分为上部的格心和下部的裙板，格心部分作采光用，所以都有密集的木格以便在木格条上糊纸。木门门扇简洁，多不施雕刻，单扇或是双扇，双扇居多。讲究的宅第的厅堂入口为了悬挂门帘，均设有门罩，门罩上部饰以各式雕花，顶部及两侧均为镂雕，有的漆成浅色，与深色隔扇门形成对比（图2-3-101）。

5）其他

关中北部是著名的唐代十八陵所在地，民间石刻艺术丰富，具有民间艺术独有的粗犷、豪放的气质。在民居上就表现为相当数量的砖雕与石刻，在石牌楼、影壁以及拴马石上，都能看到这类艺术瑰宝（图2-3-102）。

拴马桩：用整块石料雕琢而成，高约1~2米不等。农村殷实之家将它栽在门前。拴马石上刻有神态各异、多彩多姿的人像或狮子。

上马石或称下马石：用于辅助上、下马的石头。多为长方形的立石，上面雕刻的造型有粗犷的辟邪、麒麟等瑞兽形象。这些雕刻纹样清晰、线条简约，主要是取驱邪祈祥之意（图2-3-103）。

神龛：在关中传统民居中，几乎家家户户都供奉有神龛。神龛多设置在院落大门过道的侧墙或正墙上。神龛的尺度不大，但是雕刻却非常精致，在愉悦神灵的同时，也作为一种门庭装饰愉悦人们。

关中位于陕西中部，素有"八百里秦川"的美称，是中华文明的重要发祥地之一。关中传统建筑文化对华夏建筑的发展有着源头性与文明起始的作用。考古证明，早在20万年前，关中地区就有人类居住。中国最早的房屋建筑也出现在陕西关中。宝鸡北首岭、临潼姜寨、西安半坡等著名的仰韶文化遗址，说明早在约6000年前，先民们就已经在这里开始了建造活动，这里考古发现的半地穴式房屋，是中国北方传统建筑的雏形。西周早期，关中已出现包括有宫殿、庙宇、住宅、作坊、窖藏、墓葬等丰富的建筑内容的大型建筑群。最有代表性的一处建筑遗址是陕西岐山县凤雏村的西周遗址，是我国发现最早的、最严整的四合院。西周镐京是关中地区建立的第一个都城，都城内建筑类型十分丰富，城池有等级之分，宫殿有主次之等，坛庙有大小之别，民居有贵贱之差。这时已对城市进

图2-3-101　民居隔扇门（来源：白宁 摄）

图2-3-102　砖雕（来源：白宁 摄）

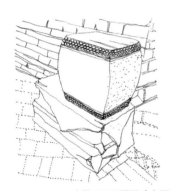

图2-3-103　上马石及石狮子（来源：刘玉成 绘）

行过规划，而且最早使用了城市平面图。周代还是我国典籍制度形成的重要时期，周朝专门为古代中国的建筑制定了规制，《周礼·考工记》就对城市建设的布局原则进行了说明，也体现了中国最早的"城市规划"思想。

自西周始，关中就持续成为中国历史上的"帝都元脉、都城典范"。"关中自古帝王都"，历史上先后有十三个王朝在此建都，关中也因此成为古代中国盛世时期都城建设的典范。作为京畿之地，关中在都城时期经历了大的发展：从《考工记》记载的最早的城市规划思想，至秦汉形成的都城形制，再

到隋唐成熟的里坊制，至唐长安城，成为了当时世界上规模最大的城市，其皇城建设代表了当时最高的建筑技术水平；西安城墙是我国保存最完整、规模最大的古代城垣，并且城中仍保存有钟鼓楼，完整体现了中国传统建城的规划布局与强调防御功能的城墙建制；陕西关中帝陵数量和密度为全国之最，帝陵选址布局体现了皇家气势，恢宏厚重、形制严谨；都城宫殿建筑中，秦咸阳宫与汉代三宫共同形成了中国宫殿建筑发展的高潮，隋唐长安宫殿建筑达到了营建的高峰，关中地区宫殿建筑对后世宫殿的营建产生了深刻的影响，同时，其影响还波及周边的日本、高丽、越南等国。千余年的建都史，不仅在这里形成了星罗棋布、大气磅礴的皇宫陵寝、宗教、文庙等高规格官式建筑，还留下了同样具有端庄的形态、厚重的文化、大气的气质、精巧的技艺的大量民间营造，并形成了关中地区以正统文化为核心的营造传统。

关中也是中国传统建筑思想的大成之地，并借助政治和经济的优势影响着其他地区。首先是以宇宙整体观与生态方式造城（如八水绕长安）；进而是在建设中对尊重关中黄土地域自然环境及天人合一的生态观、以自然为主的哲学观的综合表达，以崇尚自然、珍惜自然、融入自然的态度以及相天法地的

营造思想，选址、营造，并重视和尊重基地自然生态环境的内在肌理和自然规律。皇权思想、"周礼文化"、传统的宗法等级观念也决定了关中传统建筑的布局形态、建筑形制和材料的运用等。明确的轴线布局，建筑的开间数量、等级划分，都表现了以上下尊卑为本质的礼制和等级观念。宗族经济、家庭伦理等也都内化至人的观念中，并外化至关中传统建筑的形制、建筑材料以及建造特征中。另一方面，农耕文化又是关中民间文化的主要特征，演化出的守土、保守的性格特征，与自然和谐相处的生活态度，决定了关中传统民居营造的朴实、内敛。而关中地区的气势恢宏、深沉博大的民间艺术和深厚的文化积淀以及宗教信仰也影响着关中传统建筑文化。

陕西关中自古就是我国政治、经济、文化的繁荣地带，关中传统建筑表现出了多元性与典范性。中国古代北方地区有代表性的建筑形态，几乎都在关中有所体现，使陕西关中地区堪称中国传统建筑的大观园：除了气势恢宏的宫殿建筑、帝王陵寝，还有以国家行为建设的大兴善寺、大慈恩寺和大荐福寺等佛教建筑，以其宏大辉煌凸显长安佛教文化策源地的意义，而大、小雁塔所蕴含的意义更是已远远超出了宗教范畴；作为道教发源地的关中，还有多处道教祖庭和大量的道教宫观来表达"道法自然"的道教主张；清真寺建筑既体现了对伊斯兰文化的认同、归属，也反映了对中国传统文化的吸收借鉴与兼容并蓄；防御军事系统不仅在城墙中展现，也贯彻在各个城乡传统聚落空间体系中；还有与自然融合的、规模宏大的上林苑、昆明池等园林建筑；体现城市的教化功能的文庙、书院、祠堂、城隍庙等各层级配套的传统教育建筑以及留存众多的造型端庄大气、建造质量严格、装饰艺术水平高的关中民居建筑。悠久的历史性使陕西传统建筑积淀了许多不同时代的信息，丰富的多样性令关中传统建筑兼具南北、贯通古今，凝聚了更加丰富的文化基因，严格的规范性让陕西传统建筑蕴含着更多礼仪之邦的风范。关中出现的每一种建筑现象，又都曾经代表着古代中国的最高水平。国家都城所在地的优势，使陕西在很长的历史时间里集中着全国最优秀的能工巧匠，不仅在本地区建造了各类高水平的建筑，还通过官方的途径成为全国的示范。在一定程度上，关中传统建筑奠定了古代中国官式和民间建筑的基础，对中国传统建筑的理论与实践都产生了极为深远的意义。

第三章　陕北地区传统建筑解析

　　陕北是陕西北部的简称。陕北地区既是一个自然区域，也是一个文化区域，主要涉及陕西省延安市和榆林市行政区划范围。这里是我国黄土高原的中心地带，丘陵沟壑密布，雨水稀少，因属半干旱农牧交错区，历史上一直是中原王朝筑边防御和游牧民族内迁掠地的军事争端之处，汉族农耕文化和北方少数民族游牧文化在此相互碰撞与融合。

　　陕北地区传统建筑和聚落在黄土高原特殊的自然环境条件以及多民族交融的地域文化的共同作用下孕育发展，逐渐形成了独树一帜的形态和风格。开山凿洞、因地制宜的黄土窑居建筑，择地择水、依山向阳的聚落选址，依山就势、随形生变的聚落布局，戒备森严、住防兼具的聚落营建方式，文化多元融合的聚落宗祠建筑成为陕北传统建筑和聚落的典型特征。

第一节　陕北地区自然、文化与社会环境

一、区域范围

　　陕北位于陕西省北部，是黄土高原的中心地带，包括榆林市和延安市，涉及25个县区，总面积92521.4平方公里，约占全省面积的45%，东临黄河并与晋西相望，西至子午岭与甘肃、宁夏两省毗邻，南与铜川相连，北接内蒙古（图1-1-1）。

二、自然环境

（一）陕北地区自然生态环境演化

　　陕北地区自然生态环境的形成，经历了漫长的演化过程。与早期人类活动的初始环境相比，该地区自然生态环境在演化过程中发生了明显的转变。这是一个渐进的过程，受到人类活动的显著影响。

　　远在仰韶、龙山文化时期，陕北地区河流环绕、植被茂盛、雨量充沛、气候温润，是适合原始人类居住的理想之地。秦汉时期是陕北生态环境遭受人为影响、发生变化的开端。自秦代修长城、建直道，至汉代屯垦戍边、移民实边，人类活动对陕北生态环境的破坏性影响开始显现。继东汉之后，游牧民族在隋唐时期又出现了大规模内迁定居，对已处于脆弱状态的陕北地区生态环境构成了新的威胁。明代，大修长城、筑建堡寨、广屯农田，耕地被过度开发，导致农耕文化界线不断北移，自然植被区域不断缩小，陕北地区自然生态环境遭到严重破坏。水土流失、植被荒芜，最终导致土地沙化、干旱少雨、河流浑浊、沟壑纵横，形成了相对恶劣的自然生态环境。

（二）陕北地区自然地理气候特征

　　陕北地区属于中温带干旱大陆性季风气候，四季分明、温差较大，具有低湿、严寒、太阳辐射强等气候特征。经过长期的历史演化之后，该地区依据地形地貌大致形成了两大

主要区域：其一在延安地区，是中国黄土高原腹地，同时处于黄河流域中部，地势西北高、东南低，具有黄土塬、梁、峁、沟等地形特征。其二为靠近长城的榆林以北地区，邻近毛乌素沙漠，具有沙漠、丘陵地形特征。其中长城以南多为黄土丘陵沟壑区，长城以北沿线则是风沙滩地，地势开阔平坦，沙丘连绵不断，沙丘之间或低洼地区分布有大小不等的湖盆滩地。

三、人文历史

　　由于所处的特殊地理位置，陕北地区形成了以农耕文化为主体，融汇游牧文化因素的区域性文化。在漫长的文化历史过程中，原生农业文化与畜牧文化、游牧文化及其他外来文化的叠压、积淀，形成了陕北历史文化丰富、多元的特征。

（一）中华灿烂文明的源脉

　　陕北地区是华夏文明发祥地之一，在陕北特别是榆林地区，新石器时代晚期遗址数量丰富，已经考古发掘的绥德小官道遗址和神木石峁遗址均是新石器时代晚期的重要遗存，尤其是面积达425万平方米的石峁遗址，是陕北发现的规模最大的龙山文化晚期的人类活动遗址，距今4000年左右，也是国内已知规模最大的龙山时期至夏阶段的城址，遗址由皇城台、内城、外城三座基本完整并相对独立的石构城址组成，形制完备、结构清晰，表明石峁遗址的社会功能已经跨入我国早期城市滥觞阶段作为统治权力象征的邦国都邑行列之中。

　　位于榆林靖边的统万城遗址，是东晋时南匈奴建立的大夏国都城遗址，城址由外廓城和内城组成，城址中马面林立，角楼高耸，宫殿楼观遗址雄伟，是我国至今惟一保存基本完好的早期北方少数民族王国都城遗址，其蕴含的历史文化信息反映了中国历史上北方少数民族及其游牧文化与中原汉族及其农耕文化的交融。这些数量众多、内涵深厚、价值突出的遗址充分表明陕北地区是华夏早期文明的发源地之一。

（二）兼容并蓄的多元融合文化

陕北既是中国东西部的结合带，又是中国草原游牧文化与中原农耕文化的交汇之地，也是历史上汉族与少数民族频繁往来的地区。在这样特殊的地理环境中，经过长期的历史积淀，形成了兼容并蓄的开放姿态，经过南北汇聚、民族互通，最终形成了陕北多元文化融合的特性。

在陕北历史上，多次的社会动荡、变迁，都为民族交往、杂居提供了条件，也使不同的文化取长补短，重新组合。两汉时期，宜农宜牧的自然地理条件、经济结构和民族构成，使陕北一带形成了以农耕文化为主体，融汇游牧文化的格局；隋唐时期，陕北地区再次经历了农耕文化与游牧文化与平共处、相互交流、逐步融合的发展阶段；明代，大规模的军屯与民屯将中原发达地区的生活习俗、文化艺术等带入陕北，对陕北历史文化模式的建构产生了重要影响，如榆林小曲、四合院民居等文化样式均与此有关[①]；1840年鸦片战争以后，伴随着中国社会政治经济的激变，西方基督教文化逐渐传入陕北，与陕北传统文化产生了强烈的碰撞与融合。

（三）防御为主的边塞军事文化

陕北榆林市地处黄土高原和毛乌素沙地交界处，从战国至明代两千多年的时间里，一直是中国封建王朝的交通咽喉和军事边塞要地。这里是汉民族与匈奴、突厥、党项等少数民族长期混居之地，也是汉民族与诸少数民族长期发生战争的拉锯之地。秦时，在此北逐匈奴，并筑长城和直道；西汉，在今榆林城北设龟兹县；十六国时，匈奴人在今靖边统万城建大夏国都；宋代，榆林北部长期为党项西夏国领地；明时，榆林为九边重镇——延绥镇所在地。由此可见，由秦至明，陕北榆林北部长城沿线素为边塞重地。绵延的长城、宽阔的直道、众多的堡寨及驿站等均是陕北地区边塞军事文化的物质见证。

（四）泛化的民间宗教信仰

宗教文化是陕北历史文化的重要组成部分，其产生源自民众的精神需要。在陕北历史上，多数民众并没有明确的宗教所属；表现在建筑场所上，则是每个村子都有不知其宗教承袭的庙宇，规模较大的庙宇则多是儒、释、道"三教合一"的形式。人们礼拜最勤、信仰最笃的是宗教精神世俗化、普泛化了的观音菩萨、送子娘娘、祖师、八仙等，其主旨不是缥缈的宗教教义，而是切实的世俗功利。

第二节　陕北地区传统城乡聚落空间特征

一、陕北地区城乡聚落的总体分布特征

陕北传统聚落的主体空间分布与陕北的自然生态环境分区基本一致，分为两大区域：南部和中部黄土高原丘陵沟壑区；北部长城沿线风沙滩地区。黄土沟壑区的人居聚落空间分布以洛河、延河、无定河构成的"Y"形河谷为骨架，最终在整体上呈现出枝状空间形态体系；北部长城沿线风沙滩地区则形成了东北—西南走向的人居聚落分布带。陕北地区传统聚落空间分布以延安、榆林为中心，以各级流域河谷为主体分布区，加上长城沿线及洛川黄土塬等分布带，构成了以河谷川地为主的聚落分布总体格局，具有等级特征的河谷沟道，成为陕北人居聚落空间形态发展的主体地区并延续至今。

陕北密集的沟壑地貌与枝状水系是形成聚落总体分布规律的主导因素，而基于军事防御职能建构的城镇体系，亦是其重要成因。

（一）河谷沟壑空间体系影响下的聚落规模与分布[②]

陕北黄土高原独特的地貌形成了密集的枝状河谷沟壑体

① 吕静. 陕北文化研究[M]. 北京：学林出版社，2004：41.
② 周庆华. 黄土高原·河谷中的聚落——陕北地区人居环境空间形态模式研究[M]. 北京：中国建筑工业出版社，2009：70-72.

系及其等级结构。大、中、小河谷沟道形成了许多较宽阔的川地，往往既是优良农业耕地的集中分布区，也是城镇乡村聚落的主要分布区。

陕北黄土沟壑区河谷空间体系有3个等级，聚落规模与分布也相应呈现3个等级：黄河一级支流（主要有延河、北洛河、无定河、清涧河、窟野河等）主要分布着城市及一定数量的镇区和乡村；二级支流（主要有周河、西川河、秀延河、汩河、大理河、淮宁河等）主要分布着镇区及少量县城；三级支流（长度在50公里以内，一般为20公里长、较为狭窄的小流域）主要分布着乡村聚落，基本没有城镇的生成。

（二）河谷川地交汇处的聚落形成与发展[①]

由于具有生态、军事攻防、道路交通、耕地资源等方面的优势，陕北河谷川地处的人口密度明显高于周边区域。例如无定河、延河和洛河所形成的"Y"形河谷中就集中了黄陵、富县、甘泉、延安、延川、清涧、绥德、米脂、榆林等多个市县，约占陕北市县的50%，显示了聚落首先向主要河谷集中的规律。与高等级流域类同，小流域中的乡村聚落主要在主川道上分布，并向较开阔的支毛沟方向延伸，以便获得朝向、交通、聚居的便利。

在同一等级流域河谷或大小流域河谷交汇处，往往更易形成人居聚落。大、中流域交汇处易出现大的城镇，小流域的交汇处往往会成为较集中的居民点或公共设施场所。例如延安市地处延河、南河交汇处，呈"Y"字形态发展；子长县城地处秀延河、南河交汇处；绥德位于大理河和无定河交汇处。在陕北延安、榆林的25个区县中，位于两河交汇处的有9个。可以说，陕北地区重要河流交汇处均已被人居环境所占据。

（三）军事防御体系影响下的聚落布局

陕北地区在汉族历代王朝中均是军事要冲和边防重地，秦汉、北宋和明代根据军事设防需求在横山沿线修建了大量

军寨、城堡，与长城一起形成防御工事。由坞堡壁垒组成的军事防御体系，对陕北城镇聚落的形成与分布也产生了重要影响。

北宋时期，出于防备北方西夏、金国侵扰的需要，陕北地区修筑（重筑）的军、堡、寨、镇共达129个之多，如绥德军（今绥德县）、可戎寨（今子洲县）、威羌寨、平戎寨、安定堡（今子长县）、怀威堡、保安军（今志丹县）、怀威堡（今吴旗县）、神木寨（今神木县）、兼芦县（今佳县）等。明代军事城池（堡寨）沿着长城大边、二边两道防线而建，集中了神木、榆林、靖边、定边、镇羌堡、永兴堡、建安堡、鱼河堡等军堡，形成了等级分明的网状防御体系。这些具有复合功能的堡寨，既是攻防基地，又是地域管制中心和民族贸易活动集市所在，成为了日后城镇发展的基础。这一特点突出反映在陕北北部风沙滩地区，沿长城、横山一带形成了东北—西南走向的城镇带（包括榆林、神木、靖边、定边、府谷、横山、店塔、大柳塔、尔林兔、大保当、安边）。

二、顺应自然的城乡聚落空间特征

（一）"背风朝阳，山水皆宜"风水观下的聚落选址

传统聚落在形成和营建过程中，通常会有目的地选取利于聚居的自然环境条件。陕北聚落在具体的营建选址上充分体现了传统风水观念，"背山面水，左右山地拱卫"为理想居住地，以避冬日之风寒，获取充足日照，便于取水、出行与防御。

1. 背风向阳，凹形地貌

陕北地区气象灾害频繁，冬季西北风凛冽，背风向阳的凹形地貌有利于躲避风沙、寒潮的侵袭，获得居住和农耕所需的充足日照。陕北地区部分城镇因河流主要为西北—东南

① 周庆华. 黄土高原·河谷中的聚落——陕北地区人居环境空间形态模式研究[M]. 北京：中国建筑工业出版社，2009：51，73，109-110.

走向，其整体布局不能达到正南朝向，但却能够尽力构成背风朝阳的形态。例如榆林市米脂县县城，东依横山，西面无定河，虽主要朝向为西，仍可做到山环水绕，负阴抱阳。众多小流域中的村镇环境更易满足这一要求。凹形等高线上首先成为人居发生点，是聚落发展的优选地段，例如米脂县高西沟村的窑居组团，基本分布于主沟道的凹形山坳中和支毛沟的凹形沟道内。[①]

2. 邻近水源，排洪通畅

陕北冬春易旱，靠近水源是聚落选址的要则，尽可能取水便捷，以满足人畜饮水和农耕灌溉之需。同时，黄土沟壑区由于水土流失严重，聚落选址会考虑雨季排洪的便利，避免或减少聚落遭遇洪涝及次生灾害的可能。因此，城镇多集中于河流二级阶地上，小流域村落多处于山腰，以兼顾汲水、耕作和防洪等多方面需求。[②]

3. 巧借自然，便于防御

保证居住、生活和农业生产安全是聚落选址和布局的另一重要目标，陕北地区聚落选址大多避开岩石层及其他山体易滑坡地段，巧借山势地形、河流地物等进行有效的自然防卫，以趋利避害，避免或降低天灾的风险。

（二）遵循自然格局、利用山水的聚落形态

陕北地区聚落顺应自然，因巧就势，主要分布于黄土丘陵地区的梁峁坡、坡麓台地、支毛沟、坪、川和河谷平原等地（从聚落名称上即有一定体现，如"峁"为分布于梁峁坡的聚落，"洼"、"塌"为分布于坡麓台地的聚落，而"沟"多见分布于支毛沟的聚落）。处于不同地貌条件的聚落，为争取最佳的生活、生产条件，因地制宜、开山凿洞、随形生变，在山地景观特征下又形成了各有特点的聚落布局与形态（表3-2-1）。例如梁、峁山地和台塬地形的聚落，多为沿水系、沟谷延伸的

陕北聚落形态特征　　　　　　　　　　　　　　　　表3-2-1

聚落类型	形态特点	图例	
		平面形态	外部景观
分布于河谷平原的聚落	聚落平面形态多呈块状、带状或枝状		
分布于梁峁坡的聚落	聚落平面形态多呈沿山体等高线分布的线状组团		

① 周庆华. 黄土高原·河谷中的聚落——陕北地区人居环境空间形态模式研究[M]. 北京：中国建筑工业出版社，2009：63.
② 魏友漫. 基于土地节约型的陕北山地聚落空间发展策略研究[D]. 西安：西安建筑科技大学，2014：24.

续表

聚落类型	形态特点	图例	
		平面形态	外部景观
分布于坡麓台的聚落	聚落平面形态多呈分散状		
分布于支毛沟的聚落	聚落平面形态多呈梳状		

注：图片为乔聃绘制。

枝状分布和沿丘陵为中心的环状分布，并且由河谷、盆地至山坡形成梯形布局。而山麓平原地带的聚落则多沿冲沟积扇状逐次展开，聚落窑居随山就势，多呈前低后高的空间形态，以增加聚落内各窑洞的采光通风，减少室内潮湿。

1. 分布于河谷平原的聚落

这类聚落主要为城镇或百户以上的规模较大的村落，多分布于黄河、延河、清涧河以及无定河等大河的低阶地以及后缘部分，因地势低平，聚落内部建筑较集中，平面形态常呈块状、带状或枝状。在各级河谷川道中，多数城镇和村落都呈现出沿河道带状组团分布的空间形态，如榆林市米脂县城沿无定河河谷川地呈带状发展，又如榆林市佳县的木头峪村，位于黄河一侧的平坦阶地上，村内以土、石砖拱窑洞形成的四合院为主，布局紧凑，平面似带状，沿黄河呈南北走势（图3-2-1）。在宽阔的河谷环境中，城镇有条件形成集中团块状，如府谷、绥德和子长县等。在狭窄的河谷交叉

处，聚落沿着各个方向的河谷向外发展，呈枝状形态，如延安市，由于延河与南川河的交汇处河谷并不开阔，城市便沿"Y"形伸展，形成了放射状结构。

2. 分布于梁峁坡的聚落

这类聚落多为村落，主要位于地势较高的梁峁坡或者沟脑缓坡地带，其平面形态多呈沿山体等高线分布的线状组团。如榆林市米脂县杨家沟镇的刘家峁村，背靠牛家梁山，地形多变，坡度陡峭，为了便于耕作和争取南向采光，宅院建于坡耕地附近，并顺山形水势线性延展分布。窑居层层叠叠，错落有序，构成了典型的山地聚落风貌（图3-2-2）。

3. 分布于坡麓台的聚落

这类聚落多为村落，主要分布在延河与无定河等大型河流的一级支流的川坝地的后部及坡麓上，聚落内部窑居布局较为松散，平面形态常呈分散状，如延安市安塞镇的魏

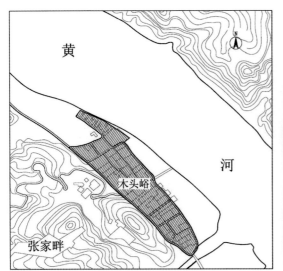

图3-2-1 陕北分布于河谷平原的聚落——榆林市佳县木头峪村聚落形态（呈带状）（来源：左：根据《陕西古村落——记忆与乡愁（二）》，谢淑娇改绘；右：党纤纤 摄）

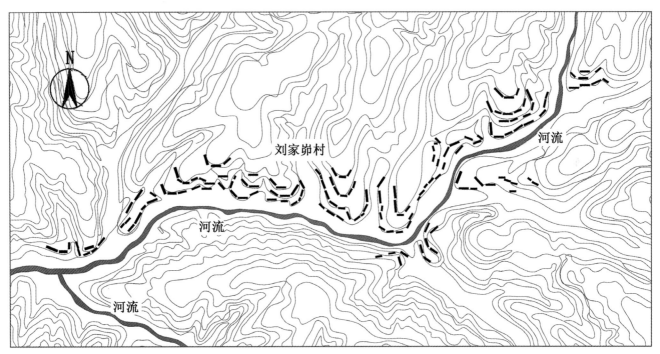

图3-2-2 陕北分布于梁峁坡的聚落——榆林市米脂县杨家沟镇的刘家峁村聚落形态（呈阶梯状）（来源：根据《基于土地节约型的陕北山地聚落空间发展策略研究》，谢淑娇 改绘）

塔（塌）村（安塞人曰：县有"七十二塌"，"塌"为村名，泛指处于湾塌凹处下平缓地形的村子）。魏塔（塌）村四周环山，聚落用地相对平缓、充裕，其形状呈椭圆形，形似聚宝盆，内有河流经过，水源较充足。聚落内部窑居主要沿河谷和等高线方向分布，依据地形坡度错落布局。因用地限制相对较小，为开垦和占有更多耕地，邻里之间没有明确的空间界限，形成了零星散落的布局特征（图3-2-3、图3-2-4）。

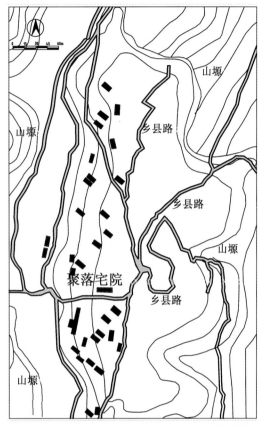

图3-2-3　陕北分布于坡麓台的聚落——延安市安塞镇魏塔村平面形态（呈分散状）（来源：根据《陕西古村落——记忆与乡愁（一）》，谢淑娇 改绘）

图3-2-4　陕北分布于坡麓台的聚落——延安市安塞镇魏塔村实景（来源：党纤纤 摄）

4. 分布于支毛沟的聚落

这类聚落多为村落，主要分布在延河及无定河等大河的二级支流的河谷内，聚落内部窑居沿着主河道和各支毛沟方向延展，在平面形态上常呈梳状。如榆林市米脂县银州镇的高西沟村，由40架山、21条沟组成，梁峁连绵、沟谷交错。因聚落范围内沟谷狭长，宽阔台地极少，耕地主要分布于山坡、沟道坝地及少量川台地内，而农户宅院则依主河道和各沟谷两侧黄土坡麓因势而建，窑居密度从主河道向各沟谷逐渐递减，形成梳状平面形态（图3-2-5、图3-2-6）

（三）适应自然的多样聚落空间格局

陕北聚落因借复杂多变的地形地貌，空间布局不拘形式，格局自由。因地处旱作农耕区，农业多靠自然降水，占据尽可能多的耕地面积是保障农作物产量的前提，故聚落往往大力垦荒、广拓耕地，造成了聚落边界模糊、内部窑居分散、各级交通体系不甚清晰的基本空间特征。同时，在顺应自然的前提下，多元的地域文化、复杂的历史成因、聚落职能和规模等级等因素又造就了特征鲜明且多样的聚落空间格局。

1. 宜居城市

1）环城高阜之上营建礼制建筑与文化建筑

米脂县城山环水绕，"前对文屏，后倚凤凰岭，左黄河，右银水"，选址"负阴抱阳"，不但符合中国传统聚落选址的理念，而且形成了优良的小气候环境，被古人形容为"地沃宜粟，米汁如脂"，故取名"米脂"。从民国时期的米脂县四郊水道山脉侧视图（图3-2-7）中可以看出，代表

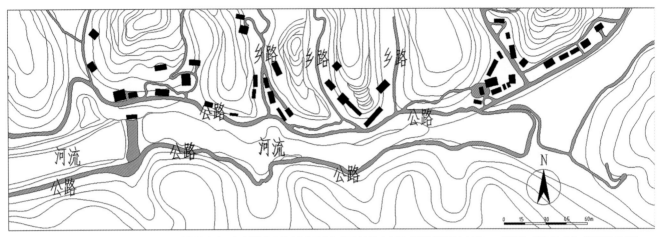

图3-2-5　陕北分布于支毛沟的聚落——榆林市米脂县银州镇高西沟村平面形态（呈梳状）（来源：根据《陕西古村落——记忆与乡愁（二）》，谢淑娇 改绘）

图3-2-6　陕北分布于支毛沟的聚落——榆林市米脂县银州镇高西沟村聚落形态（来源：党纤纤 摄）

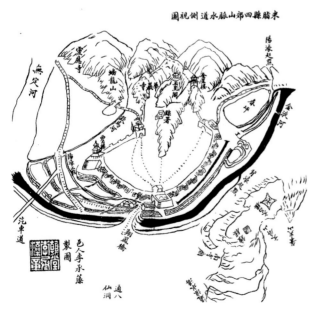

图3-2-7　米脂县四郊山脉水道侧视图（来源：《米脂县志》）

儒学礼制的建筑如县署、文昌楼、奎星楼等以及体现信仰文化的建筑如玉皇阁、华严寺等均坐落于凤凰岭与文屏山上。

延川县东临秀延水，西边建于西山之上。由清道光年间的延川县城图（图3-2-8）中可以看出延川城内的格局，反映儒学礼制的建筑如县署、文庙、明伦堂、书院、文昌宫、奎星阁以及体现信仰文化的建筑如财神庙、城隍庙等均在城内西北高阜之上。

2）沿等高线形成街巷格局

陕北位于黄土高原，常年干旱少雨。米脂背依凤凰岭而建，其古城街道便沿凤凰岭的等高线布局，如此可使院落和街道排水随自然地形组织。

陕北地区的黏性黄土很适合营建窑洞，且其"冬暖夏凉"的属性对于冬季严寒的陕北地区也极为必要。大多城市依山而建，在依山之处往往建设黄土窑洞用于居住，并平行

图3-2-8　延川县城图（来源：《重修延川县志》）

于等高线建设街道。其中以米脂的窑洞古城最具代表性（图3-2-9）。

米脂古城从盘龙山脚下的缓坡延续到盘龙山的山腰，为东高西低的坡地，土质为黄土，故而当地百姓选择了营建窑洞居住。城内街巷大多平行于山势的等高线，院落分布于街巷的两侧，所以整个聚落呈缓急不等的阶梯状分布。这也带来了从上而下窑洞建筑类型的不同：居上者，依山势多建靠崖式黄土窑洞；居下者，多建独立式砖箍窑洞。

2. 地主庄园

陕北虽然土地贫瘠，农耕不易，但仍有经过历代创业、农商并重、积累了殷实家业和广阔田地的地方望族，吸引了其他村落没有土地的农户前来揽工定居，逐渐形成了以地主庄园为核心的、带有一定族缘关系的聚落。这些地主庄园规模宏大，建造周期与家族基业的扩大发展相关，历时往往长达百年，小的庄园通常为一个村庄，大的庄园可包括若干村庄。在战乱纷扰的年代，这些拥有豪富巨业的庄园更易成为劫掠的目标，因而庄园仿照城池修筑坞堡壁垒，并严格组织和训练家兵，形成坚固的防御体系，著名的如榆林市米脂县的姜氏庄园、马氏庄园和绥德县的党氏庄园等。

图3-2-9　米脂古城俯视图（来源：马明 摄）

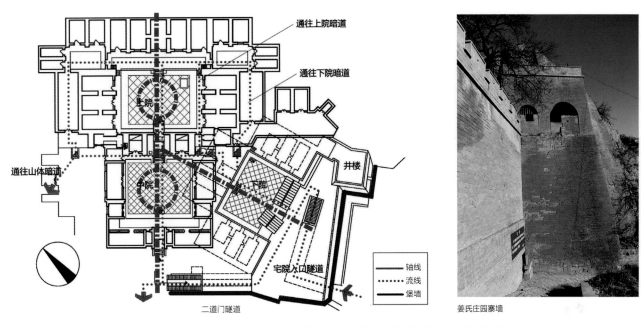

图3-2-10 陕西省榆林市米脂县姜氏庄园的防御体系（来源：左：根据《西北民居》，党纤纤 改绘；右：孙亚萍 摄）

1）层楼叠院，错落有致

庄园多分布于地势高亢，地形复杂多变的梁峁坡地，因山构筑，依山重叠，形成错落有致的院落空间。地主庄园的空间组织手法，一方面体现了中国传统建筑空间所蕴含的虚实相生、开阖有序的审美情趣和建筑艺术特点，同时又打破了水平展开的单一中轴秩序，依山势随形生变，形成气势磅礴的立体建筑群组，使人工与自然相得益彰。

2）城防完备，气势威严

庄园布局除了显示门第富贵和满足居住舒适外，还需防盗防匪，保证族人生活起居和农耕劳作的安全性，因此，往往依山筑垒，平地建坞，据以自守。如姜氏庄园，三院由暗道相通，四周寨墙高耸，对内连通便捷，对外防患森严。庄园寨墙东北端与山体接合的最高处砌有炮台，形若马面，用来扼守寨门。庄园采用隧洞式的入口、窄道、陡坡以及单一的前进方式，来联系不同高度的宅院台地，可最大化地限制和延缓敌人的入侵，以利防守（图3-2-10）。杨家沟马氏庄园同样具有这些典型特征（图3-2-11）。

3）纵横轴线、空间层级体现儒家礼制思想

庄园各院遵循中轴对称的格局，主要建筑严格按照封

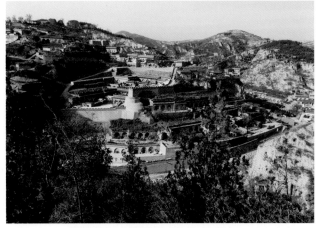

图3-2-11 陕西省榆林市米脂县杨家沟马氏庄园（来源：白钰 摄）

建典章制度规定的等级差别，在封闭的社会宗法礼教下，安排家庭成员的住所，使尊卑有别、上下有序、长幼有伦、内外有别、男女归位。如姜氏庄园围墙之内，院落总体呈三级台地展开，分为上院、中院和下院。下院又称管家院，设管家、仆人住所和私塾用房；中院是主人接待宾客和交际往来的场所；上院是主人居住的院落。中院与上院同轴相接，南北对正，下院随地形偏离主轴线，斜插于中院东侧，与主轴约呈60度角，整个庄园台院叠错，以示尊卑高下，充

图3-2-12　陕西省榆林市米脂县姜氏庄园由中院望向上院的景观（来源：孙亚萍 摄）

分体现了封建社会父子、主仆、夫妻、兄弟的纲常伦理（图3-2-12）。

3. 渡口商贸聚落

明清时期，黄河水路交通繁荣了两岸晋陕两省间的商贸往来，尤其是商旅络绎不绝的渡口成为了物资和人员的集散地。陕北商贸型古村镇常位于黄河沿岸仅有的台地和平原上，因地处交通要塞，渐渐形成了码头、集镇和村。如陕北佳县木头峪村（古名浮图峪）位于黄河中游、秦晋峡谷西岸的黄河冲积滩上，这里水势平缓，河床宽而无石，是从内蒙古包头到山西碛口的中转站，古为秦晋贸易的水旱码头，素有"好渡口"之称，曾经四季船筏不断，昼夜驼铃声声。特有的地理位置与发达的经济产生了商人、地主、书香世家等社会阶层聚居的聚落。

黄河两岸的渡口商贸村镇虽隶属于不同的行政区，其分布却在秦晋两地隔河形成了两两相望的"对状格局"，为航运和商贸往来提供了便利。

1）带状延伸，街巷格局

陕北沿黄河岸边分布的商贸型聚落一般布局较为紧凑，商业建筑与街巷相互依存，构成了古村镇丰富紧凑的肌理，其内部建筑物分布相对集中，外围轮廓明确，周围独立房屋较少，如木头峪村布局方正严整，在河流和山峁之间整体呈现出带状的形态结构，在平坦的河滩上沿狭长方向延展，村内两条主要道路平行于南北向的聚落长轴，村东、西皆有垂直于主要道路的次要小巷相接，构成了整齐有序的街巷空间（图3-2-13）。

2）中心公共建筑体现文化信仰和商贸功能

渡口商贸型村镇均设有寺庙及戏楼等祈福建筑，往往位于聚落的地理中心，同时也是聚落的精神中心，承担着民间信仰、文娱、社会交往和集市贸易等多重功能。例如木头峪村由戏楼将村落分为"前滩"和"后滩"两部分，村落中心即命名为"戏楼滩"（图3-2-14），其前有大片广场空地，供节庆社火、庙会和集市之用。

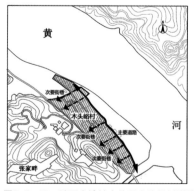

图3-2-13　陕西省榆林市佳县木头峪村道路形成主次分明的棋盘式街巷格局（来源：左：根据《陕西古村落——记忆与乡愁（二）》，谢淑姣改绘；右：党纤纤 摄）

图3-2-14　陕西省榆林市佳县木头峪村的观音庙和戏楼（来源：党纤纤 摄）

三、依托长城的军事聚落空间特征

陕北地区东隔黄河与晋西相望，西以子午岭为界与甘肃、宁夏相邻，北与内蒙古相接，南与关中的铜川相连，是历代的军事重地（图3-2-15）。该地自古以来战争频发，大多数城市因军事需要而形成。百姓世代聚居于此，适应当地气候环境、地形地貌等自然条件及其独特的文化内涵，不断提高城市的宜居性，最终形成了陕北地区集军事防御与居住需求于一体的城市特征。

（一）网状层级性军事防御体系及其影响下的城镇体系

1. 陕北长城的历史沿革

古代陕北长期处于国家边关地带，故而形成了以军事防御为主的城镇体系。历史上秦、隋、明三朝均在此修筑长城（图3-2-16）。秦代蒙恬北逐匈奴而后建长城，在榆溪河畔设置榆溪塞；隋时以榆林为中心筑起长城；明朝在隋长城的基础上增修扩建，在此设立延绥镇（也称榆林镇）。自明成祖以后，国势渐弱，蒙古骑兵占领河套地区，陕北再次成为极冲之地，长城的军事意义愈发重要。

2. 依托长城的军事城市防御体系

陕北地区的明长城由大边和二边两道防御工事组成：大边在北，沿黄土高原和沙漠边缘而建，是第一道防线；二边深处高山峡谷之中，是第二道防线。军事城池（堡寨）沿这两条防线而建，距长城50米到40公里不等，"一里一小墩，五里一大墩，十里一寨，四十里一堡"，形成了网状的军事

图3-2-15　陕北区位示意图（来源：根据《中国地理地图》，张钰玊 改绘）

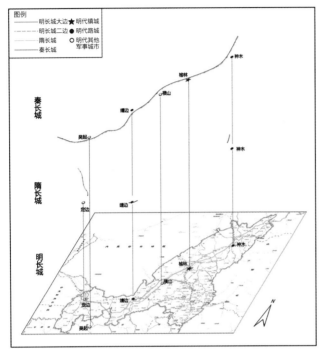

图3-2-16　陕北地区长城及堡城分布图（来源：根据《长城的进化——以陕西长城为例》，张海岳 改绘）

卫城。"路"是次一级的防区和防御单位，延绥镇下设三路，即西路、中路和东路。"堡城"包括城堡和寨堡，是基层的防御单位，设于具有战略价值之处，现多荒废或演化为村镇。

延绥镇这种网状层级性军事防御体系的形成，除管理上的层级划分外，还与其军事意义关系密切。其一般防守进程为：长城外侧前沿——长城"大边"——长城线上的墩台、关口——"大边"和"二边"之间的军堡——长城"二边"——"二边"内侧军堡——路城——镇城。如此构成了稳固的多防线、大纵深的依托长城的防御体系。

3. 众堡拱卫环护的军事城市群格局

延绥镇的军事城市除网状层级特征外，还呈现出从核心向外发散的空间结构特征，即以镇城和路城为中心，在其外围择险要处设置堡城拱卫环护（图3-2-18、图3-2-19），保障主城安全，可呈守望相助之势，相互之间亦便于策应，如榆林城周边有保宁堡、响木堡、归德堡、常乐堡等。

防御体系。这些城池大体分布在今陕北的榆林、神木、府谷、横山、靖边、定边六个市县。

明代"九边重镇"体系的军事城市可分为镇城、路城、卫城、所城和堡城五个层级（图3-2-17）。根据实际情况，陕北的延绥镇并无卫城与所城，仅有镇城、路城及堡城三级。"镇"是长城沿线划定的防御区域，"镇城"是该区域的军事中心，延绥镇仅有镇城一处，初设于绥德，成化九年（1473年）迁至榆林

（二）依山筑城、以河为塞的聚落选址

陕北的军事城镇往往利用自然山水增强防御工事，利用山势增加城墙高度或作为城墙外围的防线，利用河流作为一部分护城河。其中以榆林、神木、高家堡最具代表性。

榆林是重要的军事防御城市，乃明代"九边十一镇"之一，是陕北军事防御体系的中心。榆林（古称延绥镇）城东依驼峰山，西临榆溪河，南带榆阳水，北镇红石峡。由于受

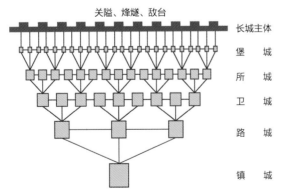

图3-2-17　长城防御体系层级关系示意图（来源：根据《明长城军堡形态规制研究与比较》，张海岳 改绘）

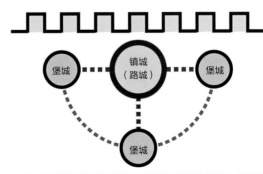

图3-2-18　众堡拱卫环护的军事城市群格局示意图（来源：张钰鋆 绘）

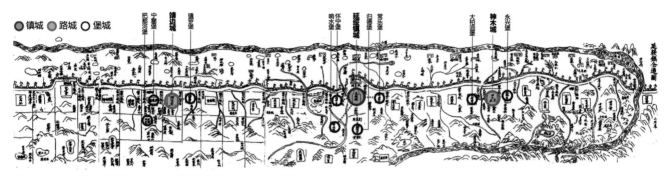

图3-2-19 延绥镇众堡拱卫环护的军事城市群格局（来源：《延绥镇志》）

图3-2-20 榆林现存东南角城墙（来源：张钰矗 摄）

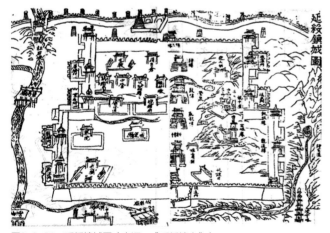

图3-2-21 延绥镇城图（来源：《延绥镇志》）

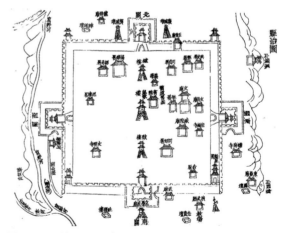

图3-2-22 神木县城图（来源：《神木县志》）

东边驼山和西面榆溪河的影响，地势东高西低，其东边城墙也修筑于驼山之上，以山势增加城墙高度，于军事防御十分有利（图3-2-20、图3-2-21）。

神木县城（神木堡）北临长城，被誉为"榆城之屏翰"，是延绥镇东路的路城，是陕北地区仅次于榆林的军事

重地。神木周边地势险要，东依九龙山，西临二郎山与窟野河（图3-2-22），建城于此，乃取自然地势之利以便防守，以城西面之窟野河为护城河，并在周边山脊上建设烽火台用以观察敌情。

高家堡位于"大边"与"二边"之间，秃尾河和永利河

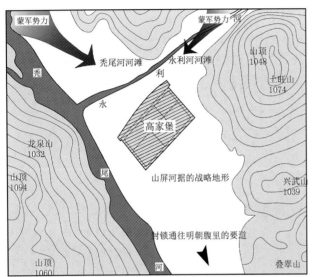

图3-2-23　榆林市高家堡乡高家堡镇山屏河据的战略地势（来源：根据《陕西高家堡古镇空间形态演进及其用地结构研究》，谢淑姣 改绘）

的交汇之处，两侧被龙泉山和土旺山、兴武山占据，使得蒙军只能从两条河流以及河道两侧山脉所形成的夹角处进犯，在大大缩小防守面积的同时，激流险滩增加了敌人的入侵难度（图3-2-23）。

（三）"形制方正、关城环护、十字街道、高楼定中"的典型军事城镇格局

　　陕北的军事城镇若能选址在山河之间地形平坦且较为宽阔的理想之地，城镇格局便会受统一的形制要求的影响显现出城墙形制方正、城门关城环护、街道十字相交、交点高楼定中的典型特征。这类四向通达的高楼，除彰显军事城市的特质外，还有"定中"以辨方位、瞭望以观全城的实用功能。此外，城内还会修建寺庙等宗教建筑，不同宗教承袭的祀神福佑建筑并置，不仅承载了晦涩难懂的宗教教义，更承载了人间的世俗功利，为饱受战乱困扰的民众提供了必不可少的精神支撑，达到了精神与物质防卫兼备的效果。其中最具代表性的城市是神木，最为典型的寨堡是高家堡。

　　神木是十分典型的陕北军事城市，城内地势平坦，城始筑土城于明正统八年（1443年），后历次增修，隆庆六年

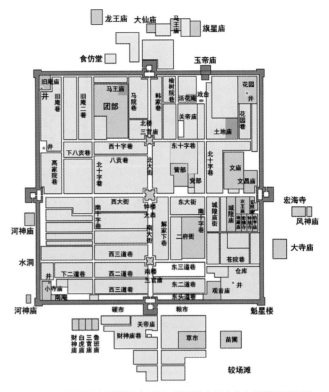

图3-2-24　民国神木县城图（来源：根据神木县史志办提供民国地图，姬瑞河 改绘）

（1572年）增高城墙至三丈七尺（约12.33米），万历六年（1578年）在土城表面增加砖砌。从民国的神木县城图（图3-2-24）中可见，神木城池平面接近方形，四面开门，门上有楼，四门外皆有关城，关城门开于侧面，北关外还有两座护城墩，城墙四角皆有角楼，皆是利于防御之举。城内以凯歌楼"定中"，街道格局呈"十"字形。分成的四个地块中每个又有十字交叉巷，将整个城分成16个地块。城中南北轴线上鼓楼、凯歌楼、钟楼鱼贯而建，得道路南北之便利，显军事要镇之雄威。东西轴线上则多建文庙、县署等以通人伦教化。同时，城内利用钟楼、鼓楼祭祀三官（天官、地官、水官），各处散布关帝庙、玉帝庙、钟馗寺、地藏庙等，加强城内的精神防卫力量。

　　高家堡内基地平坦，四面设堡墙，通常高10米左右，顶部可供行车跑马。墙垣以夯筑为主，万历年间，在夯土墙外甃砖加固。堡寨内部根据各堡门位置形成东、西、南、北四条主街巷，在主街的交汇处建设中兴楼以"定中"。其次，分别在

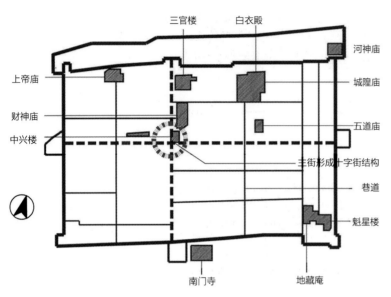

宗教建筑在高家堡建设时起到定位作用

处于高家堡十字街中心的中兴楼

图3-2-25　高家堡宗教建筑在建设时起到的定位作用（来源：左：根据《陕西高家堡古镇空间形态演进及其用地结构研究》，谢淑娇 改绘；右：党纤纤 摄）

西街的中点建立"上帝庙"，在东街的西段建立"城隍庙"，其余路网均在此基础上依次取中划分，逐步形成了高家堡的基本格局（图3-2-25）。仅13公顷的建设用地内就建有城隍庙、上帝庙、地藏庵、财神庙、白衣殿、西门寺、魁星楼、三观楼和南门寺等宗教建筑。其险要的地势、森严的防御设施，与寄托民俗信仰的宗教建筑一起，形成了物质上可见的"硬防御"和精神上不可见的"软防御"[1]。

四、陕北地区的军事交通及其对传统聚落的影响

陕北地区作为中国历史上的军事重地，便利快捷的军事交通是其军需供给、消息往来的主要通路，也为途经区域的商业繁荣与经济发展作出了不可忽视的贡献。其中最为典型的即是秦代直道与明代驿道。

（一）秦代直道

秦直道是秦始皇继长城后的又一项重大军事工程，将秦都咸阳与北方的秦长城直接联系了起来。秦始皇三十五年（公元前212年）始修直道，历经约五载，至秦二世三年（公元前207年）竣工。《河套图志·秦汉塞道》载："今以秦人塞直道考之，自九原起，南至甘泉，堑山堙谷，千八百里，则今之泾阳至延（安）榆（林），北达乌剌忒旗之五原县，皆秦建筑古道。"[2]因这条南北走向的道路大致呈直线，故称"直道"。其建造利用沿线山势与地形，路宽可达四五十米，路外可植树并隐藏武器，《汉书》即有描述："道广五十丈，三丈而树，厚筑其外，隐以金椎，树以青松。"[3]

根据榆林市文物保护研究所副所长王富春的研究，榆林境内的秦直道"全程长约151公里，占整个秦直道长度的

① 吴晶晶. 陕西高家堡古镇空间形态演进及其用地结构研究[D]. 西安：西安建筑科技大学，2008.
② 张鹏一. 河套图志［M］. 在山草堂（铅印本），1922.
③ 班固. 汉书［M］. 北京：中华书局，1983.

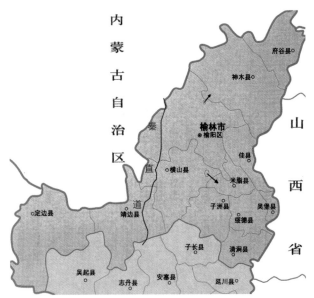

图3-2-26 榆林境内秦直道示意图（来源：根据王富春《榆林境内秦直道调查》，张钰嫛 改绘）

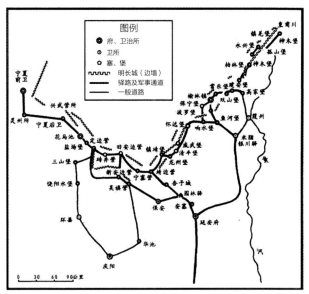

图3-2-27 明代长城沿边军事通道示意图（来源：《陕西古代道路交通史》）

20.3%"[1]（图3-2-26）。榆林境内的秦直道入口在靖边县的小河乡，此处"秦直道均沿着半山腰，'堑山堙谷'，一直北上"[2]，出口在榆林城西北的马合乡。

秦直道的营建虽有秦始皇"欲游天下"的私心，但其军事意义是不可忽视的。考古研究表明，秦直道除道路平坦宽阔外，其沿线还有关隘、桥梁、障塞、阙台、烽燧、驿站、城市等，许多都具有军事用途。交通的便捷，加快了中央政府与北方军事重地的联系速度，保证了政令的畅达，并以此加强了对匈奴等北方游牧民族的战略威慑。

（二）明代驿道

驿站由来已久，历代君主均对此十分重视。西北地区因为长期处于战乱之中而具有更为重要的军事意义，例如朱元璋称帝后22天即颁布设置"各处水码站及递运所、急递铺"[3]的诏令。陕北地区为边防要区，明代统治者十分重视该地的军事设施营建，在修筑长城及一应防御工事的同时，为便于政令传达、军需输送、接待使客等，还修整了西安府至榆林卫的驿道："自京兆驿北行，经三原、耀州（今耀县）、同官（今铜川）、宜君、中部（今黄陵）、鄜州（今富县）、甘泉达延安府城，转东北经延川、清涧、绥德州、米脂至榆林卫，中间共置18驿站，每隔七八十里即置一驿。"[4]这条驿道是陕西境内最重要的南北交通线，对于西安府与陕北军镇的联系具有极其重要的意义，驿站设施也最为完备。

据杨正泰先生考证，《明会典》记载的延安府驿站共有19处[5]，未记载的有1处[6]，是陕西地区驿站最多之处。明代陕北地区的驿道以肤施县（今延安市）城北的金明驿

① 王富春. 榆林境内秦直道调查[J]. 文博，2005（03）：64-67.
② 王富春. 榆林境内秦直道调查[J]. 文博，2005（03）：64-67.
③ 《洪武实录》卷25
④ 张萍，杨方方. 明清西安与周边地区道路交通建设及商路拓展[J]. 唐都学刊，2009（03）：63-70.
⑤ 金明驿（今延安市城北）、榆林驿（今榆林市）、鱼河驿和抚安驿（今甘泉县）、园林驿（今安塞县）、文安驿（今延川县西文安驿）、甘谷驿（今延安市东北甘谷驿）、奢延驿（今清涧县城东南）、石嘴岔驿（今清涧县城北石嘴驿）、奢城驿（今富县城内）、三川驿（今洛川县城南）、张村驿（今富县西南）、隆益镇驿（今富县西南隆坊）、翟道驿（今黄陵县城内）、云阳驿（今宜君县城内）、青阳驿（今绥德县城北）、义合驿（今绥德县东）、银川驿（今米脂县城内）、河西驿（今佳县）。
⑥ 塞门马驿（今安塞县南沿河湾镇）

陕北驿道线路途经驿站表		表 3-2-2
驿道起止点	**途经驿站**	**途经距离**
肤施县 - 西安府	金明驿—甘泉县抚安驿—鄜城驿—洛川县三川驿—中部县翟道驿—宜君县云阳驿—同官县深水驿—耀州县顺义驿—三原县建中驿—西安府	360 公里（9 站）
肤施县 - 榆林镇	金明驿—延长县甘谷驿—延川县文安驿—清涧县奢延驿—清涧县石嘴驿—绥德州青阳驿—米脂银川驿—榆林县鱼河驿—榆林镇	305 公里（8 站）
肤施县 - 保安县	金明驿—安塞县—保安县园林驿—杏子城驿	90 公里（3 站）

为中心，形成了至西安府、榆林镇及保安县的3条驿道线路（表3-2-2）。

在修筑长城后，明代政府还增筑了横贯东西、与长城并行的军事通道（图3-2-27），以加强各卫、所、营、堡之间的联系，强化军事防御能力。

无论是秦直道还是明驿道，虽然其营建的最主要目的是加强军事力量与中央集权，但其对于经济繁荣与文化交流的贡献也不可小觑。秦代"移民实边"的政策执行便有很大一部分依托于直道，内地移民政策给关中以北的广大地区带去了先进的农业生产技术和进步的生产工具，直接促进了这些地区的经济发展。明代的驿道更是很大程度上承担了商路的功能，将布匹等西北地区缺乏的物品运送至陕北，形成了"以榆林为地区商业中心，延安为三级中转市场的城镇市场体系"[①]，促进了边境贸易的繁荣以及中原农耕文化与草原游牧文化的交融。

第三节　陕北地区传统建筑群体与单体

一、陕北地区传统建筑的生成演变和发展

陕北地区的自然生态环境独具特色，大体上形成了两种不同的地形地貌区域，相应的土壤地质条件差异也较大。对土生土长的传统建筑而言，所在地区的自然环境是影响建筑形态、类型和建造特征的最主要决定因素。在特殊的自然环境条件下形成的生活需求和经验，赋予了陕北地区人民朴素的环境观念和建造技术，讲究因地制宜、就地取材，追求经济合理的建筑形式和建造方式。当地居民的生产生活习惯、行为方式、精神信仰、伦理观念、民俗民风也是影响建筑形式和相关空间特征的重要因素，体现在传统建筑中的院落布局、空间组织、建筑形制以及细部装饰等方面。

陕北地区传统建筑从功能上可分为居住建筑和公共建筑两种主要类型。由于自然环境是影响建筑形态的决定性因素，因此，尽管二者在使用需求、空间形式、形制做法等方面各有不同，但是在建造形式上，还是可依据地域差异大体分为两类，即窑洞式建筑和木构架式建筑。在陕北中部以黄土梁、塬、峁形态为主的最广泛地区，黄土高原面积广阔，垂直节理发育良好，丰厚的生土材料资源和特殊的地质条件，孕育出了紧密结合地形、依赖生土材料构筑的典型传统建筑形式——窑洞式建筑。在陕北北部的丘陵及风沙滩地，因为失去了赖以生存的自然环境背景，窑洞式建筑被木构架为主的合院式建筑取代。与此同时，为适应当地环境条件，还创造了极具特色的生土与木构建筑混合的建造技术，继续拓展了生土建筑的适应性。

① 张萍，杨方方. 明清西安与周边地区道路交通建设及商路拓展[J]. 唐都学刊，2009（03）：63-70.

二、陕北地区传统居住建筑

（一）窑洞式民居建筑特征解析

陕北地区窑洞式民居广泛分布在黄土高原地区，尤以梁峁地形一带最为典型和密集（图3-3-1）。该地区自然环境相对脆弱，经济发展水平较低，适宜耕作居住的平川地有限，稀缺的土地资源造成了紧张的人地关系，传统居住建筑表现出了与环境紧密共生的姿态。

以窑洞式民居为代表，采取了顺应自然、融于环境的建筑形态，依托地形塑造了壮观而独具特色的山地建筑形象。窑洞四合院的空间组织序列完整、主从分明，体现出了传统家庭对礼教秩序的尊重。就地取材的建筑材料和适宜的建造技术，让窑洞建筑具有了极好的环境适应性和较为理想的居住质量，发挥出了生土建筑优良的生态性能。

1. 建筑形态体现顺地就势、合乎自然的环境特征

陕北地区黄土高原地貌丰富，地形变化多样，最能体现陕北地区建筑特色的窑洞民居及其聚落常常散布在数公里宽

图3-3-1 陕北地区典型的黄土梁峁地形（来源：刘怡 摄）

的阶地上，它们取于自然、融于自然，无论是依山开凿还是独立建造，其建筑形态都直观地体现出了微地形环境与建筑形态之间积极的相互作用。

根据它们与地形环境的关系，可以分为靠崖窑、独立窑和下沉窑三种常见的类型[①]（表3-3-1）。

2. 空间组织遵从良俗秩序和家庭伦理价值观

传统窑洞民居不仅是对当地自然环境条件最为直接的反

窑洞式民居建筑的主要形态类型   表 3-3-1

靠崖窑	独立窑	下沉窑
在土质坚硬紧密的黄土崖壁上向内凿洞的靠崖窑是窑洞建筑中比较原始的形态，当规模较大时，则在崖外建房，组成靠崖窑院	直接建在地上，砖石箍窑、窑顶覆土的独立式窑洞秉承了靠崖窑的优点，其结构更加稳固，采光通风更好，提高了居住质量和窑洞建筑的适用性	地下挖建的下沉式窑洞四合院，窑背上可耕种晾晒，院内采光通风，形成地坑式的居住空间

① 王军. 西北民居[M]. 北京：中国建筑工程出版社，2009：54.

映，同时也是注重家庭和睦团圆以及讲求伦理秩序的观念体现。以窑洞为主体建筑组合而成的民居院落，通过轴线控制和引导，形成了独具陕北地区特色的建筑群体布局和院落空间序列，体现了对上述观念的外化和表达。

窑洞四合院的整体布局与关中地区四合院的基本形式相似，讲求中轴对称的格局，以正中的院落为空间中心，从入院大门开始，经影壁和前院的转折进入主院，追求空间序列的起承转合和对比变化。在此基础上还形成了由多个院落沿单一轴线首尾相接的纵向递进四合院落以及依平行轴线发展而成的横向并列四合院落。

同时，据气候条件和窑洞建筑特点，这些窑洞四合院的空间组织还具有以下典型的地区特色：

1）窑洞四合院的建筑组成，以单进四合院为例，正窑是主体建筑，同时包含厢窑（厢房）、倒座、耳房、院门等传统四合院要素，讲究"明三暗二六厢窑（房）"或"明五暗二六厢窑（房）"的对称格局，更高等级的则为"明五暗四六厢窑（房）"。这些布局上的规格和讲究，与其他地区四合院有很大不同。[①] "明"指的是正窑居中、面向院落的窑孔，"暗"指的是正窑最外侧的窑孔。院落中不同位置和等级的建筑，分别对应不同的使用者或使用功能。正窑中的"明"窑由家族中身份最高的长辈使用，厢窑则是子女的住所，而"暗"窑是辅助性的用房，空间组织的有序性体现出了家庭结构的秩序性。

如果是多进院落，在整个序列中常以第二进院落作为正院，其建筑布局与单进院相似，它的正窑在群体建筑中使用级别最高，建造规格也最为隆重。这种空间组织由于具有明显的轴线递进关系，体现了主次分明的空间秩序，是尊卑有序的传统伦理价值观的外化和强化（图3-3-2）。并列而置的四合院则多为多兄弟家庭共同生活的家族建造，除共同的交通空间外，每组院落仍然遵守对称的空间格局。不分主次、相互比邻的院落空间关系，也体现出了传统家庭观念中追求兄友弟恭的美好家庭心愿。

图3-3-2 串联式院落空间布局分析图（来源：马明 摄，西安交通大学刘怡 绘）

2）窑洞四合院的中心院落比较开敞，区别于陕西其他地区民居四合院的窄院形式，其开间进深比例近于方形或横向长方形，以求在寒冷的西北地区获得尽可能多的日照采光，是对当地气候条件的直接响应。

3. 建筑立面体现适应地貌环境的体量特征和朴素的审美意识

窑洞民居建筑往往依地势而建，建筑单体以位于院落中轴线末端的主院正窑规模为最大，其形制做法也最为讲究，以体现出主次分明的体量关系。正窑是整个建筑群的构图中心，其正立面集中反映了窑洞建筑的立面特征。正窑立面一般由屋顶、屋身和台基三部分组成，其中窑脸是屋身部分的核心，也是立面构图的决定性要素，突出反映了窑洞建筑的外部形象特征。窑脸以窑洞的拱券曲线和门窗为最主要的构图元素，是窑洞内部拱券结构逻辑的外在反映。陕北地区窑洞建筑的窑脸在半圆拱的曲线之下，一般满设门窗，实现采光通风的最大化。

尽管受到生土建筑材料和建造方式的限定，窑洞建筑体量厚重、构件单调、造型手法相对有限，陕北地区人民在塑造窑洞建筑立面时，仍然发挥着极大的创造力，利用根植于当地日常生活中的形态、色彩、材料，通过对比韵律等手法，创造出

---

① 吴昊. 陕北窑洞民居[M]. 北京：中国建筑工程出版社，2008：36.

图3-3-3　正窑立面（来源：刘怡 摄）

图3-3-4　带廊檐的窑脸（来源：刘怡 摄）

与背景环境融为一体的厚重的体量特征、鲜明的色彩层次以及丰富的细节处理，传递表达了朴素的审美意识。

例如窑洞建筑的立面通过窑脸上曲线舒展的拱券与挺直方正的建筑体量形成了方圆的对比，通透的门窗花格与沉重敦实的外立面产生了虚实的映衬，连续排列的窑孔形成强烈的韵律感，让建筑立面丰富而生动（图3-3-3）。还常在正窑立面上建造护窑檐或廊檐，往往采取木作细节或者砖石仿木作的装饰处理，其精巧细腻的做法和黄土墙的浑厚质朴产生了材质上的反差和形态上的繁疏对比，廊檐在强烈的日光下又为立面增添了丰富的光影效果，打破了生土建筑的沉闷感（图3-3-4）。

4. 传统建筑技术运用符合乡土材料和结构技术特点的适宜性路线

窑洞式民居是传统生土建筑的典型代表，就地取材的生土材料与拱券结构形式结合，充分发挥了材料的结构特性。在建造技术与构造做法上，因地制宜、灵活处理，创造出适应环境脆弱和欠发达地区广泛使用的低耗能、高环保、低技术的生态技术。

1）结构与材料

陕北地区黄土高原的土质直立稳定性较好，也具备较高的抗剪强度，适宜借助地形、就地取材、开凿窑洞。早期的

窑洞是在黄土垂直崖面上向内凿洞，作为内部的使用空间，即靠崖窑洞。其稳定性主要依赖于山体土质的强度。窑脸一般开洞很小，多为窄长方形，室内采光通风条件差，遇到雨水和山体滑坡时，极易坍塌（图3-3-5）。后来在这种土窑的内部顶壁和门脸处砌筑砖拱或石拱，加强了拱顶的稳定性，扩大了采光面。此外，还有在土窑外接一段石窑或砖窑的做法，称为咬口窑（图3-3-6）。

另一种是独立式窑洞，它是不依靠山崖、平地起拱的生土建筑形式。这种做法发挥了小砌块材料的特性，使之与拱券结构的受力逻辑相符合，实现了优于梁柱结构的空间跨度。以单孔窑为基本结构单元，还可以产生并联式、串联式和立体式等多种组合方式。独立式窑洞的前后立面均可开窗，大大改善了窑洞内部的采光通风条件；拱顶完成后可继续覆土，利用土材的热容特性达到传统土窑洞保温隔热的效果，实现更好的居住质量，同时具有更强的灵活性和适用性。

靠崖窑洞和独立式窑洞都是以生土、砖、石为主要材料完成的拱券结构。除此以外，在陕北地区还有一种十分独特的木结构与拱券结构混合式的窑居建筑，即建筑的底部是窑洞结构，而上部施以木构架为主的楼层建筑，称之"窑上房"（图3-3-12）。在榆林地区一些规模较大的民居院落中，正房采用这种做法的较为多见；也有直接在厢窑或倒座（采用窑洞拱券结构）上加木屋架的做法。

图3-3-5　靠崖土窑（方形口）（来源：刘怡 摄）

图3-3-6　咬口窑（来源：刘怡 摄）

2）技术与构造

（1）券拱技术

窑洞的拱顶有半圆拱、双圆心拱、多圆心拱等几种形式。一般来说，拱顶轮廓越尖耸，其侧推力相应越小，有利于拱顶的稳定，但空间跨度也相对较小，多见于黄土质较差的地区。陕北地区的土质条件比较理想，因此以饱满的半圆形拱券居多。[①]

具体而言，靠崖窑在砌筑过程中多选择土质较好的地区，黄土的直立稳定性和抗剪强度好，技术上适合直接向内凿洞形成内部空间；若在土质相对较差地区，靠崖土窑的做法则稳定性不足，多需在接近窑脸处以砖石砌券，或外接一段砖石窑以增强其强度，即前述咬口窑的做法。

独立式窑洞的起券做法一般先用砖石砌筑窑腿，再用模板做支架，逐段用砖石砌筑拱券，最后在上覆盖黄土，作为窑顶的晒台，也可继续加建木构建筑，即前述"窑上房"的做法。

（2）屋面排水

窑顶建筑的主要材料之一就是生土，而生土材料见水受潮后会直接影响其结构强度，因此，即使在相对干旱少雨的陕北地区，也十分重视建筑排水和外墙防护。

窑洞建筑顶部一般设女儿墙，多为镂空花砖砌筑，屋顶设排水渠，沿渠将水引流至地面，保证屋顶结构的稳定；院落内沿屋前设排水沟，找坡后将雨水收集于水窖中。

窑洞建筑外墙防护往往是在窑脸上设窑檐，也称护崖檐，以阻止雨水冲刷立面。一般是在窑顶预埋木或石挑梁，上铺青瓦。更高档次的窑洞，则在正立面前设落地檐廊，是对窑檐功能的进一步发展，也是建筑内外空间的过渡，其本身也成为了建筑立面构图的重要元素和装饰集中表现的位置（图3-3-7）。

（二）木构架民居的营建思想和建筑特征解析

陕北地区以木构架为主的民居主要分布在榆林及其以北地区，以榆林、神木、府谷为代表，主要是由历史上的边塞城镇和兵屯堡寨发展形成的聚居区。一方面，由于这些地

图3-3-7　护崖檐（左）和落地窑檐（右）（来源：刘怡 摄）

---

① 王军. 西北民居[M]. 北京：中国建筑工程出版社，2009：70.

区位于黄土沟壑地带的边缘，邻近毛乌素沙漠南缘的丘陵地带，地形渐趋平缓，没有适合大量建造窑洞的自然环境条件，加上受中原地区建造思想和手法的影响较大，逐步形成了以木构架为主，偶有混合少量窑洞建筑的合院式民居。另一方面，这里处于边塞交界地带，居住人口多为戍边将士及其家属以及各地来此经商的小型手工作坊商户，总体来说，几乎没有大型家族。由于家庭人口规模偏小，又保留了军事防御传统，因此，合院式民居的规模体量适中，适应小型人口家庭的需求，院落相对独立，同时保证较好的安全防卫性。[①]

1. 空间组织兼具严格秩序和紧凑尺度的防卫性特征

陕北北部地区木构架为主的民居四合院形制与中原地区的四合院有很大相似性，早期来自中原地区的建筑工匠带来了较为纯正的木构架建筑和四合院落的做法，同时又根据陕北北部地区的经济环境、社会背景和人口特点作出相应调整，使其适应当地需求。反映在民居建筑空间组织中，突出体现了兼具严正秩序和紧凑尺度的防卫性特征。

1）单组院落规模适中、空间方正、尺度紧凑

单进四合院中的建筑布局、方位朝向与其他地区四合院没有明显差异。中心院落的规模适中，比例接近方形，或南北方向略长。建筑和院子的尺度则与中原地区的四合院有所区别，"院小屋大"[②]，活动空间尺度适中，既可保证足够的阳光射入，又能够形成较为闭合的空间，适合更为寒冷的陕北北部地区的居住和防卫要求（图3-3-8）。

2）组合院落设多个出入口，流线灵活多变

组合院落由多个四合院组合而成，分为纵向递进式和横向并列式两种主要形式。纵向递进的组合院落往往占据

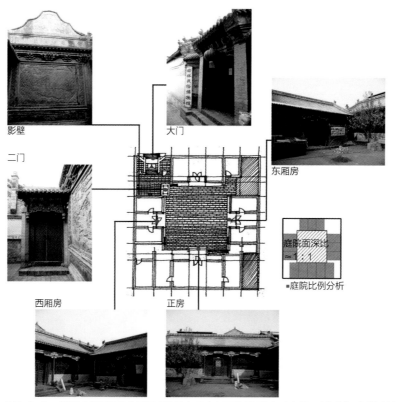

影壁　大门　二门　东厢房

庭院面深比 ≈ 1

庭院比例分析

西厢房　正房

图3-3-8　单进四合院院落分析图（榆林市田丰年下巷3号院）（来源：刘雨博、刘怡 绘）

① 王晓莉. 基于文化人类学的方法对榆林四合院民居的研究[D]. 西安. 西安建筑科技大学，2003：45.
② 周泓宇. 基于类型学的榆林卫城四合院民居研究[D]. 北京：北京交通大学，2014：27.

前后两条街巷的进深空间，形成两到三进院落沿纵深发展的布局，形成具有明显层次的空间序列。这种院落前后都可设门，方便出入并保持各自的独立性。由于院落规模不大，连接院落的轴线可以根据街巷关系适当调整方位，有时不一定恪守单一轴线关系，形式相对比较灵活。

并列轴线的民居院落的组合格局多为两列院落并置。如有更多院落组合，往往隶属于同一家族，各院之间不分主次，可以保持独立，也可以横向连通，以此形成规模体量较大的宅院群（图3-3-9）。同时，城镇路网设置相对密集，街区尺度较小。院落前后可分别临街设出入口，或是为方便出入，增强流线的灵活性和防卫性。

3）建筑形制适应环境、灵活变通

陕北北部地区木构架为主的民居建筑，无论是正房还是厢房、倒座，建筑单体在大体遵循北方木构架建筑做法的同时，在平面形式上也出现了明显反映地域特征、灵活变通的建筑形制——"穿廊虎抱头"。这是该地区颇有代表性的建筑平面形式，具体做法是将建筑的明间墙线内退，令建筑的当心间形成局部凹廊，称之为"虎抱头"做法，如果还设檐廊，则称为"穿廊虎抱头"（图3-3-10）。

这种处理方法的产生，是当地气候、经济、材料等众多因素共同影响下的结果。明间外墙局部后退形成一个半室外的过渡空间，强化了空间和形象上的中心地位。因为减小了明间进深，增大了开间尺寸，也使明间获得了更充足的采光和通风，对建立空间层次和秩序以及优化居住体验都具有重要的意义。同时，中央体部的退后所形成的中间层次，也为居住者形成了心理安全防卫的缓冲空间。

2. 建筑风格出现兼容并蓄、中西合璧的多样性特征

明清时期，中原地区建筑文化逐渐占据了主导地位，直接影响了陕北北部地区以木构架为主的传统民居建筑的整体格局和风格样式。同时，由于陕北一直是多民族征战混杂之地，近代又受到西方基督教文化的影响，形成了多元文化因素的混合。它们之间在相互制约、相互矛盾的同时，也在相互融合、相互转化，形成了建筑立面形式上兼容并蓄、中西合璧的多样性特征。

因此，在陕北一般木构架合院式民居中，各主要单体建筑形式均与陕西其他地区四合院中相应的建筑常式大体一致，保持了传统木构架建筑的风格。同时，由于受到基督教文化传入的影响，除了教堂建筑以外，陕北地区很多民用建筑也反映出了外来文化的特征。特别是民国时期一些四合院的门楼造型上出现了中西合璧的建筑风格。它们一般用砖砌筑，造型简洁，施工方便，坚固时尚。西式砖砌拱券的造型和中国传统门扉构造结合，在拱券造型、山花处理、装饰雕刻上也别具特色（图3-3-11）。

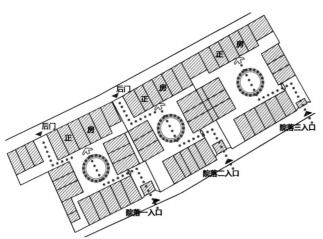

图3-3-9　并列式院落空间分析图（榆林市大有当巷3、4、6号院）
（来源：根据《基于文化人类学的方法对榆林四合院民居的研究》，雷荣亮 改绘）

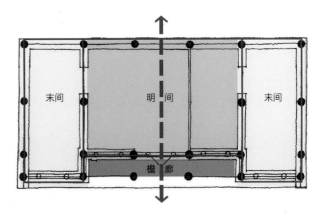

图3-3-10　"穿廊虎抱头"平面示意图（来源：王卅 绘）

图3-3-11　中西合璧风格的宅院大门（来源：刘怡 摄）

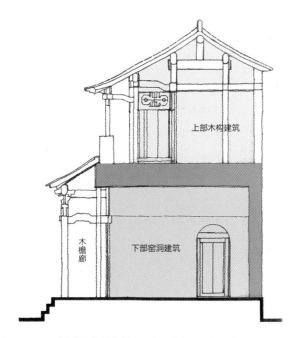

图3-3-12　"窑上房"结构剖面示意图（来源：根据《基于类型学的榆林卫城四合院民居研究》，王卅 改绘）

（图中标注：上部木构建筑；下部窑洞建筑；木檐廊）

3. 因地制宜、合理节材的特殊结构形式——"窑上房"

在以木构架建筑为主的陕北北部地区，由于严寒的气候条件和相对有限的木材资源条件，还形成了以砖木结构和窑洞建筑相结合的特殊结构形式——"窑上房"（图3-3-12）。这是北方木构建筑和陕北窑洞建筑在竖向空间和结构上的创造性组合，一般出现在四合院的正房建筑中。这种情况往往因为院落选址毗邻崖体，底层依靠黄土砌筑成窑洞，窑顶覆土后在二层搭建砖木结构。二层砖木建筑的承重构件以木构架为主体，屋顶大都采用抬梁式。尤其是规格较高的正房，用料讲究，构件之间搭接有序，屋面占比较大，形成体量高大的双层建筑结构，建筑形象十分突出。

"窑上房"的做法在地形复杂、缺乏木材的环境条件下，具有合理利用空间、节材节地的环境友好性，而且能够塑造高大的建筑体量和内部空间，实现了空间、形式与结构构建方式的完美结合。

三、陕北地区公共建筑主要类型及其特征解析

（一）陕北地区公共建筑的主要类型

陕北地区公共建筑的主要类型有宗教建筑、礼制建筑、市政建筑和文化教育建筑等，其中出现最早、数量最多的当属宗教建筑（表3-3-2）。

陕北地区宗教信仰历史悠久。佛教早在东汉末年就已陆续传入该地区，唐、宋、元各代，尊崇佛教的风气日渐浓厚。明成化以后，佛教兴盛，至清初，仅榆林城区先后兴建寿宁寺、戴兴寺、洪济寺等寺庙达40多处，清末渐衰。道教在陕北地区的传播不晚于唐宋，元、明两代较为兴盛，始建于明万历三十三年（1605年）的佳县白云山庙共有建筑400余处，是西北地区规模庞大的明清古建筑群（图3-3-13）。佛教和道教经过长期的演绎融合，逐渐道、释合一，自明万历年间，同一寺庙内，既供佛祖，也供老君、关帝；榆林城区的金刚寺等庙宇内还同时供奉孔子，形成道、释、儒"三教合一"的局面。清末至民国期间，佛教和道教在陕北地区的发展逐渐衰落。伊斯兰教在陕北地区的传播与发展极为薄弱，榆林地区仅定边有民众信仰伊斯兰教，延安地区信仰伊斯兰教的民众更是极少数。清末民初，天主教、基督教相继从邻近的内蒙古、山西传入陕北地区，各地均建有中西合璧或西方传统建筑风格的天主教和基督教教堂。

其次，礼制建筑在陕北地区的分布较广、数量较多，

陕北地区公共建筑主要类型及典型实例一览表　　　　　　　　　表3-3-2

建筑类型		典型实例	建造年代	地理位置
宗教建筑	佛寺	戴兴寺	明正德十三年（1518年）	榆林驼峰山
		万佛楼	始建于清康熙二十七年（1688年），民国五年（1916年）被火焚烧，民国七年（1918年）按原样重修	榆林古城
		香炉寺	建于明万历四十二年（1614年）	佳县香炉峰
	道观	白云山庙	创建于明万历三十三年（1605年），清雍正二年（1724年）重修	佳县白云山
		米脂真武宫（李自成行宫）	始建于明嘉靖年间（1522～1566年），大顺永昌二年（1645年）李自成将其扩建成"行宫"	米脂盘龙山
	塔	延安宝塔	始建于唐大历年间（公元766～公元779年）	延安市
		榆林凌霄塔	始建于明正德十年（1515年）	榆林城南
		甘谷驿琉璃塔	建于明崇祯三年（1630年）	延安市清凉山
市政建筑		榆林钟楼	民国10年（1921年）	榆林古城
		榆林鼓楼	明成化年后期创建，清康熙十年（1671年）维修	榆林古城
		榆林新明楼	始建于明正德年间（1506～1521年），清嘉庆、光绪年间均有修葺	榆林古城
		神木钟楼	始建于明隆庆元年（1567年），清同治七年（1868年）被焚，旋又修复	神木县城
礼制建筑	文庙	府谷文庙	始建于明洪武十四年（1381年）	府谷古城
		米脂文庙	创建于元皇庆二年（1313年），明弘治九年（1496年）迁于下城东街	米脂下城东街
教育建筑	书院	荣和书院	清乾隆三十四年（1769年）	府谷
	学堂	米脂东街小学	1924年修建	米脂下城东街
		杨家沟马氏学堂	1929年始建	米脂杨家沟

图3-3-13　佳县白云山庙建筑群（来源：孙西京 摄）

各地均建有祭祀孔子的文庙，形制和布局与曲阜文庙一脉相承，基本为"前庙后学"的形制。目前，陕北地区保留下来的文庙仅有始建于明洪武十四年（1381年）的府谷文庙。另外，由于陕北地区历史上地理条件异常恶劣，经济落后，人民生活困苦，其城镇乡间建有大量庙宇供奉众多神灵以抚慰普通民众的心灵，如娘娘庙、关帝庙、城隍庙等，这类建筑虽然存在数量较多，但其规模尺度有限。

陕北公共建筑中还有一类为市政建筑，主要包括各地修建的钟楼、鼓楼、凯歌楼、新明楼等，多为底层城台、上为楼阁的建筑。个别建筑形制做法特殊，城台上甚至布置为南北两进院落，各院均有配殿，楼的四角建有规模较小的建筑。

最后，陕北各地还建有书院、学堂等文化教育建筑，但数量较少，目前保留下来的仅有府谷荣和书院、米脂杨家沟马氏学堂和米脂东街小学等。

（二）陕北地区公共建筑特征解析

陕北地区公共建筑总体上遵循了关中地区公共建筑依山就势、因地制宜的选址特点以及以院落为基本单元、以纵深轴线构成中轴对称、丰富有序的群体空间布局特点。同时，由于陕北特殊的自然地理条件和历史文化背景，又形成了以下地域性特征：

1. 文庙建筑注重良好的地理方位选择与积极的心理暗示

在中国古代城市社会生活中，由于儒家学说的倡导，十分注重教育和文人取仕，因而文庙、学宫、书院等建筑的选址布局，在城市规划建设中特别注重地理环境及景观对人文的影响，使人们得以寄托其理想追求，或取得心理上的平衡调节。陕北地区的文庙、书院等礼制、教育建筑在选址时，或是与山川胜景结合，如府谷荣和书院建于府州城山坡之上，濒临黄河，依山顺势，错落有致，或是受风水理论影响，认为东南乃日出之地，是城中日照时间最长的方位，寓意朝气和昌盛，因此大多数文庙，如米脂文庙，均选址于城的东南。更为值得关注的是，米脂文庙的东南有文屏山，山顶建有"入川即见"的文昌阁，庙与阁在方位上一南一北，在体量上一高一低，两者隔河对峙相望，形成遥相呼应的对景关系（图3-3-14）。

2. 宗教建筑依托特殊的自然地形，形成层层跌落的多重轴线布局

由于特殊的自然地形条件，陕北地区宗教建筑往往依随

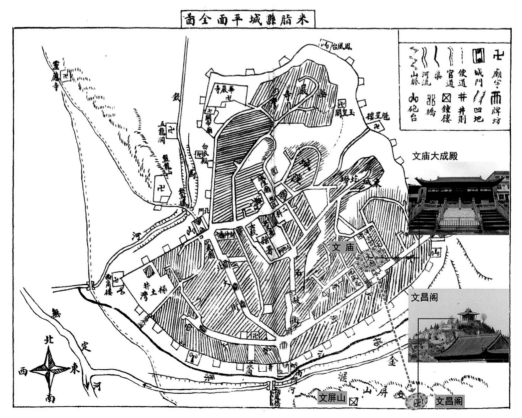

图3-3-14　米脂文庙位置及与山体的相互关系图（来源：根据1944年《米脂县志》，雷耀丽 改绘）

山势布局，既遵循中国传统建筑群的轴线对称，同时呼应自然，形成层层跌落的多重轴线布局。以佳县白云山庙最具典型性。

白云山庙所在的白云山主体山势从平面俯视像一个"L"形，由东向西的方向上山体较窄，起初上升急剧，山脊两侧坡度较陡，然后较为舒缓地伸展上升一段之后，山势发生了转折，主要部分走势成为南北方向。在这个方向，地势较为平坦，而且山体较宽，两侧的坡度也较为缓和，形成了一段开阔平整的空地，整个地势呈阶梯状跌落。[①]

白云山庙的总体布局，依随山势梯状跌落变化，形成既有转折又有并行的四条轴线（图3-3-15）。第一条轴线是建筑群的引导空间，沿山势蜿蜒曲折，逐级而上；第二、三、四条轴线南北向延伸，随地势从西向东层层跌落。整个建筑群以第二条轴线为中心，其他两条平行轴线依地形变化层层下落。从山腰上看，这种布局方式与自然结合紧密，建筑依

附于地形变化，与陕北地区层层布局的窑洞民居有某种相似之处。

3. 单体建筑受西方文化与地域文化影响的多元表现

陕北地区公共建筑多效仿当时的京城建筑，表现出受中原文化影响的中国传统建筑风格。建筑大多采用木构架，飞檐翘角，雕梁画栋。屋顶形式多样，有庑殿、歇山、十字歇山、悬山等，整体造型端正优美。近代，西方建筑文化伴随基督教在此地传播，逐渐渗透到公共建筑的建造活动中，产生了中西合璧的风格。同时，由于独特的自然地理条件，公共建筑也产生了下窑上房这种地域性极强的建筑形式。

1）受西方文化影响的中西合璧风格

民国时期，西方文化伴随基督教在陕北各地传播，逐渐影响到建筑的营建活动。在教堂、学校、钟楼等建筑中，西方传统建筑风格和中国传统建筑风格协调地融糅在一起，形成了中

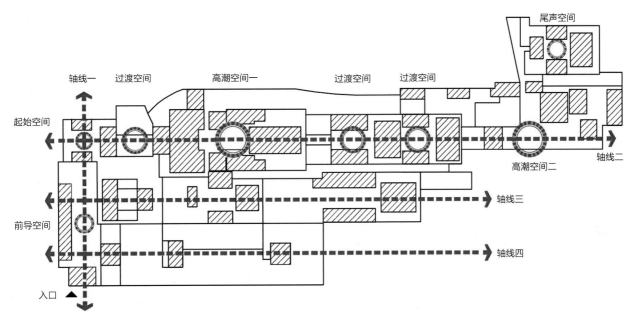

图3-3-15　佳县白云山庙的多重轴线布局和空间序列示意图（来源：雷荣亮 绘）

① 王蕾. 佳县白云山庙建筑研究[D]. 西安：西安建筑科技大学，2003：13.

图3-3-16　榆林钟楼拱券柱廊（来源：雷耀丽 摄）

图3-3-17　米脂东街小学门庭（来源：马明 摄）

西合璧的建筑风格。其中，榆林钟楼在建筑造型的处理上既有中国传统的攒尖顶亭子和中式匾额，又有西方古典的拱券柱廊和拱券形门窗（图3-3-16），南北两面的柱头之间还装饰有类似巴洛克风格的曲线形山花。米脂东街小学大门打破了中国传统建筑样式，采用了西方建筑形式，六根砖柱将大门水平方向分隔成五段，左右对称，中间为拱券式门洞，门上方砌饰旗徽图案，柱顶砖砌三种不同形式的宝瓶，门洞两侧的开间均为实墙，水平腰线将每个开间在垂直方向上分为三段，上段当心间做花瓣顶，次间顶为山尖形，梢间顶为圆瓣形（图3-3-17）。

2）受地域文化影响的"窑上房"形式

"窑上房"不仅是陕北地区民居建筑特殊的形式之一，在当地宗教建筑中也有局部采用。如白云山庙的玉皇阁，就采用了下层土石窑洞、上层木结构的做法。上下层结构相对独立，上层结构重量由下层完全承担。

四、陕北地区传统建筑细部装饰

陕北地区建筑形式主要有窑洞与合院式木构架建筑，其建筑细部装饰的部位及特征有所差异，但装饰题材相似。窑洞建筑的装饰集中于窑脸部位，以木雕为主，逢年过节往往还在门窗上贴窗花加以美化，部分独立式窑洞会在墀头上进行雕刻。合院式木构架建筑有时会在门窗的装饰上模仿窑洞，但其位于墀头、屋脊、影壁等处的砖雕与位于柱础、门

枕石处的石雕则更加精彩。由于陕北位于农耕文化与草原文化的过渡地区，其装饰反映出了两种文化的交流，主要呈现为汉族与蒙古族文化交融、儒释道三教文化结合的特色。

（一）装饰材料与装饰部位

陕北民居中的雕刻装饰着重以木雕为主，少量砖雕和石雕辅助。"三雕"不仅可突出图案的材质美感，并且使其与民居功能有机结合。其中木雕多用于建筑门窗、檐口等部位，砖雕多用于墀头、影壁、神龛等处，石雕则多用于柱础与门枕石处（表3-3-3）。

（二）装饰主题

陕北地区民居的细部装饰反映出了与蒙古地区文化融合的特征，既有汉族文化中儒家、道教及民俗、文字的影响，又有蒙古族文化中萨满教、藏传佛教及蒙古包惯用纹饰的影响。装饰主题有汉蒙民族文化交融、儒释道宗教文化结合的特色。

1. 与蒙古地区文化交融的装饰主题

陕北地区邻近蒙古，元代及清代，两地文化交流最为频繁，两地民居装饰相互交融，产生了一定的相似性。如蒙古族民居常用有关萨满教"长生天"崇拜的装饰主题及惯用符号，元、明、清时期，蒙古族笃信藏传佛教后，民居装饰中出现的佛教符号或法器图案等皆在陕北民居中有一定体现。

雕刻手法与主要雕刻部位表

表 3-3-3

	木雕	
雕刻部位	门窗	檐口
实例照片	 窑脸部分的木雕门窗是窑洞的主要装饰	
雕刻部位	室内装修	匾额
实例照片		 以文字形式表现家族荣誉或家风传承

续表

砖雕			
雕刻部位	墀头	影壁	神龛
实例照片	 	  一些地主庄园中的影壁还保留仪门功能	  多数神龛开于建筑入口附近的山墙上，少数独立设置
雕刻部位	山墙	脊饰	
实例照片	  少数建筑山墙上有装饰，继承古代木建筑悬鱼、惹草的装饰意味	  主要为鸱吻与屋脊雕刻，多数为浅浮雕花草纹样，少数为圆雕花卉，也有部分采用福寿纹样	

续表

石雕		
雕刻部位	柱础	门枕石
实例照片	 形式多样，花纹繁多	 主要有方形和鼓形两种，鼓形门枕石又称抱鼓石，古代仅家人有功名方可使用

注：图片均为张钰曌、姬瑞河、张海岳摄。

（1）佛教装饰主题，常见如"卍"字、莲花、金刚杵、盘长（盘肠）等（表3-3-4）。

（2）萨满教"长生天"崇拜的装饰主题，主要是自然崇拜的演化，在陕北民居中亦有运用，但在雕饰中结合了汉地纹样的特色（图3-3-18）。如蒙古族民居中的哈木尔云纹与汉族民居中的如意云纹即有一定的相似性（图3-3-19）。

（3）民族惯用主题，如渔网纹演变的"＋"、"×"等

佛教主题的装饰题材 表3-3-4

装饰题材	题材含义	实例照片
"卍"字	"卍"字是佛祖的心印，在陕北民居装饰中常用于门窗及边缘的装饰，有吉祥、辟邪等寓意	

续表

装饰题材	题材含义	实例照片
莲花	莲花在一定程度上代表佛、圣者等，象征清净、圣洁、吉祥	
金刚杵	金刚杵原为古代印度的武器，象征所向无敌、无坚不摧的智慧和佛性，能斩除烦恼和障碍	
盘长（盘肠）	盘长是佛教八宝（"八吉祥"）之一，没有开头和结尾，象征回环贯彻，一切通明，民间引申为连绵不断、家族兴旺、子孙延续的寓意	

注：图片为张钰曌、姬瑞河、张海岳摄。

（图3-3-20）。民俗学家认为："渔网符号的源头是'＋'号与'×'号。'＋'号是太阳的表象符号，也是原始农业社会太阳崇拜族群的宇宙表现符号……'×'是旋转的太阳和宇宙的符号，是具有宇宙旋转生生不息哲学内涵的生命符号。"

2. 典型的汉文化装饰主题

（1）以儒家文化为代表，体现诗书礼乐、功成名就的装饰主题，主要题材有琴棋书画、喜报三元、五子登科、孝悌忠信、礼义廉耻、梅兰竹菊等（表3-3-5）。

（2）道家文化中反映求仙访道、神仙赏赐等吉庆的主

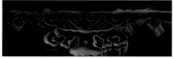

图3-3-18　陕北民居中的如意云纹（来源：张钰曌 摄）

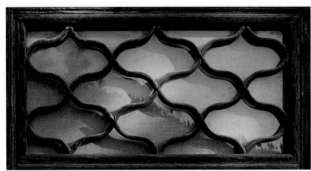

图3-3-19 陕北民居中的推云纹（来源：张钰罂 摄）

图3-3-20 北民居中的方格纹与渔网纹（来源：张钰罂 摄）

表达儒家文化的装饰题材 表3-3-5

装饰题材	题材含义	实例照片
琴棋书画	旧时称为"文人四友"，是士大夫阶层身份的象征。用于房屋装饰中，表现屋主人高雅的情操及高尚的生活追求	米脂姜氏庄园"琴棋书画"砖雕

续表

装饰题材	题材含义	实例照片
喜报三元	"三元"指解元、会元、状元。由喜鹊和三个圆形果实组成的图案，寓意"喜报三元"，寄托对家中晚辈高中功名、光宗耀祖的殷切期盼	 米脂民居墀头"喜报三元"砖雕
五子登科	"登科"即古时科举考中进士之意。"五子登科"寄托了长辈对晚辈学成中举的期盼	 米脂民居"五子登科"影壁
孝悌忠信礼义廉耻	"孝悌忠信、礼义廉耻"八字是儒学教化的核心内容，是古代教育中做人的基本道德，寄予着屋主人的做人标准及对子孙的严格要求	 榆林民俗博物馆"孝悌忠信礼义廉耻"砖雕
梅兰竹菊	被誉为"花中四君子"，是我国古代士大夫阶层形成的一种审美人格的物化寄寓	 神木白家大院梅兰竹菊木雕

注：图片均为张钰曌摄。

题，主要题材有八仙、三星高照、天官、炼丹访仙、太极图等（表3-3-6）。

（3）汉字与谐音是民居中最为普遍的装饰手法，暗含吉祥喜庆的寓意，如福禄寿、连生贵子、平安有余、平安如意等（表3-3-7）。

（4）一些大户民居中还雕刻有历史故事，潜移默化地对子孙起到教育的作用，如米脂姜氏庄园中的"文王访贤"砖雕（图3-3-21）。

表达道家文化的装饰题材　　　　表3-3-6

装饰题材	题材含义	实例照片
八仙	"八仙"通常指李铁拐、蓝采和、张果老等八位道教神仙，分别代表男、女、老、少、富、贵、贫、贱。八仙均为凡人得道，个性与百姓较为接近，广受百姓喜爱。民居中常见"八仙过海"与"八仙献寿"的图样	 神木白家大院"八仙献寿"影壁
三星高照	"三星"指福、禄、寿三位仙翁，民居常雕刻"三星高照"，寄托主人对衣食无忧、前途光明、长命百岁的期盼	 神木白家大院"三星高照"木雕
天官赐官	民居墀头中常见身穿官袍的天官雕刻，手捧官冠玉带，寓意赐官到家	 米脂民居中"天官赐官"墀头雕刻
太极图	太极图又称"阴阳鱼"，是最具道家代表性的图案	 米脂姜氏庄园"太极图"纹样木窗

续表

装饰题材	题材含义	实例照片
"炼丹访仙"	"炼丹与访仙"是古代求仙问道最常见的修炼手法，在民居中也有所体现，如榆林民俗博物馆中的"天台访仙"影壁	 榆林民俗博物馆"天台访仙"影壁

（注：图片均为张钰瑿、姬瑞河、张海岳摄。）

汉字与谐音的装饰题材   表 3-3-7

装饰题材	题材含义	实例照片
福禄寿	民居中的"福、禄、寿"雕刻常以谐音和汉字形式出现，有时单独出现，有时以"蝠捧寿"纹样（双蝠捧寿、四蝠捧寿、五蝠捧寿）出现，有时则三者一起出现。"福"的表现形式有福字、蝙蝠、斧子、佛手等；"禄"多以梅花鹿象征；"寿"则以寿字和寿桃表现，常见"双龙捧寿"纹样，有时寿字雕刻成圆形，演化成"二龙戏珠"的纹样	 神木民居中"福"字影壁 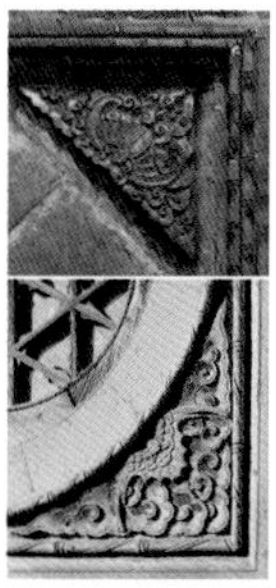　　陕北民居中的蝙蝠纹样 　　陕北民居中的佛手纹样  陕北民居中的斧子纹样 　　陕北民居中的鹿纹样  陕北民居的"寿"字纹 　　陕北民居的"蝠捧寿"纹样

续表

装饰题材	题材含义	实例照片
		陕北民居中的"双龙捧寿"纹样 陕北民居的寿桃纹样 "寿"字"双龙戏珠"纹样
连生贵子	由莲花、笙、桂花、石榴组成的图案，寓意"连生贵子"，寄托屋主人对子孙绵延的期盼	陕北民居中的"连生贵子"纹样
平安有余 / 平安如意	瓶子和鱼是民居中常见的装饰纹样，寓意"平安有余"；若瓶中插入如意，纹样中加入蝙蝠，则寓意"平安如意、幸福有余"	陕北民居中的"平安如意、幸福有余"纹样

（注：图片均为张钰甦 摄。）

图3-3-21　米脂姜氏庄园"文王访贤"砖雕（来源：张钰甦 摄）

（5）一些纹样寄托了吉祥如意的特定寓意，如凤穿牡丹、二龙戏珠、狮子滚绣球、石榴、葡萄等（表3-3-8）。

题材的装饰纹样，这在陕北民居中十分普遍。以米脂姜氏庄园和神木白家大院最具代表性。

（三）多元文化交融的陕北民居细部装饰案例分析

在同一组建筑，甚至同一座建筑中出现不同材料、不同

1. 米脂姜氏庄园

米脂姜氏庄园是典型的陕北乡村地主庄园建筑群，其装

寄托吉祥如意寓意的装饰题材　　　　　　　　　　　　　　表3-3-8

装饰题材	题材含义	实例照片
凤穿牡丹	或称"牡丹引凤"，古代传说凤为鸟中之王，牡丹为花中之王，两者结合雕刻被视为祥瑞、美好、富贵的象征	
二龙戏珠	有吉祥康泰、平安长寿的含义。陕北民居里常见这种纹样，中间的珠子有"寿"字纹、"囍"字纹等样式	 "二龙戏珠"纹样 　　　"囍"字"二龙戏珠"纹样
狮子滚绣球	狮子是我国古代的瑞兽，"狮子滚绣球"的图案来源于"舞狮"的习俗，有祛灾祈福的含义。狮子又常被当作守门的神兽，故陕北普通民居中常将"狮子滚绣球"的纹样雕刻于大门的墀头或门枕石上	  

续表

装饰题材	题材含义	实例照片	
石榴、葡萄	石榴与葡萄均含"多子"的意思，是屋主人对子孙绵延旺盛的期盼	 陕北民居中的"石榴"纹样	陕北民居中的"葡萄"纹样

注：图片为张钰曌、姬瑞河、张海岳摄。

饰题材内容广泛、做工精美，极具代表性（表3-3-9）。例如其宅门上包含佛教装饰主题"卍"字纹，道教装饰主题"天官送禄"，反映儒家地位等级的匾额"大夫第"，希望封侯拜相的主题"坐等封侯"，还有采用汉字谐音的"五福捧寿"以及寓意吉祥的固定纹样"狮子滚绣球"、"凤穿牡丹"、"二龙戏珠"等；在其影壁上有道教装饰主题"赤练丹心"、儒家装饰主题"文王访贤"与"琴棋书画"以及采用汉字谐音的"二福捧寿"；庄园内的窑洞与厢房门窗装饰则以"寿"字纹、"卍"字纹及渔网纹为主，部分还饰有金刚杵、步步锦（汉族常用门窗装饰纹样）等纹样。

米脂姜氏庄园建筑及其装饰题材   表3-3-9

建筑名称	实例照片	装饰题材
宅门	 檐椽与飞子　匾额与门簪　雀替　门枕石　墀头	屋脊：鸱吻、花草纹 檐椽："卍"字纹 飞子："寿"纹 墀头：寿桃、天官送禄、五福捧寿、狮子滚绣球、二龙捧寿、祥云、花卉等 匾额："大夫第" 门簪：寿桃 雀替：凤穿牡丹 门枕石：二龙戏珠（"寿"字珠）、狮子、龙纹、猴子（坐等封侯）、兽头、祥云、回纹等

续表

建筑名称	实例照片	装饰题材
影壁		屋脊：鸱吻、花草纹
		仿栱垫板（正面）：文王访贤、祥云、如意
		仿栱垫板（背面）：赤炼丹心、花卉纹样
		仿平板枋（背面）：琴棋书画、二蝠捧寿
		月亮门边角花纹：祥云、竹节
窑洞	 	左："寿"字纹、"卍"字纹、渔网纹
		右："寿"字纹、金刚杵、渔网纹
木构架厢房		墀头：二蝠捧寿
		窗：步步锦、"卍"字纹、"寿"字纹

注：图片为张钰翯、姬瑞河、张海岳摄。

2. 神木白家大院

神木白家大院是典型的陕北城市四合院建筑，其装饰题材内容丰富，反映出了陕北人民的装饰喜好与生活情趣，十分具有代表性（表3-3-10）。例如其院落大门上包含道教主题的"三星高照"，反映儒家躬行大道、亲履仁德含义的牌匾"践道履仁"，寄托了美好寓意的"狮子滚绣球"、"二龙戏珠"

等；影壁上则有包含道教主题的"八仙献寿"浮雕，表达儒家思想的"琴棋书画"，运用汉字谐音的"佛手"以及石榴、寿桃、莲花等吉祥纹样，影壁旁还有仿木构建筑雕塑的土地神龛；上房的细部装饰主要包括仿楼阁样式、中有"卍"字纹的烟囱，"仙人送子"的墀头，"卍"字纹与"梅兰竹菊"、菱角、方胜、渔网纹共存的门窗等。

神木白家大院建筑及其装饰题材　　　　表 3-3-10

建筑名称	实例照片	装饰题材
院落大门		墀头：狮子滚绣球
		匾额："践道履仁"
		额枋：三星高照
		雀替：二龙戏珠
影壁		仿栱垫板：马、牛
		仿平板枋：花草纹样
		仿额枋：石榴、佛手寿桃、琴棋书画、祥云、回纹
		花罩：花卉纹样
		垂花：莲花
		中心花：八仙献寿
		神龛：独立神龛，仿照木构建筑塑造，祭祀土地

续表

建筑名称	实例照片	装饰题材
正房		屋脊：鸱吻、花卉纹样
		烟囱：仿楼阁样式，上有"卍"字纹
		墀头：仙人骑麒麟（仙人送子）
		窗："卍"字纹、渔网纹、梅兰竹菊
		门：菱角、方胜、渔网纹

（注：图片为张钰曌、姬瑞河、张海岳）摄。

第四节　陕北地区聚落分布及传统建筑形态主要特征

1. 黄土高原中部腹心地区聚落与建筑

以延安市为代表的黄土高原腹心地区，具有黄土高原的独特地貌特征，产生了独特的黄土高原窑居建筑。地貌类型包含黄土塬、梁、峁、沟等地形特征，延安、延长、延川是典型的以梁为主的梁峁沟壑丘陵区；延安以西多为梁状丘陵；延安以北是绥德、米脂为代表的以峁为主的峁梁沟壑丘陵区；延安以南是以塬为主的塬梁沟壑区。聚落分布与黄土丘陵沟壑地貌相适应，并受军事防御体系影响，呈现出明显的枝状等级特征。同时，受汉族农耕文化与北方少数民族游牧文化交融的影响，有"背风向阳"的风水观和"逐地而居"的游牧观的特点。聚落主要集中于占全区总面积60%以上的黄土丘陵沟壑区，其密度和规模均较小，河谷平原—川道台地—支毛沟—梁峁坡，随高程增加而递减。黄土沟壑区的窑居建筑顺应地形和生活需

求产生了靠崖窑洞、下沉式窑洞和独立式窑洞三种类型，与自然地形紧密结合是其布局形态的突出特点，因此形成了壮观而独特的窑洞建筑山地景观特征。以窑洞为主体建筑组合形成独具特色的窑洞四合院，其空间组织遵从良俗秩序和家庭伦理价值观，建造体现就地取材和地域适宜技术。窑洞建筑的外部形象特征主要体现在窑脸立面上，窑脸以窑洞的半圆拱券曲线和花格门窗为最主要的构图装饰元素，基于黄土窑洞建筑的传统构建技术和材料而形成独特的艺术造型。

2. 榆林以北临近毛乌素沙漠地区聚落与建筑

该地区为丘陵与沙漠风滩过渡地区，因地形和地质条件，无法建造窑洞，而产生了以木构为主的平地合院建筑。由于地处黄土高原和毛乌素沙漠交界，从战国至明代的两千多年间，一直是交通咽喉和军事边塞要地。城镇因军事需要而建，时代依托长城设立"九边重镇"，以镇城、路城为中心，其余寨堡拱卫环护的网状军事防御体系。榆林地区自秦

就修建长城作为军事防御，隋以榆林为中心筑起长城，明在隋长城的基础上增修扩建，长城由大边和二边两道防御工事组成，军事城池（堡寨）也沿这两条防线而建。堡寨聚落以军事硬性防御与精神软性防卫并重，选址"因地形用险制塞"，城市四面关城、高墙厚筑，城中南北轴线上设鼓楼、凯歌楼、钟楼等兼具军事功能的建筑，东西轴线辅以文庙、寺阁、县署等以通人伦教化。以家氏族群为单元建造的群组式民居（地主庄园），注重选址结合自然地形进行防御，形成壁垒高筑、随山就势、等级分明的寨堡式民居建筑群。受中原地区营建的影响，榆林、神木等地区形成了以木构架为主、偶有混合少量窑洞建筑的合院式民居，其规模体量适中，适应小型人口家庭，院落相对独立，可保证较好的安全私密性，空间组织兼具严正的秩序性和紧凑尺度的防卫性。

3. 陕北地区文化整体特征

陕北地区文化整体呈现出民族、宗教、中西等多元融合的特征。从明万历年起，陕北地区佛教、道教、儒教经过长期的相互影响、相互融合，逐渐形成三教合一。清末民初，天主教、基督教相继传入陕北，各地均建有中西合璧或西方传统风格的天主教堂和基督教堂。受窑居建筑文化的影响，公共建筑中也出现了"窑上房"的特殊建筑类型；受东西方外来文化的影响，大型窑洞庄园、公共建筑在建筑空间序列和风格上融合了中西古典建筑元素、京城建筑风格。多元文化融合体现在建筑装饰风格和题材方面。建筑装饰以木雕为主，辅以石雕、砖雕，其装饰主题反映出了汉族与蒙古族文化交融、儒释道三教文化结合的特色。

第四章　陕南地区传统建筑解析

　　陕南地区地处秦巴山脉，是我国南北气候交汇区，也是南水北调中线工程的水源地，是我国重要的生物多样性和水源涵养生态功能区。其"两山夹一川"的地貌格局，北亚热带大陆性湿润季风气候，垂直地带性的地理分异，丰富的水系资源，具有鲜明的地域特色。传统的人居活动在融于山水格局的文化自觉下形成了聚落分布的差异性，形成了山地中的古镇古村和沿汉江、丹江的商埠、会馆和码头等，具有自由朴实、简易实用、因地制宜、兼容并蓄等特点。

第一节　陕南地区人地关系解析

一、区域范围

陕南地区是陕西省三大自然区域之一，总面积为69929平方公里，包括汉中市、安康市及商洛市。陕南东与河南省三门峡市、南阳市毗邻，南与湖北省十堰市，重庆市，四川省达州市、巴中市、广元市接壤，西与甘肃省陇南市相连，顺秦岭北与宝鸡市、西安市、渭南市为邻（图4-1-1）。

二、自然环境

（一）地形地貌

陕南在地理单元类型上属于我国秦巴山地区，地貌以山地为主。北部秦岭横亘，南部巴山盘踞，汉江横贯中部，形成"两山夹一川"的地貌格局（图4-1-1）。山地山谷相随，岭盆相间，地貌层次清晰。在空间上，根据水平及垂直要素可进一步划分为五个亚区（表4-1-1）。

（二）气候特征

陕南气候包含南暖温带、北亚热带2个气候带，4个气候区（图4-1-2、表4-1-2），适宜农林生长，资源丰富。汉中和安康两地区海拔800～900米和商洛地区秦岭南麓海拔700～800米以下的盆地丘陵区域为陕南的主要农耕区，陕南地区90%的人口都居于此区域。

陕南年日照时数以及太阳辐射量少，日照时数的分布呈南少北多之势（图4-1-3）。降水丰富，巴山北坡米仓山区年降水量最大，可达1300毫米以上，为陕南地区降水中心区，由此向东、向西、向北减少（图4-1-4）。降水为农业生产创造了良好的条件，也成为了诱发地质灾害的主要因素，在夏秋二季，多连阴雨和暴雨，滑坡、泥石流等灾害在秦岭、巴山及山下丘陵地区发生较多，汉中盆地、石泉-安康盆地、商州-丹凤盆地则较少。

（三）水文地质

陕南地区地形变化大，河流密布，20多万条的大小河流及支流分属长江、黄河两大水系，构成了树枝状水系格

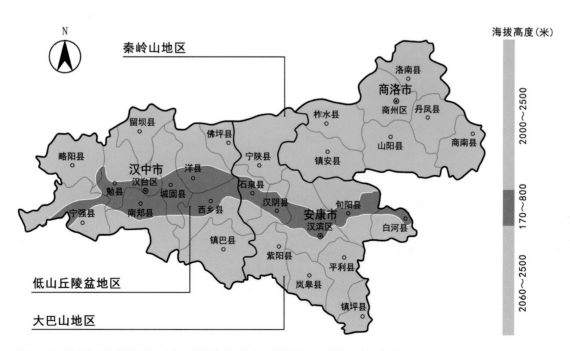

图4-1-1　陕南地区地貌分区图（来源：根据《陕西省志·地理志》，朱瑜葱、魏栋 改绘）

陕南地区地形空间演化　　　　　　　　　　　　　　　　　表 4-1-1

五个亚区	分布	地貌概况	剖面示意图	人地关系特征
秦岭南坡高山中山自然区	略阳、留坝、佛坪县和宁强、勉县、城固、洋县北部、宁陕、石泉、汉阴北部、镇安、柞水、洛南、商县、山阳西部	陕南地区北部，平均海拔1200米以上，山高坡陡，土薄石多，山岭与河谷相间排列		河谷地带小型盆地是主要的粮食、油料产地，经济、文化较发达，多形成乡村聚落。山坡地坡度大，土层薄，耕地分布的最高线为海拔1800米。海拔1800～2000米地带可种植药材。高山地带是用材林和主要水源涵养林区
秦岭南坡低山丘陵自然区	勉县南部、汉中市北部、西乡北部、石泉、汉阴中北部、安康市北部、旬阳县、商南、山阳等	秦岭高山中山自然区与汉江沿岸丘陵盆地区之间，呈东西向带状分布，海拔700～1000米。山体低缓破碎，残积坡积层较厚，峡谷和宽坝相间分布		宽谷区谷坡较缓，稻田毗连，村舍棋布；峡谷段基岩裸露，河床砾石遍布，水流湍急，人烟稀少。低山以南，丘陵起伏，平坝缓坡地所占比例大，垦殖率较高，自然植被破坏严重，有滑坡和泥石流灾害
汉江沿岸丘陵盆地自然区	汉中盆地、石泉—安康盆地和商州—丹凤盆地	秦岭、巴山之间，包括汉江及其支流月河、丹江沿岸的丘陵盆地和嘉陵江沿岸陕西境内的丘陵盆地，分为1～4级阶地。土层深厚，气候条件好，灌溉便利		各河流沿岸有1～2级阶地断续分布，地势平坦，为稻田分布区。有的宽谷地带有3～4级阶地为旱作农业区
大巴山低山丘陵自然区	西起勉县大安，东至西乡茶镇	汉江以南的巴山北麓低山丘陵地带，呈带状东西展布，冈峦起伏，丘陵、低山、谷地相间交错分布		地势较平坦，为重要的农耕地带，人口较密集。低山地带的宽谷坝子是农耕区
大巴山亚高山中山区	宁强的关口坝、镇巴的渔渡坝、南郑的元坝和碑坝、西乡的大河坝、岚皋的横溪坝、镇坪的前坝	巴山低山丘陵区以南与川陕边界之间，多为石灰岩组成的亚高山和中山，峰峦陡峭，沟谷深切，平均海拔1500～2000米		河谷坝子中人口稠密，为山区主要农业生产基地。宽谷坝子是陕南的重要产茶区。亚高山和中山地带森林植被茂密，松、栎、杉、桦分布较广，竹类资源丰富

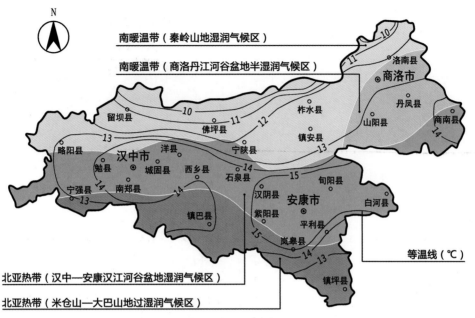

图4-1-2　陕南地区气候区划图（来源：根据《陕西省志·气象志》，朱瑜葱、魏栋 改绘）

陕南地区气候带的空间分异   表4-1-2

气候区	分布	年平均气温（摄氏度）	年极端低温（摄氏度）	≥10℃的积温(摄氏度)	降水量（毫米）	农作物概况	自然、人文景观
秦岭山地湿润气候区	北界在秦岭山地北麓，包括陇山；南界包括宝鸡、西安、渭南南部山区，汉中、安康、商洛北部山区	4～12	-12～-24	2000～4500	800～1000	农作物一年两熟，中高山地区一年一熟	佛坪金丝猴保护区、张良庙、大熊猫保护区、牛背梁羚牛保护区等
商洛丹江河谷盆地半湿润气候区	秦岭南坡东段丹江流域	12-13	-12～-22	3500～4500	700～800	农作物一年两熟	商山、柞水溶洞、洛南老君山、丹江、金丝峡大峡谷、仓颉造字遗迹、花石浪遗址、商鞅邑城、四皓墓、二郎庙等
汉中—安康汉江河谷盆地湿润气候区	汉江沿岸丘陵盆地谷地	12～14	-8～-12	4250～5000	800～1000	光、热、水条件好，作物两年三熟或间套两熟，宜于农林牧业发展	紫柏山、天台山、瀛湖风景区、千家坪森林公园、平河梁森林公园、洋县朱鹮自然保护观察点、古道雄关—楚长城、江神庙等
米仓山—大巴山地过湿润气候区	陕南地区最南端，北与汉江沿岸丘陵盆地谷地相连	12～14	-8～-14	4000～5000	1000～1250	农业浅山地区年稻麦两熟，中山地区两年三熟	午子山、南宫山、化龙山自然生态保护区、柏树岭遗址等

（注：根据《陕西省志·气象志》绘制）

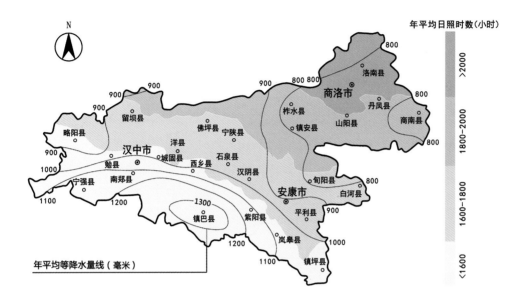

图4-1-3　陕南地区日照、降水示意图（来源：根据《基于GIS的陕西省气候要素时空分布特征研究》及《陕西省志·气象志》，魏栋 改绘）

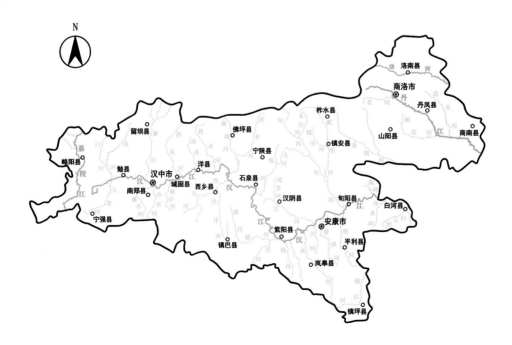

图4-1-4　陕南地区水系分布图（来源：根据《陕西省志·地理志》，魏栋 改绘）

局,为陕南人居环境格局的形成提供了丰富的水文条件(图4-1-4、表4-1-3)。

(四)土壤

陕南地区土壤类型复杂,秦岭南坡1200米以下的低山浅山和大巴山区800~2200米的山地,地带性土壤是山地黄棕壤;秦岭800米以下和巴山800米以下的浅山丘陵地区,地带性土壤主要是黄褐土,作为旱作土壤是粮油作物和亚热带经济林木的生产基地;汉中盆地和安康盆地底部为水稻土,水旱轮作,稻麦两熟,是陕南农业生产规模最大的地区;另外,沿江河两岸还有新积土和草甸土,农业生产难以利用。

陕南地区地貌以山地为主,北部秦岭横亘,南部巴山盘踞,汉江横贯中部,形成了两山夹一川的地貌格局;其气候属于北亚热带季风气候,并有垂直地带性分异;其降水较丰富,河流密布,呈羽毛状、树枝状水系格局。根据地形地貌、气候及水文条件,陕南地区多数聚落分布于河谷盆地地区,少数聚落分布于山地地区的阳坡面。

三、人文历史

(一)历史沿革

陕南地区历史较为久远,建制考证时期可追溯到秦朝。各时期的建置如图4-1-5所示。

(二)人文资源

陕南地区在历史演化期间,留下了丰富的人文资源,包括古遗址、古葬墓、古建筑工程等,详见表4-1-4。因其人口多集中在河谷盆地地区,以乡村聚落为主,经济社会发展较相邻的关中及成都平原缓慢。

四、陕南地区文化特质

陕南地区文化特点是南北交融、文化多元。如细分,陕南地区又可分为由商洛、安康及汉中所代表的东、中、西三部分,这三部分的文化既有共性,也有差异。

陕南地区水系概况   表4-1-3

水系		源头	流向	境区内流域面积(平方公里)	年径流量(亿立方米)	水利设施
长江流域	汉江	大巴山北坡五丁关-陈家大梁一带	干流横穿秦岭、大巴山之间,流经汉中、安康两地市	59115	244	汉中十里铺码头、山河堰、汉惠渠、红寺坝水库灌区
	嘉陵江	甘肃境内的西汉水及秦岭南坡的大凤沟	从甘肃徽县仙人关南进入本区,向南流与西汉水相会	9930	52.6	嘉陵江巨亭水电站
	丹江	商县和蓝田交界处的秦岭南坡及牧护关以东的秦岭南麓	两源于黑龙口相会后向东南流至商南县汪家店乡月亮湾出境	6651.4	16	丹江口荆紫关码头、丹江口水利枢纽工程
黄河流域	南洛河	洛南县洛源乡木岔沟	东南流至王岭乡兰草河口附近入河南,至洛阳以东注入黄河	3073	7.57	洛惠渠、洛河滩河堤防洪工程

(注:根据《陕西省志·地理志》绘制)

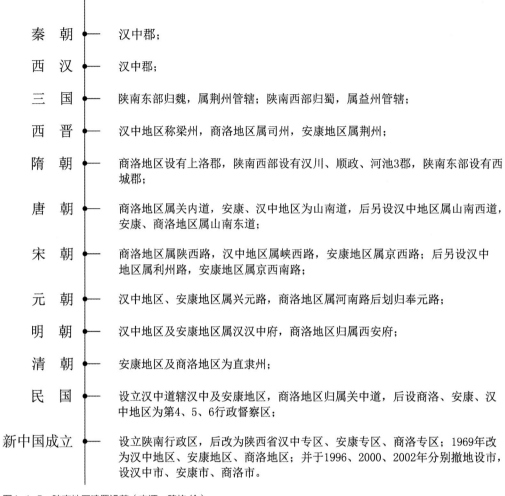

秦　朝	——	汉中郡；
西　汉	——	汉中郡；
三　国	——	陕南东部归魏，属荆州管辖；陕南西部归蜀，属益州管辖；
西　晋	——	汉中地区称梁州，商洛地区属司州，安康地区属荆州；
隋　朝	——	商洛地区设有上洛郡，陕南西部设有汉川、顺政、河池3郡，陕南东部设有西城郡；
唐　朝	——	商洛地区属关内道，安康、汉中地区为山南道，后另设汉中地区属山南西道，安康、商洛地区属山南东道；
宋　朝	——	商洛地区属陕西路，汉中地区属峡西路，安康地区属京西路；后另设汉中地区属利州路，安康地区属京西南路；
元　朝	——	汉中地区、安康地区属兴元路，商洛地区属河南路后划归奉元路；
明　朝	——	汉中地区及安康地区属汉汉中府，商洛地区归属西安府；
清　朝	——	安康地区及商洛地区为直隶州；
民　国	——	设立汉中道辖汉中及安康地区，商洛地区归属关中道，后设商洛、安康、汉中地区为第4、5、6行政督察区；
新中国成立	——	设立陕南行政区，后改为陕西省汉中专区、安康专区、商洛专区；1969年改为汉中地区、安康地区、商洛地区；并于1996、2000、2002年分别撤地设市，设汉中市、安康市、商洛市。

图4-1-5　陕南地区建置沿革（来源：魏栋 绘）

陕南地区人文景观　　　　　　　　　　　　　　　　　　　　　　　　表4-1-4

类型	名称
古遗址	古道雄关——楚长城、仓颉造字遗迹、花石浪洞穴遗址、商鞅邑城
古墓葬	张骞墓、蔡伦墓、四皓墓、武侯墓
古代寺庙与名人祠庙	武侯祠、郭氏祠堂、刘氏祠堂、韩家祠堂、江神庙、张良庙、二郎庙、圣水寺、智果寺、白云寺、大云寺、云盖寺、灵岩寺
博物馆	汉中博物馆、江神庙民俗博物馆
古代建筑与古代建筑工程	青木川魏氏庄园、佛坪何氏民居、恒口老街民居、石泉汪氏民宅、卡子黄氏民居、镇安倪氏民居、北五省会馆、黄州会馆、骡帮会馆、船帮会馆、东龙寺双塔、奠安塔、汉中东塔、古汉台、拜将台
古聚落	旬阳县、勉县、青木川镇、蜀河古镇、凤凰古镇、铁佛寺村、白雀寺村、盘龙村、辛和村、东河村、长兴村、文家庙村

（注：根据《陕西省志·地理志》绘制）

（一）陕南地区文化共性

因地处南北分界点，内有多条交通要道，自历史上发生过多次移民迁徙，形成了陕南文化南北交融、集众家特点于一身的多元交融性，主要特征如下：

1. 崇尚自然，信仰"亦佛亦道"

大山大川赋予了陕南居民向往自由的性格特点及对自然的崇拜。人们没有明显而固定的宗教信仰，部分居民信奉佛教，由始建于唐代的智果寺和灵岩寺等佛教寺庙可以看出佛教在此扎根的痕迹；部分居民崇尚道教，早期道教教派——五斗米道在汉中盆地发展壮大，道教文化不断传播、发展，对陕南居民的生活、生产方式、价值观及聚居方式产生了深远的影响。

2. 数次移民，形成移民文化

陕南地区历经多次移民，据记载，公元前231年，秦楚两国交战时，为了控制政局而向陕南地区移民，移民多来自关中地区，关中秦文化大量涌入陕南，原有文化受到外来冲击。明初时期，政府采用移民垦荒和屯田政策调剂人力，致使大量流民拥集至陕南。多次移民迁入，促成了文化大交融，尤其是来自湖北、四川、湖南、安徽甚至广东等地的移民带来的各地文化与本土文化互相交融，形成了陕南富有地方特色的移民文化。

3. 商户众多，商贾文化繁荣

自清代起，陕南地区往来人口不断增加，农林业迅速发展，商贸业扩大，商客在陕南落脚，款述乡情，联络客户，互相集资，在各大商业重镇修建商业会馆，如安康黄州会馆、江西会馆和紫阳县瓦房店的西北会馆等，都是商贾文化荟萃陕南的证明。

4. 水系发达，渔猎文化浓郁

陕南地区河流遍布，土地贫瘠，居民多靠渔猎为生，奠定了渔猎文化在陕南的基础。水系发达带动经济发展，汉水沿岸码头众多，如汉中十八里铺码头、蜀河古渡码头等，给沿岸城镇带来了繁荣，文化积淀影响了当地的人文环境。

（二）陕南地区文化差异

陕南文化虽然具有共性，但地形地貌差异大，使得陕南东、中、西三部分的文化特征也有差异性（表4-1-5）。陕南地区的文化是多元的、丰富的，也是相对非主流的，这样的文化特质对聚落和建筑产生着影响。

五、陕南地区人地关系解析

陕南地区的人地要素主要包括地形地貌、气候、人口、经济社会等，其综合空间演变见表4-1-6，陕南的人地关系特征也因这些要素而显示出几个特征。

（一）地形地貌在人地关系中起决定性作用

由于地形地貌的不同，陕南各区形成了多个自然条件有差异的区域，即山地、丘陵和河谷盆地三种。这三种自然地貌类型在空间上的组合决定了所处地区的气候与资源条件。河谷盆地有较丰富的水、热、生物等自然资源，具有较好的自然发展条件。这种良好的发展条件对人类的社会经济活动产生了较强的集聚作用，使陕南汉江走廊的居民从人类历史的初始阶段开始就生活在河谷盆地内。对于山地丘陵地区来说，其自然发展条件一般。直到现在，河谷盆地仍然是陕南地区绝大部分人口生产、生活的区域，其经济、社会、文化发展水平远远高出周围的山地丘陵地区。

（二）自然环境与人为活动相互作用造成人地矛盾

在陕南的历史发展过程中，随着生产工具的更新，人们对自然环境进行了大规模的改造，创造了辉煌的人类文明。但是，随着时间的推移，改造的程度逐渐超越了自然环境的容纳限度，造成了大量的水土流失，并且地区气候差异大，引发了各种自然灾害，比如旱涝、泥石流、滑坡等，且灾害发生的频率逐渐提高。由此可见，陕南地区自然环境的反馈作用会随着人类对其破坏程度的提高而成倍增强，反馈作用的外部条件则是气候的变化。

陕南地区各部分文化特征　　　　　　　　　　表 4-1-5

地区	文化特征	形成原因	对建筑产生的影响
陕南东部	儒家文化底蕴深厚	关中长安地区的政治地位使陕南东部人民向往关中地区，受关中儒家文化的影响较深	院落布局与中原相似，建筑依山而建，进深受限，不拘朝向；硬山封火墙形态多变；穿梁式木构架居多，辅以山墙承重，形成"山墙搁（插）檩"结构特征
	秦文化影响	地理位置便利，与中原相接，往来较为密切，受中原文化，尤其是秦文化的广泛影响	
	文化相对封闭落后	山大而无川，不具备农耕文明发展条件；森林有效面积不大，许多河流水道陷入无水或断流状态。自然资源枯竭阻碍了经济和文化发展	
陕南中部	推崇道教文化	自然资源丰富，人民多倚重山水，乐山乐水的道教文化在这里有深厚的基础	石墙青瓦、石墙灰瓦、硬山屋顶、跌落式或人字形封火山墙，多重院落体现出荆楚风格
	倾向荆楚文化	南北山脉阻隔导致地理位置上相对闭塞，其对外交通很大程度上依靠汉江水运，依东南出荆湖	
陕南西部	汉文化过渡地	以汉江为载体的水路交通和以栈道为标志的陆路交通发展，使陕南西部成为经济发展的通道和融合点，文化的过渡带和交汇区，承担着缓冲、粘合作用	院落宽大开阔，类似北方民居院落；木骨（穿斗式木构架）泥墙（竹筋夯土或砖石山墙），悬山小青瓦屋面，出檐深远，体现蜀文化基因
	巴蜀文化影响	地理位置上靠近四川，受巴蜀文化影响较大	

陕南地区各人地要素空间演变　　　　　　　　　表 4-1-6

地形地貌	气候	人口	经济社会	聚落状况
秦岭南坡高山中山自然区	南暖温带　秦岭山地湿润气候区	人口规模小；河谷地带小型盆地较密集，山地较分散	落后	规模小；零散分布
秦岭南坡低山丘陵自然区	南暖温带　秦岭山地湿润气候区　商洛丹江河谷盆地半湿润气候区	人口规模较小；主要集中在宽谷地带	较为落后	规模中等；沿河谷分布
汉江沿岸丘陵盆地自然区	北亚热带气候　汉中—安康汉江河谷盆地湿润气候区	人口规模大；集中在汉江两岸	发达	规模大，数量多；主要分布于盆地
大巴山低山丘陵自然区	北亚热带气候　汉中—安康汉江河谷盆地湿润气候区　米仓山—大巴山地过湿润气候区	人口规模较小；主要集中在谷坝地带	较为落后	规模中等；沿河谷分布
大巴山亚高山中山区	北亚热带气候　米仓山—大巴山地过湿润气候区	人口规模小；呈分散状，只在河谷坝子地区分布较多人口	落后	规模小；零散分布

（三）政治军事与地理因素共同引导人口时空演化

陕南地区的人口发展有悠久的历史，其人口规模变动的频率、幅度、波及面均较大，这是由于该地区位于关中与巴蜀之间，历来是兵家必争之地，每一次战争都伴随着一次人口大迁移；其次，附近的其他区域发生战乱时，陕南地区是移民的接纳地。

人们会根据不同的地形地貌引起的气候与资源的变化来选择合适的聚居点，形成聚落。位于河谷盆地地区的聚落沿河分布，数量多、规模大，包括城镇聚落和乡村聚落。位于丘陵地区和山地的聚落，呈点状分布，数量少、规模小，多为乡村聚落。

（四）复杂条件导致经济文化多元性、多样性发展

陕南地区由于地形复杂，形成了不同的气候带，其中商洛丹江河谷盆地的半湿润气候、汉中—安康汉江河谷盆地的湿润气候适宜农林牧业的发展，秦岭山地的湿润气候、米仓山—大巴山地的湿润气候适宜林业发展。人们在这些气候带中建设以居住为功能的建筑，形成聚落，并通过生产工具的更替、农林牧业及商业贸易来实现经济社会的发展，逐渐形成了盆地丘陵地区生产、沟谷地区商贸运输的体系（茶马古道）。反之，经济社会的发展会促进聚落的建设，由此逐渐出现了一些以进行公共生活为功能的建筑。经历漫长的历史，陕南地区形成了自身的文化特征（比如隐逸文化、渔猎文化、农耕文化、商贾文化），并且在全国性的移民运动中注重加强文化的交流与融合，使其文化始终保持着开放和包容的姿态。

陕南地区社会经济的发展和文化的传承使其区域内的聚落及传统建筑在历史的长河中留下了浓墨重彩的一笔。

第二节　陕南地区传统聚落形态

在陕南聚落的建设过程中，选址、空间分布、规模等级、空间形态等内容受到自然环境和人文环境的双重作用，自然环境中的山水格局是影响传统聚落形态的主要因素。

一、"两山、三江、一河、三城"的山水格局

结合行政区划，陕南地区呈现出了"两山、三江、一河、三城"的山水格局（图4-2-1）。"两山"即秦岭山脉和大巴山脉，"三江"即汉江、丹江和嘉陵江，"一河"指洛河，"三城"分别是位于汉中平原的汉中、石泉-安康盆地东部的安康以及商丹盆地西侧的商洛三个地级城市。

陕南地区位于秦岭山脉南坡、大巴山脉北麓，是我国秦巴山区的核心组成部分，汉江、丹江、嘉陵江、洛河流经区域形成了四条主要川道，按地形地貌及海拔可划分为平原盆地、低山丘陵与中高山地三个地理单元。平原盆地包括汉江流域的汉中平原与石泉-安康盆地、丹江流域的商丹盆地以及洛河流域的洛南盆地；低山丘陵地带主要分布在汉江及其一级支流、丹江及其一级支流以及嘉陵江的流域范围；中高山地指秦岭、大巴山的高山、中山地带，主要分布于嘉陵江上游、汉江与丹江二级以上支流、洛河上游及其支流的流域范围。

二、"依山傍水，攻位于汭[①]"的聚落选址

陕南地区江河众多，水系蜿蜒，呈树枝状分布。在三个不同的地理单元中，水文条件与地形地貌存在着显著的差异，但传统聚落多建于河水内湾环抱之处，遵从中国传统聚落选址"依山傍水，攻位于汭"的原则。

（一）"平畴之中，依水而居"——平原盆地聚落选址

平原盆地地形对聚落的选址、建设限制较小，规模较大的城镇多分布于此，聚落选址体现了"平畴之中，依水而居"的特征。

---

① 汭：河流弯曲之地。"攻位于汭"是殷商建立的生存风水法则，出自《尚书·召诰篇》："庶殷，攻位于洛汭。"

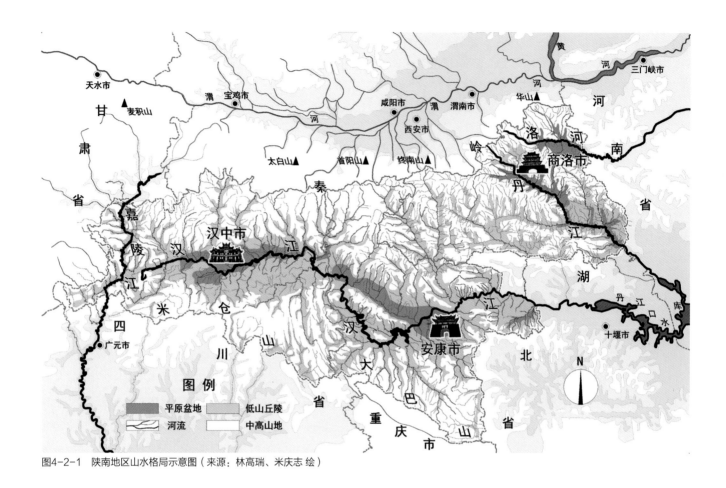

图4-2-1　陕南地区山水格局示意图（来源：林高瑞、米庆志 绘）

汉中平原上的汉中市、城固县、勉县与洋县的传统城区均选址于汉江北岸，北望秦岭、南眺巴山。其间小城镇选址倾向于沿交通干线分布，如上元观和谢村等镇。乡村聚落多依河而建，如观沟与杨寨等村（图4-2-2）。

石泉-安康盆地东部的安康市传统城区选址于汉江南岸略有起伏的坡地上，南北受高山夹峙，东西为平缓川道；商丹盆地西侧的商洛市传统城区选址于地势低平的丹江北岸，北部山势雄壮，南侧丘陵环绕（图4-2-3）。

（二）"倚山就势，择水而栖"——低山丘陵聚落选址

低山丘陵地区的聚落建设受到水系与地形的限制，聚落选址充分利用河谷中相对平缓的低山坡地和坡脚，体现了"倚山就势，择水而栖"的特征。

旬阳县城位于汉江与旬河交汇处，是我国著名的"太极城"，传统城区及新区均选址于旬河南岸的河水内湾环抱处；蜀河镇位于旬阳县城以东，古时是鄂、陕、川三地物流交汇的重要中转集散地，北倚秦岭，南傍巴山，挟汉江而携蜀河，城镇新区与古镇分别选址于蜀河与汉江交汇处东、西两侧的缓坡地带（图4-2-4）。

宁强县城位于玉带河与小河交汇处的河谷川道中，主城区选址于河流两侧的平坝和起伏较小的坡地；青木川镇位于宁强县城西，选址于金溪河与其东侧支流的交汇处，古镇坐落于河南岸，新区建于河北岸，周围群山环绕（图4-2-5）。

乡村聚落的选址因受地形制约，更加注重提高土地利用效率，聚落和耕地位于沟谷地带坡度较缓的小规模平坝地上，紧邻农业生产用地，如宁强县烈金坝村、略阳县白雀寺村（图4-2-6）。

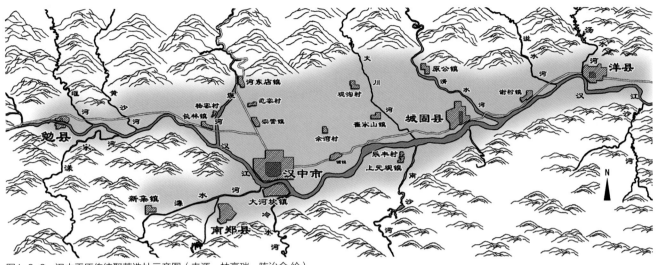

图4-2-2 汉中平原传统聚落选址示意图（来源：林高瑞、陈治金 绘）

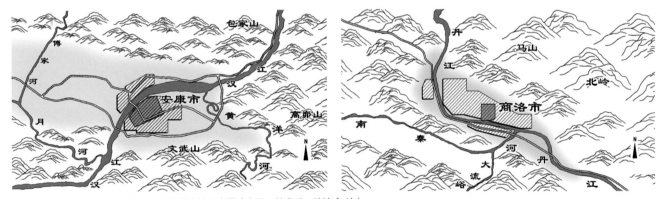

图4-2-3 安康城市、商洛城市传统聚落选址示意图（来源：林高瑞、陈治金 绘）

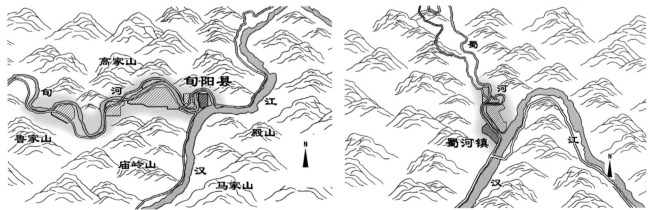

图4-2-4 安康市旬阳县城、蜀河镇传统聚落选址示意图（来源：林高瑞、陈治金 绘）

图4-2-5　汉中市宁强县城、青木川镇传统聚落选址示意图（来源：林高瑞、陈治金 绘）

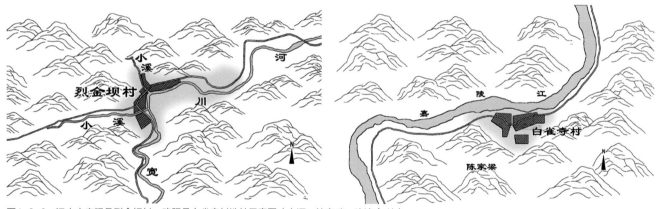

图4-2-6　汉中市宁强县烈金坝村、略阳县白雀寺村选址示意图（来源：林高瑞、陈治金 绘）

（三）"凭山栖谷，顺势而为"——中高山地聚落选址

中高山地海拔较高，聚落空间布局受到地形限制明显，城镇数量相对平原盆地和低山丘陵较少，传统聚落多位于山间谷底的河流两岸阶地，沿等高线进行建设，选址体现了"凭山栖谷，顺势而为"的特征。

镇巴县城位于深山谷地，东、西高山夹峙，传统城区选址于泾洋河东岸，城市新区位于西岸，城市建设平行于两侧山体顺河流发展；凤凰镇位于柞水县社川河畔，选址于社川河、皂河沟、水滴沟三河出口交汇处的三角洲上，水源充沛，背靠大梁山，面向凤凰山。谷底三角洲属于谷底平地、平坝、丘陵缓坡的复合地形（图4-2-7）。

中高山地山高坡陡，乡村聚落的建设和农耕受地形制约严重，多选址于沟谷两侧的坡地之上，如镇安县文家庙村（图4-2-8）。

"依山傍水，攻位于汭"是陕南地区三个不同的地理单元下城镇与乡村聚落选址的共同特征，由于交通方式、耕作半径等因素使其各具特色，体现了陕南地区人民尊重自然规律，善于利用山水环境的城建智慧。以地形地貌及水文条件为首要的自然要素不仅影响了聚落选址，也影响了聚落不断发展变化的空间形式特征——聚落空间形态。

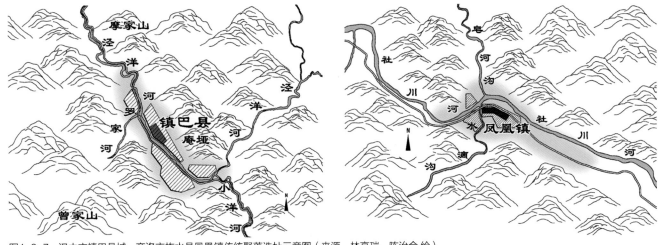

图4-2-7 汉中市镇巴县城、商洛市柞水县凤凰镇传统聚落选址示意图（来源：林高瑞、陈治金 绘）

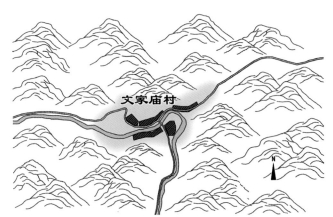

图4-2-8 商洛市镇安县文家庙村选址示意图（来源：林高瑞、陈治金 绘）

三、"倚水择地，川行山止"的聚落空间分布

（一）"倚水择地"的城镇聚落空间分布

陕南地区地理单元的划分及水系特征对城镇聚落空间分布起着重要作用，河流冲积强度影响了农业生产和城镇建设的用地规模。城镇聚落主要集中于汉江、丹江与洛河流域的平原盆地及其两侧的低山丘陵地区，中高山地内则分布较少，体现了"倚水择地"的城镇聚落空间分布特征（图4-2-9）。

平原盆地易于耕作、利于建设，便捷的水陆交通加强了各城镇之间的联系，因此，城镇聚落规模较大且分布密集，如汉中市、安康市、商洛市及勉县、城固、石泉、丹凤、洛南等县城。低山丘陵地区内低山、河谷、宽坝交织，城镇规模相对平原盆地较小。其中宽坝地区地势平坦，耕种条件相对较好，易形成人口规模较大的城镇聚落，如旬阳、西乡、商南等县城及青木川、蜀河等古镇。中高山地山高坡陡，交通不便，耕地缺乏，因此，聚落规模小且分布稀疏，如佛坪、镇巴、镇平等县城及凤凰、云盖寺等古镇。

（二）"川行山止"的乡村聚落空间格局

乡村聚落在平原盆地、低山丘陵、中高山地三个地理单元内分布较为均匀（图4-2-10）。聚落分布自平原盆地溯河而上，延伸至低山丘陵，直至中高山地腹地，地形地貌的差异及对水系的选择，使乡村聚落呈现出"川行山止"的空间格局特征。

1. 平原盆地乡村聚落的网状空间格局

平原盆地地势平坦，交通便利，乡村聚落多位于自然水系与人工灌渠交织而成的水网之中，水源充足。优越的农业生产条件、聚落之间的紧密联系为乡村聚落的均等、集中分布提供了有利条件，乡村聚落呈现出以集镇为中心、村落为

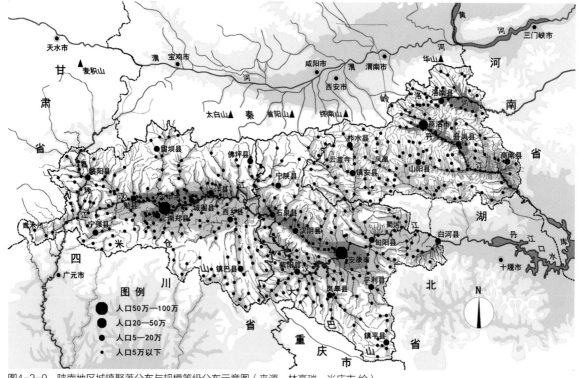

图4-2-9　陕南地区城镇聚落分布与规模等级分布示意图（来源：林高瑞、米庆志 绘）

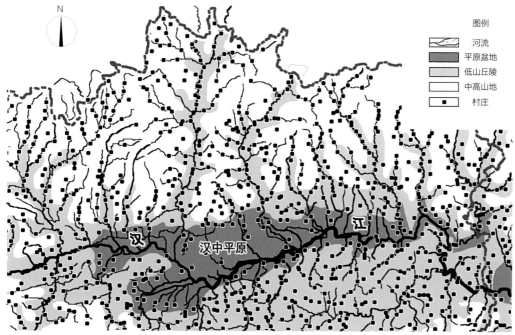

图4-2-10　陕南地区乡村聚落空间分布示意图（来源：林高瑞、米庆志 绘）

网点的网状空间格局（图4-2-11）。

2. 低山丘陵乡村聚落的树枝状空间格局

低山丘陵地区乡村聚落主要沿河谷分布，多集中在由河流冲积而成的河滩附近。道路沿水系延伸，聚落之间交通不畅。随着水系级别的降低，聚落规模和密集程度逐渐变小，乡村聚落分布呈现出以乡镇及其之间的干流为主轴，以村落及支流为分枝的树枝状空间格局（图4-2-12）。

3. 中高山地乡村聚落的藤叶状空间格局

中高山地的乡村聚落多集中于沟谷源流两侧的坡地与台地。受耕地面积、河流水量及交通设施限制，乡村聚落一般规模较小且布局分散，呈现出以河流为藤干、聚落为叶片的藤叶状空间格局（图4-2-13）。

（三）聚落空间分布特征

1. 聚落规模与水系尺度变化一致

陕南地区的三个地理单元为聚落的产生、发展提供了先天条件，决定了聚落的规模。汉江、丹江及洛河冲积形成的平原盆地，为传统聚落提供了充足的网状水源和生产建设用地，便捷的水陆交通为聚落之间及对外的经济交流提供了有利条件，促使聚落规模不断扩大。

低山丘陵地区受汉江、丹江一、二级支流与地形地貌的影响，水利和土地资源有限，聚落之间及对外经济因交通不便缺乏交流，空间拓展缺乏土地支持，导致聚落规模较小。中高山地聚落多位于沟谷之中的单线型源流两侧，因生产建设用地少且分散，多呈点状分布，所以聚落规模小，要素之间因缺乏交通联系而相对独立、封闭。

2. 聚落职能与自然环境和社会环境统一

陕南地区的自然环境复杂多样，社会环境多元交融，两者相互作用，共同影响了聚落的职能构成。平原盆地由于其地形、水资源、交通利于传统聚落的形成发展，聚落职能复合多样。随着海拔的升高，水系尺度变小，物资集散、农副产品加工及农业生产成为了低山丘陵和中高山地聚落承担的主要职能。

陕南地区历经多次官方强制或民间自发的移民活动，社会环境受到了中原文化、湖广文化、巴蜀文化、荆楚文化的影响。移民除了为陕南地区的农业生产带来大量劳动力和外省先进的生产技术外，移民中的手工业者还在陕南地区的众多作坊中受佣工作，促进了传统手工业的迅速发展，在一些移民活动频繁、文化交流活跃的地区形成了一批商贸型聚落，如紫阳县城、蜀河古镇、漫川关古镇、凤凰古镇等。

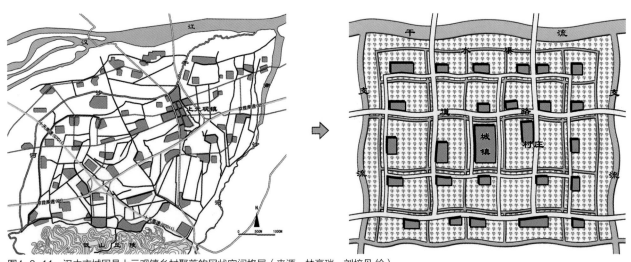

图4-2-11 汉中市城固县上元观镇乡村聚落的网状空间格局（来源：林高瑞、刘培丹 绘）

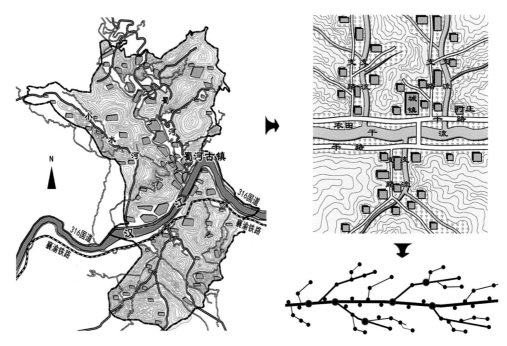

图4-2-12　安康市旬阳县蜀河镇乡村聚落的树枝状空间格局（来源：林高瑞、刘培丹 绘）

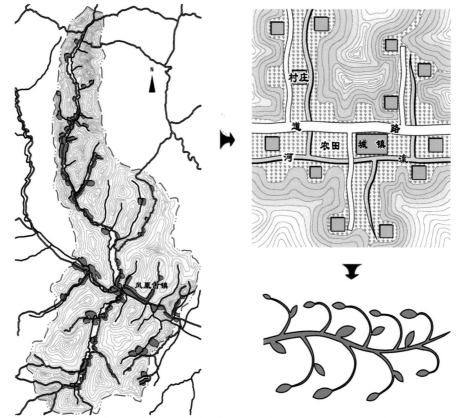

图4-2-13　商洛市柞水县凤凰镇乡村聚落的藤叶状空间格局（来源：林高瑞、王丽娜 绘）

四、"遵循礼法，因地制宜"的聚落空间形态

按照聚落所处的地理单元及其与山水之间的关系，可将陕南地区的传统聚落划分为平地型、河谷型、坡脚型、坡地型、沟谷型五种类型，聚落在规划建设时既力求遵循礼法，又要充分结合山水格局，形成了团状集聚、带状集聚与组团扩散三种空间形态。

（一）平地型聚落

平地型聚落主要分布于汉江流域地势平坦、地面起伏较小的汉中平原与石泉—安康盆地。聚落临河而建，聚落与山体之间为广袤的农田（图4-2-14）。由于耕作条件优越，建设受地形限制较小，聚落规模较大，一般为圈层式发展，表现出团状集聚的空间形态特征。

汉中传统城区平面规整，东、北、西三面城墙方正，南面城墙的平面形式与汉江流向基本一致。城墙共设四座城门，与城门相对的南北、东西主要街道形成了两条垂直相交的中轴线，城内方格路网主次有序，中心明确（图4-2-15）。

安康传统城区为南、北两座梯形城池：北为邻近汉江的旧城，集中布置商业设施和民居；南为地势较高的新城，主要作防御之用。两城之间以"万柳堤"为相通之路，与城内规整的方格路网连接形成了传统城区的南北中轴线（图4-2-16）。

城固传统城区平面为南北长、东西窄的近似矩形，城墙不设北门。城内以南北向轴线为主，东西向轴线为辅。南门与县政府相对，其间在南街与正街上布置有钟楼、石牌楼、丰乐桥等景观建筑，空间井然有序（图4-2-17）。

上元观镇乐丰村外部形态接近矩形，村外沟渠环绕。村庄入口具有较强的标志性，内部为方格路网，公共建筑沿

图4-2-14　平地型传统聚落空间位置示意图（来源：林高瑞 绘）

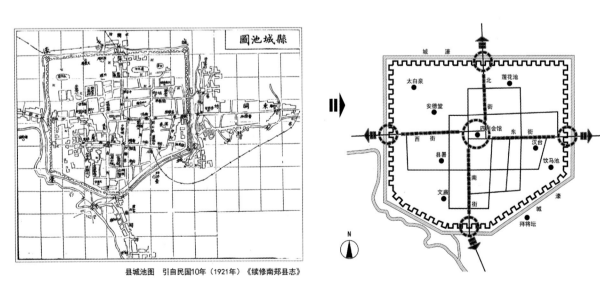

图4-2-15　汉中传统城区空间形态特征示意图（来源：根据《续修南郑县志》，林高瑞改 绘）

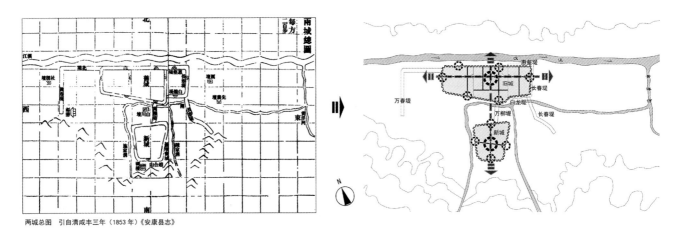

图4-2-16 安康传统城区空间形态特征示意图（来源：根据《中国城市人居环境历史图典——陕西卷》，林高瑞 改绘）

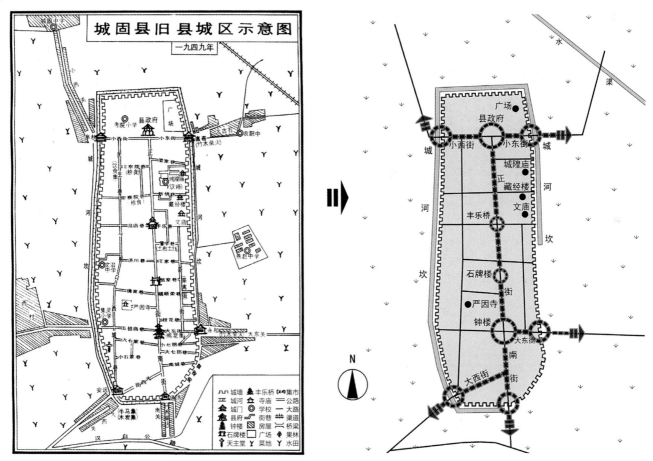

图4-2-17 汉中市城固传统城区空间形态特征示意图（来源：根据《城固县志》，林高瑞 改绘）

"一横一纵"两条主要道路分布，住宅集中布局，与农田之间界限清晰（图4-2-18）。

（二）河谷型聚落

河谷型聚落主要分布于洛河流域的洛南盆地、丹江流域的商丹盆地及低山丘陵地区。聚落临河建于平地之上，与山体之间为坡地或台地农田（图4-2-19）。此类聚落建设用地较为充裕，具有一定规模，形制规整，表现出团状集聚的空间形态特征，代表聚落有商洛市、汉阴县城、西乡县城等。

商洛传统城区平面接近正方形，北城墙无门，南城墙开两门。东、西二门之间以东西大街贯通，南北大街连接南门与城北的商山祠，轴线清晰，结构简洁（图4-2-20）。汉阴传统城区平面为规整的矩形，四周城墙各设一门。城内以东西向轴线为主，南北向轴线为辅，重要设施多沿东西大街布置，南街正对文庙，北门所对盐店街为传统商业街区（图4-2-21）。

西乡传统城区平面为四角是圆弧的矩形，东、西、北城门居中布置，南门偏西，正对城隍庙。城内以东西向轴线为

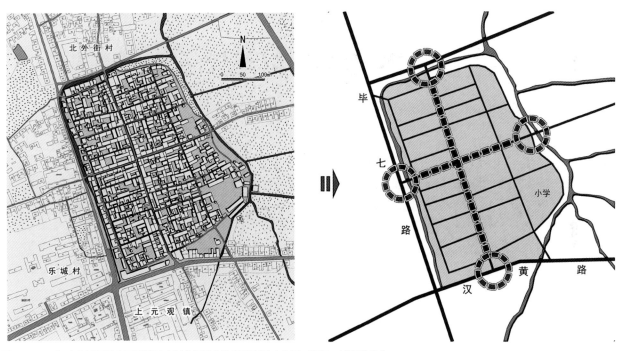

图4-2-18　汉中市城固县上元观镇乐丰村空间形态特征示意图（来源：贾柯、林高瑞 绘）

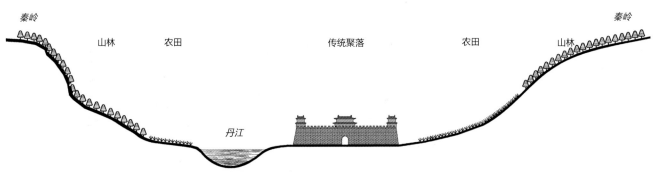

图4-2-19　河谷型传统聚落剖面示意图（来源：林高瑞、贾柯 绘）

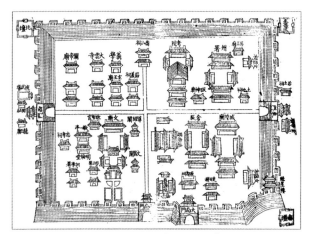
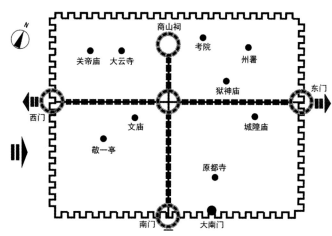

县城图　引自清乾隆九年（1744年）《直隶商州志》

图4-2-20　商洛传统城区空间形态特征示意图（来源：根据《中国城市人居环境历史图典——陕西卷》，林高瑞 改绘）

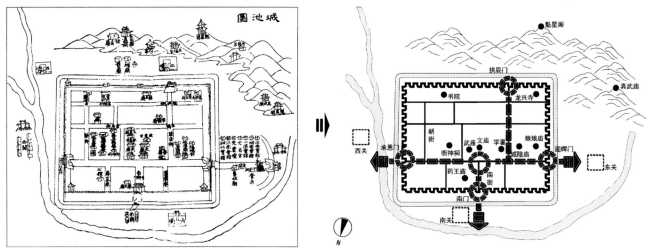

城池图　引自清嘉庆二十三年（1818年）《汉阴厅志》

图4-2-21　安康市汉阴传统城区空间形态特征示意图（来源：根据《中国城市人居环境历史图典——陕西卷》，林高瑞 改绘）

主，南北向轴线为辅，重要设施多坐落于东、西两门之间，城市中心为魁星楼（图4-2-22）。

（三）坡脚型聚落

　　坡脚型聚落多分布于低山丘陵地区山体与河流之间规模较小的平地之上，河对岸为陡峭山体（图4-2-23）。此类聚落一般为规模较小的城镇，空间形态表现出带状集聚特征。典型聚落有汉中市宁强县青木川镇、商洛市丹凤县棣花

镇等。

　　青木川传统镇区沿金溪河、顺应南侧山势带状延展，布局紧凑。镇区入口空间特征明显，主街走向平行于河流，两侧民居、店铺、酒肆、商场及旅馆等建筑穿插分布，在镇中风雨桥头形成活动与景观中心（图4-2-24）。

　　棣花传统镇区呈现出"L"形带状集聚特征。宋金街两侧主要为商业建筑，布局紧凑；清风街两侧为民居，布局较为松散。两条主街道交汇处的二郎庙、关帝庙、戏楼与荷塘

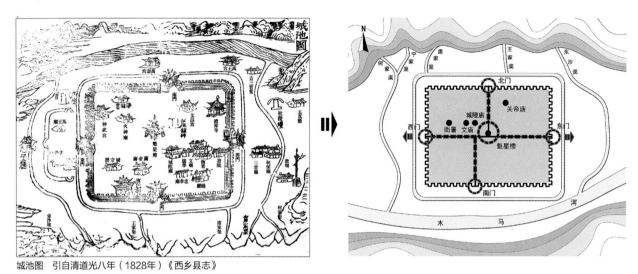

城池图　引自清道光八年（1828年）《西乡县志》

图4-2-22　汉中市西乡传统城区空间形态特征示意图（来源：根据《中国城市人居环境历史图典——陕西卷》，林高瑞 改绘）

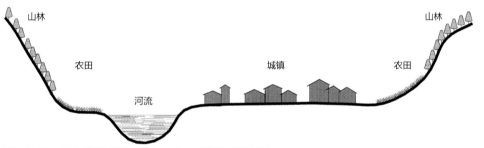

图4-2-23　坡脚型聚落剖面示意图（来源：林高瑞、贾柯 绘）

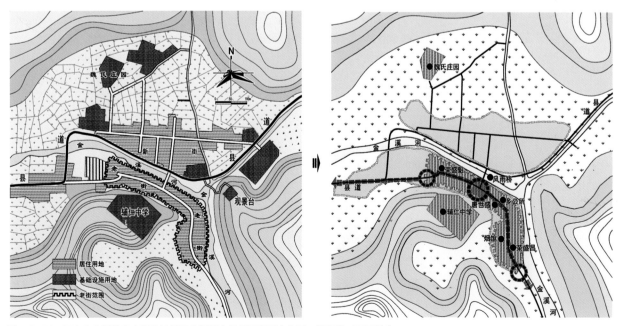

图4-2-24　汉中市宁强县青木川传统镇区空间形态特征示意图（来源：林高瑞、贾柯 绘）

共同构成了镇区的公共活动中心（图4-2-25）。

（四）坡地型聚落

坡地型聚落多分布于低山丘陵地区山体与河流之间相对平缓的坡地上，河对岸山势陡峭（图4-2-26）。此类聚落一般为规模较小的县城和小城镇，受限于山体与河流之间的距离及对地形的综合利用能力，县城空间形态表现出了团状集聚的特征，如安康市紫阳县城，小城镇多呈带状集聚空间形态，如安康市旬阳县蜀河镇、商洛市山阳县漫川关镇。

紫阳传统城区建于汉江北岸坡地之上，平面为近似椭圆

形，内部高度集聚，轴线清晰。城区与城外渡口、入城道路关系紧密，城墙开三座城门，南侧与河岸高差太大，故未设南门。城内主要设施集中布置于东西主街道北侧高地。因用地紧张，文昌庙、关帝庙等重要建筑布置在城外（图4-2-27）。

蜀河传统镇区沿蜀河西侧的狭长坡地由南向北延展，为传统商贸型城镇。聚落内部功能结构清晰，空间层次分明。为充分利用水运交通，商业设施大多沿镇区南北向主要道路两侧布置，结合会馆、寺庙等公共建筑，形成了镇区的空间节点（图4-2-28）。

漫川关传统镇区沿靳家河东岸坡地带状发展，城镇建设

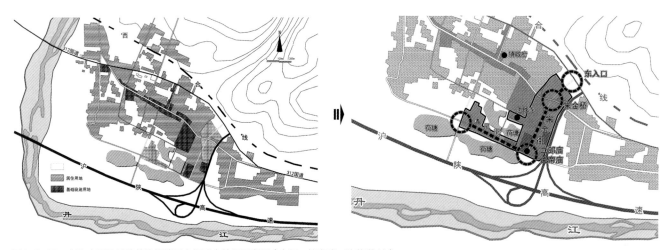

图4-2-25　商洛市丹凤县棣花传统镇区空间形态特征示意图（来源：林高瑞、陈若曦 绘）

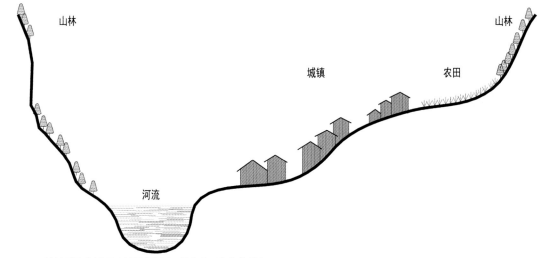

图4-2-26　坡地型聚落剖面示意图（来源：林高瑞、陈若曦 绘）

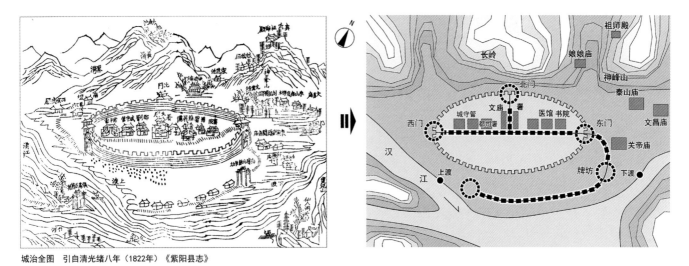

城治全图　引自清光绪八年（1822年）《紫阳县志》

图4-2-27　安康市紫阳传统城区空间形态特征示意图（来源：根据《中国城市人居环境历史图典——陕西卷》，林高瑞 改绘）

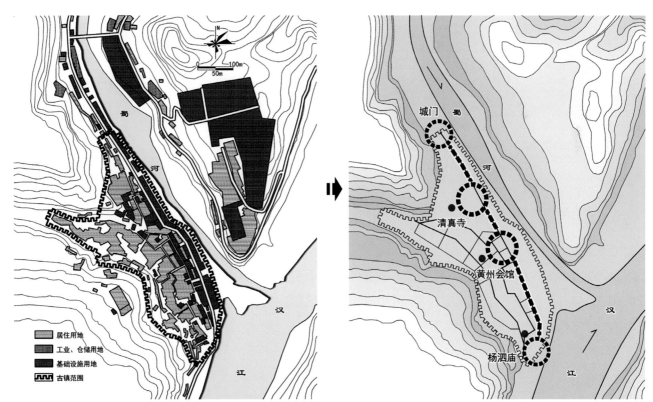

图4-2-28　安康市旬阳县蜀河传统镇区空间形态特征示意图（来源：林高瑞、陈若曦 绘）

用地与地形等高线紧密结合，边界清晰。镇区内部南北向轴线明确，街巷曲折灵活，公共服务设施与住区交织混合，主要商业设施沿河布置，在镇中会馆与寺庙处形成镇区的公共活动中心（图4-2-29）。

（五）沟谷型聚落

沟谷型聚落主要分布在中高山地，多处于两山之间的狭长沟谷之中，沟谷两侧山势陡峭，谷底较宽处有少量可供建设的平地和可以耕作的坡地（图4-2-30）。受地形限制，此类聚落多为规模较小的村庄，集聚程度较低，聚落边界模糊。聚落内部的主要道路多沿河铺设，住宅顺河流、道路分散布置，与周边耕地共同构成相对独立的空间单元，空间形态体现出自由分散的特征。典型的沟谷型聚落如安康旬阳县赤岩镇的庙湾村和赵湾镇的郭家老院等（图4-2-31、图4-2-32）。

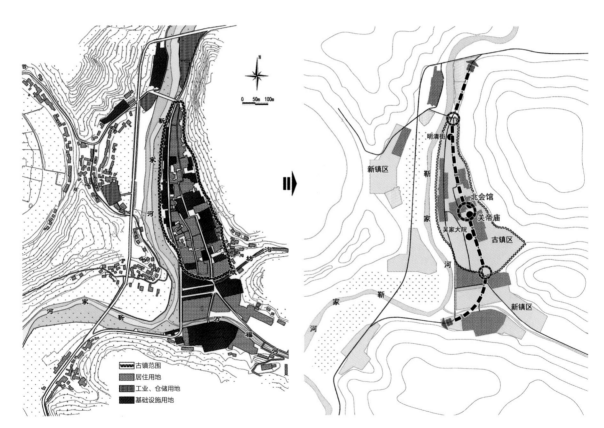

图4-2-29　商洛市山阳县漫川关传统镇区空间形态特征示意图（来源：林高瑞、陈若曦 绘）

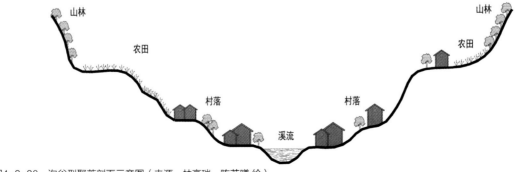

图4-2-30　沟谷型聚落剖面示意图（来源：林高瑞、陈若曦 绘）

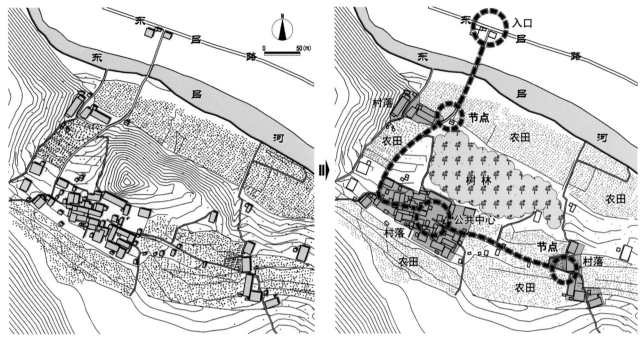

图4-2-31　安康市旬阳县赤岩镇庙湾村空间形态特征示意图（来源：林高瑞、陈若曦 绘）

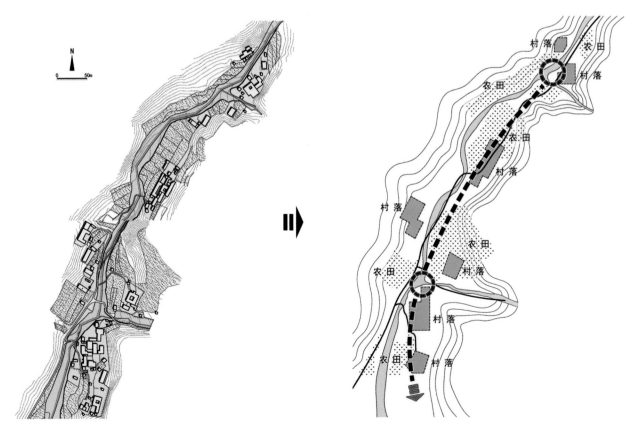

图4-2-32　安康市旬阳县赵湾镇郭家老院空间形态特征示意图（来源：林高瑞 绘）

五、传统聚落形态成因

（一）自然环境因素影响

自然环境要素中的地形地貌及水文条件是影响陕南聚落形态形成的主要因素。陕南地区三个地理单元内聚落的选址原则基本一致，但团状集聚、带状集聚、组团扩散三种聚落空间形态反映了聚落形成后在独特的自然环境中不同的演化历程。

规模较大的团状与带状集聚型聚落集中在平原盆地，河流冲积而成的平坦用地有利于聚落的紧凑、集约发展，聚落外部边界方正，内部规整，公共服务设施多位于聚落中心。规模较小的团状与带状集聚型聚落主要分布于低山丘陵地区，山水之间建设用地有限，聚落依山沿河，或高度集聚、或带状延伸，聚落外部边界曲折灵动，内部空间错落有致，

公共服务设施沿聚落主要道路布置。组团扩散型聚落多位于中高山地的沟谷之中，规模小且不连续的生产建设用地造成聚落散点布局，因此聚落边界模糊，内部各组团相对独立。

陕南地区聚落形态与聚落建设相互依存、互为表里，形成了不同功能、空间与土地的契合。团状集聚型聚落建设条件优越，整体布局规整统一；聚落内部有明确的轴线，大型公共建筑多沿轴线布置，轴线交汇处为聚落中心；方格网道路适宜各类建筑物的布局。带状集聚型聚落因处于河谷地带，交通组织流线明确，会馆、寺庙周边成了聚落内部主要公共空间，建筑多随山水走势沿等高线布局。组团扩散型聚落中的各项建设均表现出高度的灵活性；道路的路幅较窄，多沿等高线修建；建筑以居住为主，家族祠堂为主要的公共建筑；建筑布局依山就势，组合形式多样（表4-2-1）。

陕南地区传统聚落形态特征总结一览表　　　　表4-2-1

地理单元	平原盆地		低山丘陵				中高山地
聚落类型	平地型聚落	河谷型聚落	河谷型聚落	坡脚型聚落	坡地型聚落		沟谷型聚落
选址特征	1. 平畴之中，依水而居 2. 土地肥沃，地势平阔 3. 水网密布，交通便利		1. 倚山就势，择水而栖 2. 山环水抱，藏风聚气 3. 坡地坡脚，因地制宜				1. 凭山栖谷，顺势而为 2. 台地为居，坡地做田
空间形态	团状集聚	团状集聚	团状集聚	带状集聚	带状集聚	团状集聚	组团扩散
空间形态示意							
空间形态特征	1. 聚落规模较大，圈层式发展，有较规整的外部边界 2. 聚落内部功能结构清晰，空间轴线明确，方格加环状路网主次有序	1. 聚落有一定规模，外部边界规整、清晰 2. 聚落内部公共服务功能集中，空间轴线与河流流向一致，主次道路与河岸平行或垂直	1. 聚落规模较小，外部边界不规整 2. 聚落内部公共服务设施集中，空间轴线明确	1. 聚落规模较小，外部边界清晰 2. 聚落内部公共服务设施与住区交织混合，空间层次分明，主次道路与等高线平行或垂直	1. 聚落规模较小，外部边界清晰 2. 内部功能高度集聚，轴线明确，道路曲折		1. 聚落规模小，分组团布局，外部边界模糊 2. 聚落内部功能以居住为主，道路曲折灵活

续表

地理单元	平原盆地	低山丘陵				中高山地
城镇聚落空间分布特征	城镇聚落规模较大且分布密集	城镇规模相对平原盆地较小，宽坝地区易形成规模较大的城镇聚落				聚落规模小且分布稀疏
乡村聚落空间格局特征	网状空间格局	树枝状空间格局				藤叶状空间格局
典型聚落	汉中市、安康市、城固县城、上元观镇乐丰村	商洛市	汉阴县城、西乡县城	宁强县青木川镇、丹凤县棣花镇	旬阳县蜀河镇、山阳县漫川关镇	紫阳县城	柞水县凤凰镇、旬阳县赤岩镇庙湾村、赵湾镇郭家老院

（二）地域性文化因素

陕南地区的自然山水格局与社会发展历程培育了活跃、多元的文化环境，对陕南地区的传统聚落形态产生了深远的影响。陕南地区因其自身独特的地理位置而成为了巴蜀文化、三秦文化、荆楚文化、中原文化相互碰撞、融合的熔炉，在不同的地理单元内形成的聚落形态蕴藏着特有的文化内涵。陕南中部地区、东北部地区的传统聚落主要受三秦文化、中原文化崇尚祖法礼制思想的影响，主要分布于汉中平原、安康—石泉盆地及商丹盆地，空间形态方正规整，中轴对称，传统建筑样式与关中地区风格接近；西部地区、东南部地区的传统聚落主要受巴蜀文化、荆楚文化讲求义理、思辨思想的影响，主要分布在秦岭、大巴山的低山丘陵和中高山地，空间形态顺势而为、自由灵动，传统建筑风格则显现出了巴蜀、三秦、荆楚、中原文化兼容的特征。

顺山川于势，融文化于形。陕南地区传统聚落形态特征源于自然，高于自然，折射出了人类活动与自然环境和谐共存的人居观和兼收并蓄、共趋一体的文化观。这不仅体现在传统聚落形态特征中，也体现在陕南地区不同类型的传统建筑特征之中。

第三节　陕南地区传统建筑类型及特征

陕南地区特殊的地理环境使其地域文化受周边省份的影响较大。此外，陕南地区在明清时期又兴起了商贾文化，更加丰富了陕南传统建筑的内涵。按照建筑功能，可将陕南地区传统建筑分为民居建筑、祭祀建筑、会馆建筑、宗教建筑、文教建筑、塔类建筑等类型（图4-3-1）。陕南地区传统建筑由于受到周边地区文化的影响，建筑风格呈现多元化面貌，往往杂糅了多种地区的建筑要素，这在陕南传统建筑的空间组织、结构体系、建造方式和装饰风格等方面中均有体现，这种融合的做法恰恰形成了陕南传统建筑独特的风格。

一、民居建筑

陕南地区的民居主要包括店居式民居（街屋）、独立式院落民居和乡村农舍三种类型。前两类民居空间格局完整，造型特色突出，代表了较高水平的民居建造智慧。而大量存在于乡村和山区的普通农舍，虽形制简单，但善于运用当地

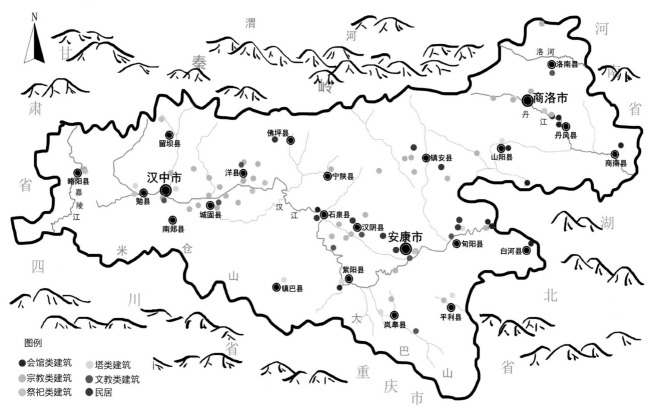

图4-3-1　陕南地区省级保护单位以上的古建筑分布示意图（来源：李珍玉、张演宇、陈斯亮 绘）

材料，形成了独特的地域性营建方式，在赋予建筑简洁、质朴气质的同时，也不失丰富多样的表现。

（一）陕南传统民居空间解析

1. 一字式及其变体

陕南地区山高谷深，地形复杂。"一字式"民居规模小、形体简单，多以散点形式分布于山区，是陕南地区乡间农舍最常见的平面布局方式。"一字式"民居以"一明两暗"三连间为基本形制，衍化出了多种平面空间组合形态（表4-3-1）。

1）增加开间。如"五连间"、"七连间"格局，对称布局，中间为堂屋，用于迎宾祭祖等公共活动。两侧为卧室和附属用房。

2）附加式。在两侧或一侧添加诸如柴房、仓库、厕所等附属用房。

3）楼栋式。在"三连间"原型上增加楼层。一层用于住人，二层多用来堆放杂物。

4）并联式。若干组"三连间"并联式组合，常根据地形地势略有前后错动或高低错落。

5）串联式。由若干组"三连间"纵向串联而成，主入口居中设置，常顺应地势高差形成前低后高的纵向空间组合。

2. 堂厢式

由正屋（堂）和厢房组成，平面格局逐渐趋向"群体"和"围合"势态，但并未真正形成以院墙或建筑实体围合的封闭院落。根据厢房的位置和数量，可分为"L"形的"一正一厢"以及"凹"字形的"一正两厢"，以此为基形可衍生出多种空间变体（表4-3-2）。

1）"一正一厢"。以一字式格局为原型，在正屋一侧增加厢房，形成"L"形的平面形态，也称"钥匙头"。

一字式民居类型及空间衍化形式　　　表 4-3-1

原型	三连间	变体1	五连间	七连间	变体2	附加式

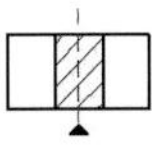

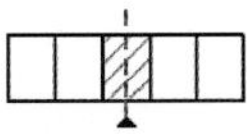

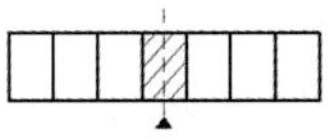

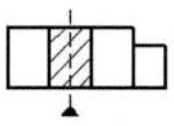

变体3	楼栋式			变体4	并联式	变体5	串联式

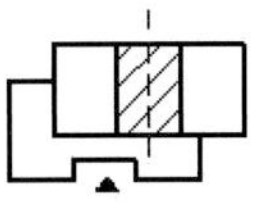

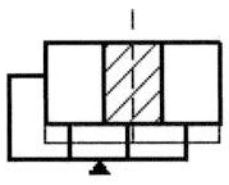

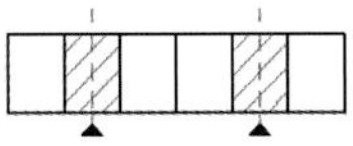

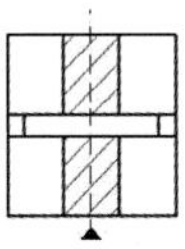

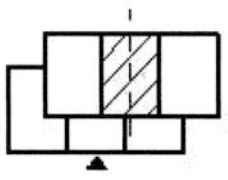

堂厢式民居类型及空间衍化形式　　　表 4-3-2

	原型	变体			
一正一厢					
	原型	变体			
一正两厢					

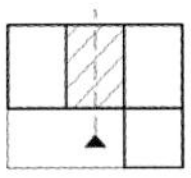

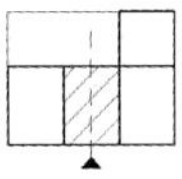

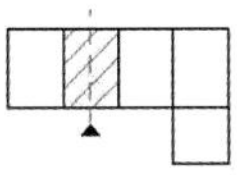

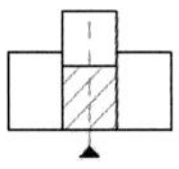

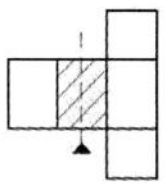

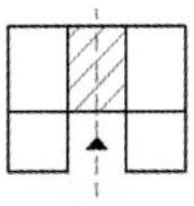

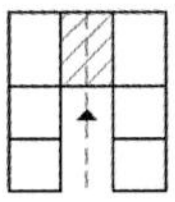

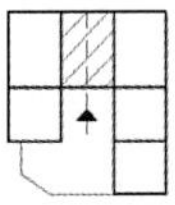

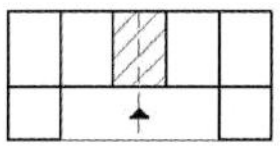

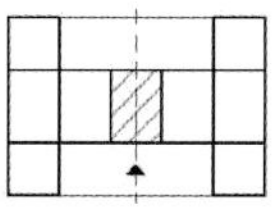

2）"一正两厢"。由"三连间"或"五连间"的堂屋和两侧厢房组成的三面围合的开敞式三合院，也称"敞口屋"（图4-3-2）。

3. 合院式

"一正两厢"平面格局进一步发展，将厢房和正屋等围合的庭院纳入"家"中，就形成了具有内聚性、私密性特征的合院式空间。合院式包括三合院、四合院两种基本形式并衍化出多种组合式院落，常见于规模较大、形制较高的大型宅院（表4-3-3）。

1）三合院。在"一正两厢"的"敞口屋"的开放院坝前增加院墙，形成"塞口屋"形式，即三合院。通常院门置于中轴线或偏右一侧，中轴线上仍为堂屋，两侧厢房为卧室和附属用房。

2）四合院。此类民居由正屋、两厢和入口处的门屋（或倒座）等围合而成。根据厢房与正房屋顶间的交接方式不同，可分为南方天井院和北方四合院两种类型。

陕南地处我国南北方气候与自然地理的过渡带，民居院落形态主要表现为南方天井院特征，同时亦吸收了北方四合院的部分特征，形成了兼容南北的陕南民居院落形态的地域性特征：

店居式民居院落多为狭窄多进的"四水归堂"式天井院。

门屋一般为三开间店铺，正房高于厢房和门屋，天井中心设"太平池"用于集水、排水，兼做庭院绿化区和防火水源。院落四周房屋相互连通，上部屋顶亦互相穿插相连，主要反映了南方天井院的特征，如柞水凤凰街民居（图4-3-3、图4-3-4）。

独立式民居用地相对宽松，天井院相对方正开阔，尺度较大，如青木川魏氏庄园老宅与新宅（图4-3-5、图4-3-6）。两宅天井院落宽大开阔，近乎于方形，空间尺度上接近北方院落，但连成一体的屋顶主要反映了南方天井院特征。

3）组合院。一字式、堂厢式、三合院与四合院这几种基本的空间单元及其变体进一步组合，则形成了组合型院落。根据院落空间的组合方式，可分为增加侧天井、增加外厢及走道、串联式组合、并联式组合与复合式组合等类型（表4-3-2）。其中，后三种类型具有较突出的代表性。

串联式院落是陕南地区最为常见的组合院形式，常见纵向布置的二进天井院落组合，且多取"步步高升"之意，使院落逐进升高。通常，第一进天井院为公共空间，两侧厢房一般为客房，第二进天井院则为私密的生活空间，堂屋用于供奉先祖等，两侧卧室为长辈居所，厢房为妾氏、子孙居所，如宁强青木川魏氏庄园老、新宅（图4-3-5）和白河卡子镇张家大院下院南、北院（图4-3-7）。

并联式院落为若干院落横向排列，组合在一起的形式，各院落一般横向连通，形成中轴对称式的横向多路的组合

图4-3-2　"一正两厢"敞口屋（来源：旬阳县、汉阴县住建局 提供）

大院，如石泉县中池镇汪家花屋的对称式五天井院落（图4-3-8、图4-3-9）。

秦巴山地复杂与闭塞的地理环境，使得陕南的经济文化发展相对落后，大型民居院落相对较少。陕南东部地区，由于地接荆楚，文化贸易交流频繁，同时也是清代东南各省移民的集中定居之地，出现了一定数量的复合式空间组合的大型民居院落，如商洛市镇安县以"连环宅院"著称的云盖寺镇刘氏庄园。

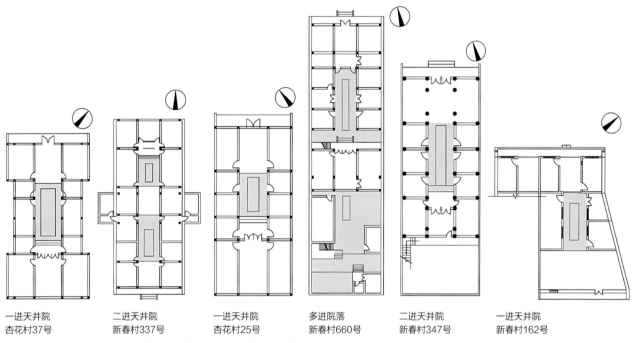

| 一进天井院 | 二进天井院 | 一进天井院 | 多进院落 | 二进天井院 | 一进天井院 |
| 杏花村37号 | 新春村337号 | 杏花村25号 | 新春村660号 | 新春村347号 | 新春村162号 |

图4-3-3　商洛市柞水县凤凰街民居"天井院"主要空间类型（来源：李凌、吕咪咪 绘）

凤凰镇老街店居式民居天井院落：厢房与门屋、厢房与正房屋顶交接关系

图4-3-4　商洛市柞水县凤凰街民居"天井院"屋顶交接关系（来源：李凌 摄）

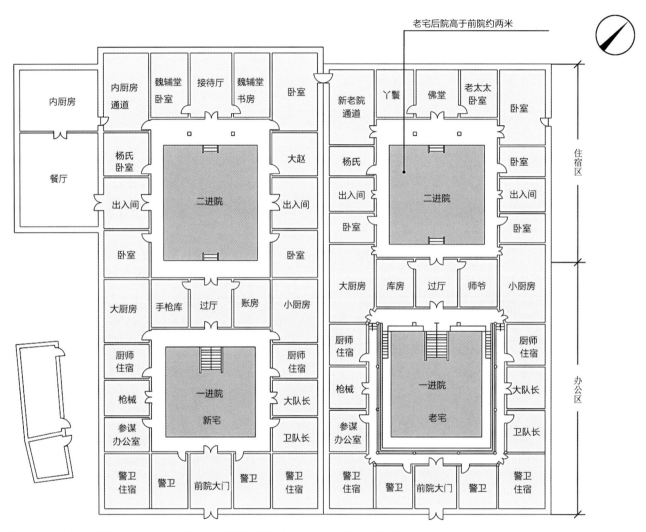

图4-3-5   汉中市宁强县魏氏庄园老宅、新宅四合天井院平面图（来源：青木川镇住建局 提供）

图4-3-6   汉中市宁强县魏氏庄园老宅、新宅天井院空间形态（来源：青木川镇住建局 提供）

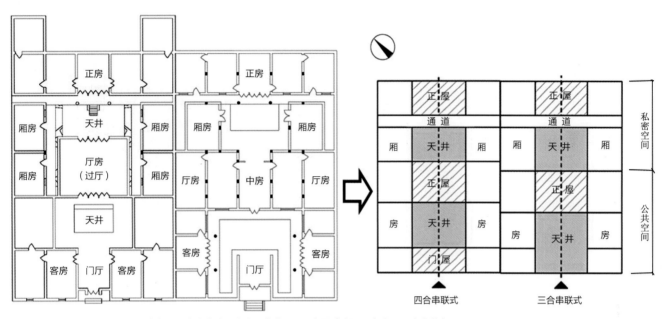

图4-3-7 串联式组合院：安康市白河县张家大院下院南、北院平面示意图（来源：李凌、吕咪咪 绘）

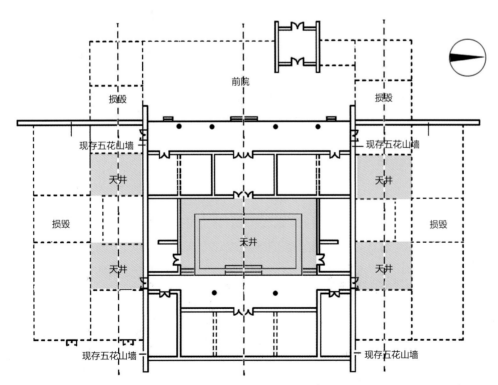

图4-3-8 并联式组合院：安康市石泉县汪家花屋平面复原图（来源:李凌、孙志青 绘）

中路：前院堂屋现状

门屋现状　　　　　　　　　　　　　　　　西路：侧天井现状

图4-3-9　并联式组合院：安康市石泉县汪家花屋现状（孙志青 摄）

镇安县所在的陕南东北部地区是我国西北通往东南的重要区域，社会经济相对较好，产生了如云盖寺镇刘氏庄园、铁厂镇倪氏庄园以及丹凤县"双井第"黄氏庄园等一批大型宅院。这一类院落式民居的独特之处在于：规模宏大，包含多个独立的天井院落，院落之间以巷道相连，院院相通，共同构成了"连环"院落式大型民居建筑群。

刘氏庄园规模宏伟，由7个独立院落、8个"四水归堂"的天井院组成，共计大小房屋105间（图4-3-10）。各天井院落自成体系，有独立的中轴线和空间秩序，院落之间以曲折巷道连接，迂回通畅，十分壮观。庄园的核心院落大致呈正方

形，其他天井院皆为狭长形态。西部各院落沿山脚布局，以堂屋前的横向通道形成的"连巷"相互贯通（图4-3-11）。

此外，一些清代康乾年间自广东、福建等东南沿海地区迁入的移民，亦将原乡的"从厝式"大屋的院落空间组合模式带入了陕南，经过与当地文化长期的交融与碰撞，逐渐形成了具有当地特色的民居院落，如安康市白河县卡子镇老爷湾黄家大院（表4-3-3）。

4．吊脚式

陕南大巴山区曾是古代巴人和苗人的栖息地，复杂的山

地地形，产生了局部架空式建筑——吊脚楼。吊脚楼从干阑式建筑衍化而来，紧靠崖壁，以吊脚柱支撑悬空部分，有利于适应山地地形，灵活扩展建筑空间。

　　陕南吊脚楼多分布于南部米仓山和大巴山地区以及沿江沿河一带，多选择朝阳地带建设，顺应山势或面朝江面而建，不讲究朝向。山地区吊脚楼平面形制简单，多为"一把锁"或"钥匙头"（即一字式、一正一厢式），正房或厢房局部架空（图4-3-12）。

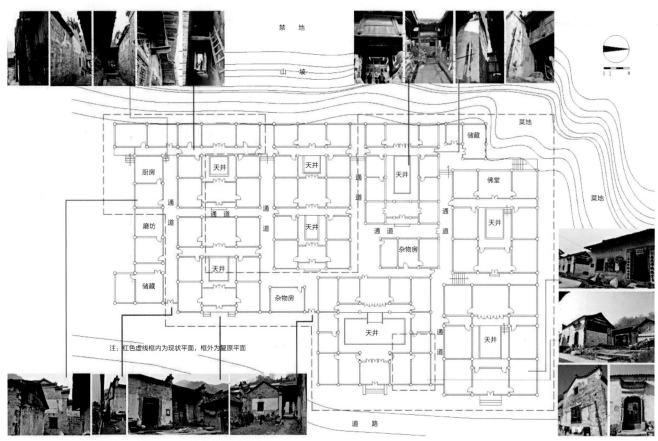

图4-3-10　复合式组合院：商洛市镇安县刘氏庄园复原平面图（来源：李凌、吕咪咪 绘）

图4-3-11　商洛市镇安县刘氏庄园东西向"通道"与南北向"连巷"（来源：李凌 摄）

陕南地区合院式民居类型及空间衍化　　　　　　　　　　　　　　　　　　　　　　　　表 4-3-3

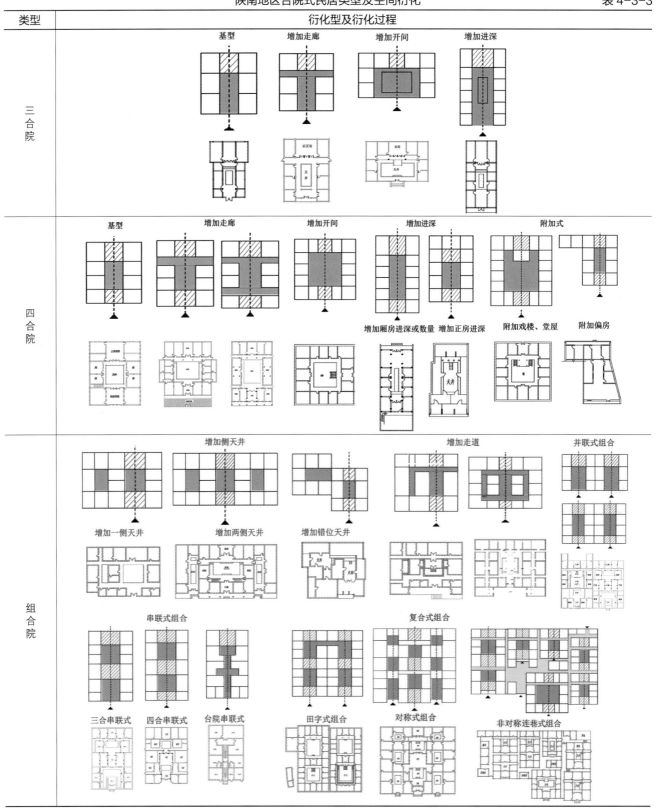

图4-3-12　燕子砭李家大院吊脚楼（来源：《陕西传统民居考察》）

经过世代演进，许多吊脚楼底层架空的部分被以木板、砖改造成封闭的储藏空间，或为节省木料，替换为砖柱、石柱和混凝土柱支撑，在沿江地区更是发展为"长吊脚、高筑台"的居住形态，但传统木构吊脚楼存留已很少。

根据吊脚楼与山体结合的竖向空间组合方式，可分为下跌、上爬和分台三种主要的空间形态（表4-3-4）。

（二）陕南传统民居营建技术与材料构造

1. 结构形式

陕南传统民居主要有木框架承重、墙体承重和混合承重三种结构形式。陕南地区木框架承重体系结合了南北特征（表4-3-5），主要包括抬梁式、穿斗式、穿梁式三种形式；墙体承重体系主要为夯土墙或砖石墙承重，多用于农舍或寨堡；混合承重体系即"夯土墙/砖石墙+木框架"，山墙和中间的木框架共同承重，形成了"山墙搁檩"或"山墙插檩"的结构特征。

2. 材料和营造方式

陕南地处秦巴山区，自然资源丰富，建筑材料常就地取材，木材、竹子、夯土、土坯、石块、石板等天然材料被广泛应用，形成了地域性营建方式，如竹筋土墙、石灰土墙、木板壁墙、青砖空斗墙、竹木房、石板房、石头房等。按材料主要分为夯土墙、砖墙、石墙（表4-3-6）。

（三）小结

相似的自然地理条件，造就了陕南传统民居整体上的地区共性：陕南各地民居，基于环境和现实需求，依形就势、因地制宜，合理利用自然材料，采取灵活变通的组合方式及建筑语汇进行营造活动，显示出了回应自然环境和现实生活的建造智慧，构建了特有的地域建筑文化。然而，不同地缘结构下的地区文化差异，又使得陕南各地民居有着各不相同的特征（表4-3-7）：西部传统民居继承了较多的巴蜀风格因子，在秦陇文化的共同作用下，形成了川陕特色。在多元文化的强烈冲击下，中部传统民居显示出了兼容蜀楚的地域

吊脚式民居类型及与山体结合方式		表 4-3-4

吊脚楼与山体的结合方式

下跌式	上爬式	分台式
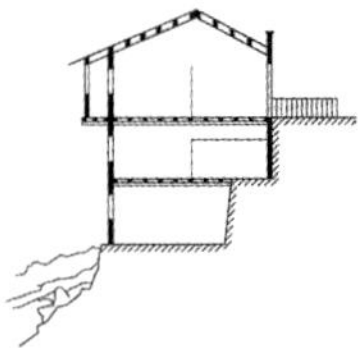 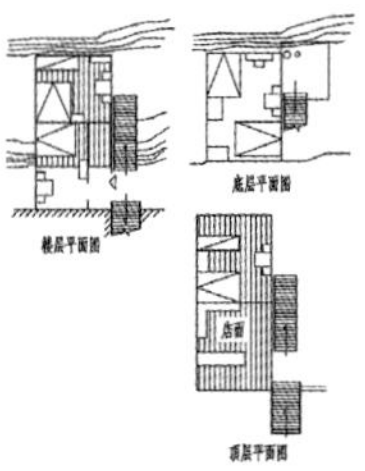	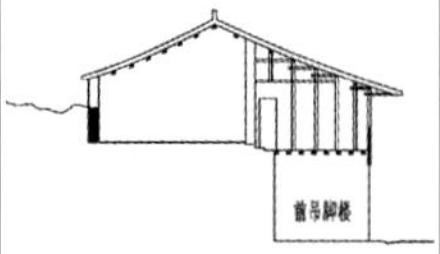 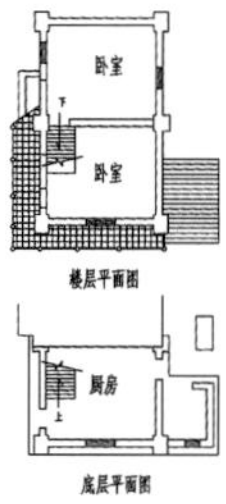	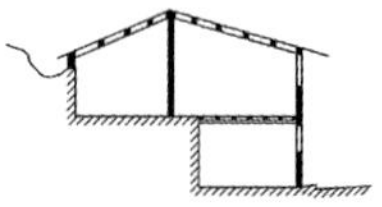 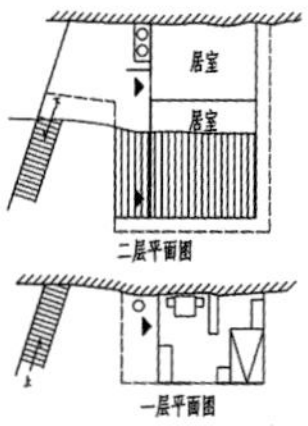
房屋临街不高，但向坡下跌落数层，主要空间由上而下延展，平面逐层缩小	房屋沿坡靠崖壁向上建造，层层爬高，面积逐层增加或内收，外设檐廊	改造地形为二、三层台地，房屋平行或垂直等高线，正面或山面向前，常常前是楼层，后为平房

陕南地区传统民居木框架承重体系简图				表 4-3-5

典型北方抬梁式结构	陕南抬梁式结构			
二柱落地	三柱落地	三柱落地（前廊）	三柱落地（大小室）	四柱落地（前后廊）
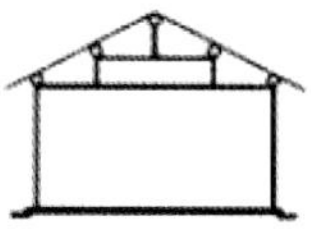	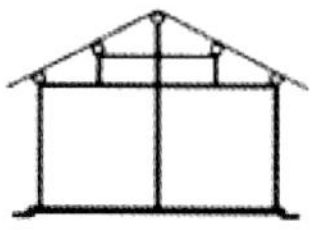	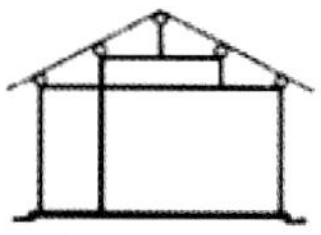	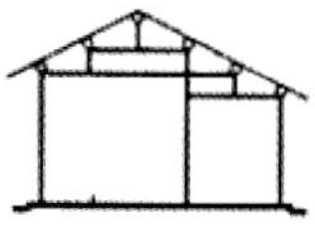	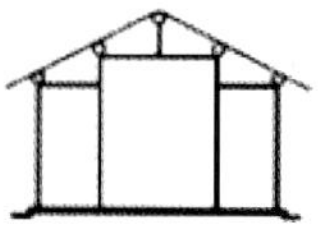
典型的北方抬梁式，中柱不落地	中柱落地，金柱不落地	中柱不落地，金柱一侧落地，有前廊	进深方向不对称式，大小分室的落地方式	中柱不落地，两侧金柱落地，分前后廊

典型的南方穿斗式结构	陕南穿斗式结构			陕南穿梁式结构
满柱落地	隔一柱落地	隔两柱落地	隔两柱落地	两柱落地

续表

典型北方抬梁式结构	陕南抬梁式结构			
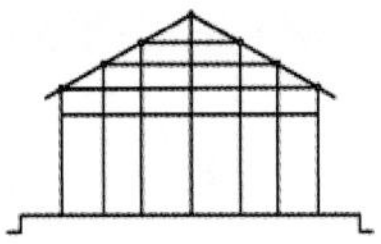	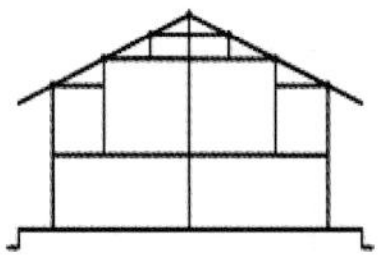	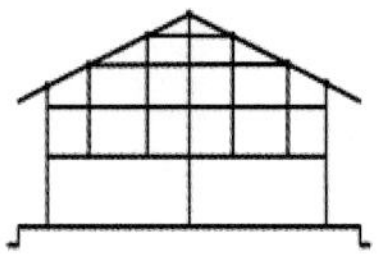	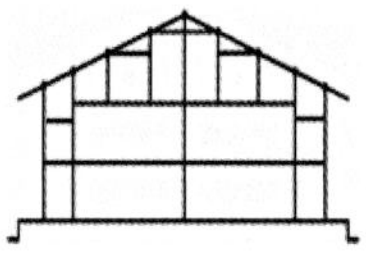	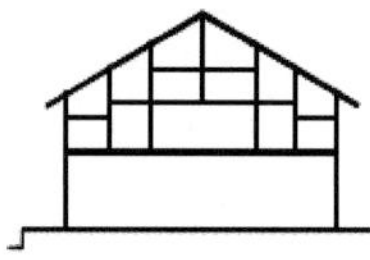
典型的南方穿斗式，满柱落地，即"千脚落地"	中柱落地，然后隔一柱落地的形式	中柱落地，然后隔两柱落地的形式	也是隔两柱落地，但穿枋分大小穿，形式不同	各檩均有柱支撑，中部柱不落地以穿枋相连

陕南地区民居围护结构材料及营造   表4-3-6

名称		简图	实例	特征概述
夯土墙	夯土版筑	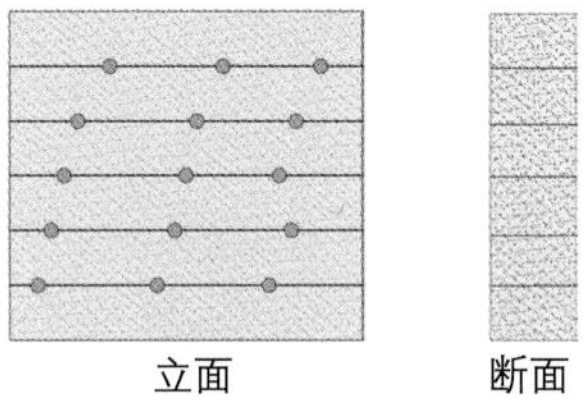 立面　断面		分层夯土版筑的民居墙体，建造时两侧夹以模板，中间用夯土拍实。下层墙体夯实后，搁放一头粗一头细的树枝若干，支撑上层模板，逐层夯实。树枝抽出后在土墙上留下了有规律的孔洞及模板分层夯实的水平印迹
	土坯砖式	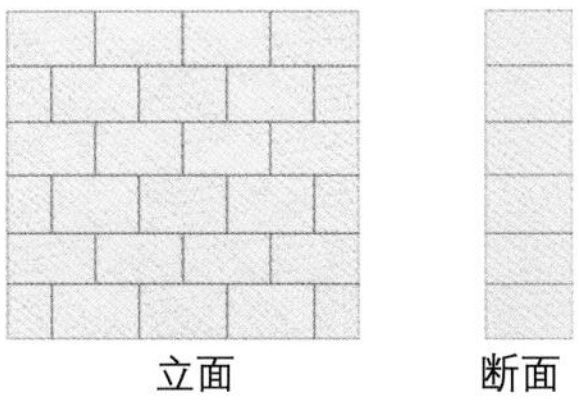 立面　断面		土坯砖式墙体，是指混合了草筋的黄土经过兑水、踩泥、入模、拍实、拓砖、晾晒、码堆等工序，制成标准方正的块状，以泥浆粘结垒砌成墙
	竹编夯土墙	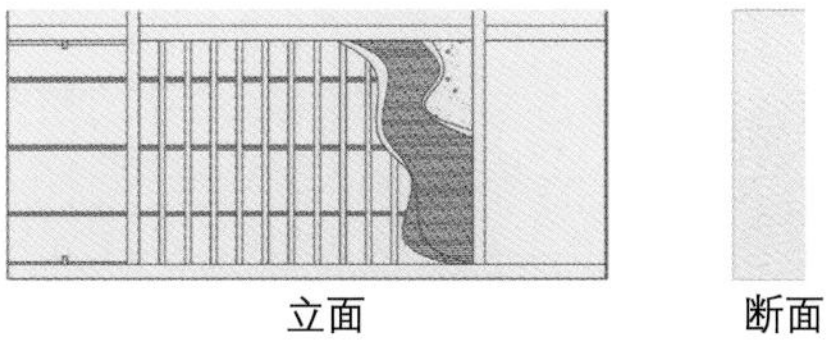 立面　断面		采用夯土加竹条砌筑的技术，施工方便，周期较短，随着时间的推移，夯土坚固的特点也日益明显

续表

名称		简图	实例	特征概述
砖墙	丁砌	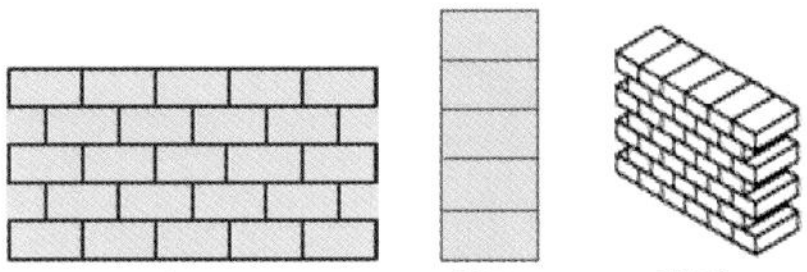 立面　断面　轴测		丁砌的方式比较规整，墙面较为整洁，没有过多的花样，由于是丁砌，所以比顺砌的墙体厚重，墙面砖较小。这种墙体不多见
	顺砌	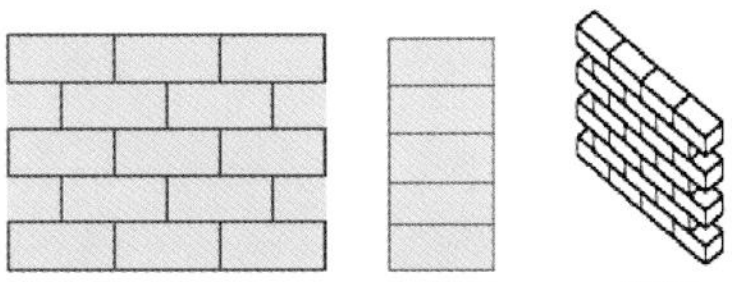 立面　断面　轴测		顺砌的方式在民居建筑和公共建筑中有很多的应用，因为其施工简单，整体性好，特别适用于一些高宽比较大的建筑，一般大户人家和公共建筑中较为常见
	实滚1	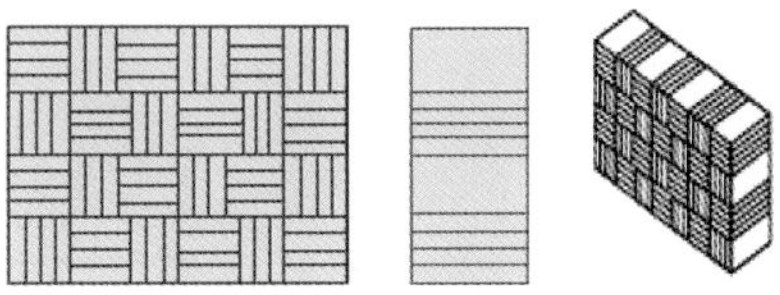 立面　断面　轴测		采用四平三竖的砌法，综合交织，又称"席纹"，有如凉席的纹理。这种砌法较为坚固，所以多用于墙体基础部分
	实滚2	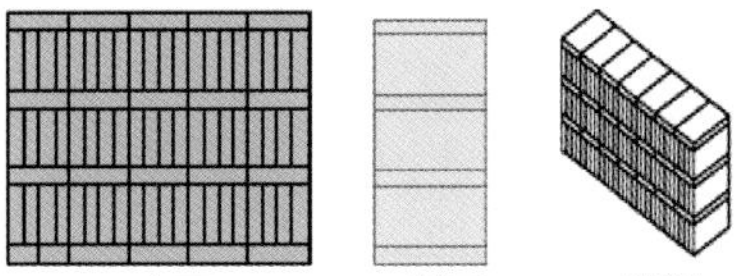 立面　断面　轴测		这种墙体采用一层平砌，一层竖砌，在竖向上一层砖卧砌，另一层砖丁面向外立面砌，墙体为实心，也常用于墙体的基础部位
	合欢	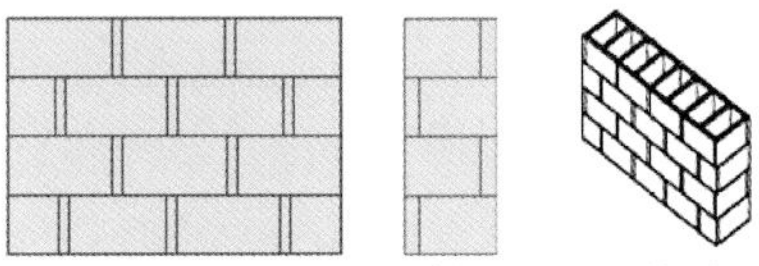 立面　断面　轴测		墙体在竖向上没有卧砖，全部以斗砖砌筑，横向上一块斗砖和一块丁砖相间砌筑，丁砖并没有贯穿墙体，前后丁砖相互错开，分别抵在相对应的斗砖上，可有效避免热桥
	一眠一斗	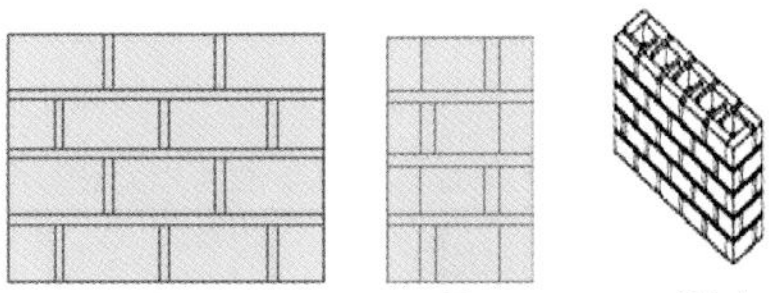 立面　断面　轴测		即为"空斗墙"。竖向上一眠一斗相间砌筑，横向上一块斗砖和一块丁砖相间砌筑，眠砖即为卧砌的砖，加强了空斗墙前后斗砖之间的联系，使其更加稳固
	两眠一斗	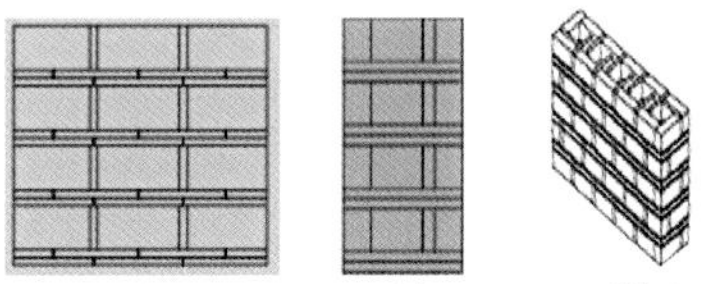 立面　断面　轴测		两眠一斗也是空斗墙的一种形式，它在一眠一斗的基础上又加了一层眠砖，从上到下依次是斗砖，眠砖，眠砖。实际效果如左图所示

名称		简图		实例	特征概述
石墙	组合式砌法	立面　　　侧立面			有时为了凸显地域特色和等级尊严，会出现一面墙上有三种以上的砌法组合，如图中所示，有菱形交叉式，平砖顺砌式，一眠一斗式等，这种做法一般可起到装饰的作用
	片石垒砌	立面　　　断面			采用片石垒砌墙体，多用于岩石较多的地区，将岩石打磨成片状，再将其逐一垒叠起来，这种做法是很好的通风防潮的做法
	块石镶嵌	立面　　　断面			将小型石块按照一定的顺序镶嵌在伴有泥浆的墙面中。和片石垒砌的墙面相比，通风性较差

特色。东部传统民居主要彰显荆风楚韵，又因南北地理位置的差异，使得东北部传统民居表现出兼南顾北的陕楚特色。

二、公共建筑

陕南因其独特的山形地貌，形成了人们对自然环境的崇拜催生了隐逸文化，因水系交通发达，促进了商贾文化的繁荣，而周边秦、蜀、楚三大主流文化的影响形成了丰富多元的建筑文化。这些不仅在民居建筑中有所体现，更在公共建筑中得以充分展现，如会馆建筑、祭祀建筑、宗教建筑、文教建筑和佛塔等建筑类型。

（一）地域文化影响下的祭祀建筑

1. 祭祀建筑的类型与成因

陕南地区的祭祀建筑因环境及文化差异而种类丰富、风格各异，主要分为祭祀自然神灵和祭祀往圣先贤的两类祠庙。

陕南有大量与河神祭祀相关的建筑，如江神庙、二郎庙、龙王庙等，这种祭祀信仰与汉江、嘉陵江、丹江等多条河流穿境而过有关。陕南地区在秦汉以后才逐渐与中原地区交往密切，并较早地出现了河神祭祀的信仰。但直到明清时期陕南移民潮兴起后，依托河流进行的商贸活动才显著加强，大量祭祀河神的庙宇也由此而产生。这些保佑民众出行顺利的祭祀建筑与提供商贸接待的会馆建筑成为明清陕南地区传统建筑的代表类型。

另外，陕南汉中地区，是中国隐逸文化和道教的重要发源地，因此出现了张良庙等一批与隐逸文化相关的祭祀建筑。三国时期诸葛亮曾由汉中北伐，死后葬于汉中勉县，东汉蔡伦则葬在汉中洋县，这些历史名人的祠墓都在陕南。

陕南地区传统民居主要特征表

表 4-3-7

名称	区位特点	自然地理条件	文化特性	主要建筑特征	民居实例
西部	西邻甘肃、南依四川、北靠陕西关中，包括汉中市所辖宁强、略阳、勉县、南郑、城固和留坝等县的大部分地区	地处秦巴山区西段汉中盆地，北有秦岭作屏障，气候温和湿润，境内主要河流为嘉陵江和汉江（发源地）	**川陕特色** 境内多条沟通秦岭南北的古驿道，加强了关中、陕南与四川的相互影响，使其"风习兼南北，语言杂秦蜀"，明显带有秦蜀文化交替影响的痕迹	1. 选址：依水而居，街道沿河布局，街屋随形就势，不拘朝向；独立式民居背山面河，用地高敞。 2. 布局：结合地形及高差进行空间组合，空间层次丰富；院落尺度介于南北之间，舒缓开阔。 3. 结构：穿斗式木构架与土坯和竹编夹泥组合山墙，正面为木装板壁。 4. 外观形态：悬山屋面出檐深远，深色露明木架与浅色土墙对比鲜明。 5. 装饰细部：风格朴实无华，较少繁杂的雕刻与彩绘	青木川魏氏庄园 回龙场老街民居
中部	北依关中，南邻巴国，西望蜀地，东近荆楚，居川、陕、鄂、渝交界地，包括汉中洋县、镇巴、西乡及安康汉滨区、宁陕、汉阴、石泉、紫阳和岚皋等县的大部分地区	地处秦巴山区中段，汉水横贯东西，地貌类型多样，有亚高山、中山、低山、宽谷盆地、山地等	**多元并蓄** 居川、陕、鄂、渝交接地，长期受多元文化影响，文化上具有多样性和融合性特征，表现出南北兼容、东西并蓄的特色	1. 选址：依山就势，择水而栖，山环水抱，藏风聚气。 2. 布局：对称式多重组合空间天井院落。 3. 结构：兼融荆楚，具有陕南特色的穿斗式、抬梁式、穿梁式均可见到。 4. 外观形态：荆楚风格，常见空斗砖墙、硬山屋顶、跌落式或人形封火墙；巴蜀风格，多见夯土墙、悬山屋顶和木装板壁；亦有融合蜀楚特征的兼容风格。 5. 装饰细部：蜀风民居素面少装饰；楚韵民居檐下勾勒白灰饰带，黑白雕绘精致素雅	中池汪家花屋 后柳老街民居
东南部	东邻湖北，南接重庆的陕、楚、渝三省交界地，包括安康东部的平利、镇坪、旬阳、白河等县的大部分地区及商洛南部部分地区	地处秦巴山区东段，汉江中游，境内群峰迭起，沟壑纵横，形成了高差较大的山地、丘陵、河谷、川坝等复杂的地形地貌	**荆楚特色** 历史上"湖广填川陕"的典型移民通道，人口流动和文化贸易交流频繁，且气候条件、地形地貌上与湖北具有相似性，文化上主要反映荆楚特色	1. 选址：不拘朝向，依山而建；坡脚为居，平地做田；凭山栖谷，顺势而为。 2. 布局：进深受限，多路少进。 3. 结构：穿梁式木构架居多，辅以山墙承重，形成"山墙搁（插）檩"。 4. 外观形态：为避战祸，对外高墙小窗，封闭围合、防御性强；硬山封火墙形态多变，纵横交错。 5. 装饰细部：封火墙檐下以白灰条带装饰，墀头常见黑白彩绘	白河张家大院 桥儿沟保善堂

续表

名称	区位特点	自然地理条件	文化特性	主要建筑特征	民居实例
东北部	东邻河南，东南临湖北，北部与关中地区接壤，以商洛商州区为中心，包括柞水、山阳、洛南、丹凤、镇安和商南等县的大部地区	地处秦岭东部山地，地形地貌复杂，境内岭谷相间排列，地势西高东低，呈掌状分布，丹江、洛河、金钱河等五大河流纵横交错，支流密布	陕楚特色这一区域兼有北通关中、东接中原、南下湖广之利，丹江东南出秦岭与汉江交汇，有着较为明显的三秦、中原文化个性且兼有湖广特色	1. 选址：背山面水、朝向多样。 2. 布局：街屋狭长、三进三开、逐进升高；连环宅院、曲径通幽。 3. 结构：以抬梁式、穿梁式或墙承重。 4. 外观形态：融汇秦楚，近秦则秦、依楚多楚：北部厚重敦实、风格拙朴；南部楚韵浓郁。 5. 装饰细部：北部民居，砖叠涩墀头，夯土山墙外刷草泥；南部民居，封火墙檐下以白灰条带装饰，墀头雕绘多见黑白或淡彩，素净雅致，正立面重点部位雕绘精致，常见花卉、麒麟等动植物雕刻或图案装饰	丹凤棣花镇民居 镇安刘氏庄园 柞水凤凰老街民居

2. 祭祀建筑的分布情况

清代《关中胜迹图志》中记载，陕南有重要祠庙69处，以汉中地区为最多。陕南地区现存重要祭祀建筑也多集中在西部的汉中地区，东部的商洛、安康地区祭祀建筑较少（图4-3-13）。这些祭祀建筑的分布位置通常远离县邑，祭祀自然神灵的建筑一般靠近河流，如江神庙位于嘉陵江畔，二郎庙位于丹江之滨；祭祀先贤往圣的建筑不仅依托河流，还往往靠近名山，如蔡伦墓祠邻近汉江，武侯祠既邻近汉江又靠近定军山，张良庙则位于紫柏山山麓。可见，陕南祭祀建筑的地理分布受自然环境和地方文化的双重影响，也与祭祀对象的类型密切相关。

3. 祭祀建筑的特征

1）因借地形的选址

陕南祭祀建筑的选址原则是依山傍水、因借地形。其中祭祀自然神灵的建筑多建于河流沿岸，祭祀往圣先贤的建筑多建于坡地或山峰之上，通过地形的不断升高而形成宏伟的气势。

2）序列组合的功能分区

陕南祭祀建筑功能分区较丰富，一般可分为引导区、祭祀区、庭院区、园林景观区。引导区内主要设置山门、牌楼等引导祭祀活动的建筑物，祭祀区主要为各祭祀大殿、配殿等，庭院区往往由祭祀建筑围合而成，园林景观区通常位于祭祀区之后，并与自然环境紧密结合，如留坝县张良庙（图4-3-14）。另外，有一些先贤祠庙在祭祀区域后还设置墓葬区，如洋县蔡伦祠墓。

3）中轴多级的院落格局

陕南祭祀建筑的整体布局大多遵循传统建筑的普遍特点，采用中轴对称的多进院落式布局，奉祀主神的正殿居于整个建筑组群的中后部，为前朝后寝的布局模式，建筑群也常随地势而逐步升高（图4-3-15）。有的建筑群依托自然山体，采用多轴线、多组团式的布局，利用多变的地形，不断转换行进路线，形成了丰富的空间格局（图4-3-16）。

4）丰富多变的建筑风格与装饰

陕南祭祀建筑的组成较为丰富，包括殿宇、楼阁（图4-3-17）、戏台、亭榭等，其建筑风格多变。总的来看，陕南祭祀建筑通常依托自然环境建造，建筑外部往往设置外廊（图

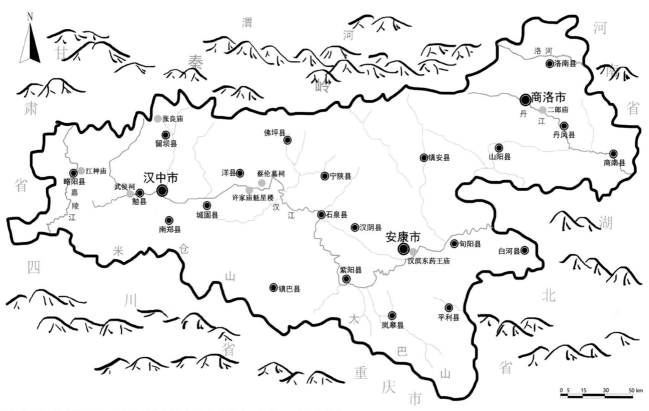

图4-3-13　陕南地区重要祭祀建筑分布图（来源：张演宇、李珍玉、陈斯亮 绘）

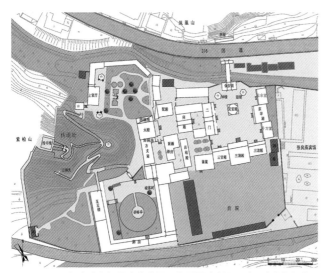

图4-3-14　汉中市留坝县张良庙平面布局图（来源：陕西省文物保护研究院 提供）

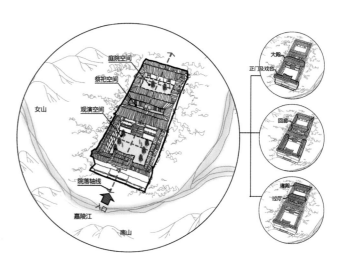

图4-3-15　汉中市略阳县江神庙空间分析（来源：李珍玉、吕鑫源 绘）

4-3-18），阶梯也与建筑物紧密融合，屋顶以歇山式、硬山式、悬山式屋顶居多，屋檐起翘明显（图4-3-19），檐下一般不设斗栱而安置斜撑构件。建筑室内装饰图案、色彩丰富，题材多为花卉或历史人物。建筑风格多与四川地区相近，而部分地区受甘肃羌族文化影响较大，如略阳江神庙，其戏楼角部采用兽形斜撑（图4-3-20），属于典型的羌族艺术装饰风格。

（二）商贸经济影响下的会馆建筑

1. 会馆建筑的发展与分布

陕南会馆出现于明代中后期，而真正兴盛是在清代，先后经过"先馆后镇"和"多馆兴镇"两个阶段，都与陕南城镇的发展紧密结合，成为了城镇形态空间完善和结构调整的促进因素，推动清代陕南城镇逐步向分散式演变，在发展过程中逐步从排外性、封闭性转向开放性、公共性。

陕南地区现存各类会馆96处（图4-3-21），其中安康地区52处，商洛地区30处，汉中地区14处，共有11处被公布为陕西省重点文物保护单位。安康地区由于地邻湖北、河南，加之清代较开放的移民政策，使得当地经济快速发展，使其成为了陕南乃至陕西会馆数量最多的地区。

2. 会馆建筑的特征

1）依托河流或商道的选址

陕南会馆主要服务于依托河流、道路而开展的商贸活动，因此，会馆皆位于河流沿岸或商道之旁。典型者如船帮会馆位于丹江转弯处的平地上，其交通便利而易于集散，骡帮会馆则位于洪水河转弯处，依傍王家山（图4-3-22）。

2）中轴有序的功能与空间组织

陕南会馆的功能分区主要有观演区、庭院区和祭祀区，通常沿南北向纵轴展开（图4-3-23、图4-3-24），观演区

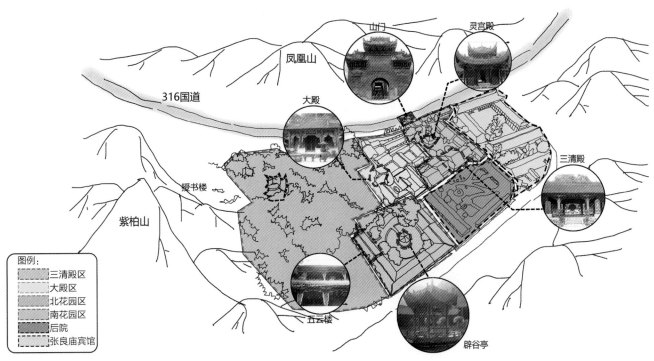

图4-3-16　汉中市留坝县张良庙平面布局分析图（来源：吕鑫源 绘）

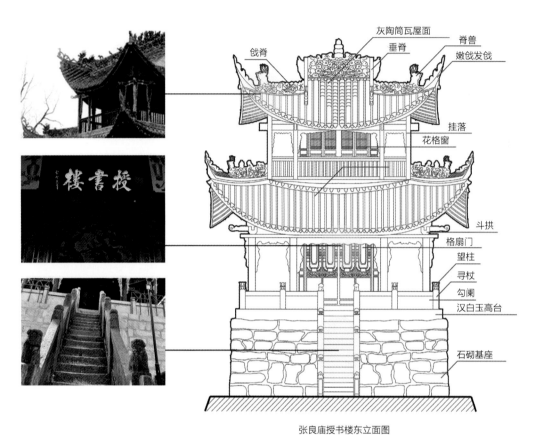

张良庙授书楼东立面图

图4-3-17　汉中市留坝县张良庙授书楼立面图（来源：陕西省文物保护研究院提供资料，杨光 改绘）

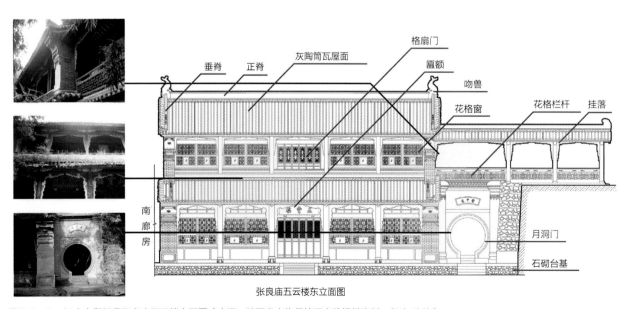

张良庙五云楼东立面图

图4-3-18　汉中市留坝县张良庙五云楼立面图（来源：陕西省文物保护研究院提供资料，杨光 改绘）

图4-3-19　汉中市略阳县江神庙戏楼（来源：李珍玉 绘）

图4-3-20　汉中市略阳县江神庙戏楼角部兽形斜撑（来源：陈斯亮 摄）

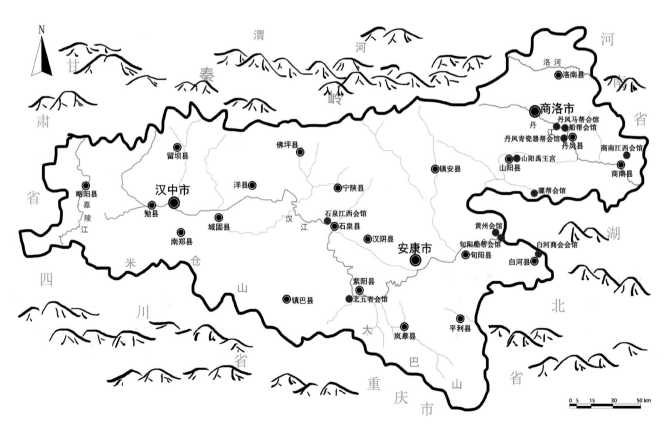

图4-3-21　陕南地区重要会馆建筑分布图（来源：李珍玉、张演宇、陈斯亮 绘）

内设置戏楼，与祭祀区的大殿遥相呼应，用以向神灵献上歌舞，庭院区由厢房和配殿围合而成。

3）丰富多变的建筑风格与装饰

陕南的会馆建筑，在入口处常设置高大精美的砖石仿木的牌楼式照壁（图4-3-25），不少照壁的背面即是戏楼（图4-3-26）。戏楼多为底部架空，屋顶主要为重檐歇山顶，檐下施斗栱，两侧常与马头墙相结合。用于祭祀的大殿常带前廊，屋顶多为硬山顶，屋脊装饰繁琐，檐下施斗栱，殿内供奉的神像一般为关帝、江神或马王神（图4-3-27）。

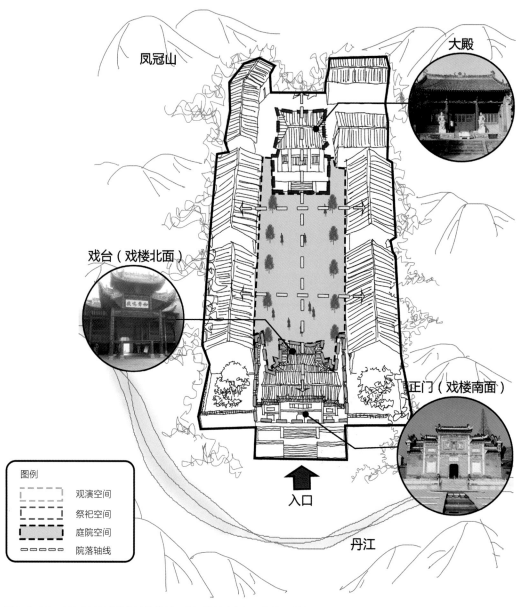

图4-3-22　商洛市丹凤县船帮会馆选址及空间分析（来源：吕鑫源 绘）

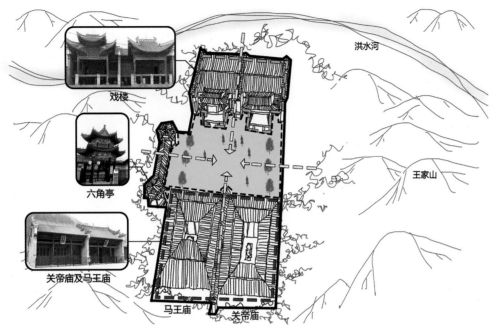

图4-3-23 商洛市山阳县骡帮会馆空间分析（来源：吕鑫源 绘）

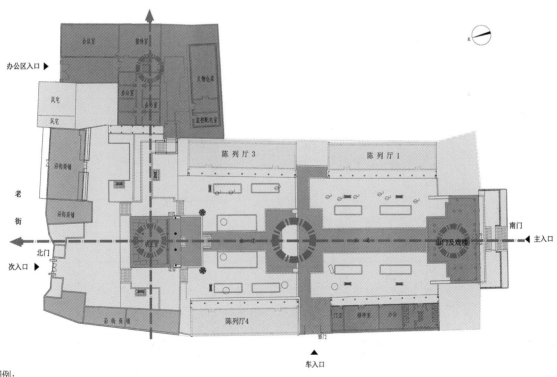

图例：
核心建筑 　重要空间节点
陈列厅 ←- 轴线
沿街商铺 办公、后勤用房

图4-3-24 商洛市丹凤县船帮会馆平面布局及功能流线分析（来源：张演宇 绘）

图4-3-25　商洛市丹凤县船帮会馆入口（来源：杨程博 摄）

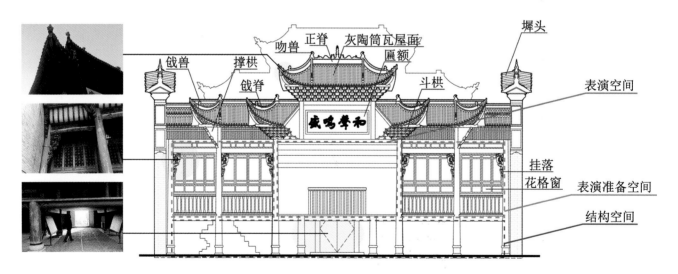

图4-3-26　商洛市丹凤县船帮会馆戏台立面图（来源：陕西省文物保护研究院提供资料，杨光 改绘）

（三）地方社会影响下的宗教建筑

1. 宗教建筑的分布情况

陕南地区宗教建筑数量较多，列为陕西省重点文物保护单位者达38处，其中绝大多数为佛教建筑，少数为道教建筑和伊斯兰教建筑。各类宗教建筑位置相对分散（图4-3-28），部分围绕汉中、安康、商洛市中心区域分布，如商州城隍庙、汉滨金堂寺等；部分在远离城市且靠近河流的郊区分布，如黑龙庙、蜀河清真寺等。另外，陕南道教建筑主要沿陕南北部的秦岭山脉和南部的大巴山脉分布，而伊斯

图4-3-27　商洛市山阳县骡帮会馆关帝庙及马王庙（来源：杨程博 摄）

兰教建筑则皆分布在陕南最东部地区，邻近湖北省。

2. 宗教建筑的特征

1）灵活多变的选址

陕南宗教建筑一般选在村镇的中心区域修建，便于宗教

活动和信众聚集。但在秦岭大的地形地貌中，亦不乏因山成寺，与山水格局相适应的选址。

2）功能分明的空间组织

陕南宗教建筑中常见的功能分区为祭祀区、辅助区、生活区和景观区。具体而言，佛教建筑中主要有大雄宝殿、配殿、厢房、藏经楼、钟楼、鼓楼等；道教建筑中主要有主殿、配殿、亭榭、园池等；伊斯兰教建筑中主要有主殿、厢房、水房、经堂等。陕南宗教建筑的空间布局差异性较大，既有平地建造的规整的纵向院落式格局，如商洛大云寺，又有依山而建的自由式多轴线布局，如略阳灵岩寺。

3）丰富多样的建筑形态

陕南宗教建筑中，各庙宇寺观的主殿一般为单层（图4-3-29），厢房、配殿的平面布局较为简单（图4-3-30）。主殿多为歇山式屋顶，殿内常见壁画，斗栱、梁架上也多施彩绘。伊斯兰教建筑多为带有异域装饰的汉式风格建筑。多层建

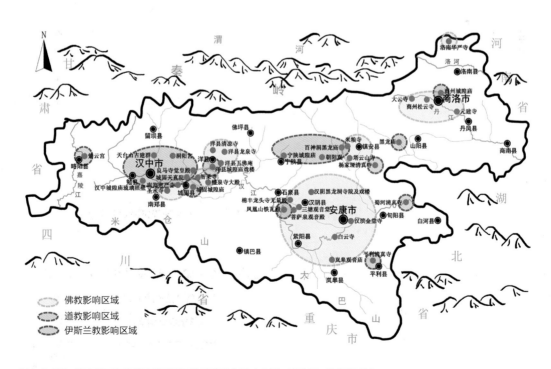

图4-3-28　陕南地区在各类宗教影响下的建筑分布图（来源：李珍玉、陈斯亮 绘）

屋面细部

斗栱细部

墙体细部

门扇细部

图4-3-29　汉中市洋县良马寺觉皇殿（来源：陈斯亮 摄，杨光 改绘）

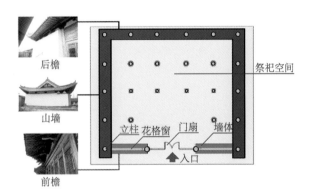

后檐

山墙

前檐

祭祀空间

立柱　花格窗　门扇　墙体

入口

图4-3-30　汉中市洋县良马寺觉皇殿平面图（来源：根据长安大学建筑学院测绘资料，杨光 改绘）

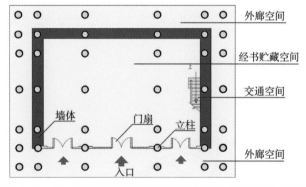

外廊空间

经书贮藏空间

交通空间

墙体　门扇　立柱

外廊空间

入口

图4-3-31　汉中市洋县智果寺藏经楼平面图（来源：根据长安大学建筑学院测绘资料，杨光 改绘）

筑则多为藏经楼（图4-3-31、图4-3-32）、钟楼、鼓楼、省心楼，通常为周回廊，屋顶为歇山式或四角攒尖式。

（四）遍布州县的文教建筑

1. 文教建筑的发展与分布

陕南文教建筑在宋代就已出现，至明清时期大为兴盛。清代，陕南地方政府曾多次重建或修缮县邑内的文庙。目前，陕南地区所存文教建筑基本均为清代所修，共有9处列为

陕西省重点文物保护单位。陕南文教建筑以文庙为最多，作为古代宣化教育的空间载体，多分布在汉中、安康、商洛等地的市、县中心区域（图4-3-33），与其社会公共属性有关；而少数家族式文教建筑的地理位置较为偏远，如汉阴树仕堂、岚皋周氏武学，有类似私塾学堂的性质。

2. 文教建筑的特征

1）遵循礼制的聚落选址

陕南文教建筑一般修建于城市中心区域或村落核心地

图4-3-32　汉中市洋县智果寺藏经楼（来源：贾柯 摄）

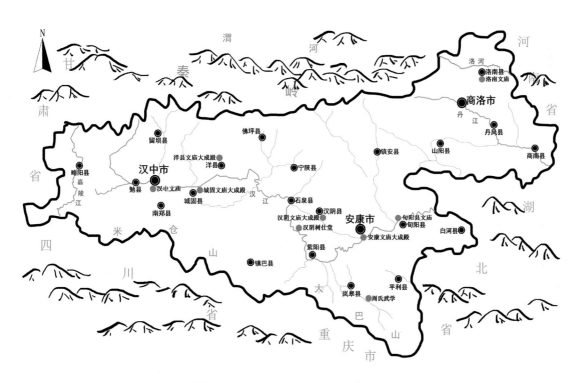

图4-3-33　陕南地区重要文教建筑分布图（来源：李珍玉、张演宇、陈斯亮 绘）

带。在城市中布局往往受关中城市礼制格局的影响，与武庙对称置于城市轴线的两侧；村落中的学堂则毗邻宗祠设置。

2）明确清晰的功能分区

陕南地区的文教建筑以文庙为主，其功能多为教育宣化，建筑功能分区较为简单，可分为祭祀孔子的祭祀区域和感受文教沐化的礼仪区域两部分。陕南地区另有家族式的文教建筑，以周氏武学、汉阴树仕堂为代表，可分为祭祀先祖的祭祀区域和授课传道的教化区域两部分。

3）轴线对称的空间格局

陕南地区的文庙空间布局与关中地区的文庙布局较为相似，一般为纵向多进院落（图4-3-34），呈中轴对称布置，沿轴线自南向北设有泮池、棂星门、大成殿、寝殿等建筑，较典型者如安康文庙、汉中文庙等。周氏武学、汉阴树仕堂等文教建筑以小型集中式合院作为空间载体，体现了深厚的家族文化背景。

4）严谨儒厚的建筑形态

陕南文教建筑以大成殿最为常见，其面阔多为五至七间，屋顶为单檐歇山顶，檐下施斗栱，彩绘多为旋子彩画，内部采用抬梁式结构，典型者如安康文庙大成殿（图4-3-35、图4-3-36）。陕南文教建筑多数为清代至民国时期所建，其风格与关中地区较为接近。

（五）古道沿线的塔类建筑

1. 塔类建筑的发展与分布

陕南古塔的建造史最早可上溯至唐代，宋元时期较少建

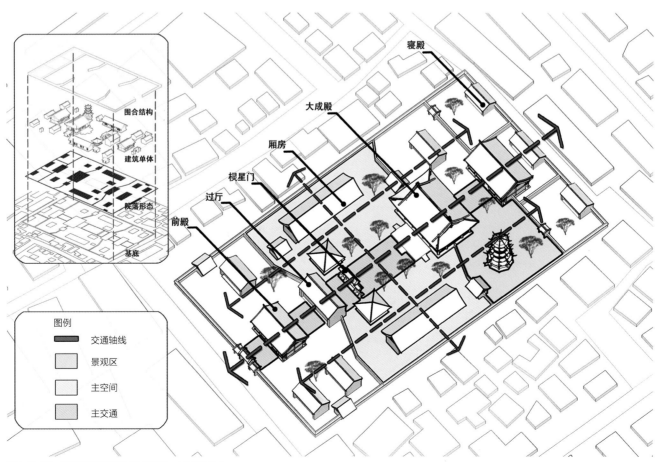

图4-3-34 安康文庙空间分析（来源：吕鑫源 绘）

图4-3-35　安康文庙（来源：李珍玉 绘）

图4-3-36　安康文庙大成殿（来源：周菲 摄）

图4-3-37　陕南地区重要古塔分布图（来源：李珍玉、张演宇、陈斯亮 绘）

造，明清时期建塔风潮兴盛，陕南现存古塔多为明清所建。这些古塔本与佛教寺院共同建立，但后来所在寺院大多湮没无存，仅存孤塔。

陕南地区现存古塔63座，商洛11座，安康35座，汉中17座，多沿古代主要道路分布（图4-3-37）。如陕南商洛地区的丰阳塔位于上津道上，东龙山双塔位于武关道旁；安康境内的古塔集中于安康市区和陕县附近，与明清时期大量移民进入该地区有关；汉中是自关中地区进入川甘的重要枢纽，汉中古塔的分布基本依循陈仓古道。

2. 塔类建筑的特征

1）注重山水交通便利的选址

陕南古塔大多位于城镇中心或主要街道附近，并与周围自然环境有一定关联，如洋县开明寺塔坐落在县城中心区域的广场内（图4-3-38），汉中东塔在清代时有"东塔西影"之奇观，即每天特定时刻东塔的塔影会投入距其不远的东湖之内。

2）地域材料形成丰富的形态

陕南古塔以舍利塔和密檐式塔居多，平面有正方形（图4-3-39）、六边形及八边形。陕南安康地区的古塔檐角上翘明显，与湖北地区建筑风格类似；商洛地区的古塔多为舍利塔，塔身为圆鼓形整石，前后辟门，上承屋顶和相轮；汉中地区多为密檐式古塔，其檐角微向上翘，塔身每层正中辟券门，券门两旁装饰小塔，典型者如汉中东塔（图4-3-40）。

陕南地区现存古塔均为石塔及砖塔。石塔多为方形楼阁式舍利塔，层层收分，以脊刹或亭阁结顶；砖塔多为密檐式塔，内部中空，每层有叠涩，上部逐渐收分，以覆钵和接近球形的塔刹结顶（图4-3-41）。

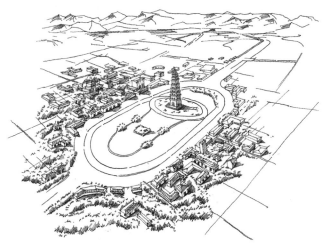

图4-3-38　汉中市洋县开明寺塔与城市及山水的关系（来源：王镭 绘）

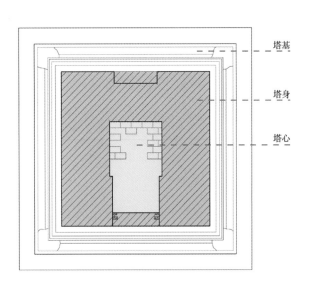

图4-3-39　汉中市洋县开明寺塔平面图（来源：根据建筑学院测绘资料，杨光 改绘）

图4-3-40　汉中东塔（来源：李珍玉 绘）

塔基

塔身

塔心

（六）公共建筑的主要特征

陕南地区的公共建筑，因建筑类别的不同，在选址、建筑布局、建筑风格上都有明显的不同。祭祀建筑多依山傍水，随自然地形而布置，布局较灵活多变；会馆建筑多位于河流旁，有明确的轴线，建筑群中有较大的公共空间；宗教建筑通常选址于乡镇内部的公共地区，建于平地而非山地上，布局较多变，但一般都有主要轴线及附属建筑物；文教建筑多选择在大中型城市的中心区域建造，建筑布局十分固定，通常沿轴线布置泮池、棂星门、大成殿、寝殿；古塔多建于古代道路附近，外观形式较规则，与关中地区类似。

三、陕南地区传统建筑风格

陕南传统建筑种类较多，建筑空间布局与自然环境息息相关，依托山地、河流进行灵活布局。空间形式灵活多变，以多进式院落为主，配合各类组合方式。陕南民居建筑依据布局可分为一字式、堂厢式、合院式、吊脚式，民居组群常沿等高线分层布置；祭祀建筑中，多为依山势、傍河流的自由式院落布局；会馆建筑通常依傍河流，有明确的中轴线，常设置戏楼，较为独特；宗教建筑通常建于乡村内，布局相对规整；文教建筑选址多为平地，布局十分固定，与关中地区类似。各类公共建筑的基本特征及影响因素见表4-3-8。

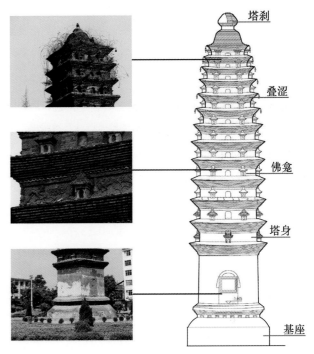

图4-3-41　汉中市洋县开明寺塔立面图（来源：陕西省文物保护研究院提供资料，杨光 改绘）

陕南传统建筑中，民居等级较低，公共建筑等级较高，外观形式上有明显差别。民居建筑多为本地匠人施工建造，反映的地域特征突出，做法多样，形成了较鲜明的地域风格；公共建筑因施工较复杂，多延请外地匠人设计建造，往往表现出外地建筑风格，如会馆建筑、祭祀建筑、宗教建筑等多受四川、湖北等地建筑风格的影响，而文教建筑、塔类

陕南地区传统公共建筑特征一览表　　　　　　　　　　　　　表4-3-8

建筑类别	主要影响因素	主要特征
祭祀建筑	1. 以山体、河流为代表的地域知名自然物 2. 特定地区历史上的先贤往圣	通常选择背山面水的布局，建筑群在山势逐层升高，布局较为灵活，分为多个区块，每个区块有独立的轴线和沿轴线布置的建筑物
会馆建筑	以河流为代表的地域知名自然物	通常选择在河流沿岸修建，建筑布局较规整，有明确的轴线和沿轴线布置的建筑物，有较大的公共活动空间和特定的戏剧演出场所
宗教建筑	1. 地区的宗教信仰 2. 村镇的位置	通常选址于乡镇内部的公共地区，建于平地而非山地上，布局较多变，但一般有主要轴线及附属建筑物
文教建筑	1. 所在城市的级别 2. 古代城市中的布局位置	多选择在大中型城市的中心区域建立，建筑布局十分固定，通常沿轴线布置泮池、棂星门、大成殿、寝殿
古塔	古代重要道路的路径走向	多建于古代道路附近，所在寺院大多荡然无存，古塔外观形式较规则，与关中地区类似

建筑则与关中地区的建筑做法相近。因与周边地区文化交流密切，各类建筑风格或多或少地受到邻近的甘肃、四川、重庆、湖北等地区建筑文化的影响，体现出了复杂性。

　　总体而言，陕南地区传统建筑主要承载和反映了隐逸文化与商贾文化，空间布局主要体现为因地制宜、灵活多变的布局形式，装饰风格融合了秦陇、巴蜀、荆楚等地的多种风格，形成了在自然、文化、经济三重影响下的独特建筑体系。

第四节　陕南传统建筑装饰艺术

　　陕南传统建筑装饰艺术杂糅各地风格，在陕西地区别具一格。其屋顶形式以悬山顶及硬山顶居多，屋顶的脊饰较为丰富，风格更接近于巴蜀地区；山墙多为马头墙，墀头装饰更接近于荆楚地区；民居门饰多设门额及抱鼓石；窗饰十分丰富，与江南各省的装饰纹样有相似之处；内部装饰如梁架、柱上斜撑、藻井等，做法多样，整体偏向蜀楚两地的装饰风格。此外，广泛运用雕刻及彩绘装饰手法，使整个建筑风格细腻而不失活泼，反映了陕南地区独特的建筑装饰艺术。

一、屋顶部分

（一）屋顶形式

　　陕南民居大多使用硬山顶，如城固县韩家祠堂山门（图4-4-1a）、棣花古镇民居硬山顶（图4-4-1b）、刘式民居（图4-4-1c），公共建筑如山阳县骡帮会馆也用硬山顶（图4-4-1d）。

　　悬山顶有利于防雨，常用于陕南民居，如略阳白雀寺村民居（图4-4-2a）、云盖寺古镇民居（图4-4-2b），公共建筑中也有采用，如圣水寺财神殿（图4-4-2c）、圣水寺龙王殿（图4-4-2d）。

　　歇山顶大多用于陕南公共建筑，如城固县韩家祠堂山门（图4-4-3a）、黄州会馆乐楼（图4-4-3b）、丹凤县二郎庙（图4-4-3c）、洋县醴泉寺大殿（图4-4-3d）。

（a）城固县韩家祠堂山门

（b）棣花古镇民居硬山屋顶

（c）刘式民居硬山顶

（d）山阳县关帝庙硬山顶

图4-4-1　陕南地区建筑中的硬山顶（来源：孙志清 摄）

（a）略阳县白雀寺村民居悬山顶

（a）城固县韩家祠堂山门歇山顶

（b）云盖寺古镇民居悬山顶

（b）黄州会馆乐楼歇山顶

（c）圣水寺财神殿悬山顶

（c）丹凤县二朗庙歇山顶

（d）圣水寺龙王殿悬山顶

图4-4-2 陕南地区建筑中的悬山顶（来源：孙志清 摄）

（d）洋县醴泉寺大殿歇山顶

图4-4-3 陕南地区建筑中的歇山顶（来源：孙志清 摄）

（二）瓦饰

陕南地区民居屋瓦以板瓦、筒瓦居多，公共建筑中以筒瓦、琉璃瓦居多。用板瓦者如圣水寺财神殿（图4-4-4a）、中池镇汪氏民居（图4-4-4b）。用石板瓦者如石泉中池镇民居石（图4-4-4c）。筒瓦多用于大型庙宇，如良马寺觉皇殿（图4-4-4d）、安康文庙大成殿（图4-4-4e）。琉璃瓦在重要公共建筑中使用，如丹凤县二郎庙（图4-4-4f）。陕南地区的瓦饰多为兽面纹，还有民俗

（a）圣水寺财神殿上的板瓦

（b）中池镇汪氏民居上的板瓦

（c）石泉中池镇石板瓦

（d）良马寺觉皇殿上的筒瓦

（e）安康文庙大成殿上的筒瓦

图4-4-4　陕南地区建筑中的板瓦（来源：孙志清 摄）

（f）丹凤县二朗庙上的五彩琉璃

吉祥图、镇宅辟邪图、文字纹等，如良马寺觉皇殿（图4-4-5a）、安康文庙大成殿（图4-4-5b）、洋县醴泉寺大殿（图4-4-5c）、中池镇汪氏民居（图4-4-5d）。

二、屋身装饰

（一）墙饰

陕南建筑山墙大多为马头墙，分为跌落式山墙、山形山墙、云纹式山墙。

跌落式山墙高出屋面，随屋面延伸层层降低。陕南传统民居中常见山墙顶为平面，尽头翘脚，如商洛凤凰古镇民居（图4-4-6a），部分采用山墙顶弯曲的做法，如石泉汪氏民居（图4-4-6b）。山形式山墙分为人字形和三角形。人字形山墙为曲线山墙，如城固县乐丰村民居（图4-4-6c），三角形山墙为直线山墙，如商洛山阳县民居（图4-4-6d）。云纹式山墙头是层层跌落的半圆状，用于形制较高的大院和会馆建筑，如丹凤县船帮会馆（图4-4-6e）、黄州会馆（图4-4-6f）。

墀头用砖砌，分为檐顶、炉口、炉腿四部分。安康与商洛的传统民居与会馆中较多见墀头，汉中地区运用较少。墀头装饰有瑞兽、鱼龙、家禽、人物、花鸟、花草等，如黄州会馆（图4-4-7a）、骡帮会馆（图4-4-7b）。

（二）柱饰

陕南传统建筑柱础按截面形式可分为圆形、方形、多边形等，还留存有大量的复合柱础，如丹凤县船帮会馆圆鼓形柱础（图4-4-8a）、山阳县骡帮会馆复合式柱础（图4-4-8b）。柱身多挂楹联，如良马寺觉皇殿（图4-4-8c）、略阳县江神庙（图4-4-8d）。

（三）门饰

陕南地区常见的门饰主要有门额、门墩石、抱鼓石、石狮等。

门额内容丰富，如城固县韩家祠堂（图4-4-9a）、镇安马家大院（图4-4-9b）。门墩石位于大门两侧，起固定

（a）良马寺觉皇殿兽面纹样瓦当滴水

（b）安康文庙大成殿兽面纹样瓦当

（c）洋县醴泉寺大殿兽面纹样瓦当滴水

（d）中池镇汪氏民居植物纹样瓦当滴水

图4-4-5　陕南地区建筑中的筒瓦（来源：孙志清 摄）

（a）商洛凤凰古镇民居跌落式山墙

（b）汪氏居民五花山墙跌落式山墙

（c）城固县乐丰村民居人字形山墙

（d）商洛山阳县民居三角形山墙

（e）丹凤县船帮会馆云纹式山墙

（f）黄州会馆云纹式山墙

图4-4-6　陕南地区建筑中的山墙装饰（来源：孙志清 摄）

（a）黄州会馆墀头

（b）城固县乐丰村墀头

图4-4-7 陕南地区建筑中的墀头（来源：孙志清 摄）

（a）丹凤县船帮会馆圆鼓形柱础

（b）中池镇汪氏民居复合式柱础

（c）良马寺觉皇殿楹联

（d）略阳县江神庙楹联

图4-4-8 陕南地区建筑中的柱饰（来源：孙志清 摄）

门转轴的作用，还可用于装饰院落，镇宅辟邪。抱鼓石起支撑门仪和装饰的作用，雕刻题材多为花、鸟、鱼、兽图案，如丹凤县船帮会馆（图4-4-9c）、镇安张氏宗祠门口（图4-4-9d）。石狮如城固县韩家祠堂（图4-4-9e）、圣水寺前殿（图4-4-9f）。

（a）城固县韩家祠堂门额

（b）镇安马家大院大门门额

（c）丹凤县船帮会馆抱鼓石

（d）镇安老街抱鼓石

（e）城固县韩家祠堂石狮

（f）圣水寺前殿石狮

图4-4-9　陕南地区建筑中的门饰（来源：孙志清 摄）

（a）良马寺觉皇殿直棂窗

（b）汪氏居民直棂窗

（c）黄州会馆正殿槛窗

（d）旬阳蜀河古镇民居槛窗

（e）恒口老街195号民居支窗

（f）恒口老街195号民居摘窗

（g）中池镇汪氏民居花窗

（h）白河县卡子镇黄氏民居山墙气窗

图4-4-10　陕南地区建筑中的窗饰（来源：孙志清 摄）

（四）窗饰

陕南建筑的窗可分为直棂窗、槛窗、支摘窗、花窗、气窗，其装饰题材多为吉祥寓意、花草类、人物类、动物类及民间传说。

直棂窗用支棂条排列而成，方便采光，多用纸贴设于窗内部，如良马寺觉皇殿（图4-4-10a）、汪氏民居（图4-4-10b）。槛窗形制相对较高，通常不落地，窗下部有槛墙，如黄州会馆正殿（图4-4-10c）、旬阳县蜀河古镇民居（图4-4-10d）。支摘窗由上部支窗和下部摘窗两部分组成，支窗可用木棍向上支起，如恒口老街195号民居（图4-4-10e），摘窗可以取下，如恒口老街195号民居（图4-4-10f）。花窗是传统建筑中常出现的造型窗，山墙顶部的花窗起装饰、防盗和换气的作用，如山阳县骡帮会馆（图4-4-10g）。气窗是在民居的两侧山墙上部开设的通风小窗，如白河县卡子镇黄氏民居（图4-4-10h）。

三、内部装饰

（一）梁架装饰

陕南地区建筑的梁架装饰包括雀替装饰和斜撑装饰。其主要手法为木雕刻，样式多变。

雀替在两檐柱之内，常用图案有云纹、卷草纹、凤凰戏牡丹等，如恒口老街民居（图4-4-11a）、石泉县中池镇汪氏民居（图4-4-11b）。

斜撑是梁和柱的连接构件，采用透雕，如云盖寺古镇民居公麒麟斜撑（图4-4-11c）及母麒麟斜撑（图4-4-11d）。

（二）藻井

藻井一般为方形、多边形或圆形凹面，由细密的斗栱承托，多用于宫殿、寺庙中的宝座、佛坛上方最重要的部位，如黄州会馆乐楼藻井（图4-4-12a）、略阳江神庙藻井（图4-4-12b），体现了陕南地区的宗教文化。

（a）恒品老街民居75号云纹雀替

（b）石泉县中池镇江氏民居雀替

（c）云盖寺古镇民居公麒麟斜撑

（d）云盖寺古镇民居母麒麟斜撑

图4-4-11　陕南地区梁架装饰示意图（来源：孙志清 摄）

（a）黄州会馆乐楼藻井　　　　　　　　　　　　　　　　　　（b）略阳江神庙藻井

图4-4-12　陕南地区藻井示意图（来源：孙志清 摄）

四、雕刻及彩绘装饰

陕南地区传统建筑中雕刻种类多样，包括石雕、木雕、砖雕。

石雕分为线刻、浮雕、透雕、圆雕、剔凿花活、平活、凿活、透活、圆身等，如丹凤县船帮会馆（图4-4-13a）、安康文庙大成殿（图4-4-13b）。装饰集中于柱础、门狮、压阑石等部位。木雕如丹凤县船帮会馆门头（图4-4-13c）、略阳江神庙戏楼（图4-4-13d），砖雕如漫川古镇建筑栏杆（图4-4-13e）、凤凰古镇民居（图4-4-13f）。

陕南地区建筑彩绘包括旋子彩画与壁画。旋子彩画是在藻头内施带卷涡纹的花瓣，如圣水寺正殿（图4-4-14a）、黄州会馆乐楼（图4-4-14b）。壁画在陕南建筑中多用于宗教建筑，如城固县韩家祠堂（图4-4-14c）、圣水寺正殿

（图4-4-14d）。

陕南传统建筑装饰兼备南北地域特色，同时体现北方的粗犷和南方的细腻。屋顶形式，在民居中多为悬山顶、硬山顶，在公共建筑中多用歇山顶，屋脊装饰繁复而精美。墙体造型较为多样。门窗装饰华丽但不繁琐，一般使用特定主题的窗花图案。梁柱装饰多用雕花，常在柱上设置精美的木雕斜撑，样式灵巧多变。雕刻艺术受荆楚文化影响较大，大量运用砖、石、木雕，尤其是木雕。彩绘装饰主要为旋子彩画和壁画，多用于宗教建筑，其题材多以典故、神话为主。

陕南传统文化受周边地区影响，形成了开放性和兼容性的地域特点，其装饰艺术体现了当地传统的文化价值、审美取向和社会心理。

（a）丹凤县船帮会馆石雕

（b）安康文庙大成殿浮雕

（c）丹凤县船帮会馆门头木雕

（d）略阳江神庙戏楼浮雕

（e）蜀河古镇城南书院栏杆透雕

（f）凤凰古镇民居砖浮雕

图4-4-13　陕南地区雕刻装饰示意图（来源：孙志清 摄）

（a）圣水寺室内梁旋子彩画　　　　　　　　　　　　　　（b）黄州会馆乐楼旋子彩画

（c）城固县韩家祠堂壁画　　　　　　　　　　　　　　　（d）圣水寺正殿壁画

图4-4-14　陕南地区彩绘装饰示意图（来源：孙志清 摄）

总之，陕南地区传统建筑呈现如下特征：

1. 地理分异的传统聚落分布

陕南地区地形地貌的特殊性，造成了水平分异与垂直分异的地理差异，形成了河谷平原盆地、低山丘陵和中高山地三种类型的地理单元。人居环境融合于"两山、三江、一川"的山水格局，顺应自然，整体协调。自然环境下的资源约束、耕作条件及环境容量，使陕南传统聚落在选址上具有了"依山傍水、攻位于汭"的基本特征；聚落产业类型由综合变为单一，农业耕作类型及容量也随之分异，聚落空间分布呈现出小聚集、大分散的山地特征；依据地理高程及建设用地规模，可以划分为平地型、河谷型、坡脚型、坡地型、沟谷型等5种聚落形态；地理高程上，由低向高，聚落规模逐渐递减，形成了团状集聚和带状集聚的聚落空间格局。

2. 功能实用的建筑空间营造

陕南山区建设用地条件紧张，建筑单元规模不大，基本形态简单，建筑空间组合不拘一格，布局灵活。建筑空间营造体现出了适应地域自然、经济、社会条件的功能实用特色。

陕南民居建筑以"一字形"和吊脚楼的空间营造为代表。"一字形"为基本构成单元，通过横向与纵向的拓展，构成了以使用功能为主的空间组合方式，建筑空间组合中等级秩序并不突出，典型民居建筑以"一字式三连间"平面格局为原型，形成了"一明两暗"或"一堂二内"的平面形制；吊脚楼，结合纵向地形要素，顺应等高线走向，构成了使用功能、建筑造型与自然环境相结合的空间营造特色。公共建筑空间以会馆建筑为代表，使用功能与经济社会环境因素共同作用，为满足商贸活动的需求而形成。建筑的建造材料就地取材，天然材料被广泛应用于传统民居，形成了具有地域性的营建方式。营建技术反映出了适应当地气候、地形、资源的综合考虑，简单易行，经济耐用。

3. 多元文化的建筑符号表达

陕南属于区域次级文化圈，与中心文化圈——巴蜀文化、荆楚文化及秦陇文化均有不同程度的交流。处于三大主流文化圈的包围之中，陕南地区的文化价值观多以现实的需要去选择和寻求强势文化的认同。同时，移民迁入也促成了南北文化的交融，形成了陕南地区巴蜀、荆楚、秦陇等文化的多元汇聚。传统聚落空间与建筑风格也主要受气候、地貌、地形等自然条件的影响，各类空间形制并不恪守中轴对称的传统礼制，呈现出了自由朴实的艺术特征。

陕南地区传统建筑符号反映出了文化融合的特征。多样化的墙体造型、地域化的屋脊装饰、灵巧多变的雕刻窗栏，体现了当地的文化价值、审美取向和社会心理，具有轻盈流变、率性简洁、不拘一格、同中求异的开放性与兼容性并存的地域特点，表达着多元融合的建筑文化。

第五章　陕西传统建筑主要特征

厚重的历史造就了陕西的独特性，中国传统建筑文化大都渊源于此。丝绸之路引发了中外文明的交流，《周礼》开启了秩序文明的篇章，《诗经》呈现了陕西建筑文化起源的思想世界，林林总总，形成了天人合一的有机整体观、以德化人的环境文化观和阴阳相生的辩证空间观，兼具华夏建筑文化传统与陕西地域意识的思想特征。陕西传统建筑奠定了我国封建社会建筑体系的主要格局，产生了我国传统民居的基本类型与形式，规定与应用了建筑模数尺度，具有了组织与施行特大工程的经验，也是我国最早建筑文献的实践成果，其发展对周边国家产生了巨大而深远的影响。

第一节　陕西传统建筑思想特征

一、文明肇始与陕西传统建筑思想的文化渊源

距今6000年以上的新石器时代仰韶文化半坡遗址和姜寨遗址，完整确凿地呈现了陕西本土传统建筑的聚落文化信息。至4700多年前，陕西成为人文初祖——炎、黄二帝的族居地，在此期间，已经逐渐由游牧转为农耕，逐步掌握播种五谷以定居，明阴阳以行医，皇后螺祖首创种桑养蚕造丝的新纪元，制舟车可以负重远行，调音律可以行乐，创文字用以赋义，铸金鼎用以祭祀，划九州，分井田，发明指南针以定方向，用天干地支来纪年和发明农历等，以海纳百姓的衣、食、住、行、医、乐、礼的全方位民生大计，完全奠定了中华文明的原始基业。

自黄帝时期开始，中华文明世代相传，不断演进，在五大文明古国中是惟一没有中断并且持续发展的国家。哲学、学术思想是一国之本，是民族的根和魂，而其他政治、法律、民俗、历史事件，皆是现象及其形质。梁启超在《中国学术思想变迁之大势》中将中国古代学术发展分为七个时期："一、胚胎时代，春秋以前是也；二、全盛时代，春秋末及战国是也；三、儒学统一时代，两汉是也；四、老学时代，魏晋是也；五、佛学时代，南北朝、唐是也；六、儒佛混合时代，宋、元、明是也；七、衰落时代，近二百五十年是也。"陕西是周、秦、汉、唐——中国文化发展的鼎盛时期的帝王之都，是政治文化中心，是学术思想发源地，不仅文人荟萃，也是学术思想的成熟期。诸如伏羲创八卦，文王演周易，仓颉造文字，周公拟定中华礼乐文明体系（含都邑制度），《诗经》奠基中国建筑思想，老子写《道德经》，董仲舒对宇宙、自然与社会形成天人感应论，司马迁写《史记》，李白、杜甫的诗作，王维的辋川别业，柳公权的《玄秘塔碑》，药王孙思邈的《千金方》，张骞出使西域，水旱丝绸之路的起点，隋宇文凯的城市规划，包括工程建设，气势恢宏的秦汉宫殿与陵寝皆属陕西最盛。可以说，陕西的历史文化独领风骚三千余年。就连合院和砖瓦也是最早发现

于陕西，并有6000多年的历史。建筑的形制、理念、营造智慧无不随政治文化中心而发展，只可惜由于木构建筑不胜火灾与腐蚀之摧残，保留甚少，现存多为明清时期的建筑，唐之后的陕西，随政治中心的东移，文化与建筑已经由源变流，逐渐衰落，不足以构成典范，一切遗存只能慎终追远，按历史发展的轨迹，追溯历史之源头，正本清源，以晓当下。

中华文明与西方之间的交流远在西汉时期就已通过"丝绸之路"开启。汉长安城作为起点，是当时全国的政治统治、经济活动、军事指挥和文化礼仪的中心，西方物种传入中国，经过汉长安城传到各地，与西汉时期中国古代民族之间的交流、融合，与汉民族、汉文化的形成直接关联。丝绸之路始于西汉长安，历经后世千余年的发展繁荣、变迁衰退，陕西地区始终是丝绸之路的必经之地，留下了具有文化影响力的中心性城镇、宗教建筑、商贸聚落和道路交通遗迹等，为我们探寻东西方古代文明的交融对陕西传统建筑思想的影响提供了宝贵的史料。

陕西传统建筑的思想基础当有经典文本为据方可正本清源，对此，先秦经学典籍《诗经》当属无疑。《诗经》诸篇所承载的建筑思想之精髓，已被很多建筑学者关注，惜乎究之未深，这里再作建筑诠释，以彰显其传统建筑文化根基之实。

二、《诗经》与陕西传统建筑思想的文化根源

《诗经》的《大雅·公刘》《大雅·绵》《大雅·文王有声》《小雅·斯干》诸篇，以文本的形式，不仅呈现了周文化早期的迁徙发展历程，而且以经典文本语言的形式传递了主流文化的建筑与环境观念。这些观念依托儒家经典的历史诠释，成为了民族的集体记忆，从而为传统建筑提供了一个极具民族文化特征的思想范式，成为了陕西乃至中国早期建筑文化的核心。这些意义所依托的地理区域及文化环境正是中国文明起源的核心地域：关中地区。

《大雅·绵》描述了周先祖古公亶父率领部族迁徙至陕

西岐山周原一带选址营国的史实，生动、完整地呈现了早期聚居状况（"绵绵瓜瓞，民之初生，自土沮漆，古公亶父，陶复陶穴，未有家室"）、环境选址经验（"周原膴膴，堇荼如饴，爰始爰谋，爰契我龟，曰止曰时，筑室于兹"）、定居地环境整治规划（"乃慰乃止，乃左乃右，乃疆乃理，乃宣乃亩，自西徂东，周爰执事"）、工程管理运作制度（"乃召司空，乃召司徒，俾立室家"）、聚落营造以宗庙奠基为先（"其绳则直，缩版以载，作庙翼翼"）、建造过程中的劳作景象及营造盛况（"捄之陾陾，度之薨薨，筑之登登，削屡冯冯，百堵皆兴，鼛鼓弗胜"）、礼仪空间序列（"廼立皋门，皋门有伉，乃立应门，应门将将，乃立冢土，戎丑攸行"）等。而《小雅·斯干》则是从人、环境与建筑的关系层面，对西周关中地区营建宫室的过程的描述，这一诗篇不仅文法高妙，而且蕴含着丰富深刻的建筑思想。学者对《小雅·斯干》有评论："《斯干》，却是以宫室为赋之主体，而全篇无重复之句，无重复之意，章章变换角度，叙述层出推进，《诗志》评此诗曰：'叙作室只中间四章，前则设景布势，后则撰情生波，极章法结构之妙。'"[①]《小雅·斯干》："[一章]秩秩斯干，幽幽南山；如竹苞矣，如松茂矣。兄及弟矣，式相好矣，无相犹矣。"

第一章前后两段是对自然环境和人伦环境的分别描述，作为全诗首章，它们共同引出下文营造环境的整体理想目标。前半段是对自然环境的描述，在诗篇语词关系中蕴含有主体与环境之间的"平远"视域及其构图关系（"秩秩斯干，幽幽南山"），揭示了作品所传达的特定的环境体验。后半段则是把握古代伦理秩序中"兄弟"的身份地位及其和谐诉求，具有更大的社会层面的伦理环境理想，不同于父子、夫妻相对私化的关系域，而是平远视域所造成的自然山水体验与兄弟之间和谐无欺所体现的平等普世关系（"兄及弟矣，式相好矣，无相犹矣"），诗意地显示了传统建筑思想源于环境体验与生活体验的自然-人文关联语境。

《小雅·斯干》："[二章]似续妣祖，筑室百堵，西南其户。爰居爰处，爰笑爰语。"

第二章前半段是对建筑与传统的关系、建筑规模以及规划思路的意义描述，揭示了传统建筑思想关于建筑合法性（"似续妣祖"）、规模适宜性（"筑室百堵"）、规划合理性（"西南其户"）的内在要求。后半段是对以如此合法性及良好规划思想形成建筑环境的生活意义给予描述，理想环境与理想生活之间形成了人们的愉悦情感以及部族邻里的融洽无间。

《小雅·斯干》："[三章]约之阁阁，椓之橐橐，风雨攸除，鸟鼠攸去。君子攸芋。"

第三章对营造过程的声响保持敏感和尊重的态度，这是一种将对劳动价值的尊重转化为建筑愉悦的美学表现（"约之阁阁，椓之橐橐"）。建筑基本功能的实现（"风雨攸除，鸟鼠攸去"），产生了栖居所需要的稳定安全的安心体验（君子攸芋）。简短优美的文辞充分表达了传统建筑思想关于建造过程与建筑功能的人性关怀。

《小雅·斯干》："[四章]如跂斯翼，如矢斯棘，如鸟斯革，如翚斯飞。君子攸跻。"

第四章是对传统建筑形态的审美描述，可谓传统建筑思想关于建筑形态的极具代表性的建筑美学认识。整章多以飞鸟的各类情态来表现传统建筑形态的典型特征，"如跂斯翼"表现了建筑造型整体端庄肃穆之态，"如矢斯棘"表现了传统建筑转折接合部的直交棱状之形，"如鸟斯革"表现了建筑屋面如鸟翅翅延展之状，"如翚斯飞"表现了建筑风格如鸟由静而动转换瞬间的跃飞之态。对于传统建筑形态如此生动准确的审美经验及艺术表现，实为传统建筑思想的精髓。该章后半段的"君子攸跻"，则表述了面对如此建筑形态之美，怎能不使人产生登堂入室的行为体验（"跻"）！这些不同的体验词与建筑不同层面的特征描写的对位联系，使得建筑反复与心灵体验及生活意义发生联系，充分体现了中国传统建筑的空间思维模式和表达类型，蕴含有深刻的古

---

① 扬之水. 诗经名物新证. 北京：北京古籍出版社，2000：175.

典设计思维。这样的传统建筑思想在后来的古典建筑文本如《园冶》中得以反复传承。

《小雅·斯干》："[五章]殖殖其庭，有觉其楹。哙哙其正，哕哕其冥。君子攸宁。"

第五章是对院落空间形式特征（"殖殖其庭，有觉其楹"）及其随时间流转而产生的不同光影氛围的感知（"哙哙其正，哕哕其冥"），这类感知仍然与人的特定生活意义及生活体验保持联系，也就是说，院落怡然自得的空间形式及其在白昼的光明温暖与夜晚的幽深宁静之间顺时而化的自然氛围，能给人带来栖居的宁静（"君子攸宁"）。

由《大雅·绵》《小雅·斯干》这类史诗篇章不难看出，它们所传达的不仅是早期关中这一地理区域内发生的重大历史、文化事件，更是生存环境选择与营造过程中所表现的环境意识、空间观念、建筑思维范式与建筑文化价值，这些建筑思想之精髓实为陕西乃至整个中国传统营造文化的根基，至今仍值得我们高度重视。通过对《诗经》诸篇的深入系统的诠释，综合建筑历史与商周考古研究，能够确立源于关中核心地理区域的传统建筑思想的文化基础，而这一文化基础也因其发生场所而使得陕西传统建筑的解析和传承问题得到了深层解读。

三、陕西传统建筑思想特征

如果说《诗经》中诸篇民族史诗显示了以关中为核心地理区域的陕西传统建筑思想丰富而深刻的文化内涵，那么随着一系列历史文化的演变，诸如西周礼乐文明的确立、春秋战国地域间的文化分合及思想争鸣、秦汉大一统的意识形态化、魏晋南北朝趋向自然率性的艺术风度及民族交融、隋唐文化整合统一而又多元包容的开放气象、唐宋之际社会文化的变革与转型、宋元明清地域性的独立彰显等，陕西传统建筑也逐渐形成了兼具华夏建筑文化传统与陕西地域意识的思想特征。

（一）天人合一的有机整体观

"天人合一"的有机整体观在建筑思维层面，深刻揭示了传统营造把握人与自然之间关系的思维模式。这一思维模式源于身体、环境与世界的动态关联的体验，身体的复杂感知活动总是与环绕于周围的自然环境直接发生联系，早期生存活动依赖于对周围自然环境特征的辨识能力，古代英雄人物常常因为具备这类异于常人的非凡能力而成为聚落部族领袖。由此而不断扩展的环境方向感与自然特征认同感融为把握天地整体结构的世界观念。《诗经》诸篇显示出了私人化的身体自我意识转化为承担部族历史命运的人类意识，"天人合一"的有机整体观呈现为人类、空间与意义的整体构成的思维活动，所谓"维天之命，于穆不已"[①]。这类源于关中核心地理区域的思维方式，将天地空间结构及自然特征与人类意识、文化意义建立了内在关联，从而使得人类塑造环境的营建行为也在其中得到了特定的建筑解释，这对早期建筑思想产生了直接的影响（参见前节"传统建筑思想的文化根源"所述）。

这类天人合一的有机整体观，在春秋战国时期经历了儒家与道家的思想整合，形成了儒道同构异质的两大类型。以孟子《中庸》为代表的儒家确立了尽心—知性—知天的"天人合一"观念，空间结构及其意义源于人类普遍的心性结构，《中庸》中"天、地、山、水"四重结构即为儒家天人合一观念的空间思维表征：天地孕育人类生命并使之绵延不息，山水滋养人类生命并提供源源不断的生活资源，因而天地山水本身就有充满道德、生命意义的环境结构关系，所谓"天地之道：博也，厚也，高也，明也，悠也，久也"。正因为如此，儒家建筑思想的深刻之处在于它不仅要确立有尊严、有秩序的社会组织关系，同时还要树立敬畏生命、敬畏自然的建筑空间创作原则，因而儒家必须出入于世俗与神圣之间，充分借用社会权力资源，投身于政治生活实践，致力于礼仪社会空间的建构。我们在都城规划、礼制建筑、陵墓建筑以及地方聚落营造中能够反复看到，儒家的这类天人

---

① 《诗经·周颂·维天之命》

合一观念在世俗与神圣、极高明而道中庸的协调博弈之间不断显露其建筑创作背后所承担的文化使命，也不断显露其建筑创作过程中所表现的人居营造智慧。以老、庄为代表的道家确立了人法地—地法天—天法道—道法自然的"天人合一"观念，人与道之间必须经历地与天的适应过程才能得到真正的联系，也就是说，人类自身（"人"）需要适应大地、天空（人法地，地法天）这样的事物环境及空间结构，才能获得根本的意义（"道"）。"道"是人自身的生命活力面向自然、社会的自由呈现，这种呈现既有艺术的或多样性的表达，也有对自然规律、社会规范、知识技术的洞察反思，因而这样的过程提供了古典建筑创作更为宽广的视域和深刻的洞察力，人与自然更容易形成自由平等的环境生态伦理关系（所谓"林泉之心"），人在天地山水之间更容易形成灵动自由的建筑空间思维方式（所谓"巧于因借，精在体宜"）。儒道两类"天人合一"观念的思想进路不同，因而对于环境价值、空间意义及建构原则也有不同的理解，但是它们对天地关系的敬重、对自然环境和山水结构的顺应其实殊途同归，而且在古典建筑创作实践中实为互补。

中国传统思想最为根本的"天人合一"的有机整体观，在历史长河及实际生活中又表现为文化意识形态化的"天人合一"和世俗经验的"天人合一"，这两类在建筑思想层面皆有明确体现：前者诸如秦汉时期的"象天法地"、"天人感应"，后者诸如方术堪舆等。无论如何，天人合一的有机整体观在传统建筑思想中具体表现为环境感知、文化意义与建构逻辑相融贯的创作思维过程。从某种意义上看，天人合一的有机整体观作为建筑思维模式，对中国传统建筑产生了长远而深刻的影响，虽然它在不同历史时期具体表现为不同的意识形态、文化学术及世俗经验，但就其最为根本的建筑思维方式而言，它与现代关注场所、情境、身体、文化特性的建筑理论产生了积极深入的对话，为陕西乃至中国建筑创

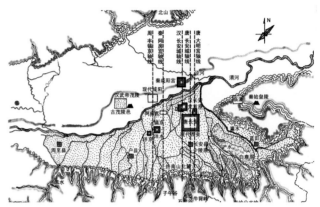

图5-1-1　周、秦、汉、唐历代都城轴线与区域山水关系图（来源：中国地景文化史纲图说，佟裕哲、李晨 改绘）

作理论提供了源于传统的有效的建筑理论话语。

"天人合一"不仅包含了道法自然的生态协同思想，更反映了体国经野的全域山水观和"天—地—人"三才合一的宇宙整体观念。城市作为一个整体，不是孤立存在的，与宇宙自然息息相通，山水相依，浑然有机（图5-1-1）。关中平原的秦都咸阳，以"渭水贯都，以象天汉，横桥南渡，依法牵牛"[1]，"表南山之巅以为阙"[2]的全域山水格局向后人展示了营城思想中的恢宏的空间意象与博大的文化内涵。揽山水以象天法地，表星月以同构寰宇，这一城市格局与山水轴线在后世汉唐长安营建中始终得以延续，唐长安更是以南达终南、北至嵯峨的朱雀中轴线贯通关中平原，使得城市气韵更加舒展超逸。[3]

（二）以德化人的环境文化观

中国自古以来注重人居空间对人心的化育，教化德化是人居环境的重要职能。[4]《周礼·考工记》中的"左祖"表达了对父辈祖先的纪念，意为不忘血脉之根；"右社"则表达了对江山社稷、自然五谷的感恩，意为牢记自然之本。作为中国古代文明的重要基础，《周礼》影响了历代重要城市在

① 《三辅黄图》
② 《史记·秦始皇本纪》
③ 周庆华. 西安总体城市设计. 建筑与文化，2016，3：013.
④ 吴良镛. 中国人居史. 北京：中国建筑工业出版社，2014：10.

营建过程中对文化精神空间的组织，从空间尺度层次上看，城市在整体格局上把承载历史、文化、道德信仰的重要空间要素与地方山水环境相结合，在公共空间与标志建筑的位置经营上，把轴线序列、文庙、学宫、书院、祠堂等的选址经营，与礼教秩序相统一，以凸显其对人的教化与德化的重要职能。[1]因此，中国传统城市空间在承担着多种重要物质功能的同时，也发挥着重要的精神与文化职能，塑造着不同的城市精神。如何让城市环境在社会结构及群体行为模式方面发挥更多的影响，是城市营建的重要考量。

以德化人的环境文化观也是亲亲与自由互补的文化观念，就是这种职能的重要体现。所谓亲亲，特指中国文化基于血缘亲情形成的社会情感纽带。与"亲亲"社会伦理价值观念相适应的人际关系、交往模式对于传统建筑及环境的空间组织关系产生了直接的影响。国学大师王国维先生在其名作《殷周制度论》中指出，西周礼乐文明秩序及社会制度"皆由尊尊、亲亲二义出"，"周人以尊尊、亲亲二义，上治祖祢，下治子孙，旁治昆弟"，西周组织基层空间秩序的井田制与组织国家政治空间的畿服制皆与此相关联。战国时期孟子的"五亩之宅"与"百亩之田"[2]即包含有与"亲亲"原则的人际关系、交往模式相适应的空间环境组织构想。商鞅在关中掀起的变法以法治为原则树立了社会空间的公权组织架构，与亲亲原则的文化生活观念发生碰撞，此后在中国历史及传统生活模式中产生了错综复杂的地方空间组织关系，西汉前期制里割宅的社会空间组织规划思想即为这样的表现。老子以"道法自然"的原则提出"小国寡民"[3]的文化生活观念，其自由、自适的人际关系及交往模式塑造出了点状疏离且和谐自然的理想人居环境图式，这与亲亲原则所塑造的井然有序、主从关联的社会空间秩序一起，构成了中国传统建筑空间组织的两类基本文化模式。这样的文化生活

模式与相应的空间模式相互作用，促成了我们从价值意义层面思考传统建筑空间特性的诸多路径，诸如表达身份认同（方言、文字、人格尊严、信仰、文化自信）的空间或环境要素，不同类型聚居方式（家、邻里、街区、区域、天下，族居、屯居、乡居、市居、隐居，定居、旅居）的交往空间特性，爱、亲情与礼法、功利维系的各类场所（从宗庙到宗祠）等。它们共同体现了传统建筑的场所精神。

以德化人的环境文化观在人性论及生活态度问题上，也对传统建筑思想产生了深刻的影响。强调了人性的本善（性善与良知），表现为自强不息的生活态度，它保证了人与人、人与社会所需的信任及秩序，而且在塑造环境以适应生活的过程中提供了人类所需承担的环境伦理责任与行为规范——传统建筑营造过程中各环节（从选材、规划、设计到建造）的守"天时"、应"地利"、通"人和"即为体现。"自由"则强调人性的本真（自身与自然），表现为隐逸自适的生活态度，它保证了人对自我价值、对事物本性的反思及超越——在建筑思维层面就是一种善于把握并顺应环境地域特征的知足态度，而非按照人类短视的欲望或有限的理性来无限制地控制或塑造自然环境，老子所谓"知不知，上；不知知，病"[4]就是这种态度的智慧表达。

以德化人的环境文化观形成了趋吉避凶、乡土与天下相容的建筑文化情结。西周时期明确了亲亲之爱的伦理社会空间秩序，也通过《周易》的文本创作从哲学思维层面表达了"吉凶与民同患"[5]这一具有人情共通性的忧患意识，因而趋吉避凶在中国文化传统中与亲亲之爱相应而生，是源于历史经验与自然经验的社会意识。而道家"祸兮福之所倚，福兮祸之所伏"[6]化解了吉凶祸福这类忧患意识的规范性及心理约束力，使得趋吉避凶回归了自由意识，对生存本质有了更为深刻的洞察与超越。这些

---

① 周庆华. 从国内外城市发展历程与理念共识看当下中国城市转型[J]. 建筑与文化, 2016（3）：013.
② 《孟子·梁惠王上》。
③ 《老子》。
④ 《老子》第71章。
⑤ 《系辞上》。
⑥ 《老子》第58章。

理解反映在传统建筑思想层面，其精髓在于对人居环境所蕴含的生活质量（忧患、幸福）及其象征意义的直接情绪性表达，而非物质功利性的利用。乡土观念表现为对具有亲亲之爱的生存场所整体氛围的眷恋情绪，因而对于故土环境的细节具有强烈的认同感（诸如街口古树、石阶苔藓、村中广场、屋檐青瓦等）。乡土与天下观念相容则是中国文化传统空间意识与生活理想结合的最高境域。此种境域从自由意识的角度来看，表现为天下观念下区域环境的文化联想，提供了山水空间可居可游的浪漫情怀。

在礼制建筑等城市重要文化精神空间组织营建方面，《周礼》形成了基础性的影响作用。从空间尺度层次上看，城市在整体格局上把承载历史、文化、道德信仰的重要空间要素与地方山水环境相结合；在公共空间与标志性建筑的位置经营上，把文庙、学宫、书院、祠堂等的选址经营与礼教秩序、轴线序列相统一，以凸显其对人的教化与德化职能。张锦秋先生曾对故都长安"以文置城、以城化人"的营城理念作过深度研究："西安历代都城都是在轴线与轴线，轴线与山水和地形变化的交汇点上选择标志性地段和布置标志性建筑"[①]，重要建筑在城市总体格局中所处的地位显而易见。

（三）阴阳相生的辩证空间观

作为东方传统哲学思想的物质空间载体，传统空间营造艺术的观念当然也成为了重要的思想基础之一。中国传统建筑与城市空间艺术是中国书法、诗画、园林等各类艺术的"综合集成"[②]，反映出了共有的阴阳相生、有无相依、和而不同的辩证空间观，构成了独特的东方艺术风貌。长安都城的收合与严整，伴随着山水田园的舒展与旷达。周王城的九

宫格局与"蒹葭苍苍，白露为霜"[③]形成的"森严与婉约"，唐长安里坊与曲江池形成的"方正与自由"等暗含的刚柔并济、阴阳互成、虚实相生之义理，与"风定花犹落，鸟鸣山更幽"的文学对仗，"山得水而活，水得山而媚"[④]的山水画论，"疏可走马，密不透风，计白以当黑"[⑤]的书法构成，均一一相通，体现着中国传统哲学中的二元互生以及相反相成的辩证思想。这一辩证思想作为中国传统艺术哲学的核心，在现代城市规划中依然发挥着重要作用，强调绿色开敞空间与建筑实体空间所形成的图底关系，正是对"计白当黑"、"以虚化实"的体现与诠释。[⑥]

象意相生是中国传统空间观念的进一步追求。象意相生的审美经验源于西周时期《周易》的创作，"象"涵括了自然的物象、社会的事象、符号的卦象以及用品的器象，在最为广阔的经验世界（天地万物与社会事态）中养成了自由开放、气象万千的意象立意，在这些形象、符号与意义之间赋予了审美经验无限的形式探索的可能性。这一特征的审美经验后因老庄道家思想的提升，以"道"的智慧洞察，往返于自然山水、自身心性与人生百态之间，成就了中国艺术精神的完美表达。"象意相生"也成就了传统建筑在空间及环境审美经验方面的思想特征，它首先表现为意境与借景，其次表现为各古典艺术领域融入传统建筑审美方面的通感，第三表现为建筑环境体验中文人趣味、生活趣味与民间信仰的折中或超越，第四表现为端方有变与曲折有理的空间组合艺术。

尚象制器则是对这类"象意相生"审美经验的艺术表现及艺术实践，因"尚象"而"制器"，通过符号、工艺及各类艺术手法达到完形、表意与设计。就传统建筑创作实践而言，体现为从可观、可望到可游、可居的环境构图及营造思维。就传统建筑创作的表现方式而言，首先可归纳为具有

① 张锦秋. 关于西安城市空间发展战略的建议[J]. 城市规划，2003(27)：30-31.
② 吴良镛. 中国人居史. 北京：中国建筑工业出版社，2014：10.
③ 《诗经·秦风·蒹葭》。
④ （北宋）郭熙. 林泉高致[M]. 中华书局，2010：9.
⑤ （清）包世臣. 艺舟双楫[M]. 北京图书馆出版社，2004：10.
⑥ 周庆华. 建筑与文化. 2016：013.

叙事表现力的七观法，其次则是与环境信仰相应的空间构成表现法：古典模数法度。"七观法"本是王伯敏先生归纳的中国山水画的七类表现方法：一曰步步看，二曰面面观，三曰专一看，四曰推远看，五曰拉近看，六曰取移视，七曰合六远。其实这七类表现方法也适于在传统建筑创作中思考建筑与环境的本质关系，是在自然山水环境中建筑空间位置经营的古典表现方式，它以人与空间反复交流的叙事逻辑而非抽象独断的几何逻辑完成传统建筑创作。古典模数法度是传统建筑创作的空间构成控制方法，它的运用不仅与上述七观法存在配合关系，而且还需有环境信仰的合法前提。春秋战国至明清时期的帝王陵墓、皇家宫殿及都城规划设计，大多以天地、名山、大川、祖陵、风水来确立环境信仰的基本前提，在这个过程中，不断勘察、考虑山水格局与建筑空间的叙事组织关系，最后以网格模数完成空间构成的控制及表现，这其中的重要单体建筑设计也以各类模数法度协同完成平面、立面与构造的形态设计及结构设计。

"象意相生"及"尚象制器"提供了传统建筑在空间、图形与意义之间的理解模式。这里的"图形"相当于"象"，表征着天与地、人与物、地与物的不同形式关系，这类形式关系包含有自然环境与人的生存活动发生的各类有意义的具体有形的联系（而"图画"则相当于"器"，是符号应用层面的表达与操作）。这些图形在传统建筑思想表达中不胜枚举，诸如对应天中极星的地中图式、贯穿山河-大地-都市的大中轴图式、寓有数理时序的洛书九宫图式、象天法地的九州分野图式、一池三山的园林图式、阴阳流转相生的太极图式、探寻山水脉络以求基址定位的风水图式、作为中华文化经验模型的八卦时空图式、尊尊亲亲的院落及室内空间图式以及代表传统建筑空间原型的各类井田图式等。如果抽离这些文化图式特定的历史内涵，我们可以将其蕴含的建筑理论话语表述为：平面、立面构成的法度与形态；大尺度空间的形与势、小尺度室内外空间的情与境；建筑装饰与符号、意义的错综表达等。如此，我们只要把握传统建筑在空间、图形与意义之间的理解模式，就能恢复传统建筑解析中各类分离要素（诸如空间、肌理、形态、材质、色彩、装饰、意蕴）的建筑构成意义，为现代建筑创作的历史传承问题提供有效的建筑观念基础。

通过上述传统建筑思想特征的阐述，不仅能够帮助我们把握建筑传统的历史内涵及价值意义，而且也在一定程度上建立了我们与现代建筑理论及现代建筑创作实践展开有效交流的建筑话语基础。同时，在这些思想特征中不难看出，陕西传统建筑的发展历史对其产生过诸多奠基性作用，尤其是周秦汉唐形成的建筑制度及文化正是在陕西传统建筑历史中得到定型。不过，在唐宋社会变革及转型以后，陕西传统建筑的发展不再直接体现宋元明清时期中国传统建筑发展所具有的主要特征，而是逐渐转换为地域性人居营造智慧的呈现。

第二节　陕西传统建筑营造方法特征

陕西传统建筑蕴含着天人合一、知行合一、情景合一等哲学观念，承载了儒、释、道等文化印记，并形成了明确的营建方法特征。设计融合山水自然，因地制宜，因势利导；群体与单体空间营造以中正为贵，又体现和而不同的多层次变化；空间营造虚实相依、阴阳相生，强调平面展开的序列性和情感体验的历时性；融合雕刻、书法、绘画、诗词、园林等艺术形式，注重使用地域性材料，使传统建筑演化成为具有鲜明东方特征的综合空间艺术。

一、中正与变化的群体肌理组织

《中庸》载："中也者，天下之大本也；和也者，天下之大道也。致中和，天地位焉，万物育焉。"《周易》则有"中正"："执两用中，以中正为贵"。古人论天文、地理、人道都不能离"中"而立。正是出于对"中庸"的尊崇，在传统建筑中，往往把最重要的建筑置于中间，次之环绕两侧。在陕西群体建筑空间组织中，不仅强调中正和变化，形成正格与变格关系，而且这种关系存在于"国""城""村""宅"等不同的尺度层次中。

（一）正格与变格的丰富变化

《周礼·考工记》开创了营城制度："匠人营国，方九里，旁三门。国中九经九纬，经涂九轨，左祖右社，面朝后市，市朝一夫。"陕西传统建筑群体空间组织受其影响，在城市规模控制和形态控制手法上多以此为据，形成了井字形的正格构图，并衍生出了变格构图，其中更是蕴含了很多规则和模数关系。[①]

陕西聚落以正格布局居多，在地形地貌不允许的情况下，则局部实现正格，整体随地貌变化。关中地区是历代皇权集中之所，地势平坦，城乡聚落以正格形式居多；陕北黄土高原受北部游牧文化影响，形成了独特的军事要塞城镇体系，布局受政治因素影响，多以正格为主，村落则因沟壑、水系而难以形成正格，但局部平坦地段依然留存有如姜氏庄园一样的正格院落，典型城镇如神木古县城（图5-2-1）；

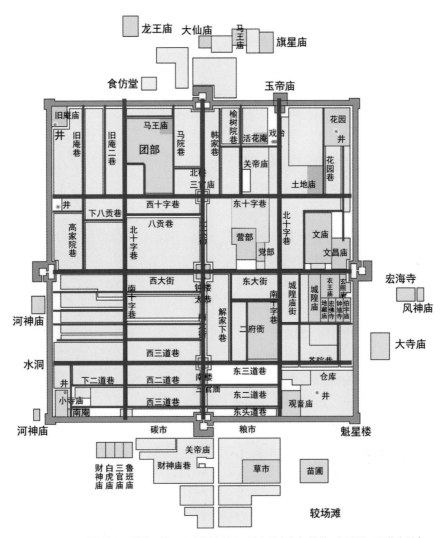

图5-2-1　民国陕北神木县城的正格肌理（资料来源：神木县史志办 提供，姬瑞河、丁琳玲 绘）

---

① 缪朴. 传统的本质（下）[J]. 建筑师，37：63.
　正格构图多半由直线正交的形状，如矩形或方形组成。整个构图是对称的，并有一条可以循序渐进的笔直轴线，其中不乏数理关系。变格构图中则以各种曲线及斜交直线构成的形状为主，单体之间的组合自由多变。

陕南秦巴山区平缓地带较少，除汉中市、安康市、城固县等个别市县外，其他聚落难以实现正格的肌理布局，一般会随山就势，形成树枝状或藤叶状格局，局部平整地段施以正格小环境，典型如安康市旬阳县赵湾镇郭家老院，村落沿山沟散落，每个单元自成一个小的正格，与相邻山体走向一致（图5-2-2）。

中国古代除了遵从《周礼》的诸多礼制法则外，也会将"堪舆风水"作为法则营建群体空间。[①]清代魏清江著有《宅谱指要》，提出"建除法"，以考量凶吉。现代学者对此亦各有见地，如陆元鼎提出"丈杆法"和"大数、小数"的方法作为广东工匠施工的依据，欧阳恬之提出了"步数"法，以确定唐里坊的规模等级等。陕西的聚落营建因其皇权地位，以礼制为先，正格的应用比比皆是，但却不违背堪舆理论。

隋唐长安就是关中地区典型的正格营建代表，其中的模数关系亦让人赞叹称奇（图5-2-3）。据《唐代长安城考古纪略》[②]记载，其布局：长安城布局以矩形为原型，利用"六坡"建立一种"君、臣、神、人"的空间关系，强化中轴皇权地位，轴线北部的宫城与皇城是整个隋唐长安城的中心，皇城内对称布置了太庙与社稷坛，对称地在外郭春明门外规划日坛、开远门外规划月坛。隋唐长安城的矩形正格系统在尺度和模数上还隐含着古人匠心巧思的数理空间关系，以太极宫为基本模数控制单位，强调宫城、皇城宫城、外郭城规模的九五关系（面积比例：太极宫∶宫城皇城∶隋初大兴城=1∶5∶9），突出皇权"九五之尊"的至高无上。正格肌理是由一个含等边三角形的矩形系统组成的，太极宫、宫城皇城与外郭城均以等边三角形控制形成矩形，整个外郭也是由12个内含等边三角形的矩形组成，而外郭小矩形的边长恰好等于皇城的东西长度。[③]

（二）营建"和而不同"的肌理层次和秩序

孔子《论语》有云："君子和而不同，小人同而不和。"陕西传统建筑强调群体肌理多层次地与自然融合，总体中有轴线和节奏的起伏、空间的疏密变化。群体建筑讲究"千尺为势，百尺为形"。大尺度中讲究肌理的气势，结合山形水势构筑"山-水-城"的整体格局；小尺度的大小院落则考虑建筑布局和造型，充分表达肌理"形"的概念。在"形"的营造过程中，无论是大明宫宫殿群还是关中窄四合院民居，均细密地融合院落要素，与"势"构成小中见大的衔接，形成了尺度丰富的肌理层次。

图5-2-2　安康赵湾镇郭家老院正格与变格示意图（来源：丁琳玲、林高瑞 绘）

① 蒋匡文. 中国古代建筑及城市规划所用之建筑"建除"法模数初步探讨. 2009年全国博士生学术论坛.
② 1957～1962年，中国科学院考古研究所西安唐城发掘队对唐长安城遗址进行全面勘察，结果收录于《唐代长安城考古纪略》。
③ 王树声. 隋唐长安城规划手法探析[J]. 城市规划，2009，33（6）.

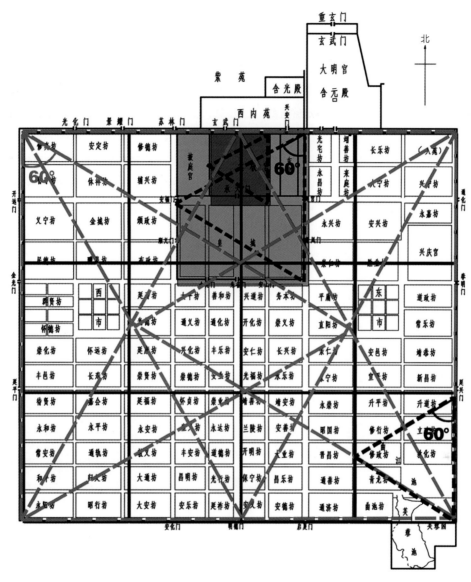

图5-2-3　隋唐长安城尺度关系分析（来源：《隋唐长安城规划手法探析》）

二、空间的虚实相生与平面有序展开

陕西传统建筑多以院落组织空间，强调二维平面、线性有序展开，常常多级多进，重层迂回，往而复还，以有限展示无限，空间氛围首尾相顾，使得人们行走其中，步移景异，充分表达了阴阳有无的辩证思想。

（一）空间追求虚实相生的辩证关系

老子曾在《道德经》中言："三十辐共一毂，当其无，有车之用也；埏埴以为器，当其无，有器之用也；凿户牖以为室，当其无，有室之用也。故有之以为利，无之以为用。"[①]它展示了古人对建筑与自然环境之间有无关系的理解，没有"无"的使用空间，"有"的建筑载体就没有意

---

① 道德经. 中华书局，饶尚宽译注. 2006：27.

义。《易经》将空间有无的概念与自然的阴阳相关联，《系辞上》："一阴一阳之谓道"[①]，阴阳的交变迭运就是道。陕西传统建筑从平面形制到立面形态，都反映出了阴阳有无、虚实相生的辩证关系。实为宅、虚为院，宅主阳，院主阴，在轴线上伴随着院落沿平面展开的室内外空间阴阳层叠交替，唇齿相依，线性流动，互为有无，正是道之所在。

始建于宋朝的八仙庵是西安城区现存最大的道观。横向前庭闭合院落是山门前的心理准备空间，山门则形成了序列空间的发端，伴随着南北轴线上的四进院落，阴阳空间不断流动，朝拜和典礼的序列逐渐从灵官殿、八仙殿走向斗姥殿，并向两侧发散成次轴线，通过吕祖殿和丘祖殿引向主轴尽端的聚仙阁，形成空间序列的收尾。正序空间情感的经历在转头行走的倒序空间中又形成往复，让人回味无穷（图5-2-4）。西安钟楼立面构成中的高低凹凸、虚实明暗同样体现出了阴阳变化，总体形态的三段式构图中，城砖砌筑的稳固基座意为阳，内凹柱廊与斗栱的虚透细巧为阴。基座高筑，中开门洞，阳中蕴阴；柱廊虽阴，但立柱刚劲，斗栱宏大，阴中带阳；以宝瓶加强升腾之势的攒尖顶厚重深远，呈现阳刚之美，但举折之法形成的柔美天际曲线增加了阴柔的特质，使得大屋顶阳中附阴。正是不断出现的阴阳变化，使得钟楼整体浑然天成，不仅雄壮稳恒，而且优美秀丽（图5-2-5）。

总之，在空间的各个维度上，传统建筑呈现的明与暗、直与曲、纵与横、长与短、开与合、聚与散、藏与露、俯与仰、重与轻、粗与细、方与圆、疏与密等阴阳辩证关系，构成了富有东方意蕴的空间构成特质。

（二）用方位象征礼制和宇宙

陕西传统建筑自其缘起就依天附地而建，与地貌天象脱离不了方位联系，又以《周礼》、《周易》等表达天、地、人关系的典章作为营建依据，用方位传达等级秩序和礼制思想，传达天人合一的哲学观念。

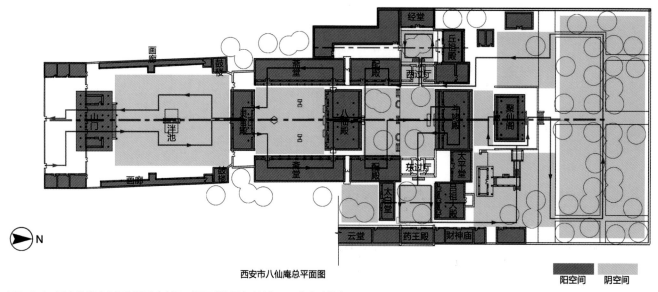

西安市八仙庵总平面图

阳空间　阴空间

图5-2-4　西安八仙庵空间分析图（来源：根据《陕西古建筑》，丁琳玲 改绘）

---

① 刘大钧，林忠军. 周易经传白话解. 上海古籍出版社，2006：281.

图5-2-5 西安钟楼形态分析图（来源：根据林源提供资料，陈志强、丁琳玲 改绘）

农耕文明源自土地、依托天象，对四季尤为敏感，对代表着四季的四方和天象顶礼膜拜。《周礼·乡饮酒》："东方者春，南方者夏，西方者秋，北方者冬。故曰四方各一时也。"《文选·张衡〈东京赋〉》："辨方位而正则。"这表明了对"中"的重视。五方概念与五行观念结合后，方位上升为宇宙观念，并形成各种象征意义，如五方、五土、五音等（图5-2-6）。《周易》透过八卦排列，构设了一个时空合一的八方立体宇宙图式，也体现了方位的礼制精神，应用于传统空间选址和营建中的"辨方正位"。《易传·说卦》曰："帝出乎震，齐乎巽，相见乎离，致役乎坤，说言乎兑，战乎乾，劳乎坎，成言乎艮。" 陕西地处北半球，南

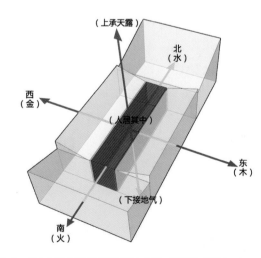

图5-2-6 关中窄四合院宇宙关系图（来源：丁琳玲 绘制）

向阳光对生产和生活尤为重要。是故，孕育生命的北方（坎位）尊于盛极而衰的南方（离位），象征生命萌芽的东方（震位）尊于太阳消失的西方（兑位）。在中正思想的指导下，营建时亦常常采用"南北中轴朝对"的手法，北被尊为至上之向，重要建筑必须坐北朝南，沿中轴布置，东西朝向的建筑往往也会对称布局，凸显中轴地位。方位用以体现礼制精神，主要在于其所创造的空间秩序感，不仅在陕西历朝的都城建设和各地的官式建筑营建中表现得淋漓尽致，而且民居中尊卑有序、男女有别、内外有分的伦理秩序离开方位似乎也很难表达。

明末修建的陕西咸阳旬邑唐家大院，可谓以不同方位表现等级制度的典型代表。北屋为尊，两厢次之，倒座为宾，杂屋为附。唐家大院现存主次两个平行两进院落，以中正思想对称布置，父子、夫妇 男女、长幼及内外方位秩序严格，尊卑有序，相互不可僭越。主院北房二层楼房是家长的日常起居空间，采用"一明两暗"形式，楼上中间最尊贵的位置设祖宗牌位；侧厢为子女居住，东厢长子，西厢次子；中间过渡区域的厅房尤为特殊，既是第一进院落的北屋，又是第二进院落的倒座，陈设富丽堂皇，彰显主人的身份地位；前院侧厢成为辅助空间；倒座则设为客房、佣人房。次院与主院平行布置，面宽小于主院，为旁系家庭居住，方位分布具相似性（图5-2-7）。

（三）巧妙运用模糊界面形成灰空间

陕西传统建筑布局，无论是公共建筑还是民居，往往是内向型，四周封闭性强，比较厚重，仅留出入口，而朝向内部庭院的界面则比较通透，开门开窗居多。朝向院落的空间大多以柱廊、花窗、镂空木门、亭等模糊的界面与庭院的自然山水相融，形成了介于阴阳之间的"灰空间"。

柱廊在功能上是室内空间的延伸，在形式上则使立面增加了层次，由此带来了一种"流通的空间"的感觉，使

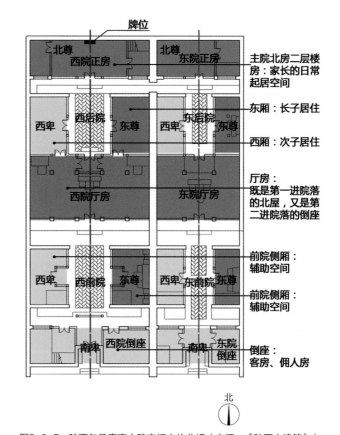

图5-2-7　陕西旬邑唐家大院空间方位分析（来源:《陕西古建筑》）

室内、室外之间产生了柔顺的过渡。[1]依据廊和主体建筑的位置关系，有依附之旁和独立成廊两种形式。单体建筑形成的四种依附出廊形式在不同建筑中表现出了等级观念[2]（图5-2-8）：不出廊形式应用于大量民居中，等级最低；四面廊则应用于宫城或官式建筑，形成副阶空间，等级最高；前檐廊或前后檐廊在宗教、文教等各类公共建筑中应用最为广泛，个别经济实力较强的大户人家也会使用。始建于宋末的韩城城隍庙，就是此类廊空间设计应用的典型案例（图5-2-9）。其中不仅有东、西戏楼和灵佑殿、含光殿这样的前檐廊形式，更是在中心轴线的重要部位以四面廊和它的变体形式设置广荐殿、德馨殿为高潮空间，并且在德馨

① 李允鉌. 华夏意匠 [M]. 天津大学出版社，2005.
② 张晓燕等. 浅析廊在传统园林中的作用[J]. 北京林业大学学报(社会科学版)，2008（06）：53.

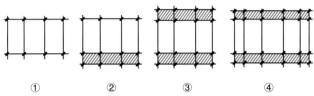

①不出廊；②前出廊（前檐廊）；③前后廊（檐廊）；④周围廊

图5-2-8 传统建筑的出廊方式示意图（来源：《浅析廊在传统园林中的作用》）

殿前设计"凸"字形月台以进一步增加空间层次，烘托祭祀城隍神的德馨殿高潮空间。廊的使用使得空间形态产生了大小、虚实和明暗的变化，实中有虚，阳中有阴，稳重中不乏轻盈。

独立成廊在陕西园林中的应用可见一斑，但由于气候原因，使用范围并不大，在大唐芙蓉园、上林苑等皇家园林中有所应用，凸显出了园林"透"的风范，以廊围合限定出了更加丰富的空间层次。

三、情景交融的时空体验

陕西传统建筑强调按情感序列展开，进行"形、景、境、情"合一的理性与浪漫的交织。

（一）九歌相通，立意来源

《春秋左传正义》："九歌，九功之德，皆可歌也。六府、三事，谓之九功……六府，水、火、金、木、土、谷。三事，正德、利用、厚生也。…言此九者合，然后相成为乐。"[1]在对包括建筑在内的诸种关于国计民生的事物的歌唱与赞美中，将种种不同的事物综合为一，相辅相成地构成了和谐的"九歌"。其艺术手法上的清浊、大小、短长、疾徐、刚柔、高下、出入等差异构成了其核心的艺术内涵。[2]陕西传统建筑空间与其他艺术是相通的，犹如采用多点透视的水墨丹青，展铺在大地上，移步换景，进行故事的讲述，进

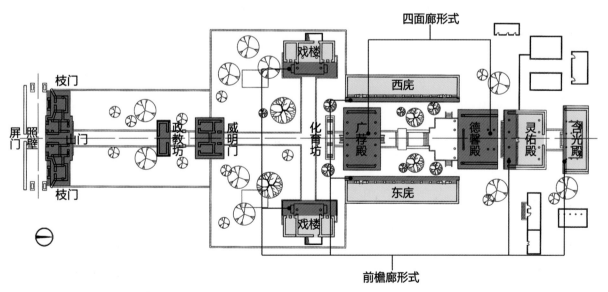

图5-2-9 韩城城隍庙廊空间应用分析（来源：《陕西古建筑》）

① （晋）独语，注．（唐）孔颖达，疏．春秋左传正义．卷49．文公传七年
② 王贵祥．中国古代人居理念与建筑原则．北京：中国建筑工业出版社，2015：109．

行有无、虚实、断续、藏露、隔绕、疏密等艺术变幻，使人身在其中，意味无穷。空间艺术主题立意的取得往往也并非空穴来风，"外师造化，中得心源"[①]。

（二）历时性感官体验导引

中国人强调体验，起承转合，跌宕起伏，序列展开，运用眼、耳、鼻、舌、身、心六种感官进行历时性的体验。陕西传统建筑，不论是宫殿、纪念性建筑还是园林空间、博览类群体空间，都十分注重发端—发展—铺垫—高潮—后衬—余韵的序列构成，从古长安到传统村落，空间发展由微观到宏观，都是由间、院、街、巷、井台、戏楼、钟鼓楼、广场、场院等构成，其中不乏神道（司马道）、牌楼（阙、厅）、石象生等。西方强调的是瞬间效应，重视"体"的量感和数理构成。[②]位于陕西汉中勉县的武侯祠在空间序列的营建中，使人真切地感受到了空间的节奏与变化（图5-2-10）。

（三）"一石代山，一勺代水"的象征联想运用

陕西传统建筑是一种象征的艺术，一石代山，一勺代水，以小观大，含蕴天地。利用象征和隐喻表达建筑主旨，通过模拟、比喻、联想、想象，纳入宇宙苍穹。无论是象天法地的秦咸阳都城建设，还是随处可见的以松柏象征长寿、以兰竹意味君子的园林植栽和雕刻，都通过赋形授意，或转换成某种符号，来进行视觉传达，使建筑承载某种人生意义和情感，进入生活世界，在"形、景、境、情"合一中感受空间序列的展开。

在陕西这块充满诗词歌赋、琴棋书画、尚文内省的土地上，追求诗情画意、人间仙境、世外桃源，已不是士大夫阶层所独有，许多民众在无神论、泛神论的影响下，也有了一本心理世界的理想蓝图。在古代，就把世界万物从图腾崇拜转译为人生之吉祥祸福，臆想出了许多如龙凤、麒麟、貔

狁、八卦、太极、嫦娥等世间本无的虚幻影像，运用于传统建筑的瓦当、滴水、柱础等构件，并成为了造型语汇载体，结合绘画、雕刻，变成雷纹、云纹、水纹、兽纹、脊纹等普遍使用于建筑装饰中。

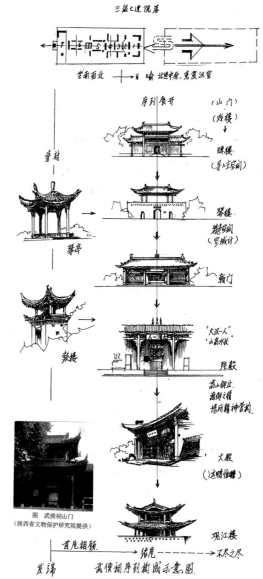

图 武侯祠山门
（陕西省文物保护研究院提供）

图5-2-10 汉中勉县的武侯祠空间序列分析图（来源：刘永德 绘）

① （唐）张彦远《历代名画记》卷10
② 西安建筑科技大学建筑学院刘永德教授演讲整理。

四、考工典仪因地制宜的材料择用

陕西传统建筑以土、木两大系列为主要原材料，材料的选择和施工过程展示出了对自然的敬畏之情和卓越的营造智慧。土的使用造就了陕西跨越南北的整体性，但地形地貌的差异又为南北风格迥异的独特地域性提供了条件。

（一）考工礼仪

中国的礼制大成于周，而周人的信仰延承于自然崇拜阶段的万物有灵的观念，所以与其生活、生产相关的一切自然要素，如土地、树木、火源等都成为了尊崇和敬畏的对象。可以看到，从古至今，在陕西传统建筑的营建过程中，无论材料选择还是施工仪式，都有着对自然环境的尊敬，施工中的选屋基、动土、上大门梁、竖屋上梁到搬家等环节亦不乏仪式感。官式和宫殿建筑自《周礼》形成了一套礼仪规范在其中，但留存资料甚少，及至清朝，才有比较明确的典章出现。王其亨等学者对实物保存基本完好的清代惠陵建筑工程进行了研究，通过"样式雷"等图档遗存，形成了一套相当完整而严密的体例制度。刘敦桢先生的《同治重修圆明园史料》对此亦有所提及，但实际应用中已经影迹全无。反而在陕西民间，还保持了不少礼仪于日常，虽然文字记载已很难搜寻，但可在现今农村盖房中领略一二，其中"上梁"最受人重视。

韩城一老油坊建新屋上大梁过程如图5-2-11所示。新

图5-2-11　韩城老油坊新建宅院上梁祭拜图（来源:王智 摄）

图5-2-12 瓦当的抽象图纹表达（来源：根据刘永德提供资料，丁琳玲 改绘）

屋主体墙体部分已经建好，木质屋架在旁边空地上，檩椽提前加工完毕，主梁上绑了一绺红绸。入口大门两侧写有一副对联："老油坊千里飘香誉满三秦，建新房百人帮忙质量一流。"在房内北向主位地上，将红纸贴在两块木板上，一张上写"高氏三代祖先之牌位"，另一张写"家宅六神、姜太公、鲁班公、多路诸神之神位"。先由油坊传人持香带领家人向祖先排位上香敬礼，再由传人带领家人、大木匠和诸工匠给神位上香敬礼，放鞭炮之后大家齐心协力将梁架抬到位。虽然时间不长，却能看到众人虔诚与敬畏之情。这里有对自身姓氏家族祖先的敬重、感谢和期冀其对子孙后代的庇佑，源自根深蒂固的儒家孝文化。神位供奉和祭祀的首先是家宅六神（灶王、土地、门神、户尉、井泉童子、三姑夫人）和镇宅之神姜太公，保佑家宅平安。陕西因姜子牙在宝

鸡的封神台传说，对姜太公尤为信仰；再者，祭拜鲁班，期冀保佑民居营建顺利。无论祭祀仪式复杂还是简单，目的都在于引起心中神迹，工匠们相信祖师爷会显灵相助，护佑建造的过程，为工匠排忧解难[1]，同时也顺便拜祭各路诸神，或每个人自己信奉的神灵。

（二）地域性材料择用

土在传统建筑中应用最为广泛，形成了特色鲜明的生土建筑。陕北窑洞就地取材，因山就势，充分发挥和利用了土质的成分和热工性能，土筑窑居坚固耐用，冬暖夏凉，至今仍有再开发、再利用的价值，窑洞群落成为了陕北黄土高原独特的风景。以木结构为主的建筑主要散布在关中平原和秦巴山区，陕北黄土高原则有少量公共木构建

---

① 李世武. 从鲁班和姜太公神格的形成看传说和仪式的关系[J]. 民族文学研究，2011，2.

筑。木构建筑无论是宫殿建筑、官式建筑还是民居，其形制、法式、形态都充分体现了模数化和多样化。自周代起，就已经对各种建筑的尺度作过专门规定，如堂以"筵"，涂以"轨"等。汉唐时期建筑文化更是达到了高峰，传播四方，影响深远。

在陕西的传统建筑中土、木两种材料相结合的案例比比皆是。土用于木构建筑的建筑台基、围护墙体等，给人以厚重、稳定之感。利用土材的塑形、夯筑等特性可以制造出砖、瓦、陶，在工艺上满足制型、焙烧、涂彩、防裂、防潮等技术。陕西考古发掘显示，早在秦以前就有砖瓦出现，大型空心陶俑和条砖以及30多厘米的瓦当已经问世。无论是宫殿建筑使用的彩瓦琉璃，还是乡土民居应用的灰瓦青砖，都是构成陕西传统建筑稳重的一笔（图5-2-12）。

五、融合多类艺术的建筑内涵升华

自古以来，风景名胜之地不仅有出众的山水，更重在人文之点化。皇家敕封、宗教信仰、名人行迹、民间传说等，都赋予物质环境以特殊的人文内涵，成天下胜景。[①]陕西传统建筑空间不仅注重物质空间的营建，更通过雕刻、书法、绘画、诗词等人文因素的点染，形成综合艺术，增添韵味，升华意境。晨钟暮鼓是长安八景之一。唐长安，清晨钟鸣，城门开启，万户活动；傍晚鼓响，城门关闭，实行宵禁。这个唐代城市管理制度在特定声音的伴随下，形成了钟楼和鼓楼之间的时空关联，也为盛世长安的居民营造了人文情怀："晨钟暮鼓鹧鸪天，长安风月知华年。"

陕西传统建筑是一种寄物咏志、寓教于形的文化载体，十分重视建筑的潜移默化、暗示道德和规范。如陕西关中窄四合院民居中的大门由槛、铺首、门环、抱鼓石、石狮、上马石、拴马桩、泰山石敢当、照壁、门楼、匾额共同组成，在照壁或影墙上的石雕、砖雕、彩画以及楹联，把民俗中的吉祥文化、祭祀文化、祖崇文化、神仙文化、警示文化等都以形象性的语汇表达得淋漓尽致（图5-2-13）。

陕西传统建筑的精神文化内涵确有质胜于形的优势。

图5-2-13　陕西传统建筑的人文细节（来源：李立敏 摄）

① 吴良镛. 人居环境史. 北京：中国建筑工业出版社，2014：493.

它潜藏智慧，在特有的重情感、重直觉、重自然、重人文的生态哲学的孕育下，在以儒、道、禅为支柱的文化熏陶下，在古典名著、诗词歌赋、琴棋书画、成语故事、戏剧歌舞等艺术的感染下，集多种思想于一体，天人合一、知行合一、情景合一、心物感应、形神兼备、时空关联等观念相互渗透，象天法地、和谐共生、有机生长、序列展开、相生相克等辩证思维浑然天成，转化成了空间意境和场所精神，步入了"道法天地有形外，思入风云变化中"的神圣殿堂。这才是传统建筑内在的根与魂，是我们应该汲取的艺术精华，应该找回的文化自信。[①]

第三节　陕西传统建筑物象特征

一、帝都源脉，匠人营国

（一）周秦故都开先河

　　陕西古代都城起源于西周的丰镐。为了适应与商斗争的新形势，做好灭商的准备，周文王姬昌灭崇以后把国都从周原向东迁移，作邑于丰，缩短了与商之间的距离。周人迁丰以后，周原故都依然存在，但政治舞台已经东移，丰京成为了周代政治统治的中心。沣河中下游地区地势低平，水源丰富，平畴沃野，一望无垠，非常适合农业的发展。加之崇国对沣水两岸的经营已有一定基础，周人又是精于农耕的部族，使当地的农业得到了进一步发展，为丰京的繁荣奠定了雄厚的物质基础。文王作丰，武王营镐，周人以丰镐为根据地完成了灭商大业。

　　中国历史上第一个统一国家的首都出现在陕西，它就是秦咸阳。秦始皇灭六国，将封建割据的中国建成了一个史无前例的统一的封建大帝国。当时，强化统一成为了秦王朝开国之初的首要任务。秦始皇"一法度衡石丈尺，车同轨，书同文字"[②]，大力推行政治、经济、文化的统一。城市是封建制度孕育发展的重要基地，也是新旧势力斗争的主要阵地，城市和城市制度实属繁荣封建经济、巩固封建统治秩序的关键所在。因此，城市建设，尤其是国都的建设也是统一工作的重要内容。秦王朝对城市规划体系进行了重大的革新，并由此出现了咸阳。贺业钜先生将咸阳城市规划意识总结为"新、尊、博"三个特征。所谓"新"，就是要不同于以往营国制度的王城，有别于封建割据的列国国都，要求打破旧制的约束，富于创新。所谓"尊"，是指在规划气质上充分体现"履至尊，而制六合"[③]的君主专制权威的尊严。所谓"博"，则是指要有广阔而坚实的规划基础，足以表现空前大一统的声势。[④]秦王朝采取的一系列统治措施，促进了上述意向的实现。如在政治上，推行强干弱枝政策，实行中央集权政体的郡县制；在经济上，大力发展关中的区域经济，并"徙天下富豪于咸阳十二万户"[⑤]以充实京师；另外，还通过庞大的水陆交通网以及"东穷燕齐，南极吴楚"[⑥]的"驰道"，加强京城与京畿乃至全国的联系。

（二）西汉长安新格局

　　汉长安城位于西周故都丰镐的东北，北濒渭水，与渭北的咸阳故城隔水相望。长安附近川原不断，其中最有名的就是龙首原，它是影响和决定汉长安城址的一个重要地理因素。"龙首山长六十里，头入渭水，尾达樊川，头高二十丈，尾渐下，可六、七丈。秦时有黑龙从南山出，饮渭水，其行道因成土山。"[⑦]横卧于此的龙首原是沣河与浐、灞两

①　西安建筑科技大学建筑学院刘永德教授演讲稿整理。
②　《史记·秦始皇本纪》。
③　贾谊《过秦论》。
④　贺业钜. 中国古代城市规划史. 北京：中国建筑工业出版社，1996.
⑤　《史记·秦始皇本纪》。
⑥　《汉书·贾山传》。
⑦　《长安志》卷12。

河的自然分水岭。龙首原以北，地势平衍，并逐渐向渭滨倾斜而下。汉长安城自龙首原西北麓发端，向北扩展，直达渭滨。其城址特点为地势较高，背原面河，地形由南向北逐渐倾斜，因此排水方便，有利于防洪和排涝。但是汉长安城所处的渭河二级台地地势偏高，引渭水多有不便。为了解决城市供水问题，汉长安城开凿了以昆明池为中心的周密完善的城市水系。

汉长安城有一别名叫"斗城"。《三辅黄图》这样描述道："城南为南斗形，北为北斗形，至今人呼汉京城为斗城是也。"（图5-3-1）汉长安城形制呈迂回曲折状，非常特殊，易使人自然而然地联想到南、北斗星的形状。事实上，这是适应当时实际情况的必然后果。最初，汉高祖营造长安宫室，未建城垣，直到汉惠帝才开始构筑。惠帝时，未央、长乐二宫业已建成，考虑到现状，南垣不得不绕宫而行，终呈南斗状。汉长安城北临渭水，渭水上的横桥（中渭桥）距汉长安横门很近（那时渭水河道在今河道之南）。横桥是联系渭水两岸工商业区的交通枢纽，雍门至横桥大道一带沿渭水的地段，是城外工商业的繁荣地区。因此，为了顺应渭水弯曲的河道，并照顾工商业地段，北垣也曲折而呈北斗形。汉相萧何曰：天子以四海为家，非壮丽无以重威。

（三）隋唐帝都创盛世

隋唐时代，尤其是唐代，是中国封建社会发展的一个高峰时期。作为首都的长安，不仅集中了高度发展的手工业、繁荣的商业贸易以及卓越的科技成就，还有从四面八方而来聚集在长安的少数民族及外国商贾使者，长安不仅是唐代黄河文化的中心，而且还是一个重要的国际城市。占地84平方公里的隋唐长安城（图5-3-2），既有"百千家似围棋局，十二街如种菜畦"（唐白居易《登观音台望城》）的严整布局，也有"左翔鸾右栖凤，翘两阙而为翼"（唐李华《含元殿赋》）的绮丽豪华的宫殿建筑，成为了中国古代规模最大、规划最严整、分区最明确的伟大都城，也是当时世界上最大的都城，对周边国家的都城营建产生

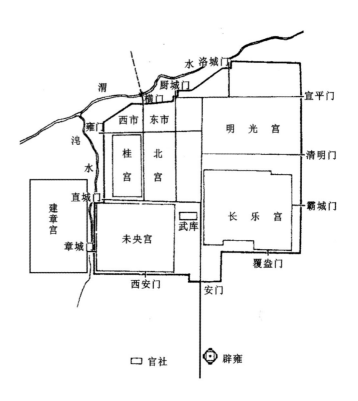

图5-3-1　汉长安城布局图（来源：《中国古代城市规划史》）

了重大影响。唐长安集中表现了中国传统都城营建思想，取得了中国古代乃至当时世界上都城建设的最辉煌的成就。这里不仅出现了李世民、魏征、贾耽、李吉甫、孙思邈等政治家、科学家，也涌现出了王维、李白、杜甫、白居易、阎立德、阎立本、吴道子、张旭、怀素等文学家、艺术家。同时，精湛的手工艺产品和繁荣的商业活动，使唐长安更加生机勃勃。

总之：陕西是中国古代文明发展高峰所在地。西周王城奠定了都城营建的基础形制，秦咸阳成为了第一个统一国家的都城，汉长安雄踞东方，与当时西方的古罗马城交相辉映，隋唐长安城更因其空前的规模和规划建设水平对后世和邻国产生了深远的影响。这些成就留下了富有震撼力的大遗址空间，为世人集中呈现了脉络清晰的都城演化轨迹，成为了象天法地、山水同构、九宫格局观念下的东方都城典范。

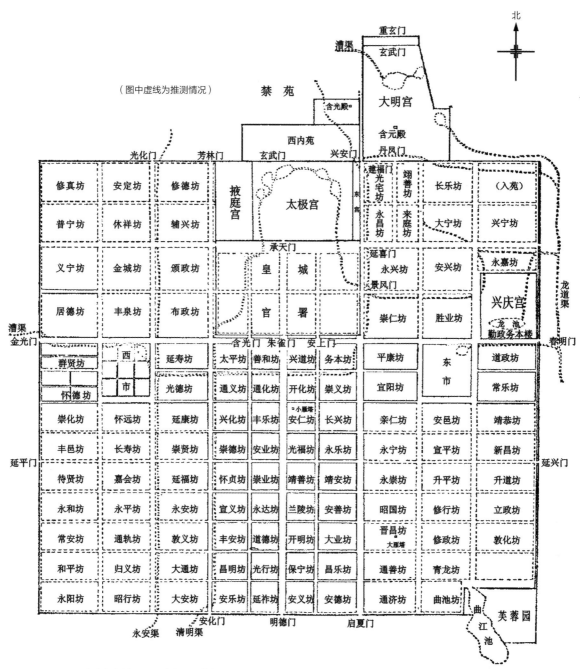

图5-3-2　隋唐长安城平面图（来源：《中国古代城市规划史》）

二、木构雄伟，宫殿巍峨

（一）成熟先进的木构体系

　　我国传统建筑以木构为主，木结构体系至汉代已发展成

熟，作为全国的政治、文化中心，陕西关中地区，尤其是首都长安的建筑，代表了当时木结构的最高水平。举凡重要建筑，如宫室、宗庙、辟雍、官署、寺观、宅第等，无不采用木结构。除了地面建筑以外，木构架也使用于陵墓之中。木构架中

之各具体构件，其发展演变对后世影响最大者，莫过于斗栱。汉代斗栱虽然在形式上千变万化，但在结构上从较原始的一斗二升斗栱演变为一斗三升斗栱，是一个明显的跃进。这不仅从结构上取得了根本性的改善（将主要应力由剪力转换为轴压力），而且在形式上奠定了一斗三升这一斗栱的基本单元，应当说，这是汉代对斗栱结构所做出的最大贡献。隋唐320余年间是中国木结构建筑迅速发展并取得巨大成就的时期。在建筑方面，统一后，南北建筑技术的交流也取得了新的成就，并通过隋和初唐都城长安的宫室建设表现出来。经

唐高宗、武则天时期近50年的大规模宫室建设，木构架已成为大型宫室建筑的通用结构形式，土木混合结构逐步被淘汰。自高、武以后，唐代木构建筑基本定型（图5-3-3），殿堂、厅堂两种不同的木构架已经形成，斗栱已和梁及柱头枋结合成为铺作层，以材分为模数的木构架设计方法也已基本定型。

（二）功能多样的巍峨宫室

作为古代建筑最高成就的宫殿建筑，其辉煌时期也出

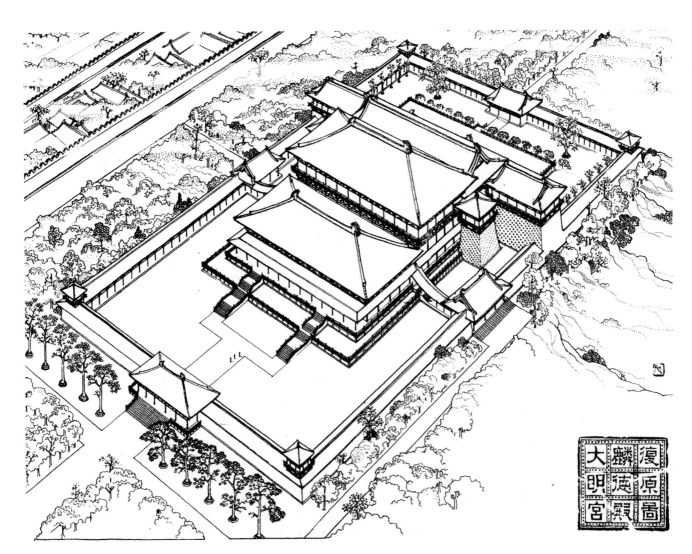

图5-3-3 唐大明宫麟德殿复原图（来源：《中国古代建筑史》）

现在陕西。秦代宫室之鼎盛，为我国古代社会所罕见，尤以咸阳宫和阿房宫为最，阿房宫以其"规恢三百余里，离宫别馆，弥山跨谷"的宏大规模和"表南山之巅以为阙"的雄伟气势而成为了建筑奇迹。再以汉长安为例，西汉长安的宫室盛世始于高祖对长乐、未央以及北宫的兴造，到武帝时可称达到了顶峰。这时除了对未央、北宫继续扩建外，又新筑了桂宫、明光宫和建章宫，并对国内多处离宫苑囿进行恢复与扩廓。其中建章宫（图5-3-4）的兴造，不但规模庞大，而且内涵丰富。它汇集朝廷、后宫与园苑于一体，不但包纳了众多的殿堂楼阁、亭台廊榭，还有假山、岛屿和辽阔的水面、大量的奇花异木以及各种石刻雕像。这种将皇室宫廷与园林御苑、自然山水与人工造景、现实生活与神话梦幻、建筑技术与造型艺术等相互结合为一体的多功能建筑组群的出现，是我国古代建筑设计思想与手法，建筑技术及建筑艺术的一次重要的综合与升华。其成就与达到的水平也是中国古代绝大多数同类建筑难以企及的。至于离宫别馆的兴筑，也以武帝时为最盛。唐长安城有太极、大明、兴庆三宫。自太极宫始，我国古代宫城正门正殿位于全宫全城几何中轴线上的布局遂正式形成；兴庆宫以宫、苑的完美结合著称于世；大明宫是唐长安三宫中利用地形的典范，踞于城北龙首原上，居高临下，俯瞰全城，含元殿和麟德殿规模宏大，空前绝后，表现出了中国古代社会鼎盛时期的雄浑的建筑风格。

（三）宫殿组群的空间格局

中国宫殿的组群空间序列形成于秦时的关中地区，具

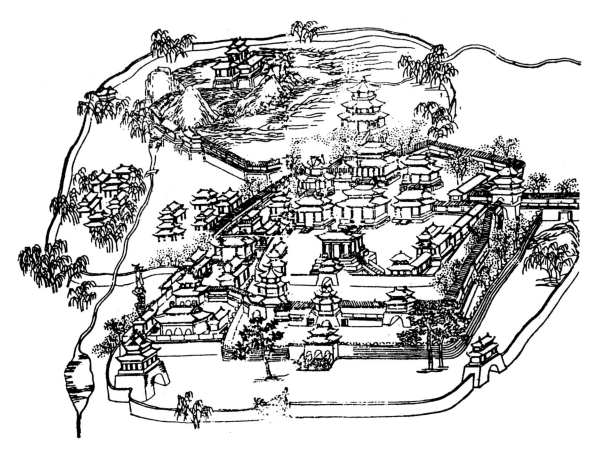

图5-3-4　汉建章宫图（来源：《中国古典园林史》）

体表现为皇宫中朝廷部分主要以堂为前殿，汉代因袭。但汉代于前殿左、右两侧另增设称为"东、西厢"之挟殿，作为常朝议事、接见臣属、举行丧礼之所。这种"前殿与东、西厢"制式，其功能与"三朝"制式相仿，唯前者之排列依东西向轴线，与后者之南北向轴线相垂直。之后，至两晋、南北朝，挟殿与主殿分离，但排列顺序不变，其制式则改为"太极殿与东、西堂"。汉代宫廷采用前述制式的原因为何，目前尚不清楚。依文献，周代已使用沿南北纵轴排列的"三朝五门"之制，而由对秦雍城宫室的发掘得知，秦始皇在统一全国以前，亦曾采用此种制式。但秦孝公迁咸阳后之宫室是否亦如此，文史及遗址皆无从考证。《史记·秦始皇纪》中仅述及前殿而未及其他，可能废除"三朝"而只设前殿即出于是时。

总之：以汉长安宫室为标志，我国古代木结构体系趋于成熟，并在唐长安时期达到高峰。秦咸阳宫、阿房宫，汉未央宫、建章宫，唐太极宫、大明宫等雄浑巍峨的宫殿群，成为了我国古代社会鼎盛的象征，形成了奠基坚实、技术成熟、规制严谨、规模宏大的特征。

三、礼制建筑，祭天祀祖

（一）国之大事，在祀与戎

由于对大自然种种现象的崇拜和对祖先的尊敬，周代在陕西的祭祀活动非常活跃，正如《左传·成公十三年》载周朝大夫刘康公语："勤礼莫如致敬，尽力莫如敦笃。……国之大事，在祀与戎。"《礼记·王制》曰："天子祭天地，诸侯祭社稷，大夫祭五祀。"祭祀用的建筑物或构筑物，有的筑土为坛，有的不筑，如祭天地之郊祀，《礼记》云："至敬不坛，扫地而祭。"还有，天子建明堂，诸侯建泮宫。泮宫是半圆形的建筑，有别于圆形的明堂。至于宗庙，则是有门有堂的建筑群，按不同的封建等级作有次序的排列组合。周代宗庙的平面布局，以太祖庙居中，昭庙与穆庙分列于左右（图5-3-5）。据考古发现，这一时期陕西的重要实例有岐山县凤雏村早周祭祀建筑遗址（图5-3-6）、

凤翔县马家庄春秋秦一号建筑遗址及大辛村周代二号祭祀坑遗址。

（二）祭祀天地，历代因循

建都长安的汉代，初期的祭祀建筑未有定制，如对天地、山川诸神之祭祀。刘邦于秦祀四帝的基础上增加了北畤以祭黑帝，于是奠定了以后汉代郊祀五帝的制度。文帝建五帝庙于长安西北之渭阳，合五畤为一。武帝祀太一于长安南郊，又立泰畤于甘泉，后土于临汾。成帝至平帝间，则确定了南郊祭天、北郊祭地的制度，以后为历代所因循。明堂的恢复始于武帝。自王莽起，始将明堂、辟雍与灵台（合称"三雍"）定位于帝都南郊。帝王祖庙最初是散布于都城之内（如西汉初之高祖、惠帝者），而未采用周代的"左祖右社"制式，后来又拆建于各陵之侧。王莽代汉后，将此项建筑予以集中，遂立九庙于长安南郊（实际有十二庙）。东汉初，光武帝建高庙于洛阳，祀高祖以下西汉十一帝，开储帝合祭于一庙之先例。东汉储帝之祭祀亦依此原则，即将各神主集中于光武帝庙中，帝陵外不另立庙，从而形成了一庙多室、一室一主的太庙制度，并为后世各代所依循。可见，祭祀制度在汉代经过多次变化后得到了统一和定制。特别是南郊祭天、北郊祭地，"三雍"集中于南郊，祖庙由分散于多庙变化为集中于一庙之多室等，大体上形成了以后两千年公认不移的规则（图5-3-7）。因此，可以说，以陕西关中为政治中心的汉代是中国古代祭祀制度及祭祀建筑逐步成熟与定型的时期。

唐代的太庙，因供奉先祖的数量逐朝增加，其祀室的数量亦由唐初四室增加到唐末的十一室，故其形制和体量也逐渐庞大，唐末太庙面阔达二十三间，进深十一架，是十分巨大的狭长形建筑，这种形制沿用至宋和金。

（三）因山借水，宛若天成

陕西历史上名人辈出，除了帝王将相，还有名人大家。后人为缅怀这些名人，修建祠庙。但因封建等级的制约，这些名人祠庙建筑本身往往不能很隆重，甚至形制卑微。然

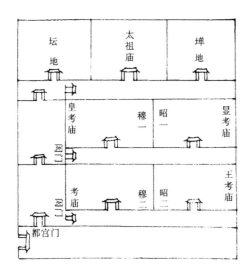

图5-3-5　周代宗庙平面布局（来源：清任启远《诸侯五庙都宫门道图》，《中国古代建筑史》第一卷）

而，古人巧于因借山形水势，通过自然山水形胜巧妙地选址和布局，造就了这些名人祠庙庄严、肃穆的纪念氛围。在陕西，尤以汉中张良庙和韩城司马迁祠为代表。

汉中张良庙选址于由紫柏山、柴关岭、青龙山、凤凰山、韦陀峰"五山环抱"和野羊河、韦陀河"二水夹流"的奇妙的自然山水环境之中。张良庙南靠韦陀峰与凤凰山、北面柴关岭、西倚紫柏山侧峰、东偎青龙山，野羊河从柴关岭和青龙山之间自西北流出，韦陀河从紫柏山和韦陀峰山间自西南流出，交汇形成北栈河，向东流入褒河、汇入汉江。张良庙处在三水交汇的河床开阔平坦之处，五山环抱，二水夹流，营造者充分利用了自然山水条件，使张良庙形成了依山傍水之势。张良庙在东西纵轴上形成了三层高度、三重景深，在南北横轴上布局了三个小空间和三重主题。在地貌处理上，巧于因借，因地制宜，统筹布局安排景观设施。张良庙的规划布局充分体现了"因借自然、因山就势"，并通过

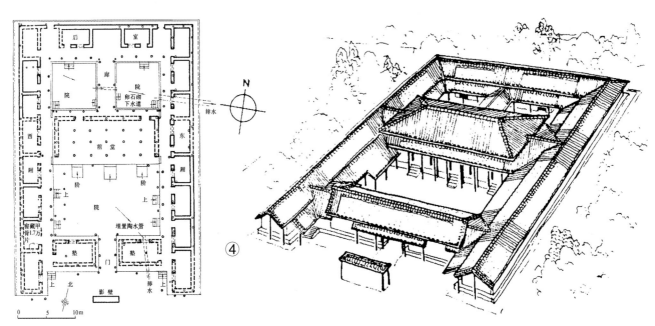

图5-3-6　岐山县凤雏村早周祭祀建筑（来源：《中国居住建筑简史——城市、住宅、园林》）

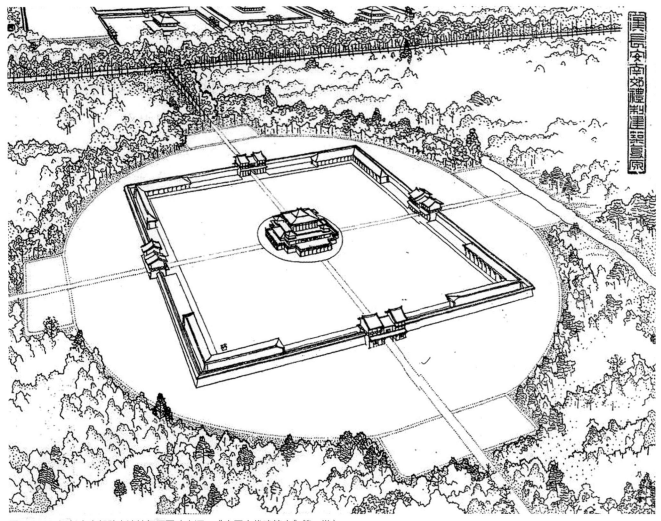

图5-3-7　汉长安南郊辟雍遗址复原图（来源：《中国古代建筑史》第一卷）

现有地形来创造空间、布局建筑。以三清殿院区、张良大殿院区为主空间，南、北花园及授书楼山林景观为副空间，主副空间之间互相隔离、互相渗透，丰富了景观层次和景深。

韩城是司马迁故里，司马迁祠所处的自然环境和地势，正如古人碑记所写："东临黄河，西枕高岗，凭高俯下"；"白云飞于陇头，碧水周于峰下"；"洪河泊流漾乎前，中条崛起峙乎东"；"河岳深崇，气象雄浑"！人们来到这里，无不叹服古人选地的神妙（图5-3-8）！"康熙十三年汉太史公司马祠墓碑记"说："高山仰止，构祠以祀。""咸丰八年重修太史庙南俭墙并文星阁及羊诚序"又

图5-3-8　居高临下的司马迁祠（来源：王军 摄）

说："以名人而棲胜地，庙祀名人允相称也。""高山仰止"，最早出自《诗·小雅》："高山仰止，景行行之"，意即有德高如山者，慕而仰之；有远大之行者，法而行之。司马迁祠凭借天然的陡峻地势和雄伟的河山景色，意图创造一种引人崇敬的肃穆气氛，以体现司马迁的高风亮节。

总之，基于陕西悠久的建都历史，孕育了礼制建筑的生成与成熟，奠定了礼制建筑的形制与营建基础，构建了肃穆严整、因山借水、天人感应的祭祀环境。

四、佛道祖庭，兼收并蓄

（一）道教发源之地

陕西是道教的发祥地，亦为历代道教的主要活动地和道教学术成就的编集地。道教正式创立于东汉末年顺帝时期（126～149年），当时有两个早期道派，一个是太平道，一个是五斗米道。太平道又称黄老道，产生于陕西，奉《太平经》为主要经典，奉"中黄太一"为至尊天神，创立者是黄巾农民起义的领袖张角。黄巾军起义失败后，太平道才慢慢销声匿迹。五斗米道的创始人张道陵曾在华山等名山传道，广收信徒，因凡入道者必须交纳五斗米，故称"五斗米道"，并以《老子》为经典。在此之后又出现了北天师道和南天师道。最后又产生了"正一道"和"全真道"以及"大道教"和"太一道"。

道教祖庭——楼观台位于陕西省周至县城东南15公里的终南山北麓，东距古都西安70公里，为周代大思想家、哲学家、道家学说创始人——老子讲经传道之地，是道教的发祥地、道教的祖庭。这里山水秀丽，风景优美，素有"仙都"之称。楼观台保留了众多文化遗存，其中著名的有说经台、老子祠、上善池、炼丹炉、仰天池、化女泉、宗圣宫、老子墓等。"全真道"，即全真道教，主张儒、释、道三教平等合一，其典籍除《道德经》外，还有佛教经典《般若心经》和儒家的《孝经》。"全真道"不主张搞符箓和黄白之事，提倡"全神锻气，出家修行"（道士的出家制度源于此），强调把清静无为作为修道之本。全真派北宗创始人王重阳著

有《重阳全真集》、《重阳教化集》、《立教十论》等书，是全真道的主要经典。重阳宫位于西安市户县境内，是道教全真祖师王重阳的修道和葬骨之地，是我国金元时期道教全真派的三大祖庭（北京白云观、山西永乐宫、户县重阳宫）之一，为我国道教三大祖庭之最。

（二）佛教宗派祖庭

陕西的文明演进中，佛教文化堪称一种别样的基因。汉时，佛教传入长安，魏晋南北朝时期得以发展，一时间，云集长安的各地高僧大德达三千余人，国立译经场创设。到隋唐时期，佛教鼎盛，仅长安城内佛寺就有140余座，僧尼数万人，并由此将佛教文化远播到日本等地。留存至今者，以大雁塔（图5-3-9）所在大慈恩寺和小雁塔（图5-3-10）所在荐福寺为代表。中国佛教八大宗派中，除了天台宗、

图5-3-9　大雁塔（来源：王军 摄）

图5-3-10 小雁塔（来源：王军 摄）

图5-3-11 西安大皮院清真寺（来源：王军 摄）

禅宗外，其他六大宗派的祖庭（开创各大宗派的祖师即初祖所居住、弘法布道的寺院）都在这里：密宗祖庭——大兴善寺，唯识宗祖庭——大慈恩寺，三论宗祖庭——草堂寺，净土宗祖庭——香积寺，华严宗祖庭——华严寺以及律宗祖庭——净业寺。佛教作为一种文化，从未消失，而且生机勃勃。"佛教自传入中国的那天开始，就在不断地为中华文明的文化宝库增添绚丽的色彩。"文字、音韵、民俗、建筑、天文、医学、养生，无一不是至今闪烁光芒的宝藏。

古老的佛教文化是开放的中外文化交流的硕果，而陕西历史上的佛教文化曾直接影响了中国佛教的发展以及周边国家地区佛教的演变流传，被称为"佛教的第二故乡"，这一影响至今犹存。古代长安是一座国际大都市，各地区、各民族的文化在此融合、渗透、并存，文化性格非常开放、宽容，因此，异地的佛教文化才能在此生根、开花、结果。

（三）回教文化融合

清真寺是穆斯林进行礼拜活动的重要场所，阿拉伯国家的清真寺为典型的穹顶式建筑，随着伊斯兰教传入中国，清真寺建筑在发展中逐步吸收了汉族建筑的特点，表现为两种建筑艺术的融合，从而创造了特有的建筑形制。这种伊斯兰教建筑的中国化在明清西安清真寺中表现得十分明显，如广济街清真寺、大皮院清真寺等（图5-3-11）。中国化的清真寺虽然采用了我国传统的木结构，但其形制为伊斯兰式，如礼拜殿、邦克楼、浴室、教室、圣龛，禁用动物纹作装

饰，无偶像，神龛朝向麦加等。在我国清真寺中，单体大多采用大木起脊、硬山式、歇山式，礼拜殿多为"勾连搭"的结构做法。其总平面布局多采用我国传统的四合院制度，其特点是以一条中轴线有次序、有节奏地布置寺院，因而组成了完整的空间序列。院落按自己独具的功能要求、风俗习惯和艺术特点，循序渐进，层层引申，从而表达一个完整的建筑艺术风格，也显示了我国传统建筑注重总体艺术形象的特点。同时，把我国富有情趣的庭院处理糅合在平面布局中，使其另有一番风韵。

总之：陕西不仅是中国本土宗教——道教的发祥地，而且成功地把源于印度的佛教和源于阿拉伯国家的伊斯兰教"中国化"与"本土化"。尤其在佛教方面，陕西成为了六大宗派的祖庭所在，并创造了出多元文化交融的优秀宗教建筑，形成了与自然环境相宜，传达礼制秩序的中华特色。

五、郊野园林，城乡一体

（一）囿台园圃，园林肇始

囿的建置与帝王的狩猎活动有着直接的关系。在囿的广大范围里，为了禽兽生息和活动，需要广植树木，开凿沟渠水池，甚至还要经营果蔬。台的原初功能是登高以观天象、通神明，即《白虎通·释台》所谓"考天人之际，查阴阳之会，揆星度之验"，因而具有浓厚的神秘色彩。台

是山的象征。高台即摹拟圣山，人间的帝王筑台登高，也就可以顺理成章地通达天上的神明。周代的天子、诸侯纷纷筑台，孔子所谓"为山九仞，功亏一篑"，描写的就是用土筑台的情形。台上建置房屋，谓之"榭"，往往台、榭并称。台还可以登高远眺，观赏风景，"国之有台，所以望气祲、察灾祥、时游观"[1]，圃和台是中国古典园林的两个源头。前者关涉栽培、圈养，后者关涉通神、望天。栽培、圈养、通神、望天乃是园林雏形的源初功能，游观则尚在其次。以后，尽管游观的功能上升了，但其他的源初功能一直沿袭到秦汉时期的大型皇家园林中仍然保留着。

西周时，往往园、圃并称，其意亦互通。《周礼·地官》：设载师"掌任土之法"，"以场圃任园地"，还设置"场人"专门管理官家的这类园圃，隶大司徒属下。春秋战国时期，由于城市商品经济的发展，果蔬纳入市场交易，民间经营的园圃亦相应地普遍起来，更带动了植物栽培技术的提高和栽培品种的多样化，同时也从单纯的经济活动逐渐渗入人们的审美领域。相应地，许多食用和药用的植物被培育成为以供观赏为主的花卉。老百姓在住宅的房前屋后开辟园圃，既是经济活动，还兼有观赏的功能。《诗经》中有"山有扶苏，隰有荷华"、"瞻彼淇奥，绿竹猗猗"。《论语》中有"岁寒然后知松柏之后凋"的比喻。园圃内所栽培的植物，一旦兼作观赏，便会朝着植物配置有序化的方向发展，从而赋予前者以园林雏形的性质。所以说，"园圃"是中国古典园林除囿、台之外的第三个源头。

（二）上林宫苑，蔚为大观

秦始皇曾在咸阳渭河以南广开上林苑，将众多离宫别馆融于广阔的自然山水之中。汉代在秦苑的基础上，又大加扩展。《三辅黄图》云："汉上林苑，即秦之旧苑也。"汉代

上林苑的范围非常大，"东南至蓝田宜春、鼎湖、御宿、昆吾，旁南山而西，至长杨、五柞，北绕黄山，濒渭水而东。周袤三百里。"[2]可见，汉上林苑是范围十分广阔的皇家苑囿（图5-3-12）。

上林苑有十二门，内分三十六苑，置有十二宫，二十五观[3]，著名的建章宫及昆明池都在上林苑中。昆明池不仅是汉长安城市水系的重要枢纽和人工储水库，而且是著名的风景区。三十六苑沿渭水南岸交错布置在长安城与诸陵邑之间，形成皇家苑囿区。《上林赋》曰，苑中"离宫别馆，弥山跨谷"。其中，有些离宫是承秦代之旧并加以修饰而成的，如长杨宫、甘泉宫等。苑中的这些宫观，有辇道与长安城中诸宫相通，连为一体。苑囿与城市在自然山川景色之中协调和交融的布局，体现了古人重视城市环境的思想。

上林苑还是"天子秋冬射猎"[4]的场所，苑内动、植物种类繁杂，数量众多，奇花异草，飞禽走兽，无所不有，堪称皇家大型动、植物园，长安城外的自然保护区。

上林苑的动物主要有熊罴、豪猪、虎、豹、狐、兔、麋鹿、牦牛、青兕、鹦鹉、鸳鸯等。这些动物大都野生于森林草木之中，也有一部分被圈养。著名的圈养地有长杨宫中的射熊观，灞、浐二河之交的虎圈，建章宫西南的狮子圈等。在白鹿塬上薄太后墓的考古发掘中有大熊猫的遗骨，说明汉上林苑中还有大熊猫的活动。这证明当时的气候温暖湿润，与《史记·货殖列传》中"渭川千亩竹"的描述相吻合。

上林苑中植物种类也很繁多，《三辅黄图》说："帝初修上林苑，群臣远方，各献名果异卉三千余种植其中，亦有制其美名，以标奇异。"汉武帝于元鼎六年（公元前111年）破南越后，从南方引种了许多亚热带植物，如菖蒲、山姜、甘蕉、留求子、桂百本、蜜香、指甲花百本、

---

① 《诗经·大雅》郑玄注文。
② 《汉书·扬雄传》，另外，《汉旧仪》说："上林苑方三百里"，《汉宫殿疏》则说："方三百四十里"，《三辅故事》和《西都赋》又说："连绵四百余里"。
③ 《长安志》引《关中记》
④ 《三辅黄图》引《汉旧仪》

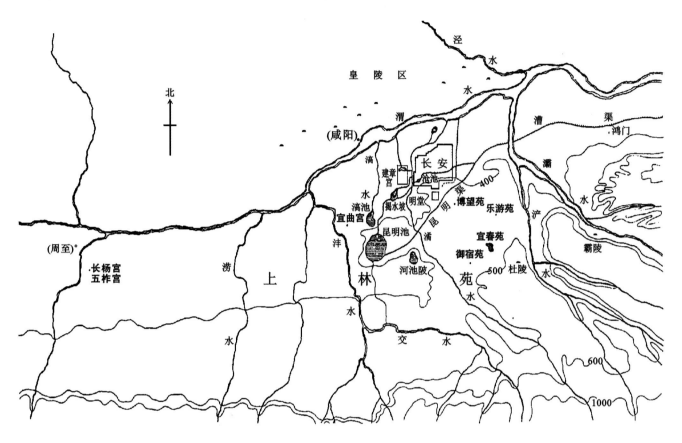

图5-3-12 西汉长安主要宫苑分布图（来源：《中国古典园林史》）

龙眼、荔枝、槟榔、橄榄、千岁子、甘橘等。《三辅黄图》还记载了汉武帝种植荔枝一事："荔枝自交趾移植百株于庭，无一生者，连年犹移植不息。后数岁，偶一株稍茂，终无华实，帝亦珍惜之。"上林苑中汇集了温带和亚热带的多种动物、植物，呈现出生机盎然的景象，形成了独具特色的风光。

汉长安上林苑不仅风光绮丽，而且具有重要的经济价值。苑中有居民从事种植、渔猎、畜牧等行业，《汉书·高祖纪》说："秦故苑囿园地，令民得田之。"此外，还有不少铸钱的作坊。

绵延数百里的上林苑，从景观上、职能上都与长安城组成了一个有机的整体，与之相互利用、相互补充，它美化了城市景观，改善了生态环境，促进了城市发展。

（三）本于自然，高于自然

"天人合一"的命题由宋儒提出，但作为哲学思想的主旨，早在西周时便出现了，即《易传·乾卦》中所谓"夫大人者，与天地合其德，与日月合其明，与四时合其序，与鬼神合其吉凶"。据《周礼》记载，周代对生态环境的管理已形成制度化：大司徒之下设山虞"掌山林之政令，物为之厉，而为之守禁……凡窃木者有刑罚"；草人"掌土化之法，以物地，相其宜而为之种"，即施肥以改变土质，使其肥美；林衡"掌巡林麓之禁令"；川衡"掌巡川泽之禁令"；泽虞"掌国泽之政令"等。

正由于天人和谐的哲理的主导和环境意识的影响，园林作为人所创造的"第二自然"，里面的山水树石、禽鱼鸟虫当然要保持顺乎自然的"纯自然"状态，不可能像欧洲的规整式园林那样出于理性主义哲学的主导而表现为"理性的自然"和"有秩序的自然",从而明确了园林的风景式发展方向。两晋南北朝以后,更通过人的创造性劳动而把人文的审美融注到大自然的山水景观之中,形成了中国风景式园林的"本于自然、高于自然","建筑与自然相融糅"等基本特点,贯穿于此后园林发展的始终。

总之:在陕西,周天子、诸侯的囿、台、园、圃成为了中国古典园林的发端;历经秦、汉两代经营的广袤的园林——上林苑,与都城共同构成了有机的整体,是"体国经野"观念和"天人合一"思想的极佳例证。陕西传统园林充分表达了富有东方色彩的山水文化观念,绵延数百里的上林苑的巨大的尺度、城乡与自然的融合、旷野氛围与精致营建的统一,呈现了富有北方气象的大地景观,与现代景观生态学等思想不谋而合。

六、宏伟帝陵,融合自然

(一)事死如生,重殓厚葬

我国古人尊崇祖先的具体表现,除了建祠祭祀、缅先追远以外,就是"重殓厚葬"和"事死如生"。在这些方面,上层政治阶级的葬制就显得更为突出。自周武王立国至秦庄襄王灭周,前后740年,凡二十七王,然其帝陵迄今未有发现。各大国历代诸侯的墓葬,目前知晓的还不太多。新中国成立以来以来,发掘的西周至战国的墓葬不下数千处,其中重要的实例:在周代各国诸侯集体墓葬方面,如陕西凤翔县秦公墓园、陕西临潼县秦东陵、陕西长安县张家坡西周井叔家族墓等,在诸侯个体大墓方面,著名的有陕西凤翔县三畤原秦公墓葬等,封建等级大多在侯、伯及以下,时代上也以春秋、战国为多。就形制而言,又以土扩木椁墓为大多数,石墓、空心砖墓、土墩墓和崖墓等所占比重很小。然而它们又各具特点,并从不同的方面反映了当时各地的社会风俗、建筑技术和文化水平以及封建等级制度的种种差异。

(二)陵寝完备,墓制多样

位于骊山脚下的秦始皇陵(图5-3-13、图5-3-14),因其完整的格局和形体而开拓了我国古代帝王陵墓的新局面,西汉则在其基础上作了进一步的完善,诸如近于方形的陵园平面,四出门阙及墓道,覆斗形"方土",寝园,陪葬墓,殉葬坑及陵邑等,唯制式皆较骊山陵者为小。此种葬式的多数内容,之后还延续到了唐、宋,其影响不可谓不大。

汉代的一般墓葬,以种类及形式的繁多而远出于各代之上,且各类墓葬均有其自身的发展演变过程与特点。总的来说,是传统土扩木椁墓的最后消亡:崖洞墓、石墓及空心砖墓一度出现,小砖拱券墓逐渐普及,最后取代了上述诸多类

图5-3-13　秦兵马俑一号展厅(来源:王军 摄)

图5-3-14　秦兵马俑一号展厅内景（来源：王军 摄）

型，而成为汉代以降我国墓葬的主要形式。

　　墓葬地面以上的建（构）筑物，如门阙、墓垣、石象生、墓表、墓碑、墓祠等，均已逐渐形成制度，其中大部分都为后世墓葬所沿用。现存的少数汉代墓阙、墓表、墓祠等所表现的建筑内容，为我们显示了若干间接但又较为确切的汉代建筑形象，其作用及意义则已大大超过墓葬这一范围。墓葬中的墓门、柱、梁、枋、斗栱、天花、藻井、窗等仿木构件的形象以及壁画、画像砖石、圆雕等艺术作品，另加出土的建筑明器、棺椁、家具……都为我们了解汉代建筑及当时的社会与文化提供了许多直接与间接的资料。

（三）慎终追远，因山为陵

　　传统的儒家思想在于孝亲和"慎终追远"，建陵造墓遂成为实行"孝"的重要方向。在传统思想和社会舆论的压力下，人们往往要竭尽营葬，所以厚葬之弊屡禁不止。三国至南北朝，虽长期分裂，但帝王和贵族官吏仍建了大量陵墓。虽比之两汉可谓寒俭，但在当时的经济条件下，已是尽其所能了。隋唐时期，全国统一，国势强盛，经济较前有巨大发展，故其陵墓之豪华侈大远远超过南北朝。

　　隋唐初期，帝陵沿北朝旧制，隋文帝太陵、唐高祖献陵仍是平地深葬，夯筑灵山。自唐太宗起，实行因山为陵，遂成为唐陵主流。有唐一代十八陵中，因山者十四座，乾陵在选址和利用地形上取得了最高成就（图5-3-15）。臣庶墓多采取平地深葬、上加封土、砖砌墓室，前有长羡道的形式，这是在北朝末期墓制基础上发展起来的。

　　总之：陕西先秦时期的王、侯墓葬体现了"事死如生，重殓厚葬"的传统观念；秦、汉帝陵以俑陪葬则体现了社会的进步；唐代帝陵"因山为陵"，更是展现出了东方帝国的空前魄力和宏伟气势，呈现了天地同构的宏大格局。

七、四塞为固，军事防御

（一）借助山川形胜的防御网络

古代陕西的历代古都都选择了具有优越自然环境的城址，为形成山、水、城相统一的格局创造了条件。这种格局的形成不仅有利于进一步开发和利用自然，促进都城的繁荣，而且被古人赋予了特定的文化思想，显示了古都与天地融合的雄伟气势以及帝王君临天下的无比威严。被群山环绕的关中平原上，有许多流水侵蚀成的黄土塬。许多地势高亢的塬，对于长安具有一定的防卫作用，如西安东南的白鹿塬横亘灞水中游，咸阳西北的毕塬（亦称咸阳塬）正当渭水之北，由于灞渭两水是长安城的最后一道天然防线，因此，作为这二水的屏障，白鹿塬与毕塬就具备了重要的军事意义。位于岐山县境渭水南北的五丈塬和积石塬，曾经是三国时期诸葛亮和司马懿两军对峙的所在。另外，大荔县西北的许塬、长武县北的浅水塬、泾阳县北的丰稔塬、富平县东北的美塬，都是唐及五代时期关中的军事要地。不过，相对于塬来说，能从更大范围拱卫国都的还要数围绕关中的群山，以长安为核心，经由这些群山向四方辐射出的十余条军事通道与诸多关隘，对内控制着关中的河谷平原，对外与更远的地区相连（图5-3-16）。

（二）完善交通系统而运筹帷幄

古代秦人的根据地是关中平原，偏于疆土的西部，但如果一味追求"土中"而迁都于他处，则难免显得牵强。于是，秦朝大力发展交通事业，一方面，整顿以往列国建设的地区交通体系，将其纳入新的统一的交通体系，如"车同轨"便是其中一项措施；另一方面，有计划地增建一批国家

图5-3-15　乾陵（来源：王军 摄）

图5-3-16　关中地区的东门户——潼关（来源：王军 摄）

干道和沟通重要水系的运河，如驰道、直道的修建和灵渠的开凿。虽然秦王朝不久就覆灭了，但其发展全国水陆交通的宏伟意图并未就此中断，而是为汉代所继承，并有了新的发展，形成了秦汉时期完善而发达的全国交通体系。这个体系是以关中地区为核心而建立的庞大的水陆交通网络。水路着重利用人工运河沟通黄河、长江、淮河和珠江等大水系，形成一个自西向东、由北而南的航运网。有些地方水陆分治，有些干线则水陆联运，大大提高了交通运输效率。

在这个交通网中，秦始皇创造的驰道和直道占有重要的地位。这是关中地区通向北部地区的主要干线。有了这两条直道，国都对于北方边陲的指挥，就如同挥臂即指一样灵活方便。在始皇统一中国之前，秦国还有千里栈道通于蜀汉。陇西和北地皆为秦国的故土，亦早有道路的设置。关中不仅有四塞之固，而且通往全国各地的道路可谓畅通无阻。秦代的驰道和直道，不仅奠定了后来汉、唐长安的交通基础，而且对于沿途经过的洛阳、开封等地的发展，也产生了深远的影响。隋唐时期以长安为中心的道路网只是在秦汉道路网的基础上作了些补缀，对于整个布局却未作大的改变，可见秦汉时期在关中周围建立的向外辐射的道路系统已经尽了利用和改造自然之能事，几乎不能被后世所超越。以秦咸阳为中心的全国水陆交通网络，不仅加强了国都与京畿乃至全国的联系，而且扩展了"天极"——咸阳宫所依附的规划背景和广阔的基础，充分显示出了这一伟大都城的磅礴气势和君临天下的宏伟气质。

（三）依托长城的城市防御体系

陕北地区东隔黄河与晋西相望，西以子午岭为界与甘肃、宁夏相邻，北与内蒙古相接，南与关中的铜川相连，是历代的军事重地。该地自古以来战争爆发频繁，其发展与军事关系密切，大多数城市也是因军事需要而形成、发展的。其中，最具代表性的是九边重镇与长城寨堡形成网状的军事防御体系。"因地形用险制塞""因山设险、以河为塞"是陕北地区长城及军事聚落选址与建设的基本原则。历史上，秦、隋、明三朝均在此修筑长城。秦代蒙恬北逐匈奴而后建长城，在榆溪河畔设置榆溪塞；隋时，以榆林为中心筑起长

城；明朝，在隋长城的基础上增修扩建，在此设立"九边重镇"中的延绥镇（也称榆林镇）。尤其自明成祖以后，国势渐弱，蒙古骑兵占领河套地区，陕北再次成为极冲之地，长城的军事意义愈发重要。古语说："王公设险以守其国。"因山设险、以河为塞，寨堡的选址重视对地形地貌的分析，着重考虑对军事活动有重要影响的山脉、水系等多种自然因素的影响，从而在陕北形成了居高山上、扼守山谷、谷中盆地、水路并重，背山面水、道中下寨，沙漠荒原、城墙相护的四种寨堡选址类型。

总之："筑城卫君，造郭守民"的早期大规模城市建设出现在陕西，历代都城的军事防御是将自然山川、沟壑天堑作为整体有机构筑的，所谓"关中"之名应该饱含这样的含义。同时，通过直道、长城、寨堡、关隘等自然与人工系统，关中与陕北等地区构筑了军事防御与社会经济发展相互支撑的城镇体系。

八、纵贯南北，多彩民居

（一）适应自然条件的建造类型

陕西的地形东西窄，南北长，南北纵贯870公里，跨越8个纬度，由关中平原、陕南秦巴山区、陕北黄土高原构成了三类独具特色的自然区。由于自然条件、社会经济发展水平、文化习俗等方面的差异，陕西民居呈现出多种多样、类型迥异的总体特征。关中沃野千里，四季分明，人口相对密集，南北狭长的四合院是普遍类型，有利于集约土地。陕南多雨，夏季湿热，出现半开敞式庭院，不少农宅不设院墙，以利庭院和居室通风。陕北地区黄土深厚，气候干旱，冬季严寒，树木稀少，民居以生土窑洞为主，且根据地形地貌的不同，发展出了靠山式窑洞、独立式窑洞、下沉式窑洞等多种窑洞类型，窑洞覆土、封闭的建筑形态利于防御严寒，宽大的院落有利于获得日照。

（二）形态丰富多样的街巷空间

陕西各地的民居群落都具有形态丰富多样的街巷空间。

图5-3-17　韩城党家村（来源：王军 摄）

一是不论山区还是平原，街巷的曲直、宽窄因地制宜，既省工又利排水，使街景自然多变。其中"丁"字路的设置，形成了通而不畅的特殊效果，增强了居住场所的宁静氛围。二是街巷界面富于变化，采用合院式的建筑布局，有的房屋纵墙顺街，有的山墙朝外，高低错落，虚实交替，可取得丰富的视觉效果。三是街巷尺度亲切宜人，街巷的宽高比通常小于1:1，私密性较强，同时由于街巷界面富于变化以及绿化植被的装点，狭窄的街巷并无压抑之感（图5-3-17）。

（三）表达文化诉求的装饰艺术

　　陕西民居的重点装饰部位是入口门楼、檐口、墙面、屋脊、门窗及室内。代代相传、精工细做的传统建造工艺在陕西民居的细部装饰中得到了充分的反映，许多雕饰本身就是一件成熟完美的艺术品，它们极大地丰富和烘托了建筑的整体造型，给朴实无华的民居建筑增添了浓厚的地域特色，也表达着当地人的审美取向与文化诉求。陕北木材稀少，而砖雕、石雕应用广泛。陕南植被丰富，轻盈、精美的木雕非常普遍，并带有巴蜀文化特色。关中民居的木雕、砖雕、石雕兼容并蓄，大户人家的深宅大院精雕细刻，彰显着主人的地位、身份。

　　总之：关中渭河平原、陕北黄土高原、陕南秦巴山地，丰富多样的自然条件造就了形态迥异、风格不同的陕西民居：关中独特的窄四合院与单坡屋顶形成突出特色；陕北黄土窑洞的营造与选址中风水观念凸显；陕南山水乡居与多元文化引人注目。

第四节　陕西传统建筑的历史贡献

一、奠定了我国封建社会建筑体系的主要格局

　　以中原地区为核心的夏、商时期，虽已经有了城市、宫室、宗庙、陵墓、住宅等各类建筑，但是尚未形成一个完整的建筑体系，还没有为不同类型的建筑各自整理出一套比较完备和通用的制式来。至以陕西关中为核心地带的周代，由于封建社会的需要，各类型建筑都必须按照严格的等级制予以划分，以显示其上下、内外、亲疏、嫡庶等方面的区别。例如城市，就分为天子王城，大、小诸侯都、邑以及地方城市等几个主要级别。在"普天之下，莫非王土"和"居天下中，以抚四夷"的思想下，选择都城，要择位于国土中央。王宫也要建在国都中心。宫中主要殿堂的形制和体量都最为高大，并由其他次要的门、殿所围绕与烘托，以显示它的中心主导地位。西周后，明堂也成为了标榜正统的象征，武则天开创了明堂建筑由方到圆的先河，其形制及理念为北京天坛"祈年殿"沿用。这种贯穿于各类建筑的核心思想所形成的建筑组合内容和布置原则，是在相当长的一段时期内逐步形成的。因此，在后世的帝都、宫室、坛庙、衙署等官式建筑的兴造中，一贯被认为是至高无上的指导性法则（图5-4-1）。

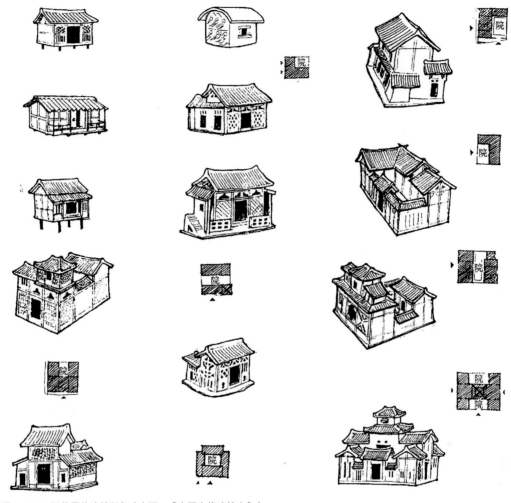

图5-4-1　汉代居住建筑形象（来源：《中国古代建筑史》）

二、产生了我国传统民居的基本类型与形式

陕西古代建筑发展至汉代已达到一个高峰，我国传统民居的基本类型及形式此时已基本形成。画像砖石、壁画、建筑明器等所反映的汉代民居，千姿百态、丰富多彩，令人目不暇接。依建筑类型有坞堡、住宅、塔楼、楼屋、仓囷、亭榭、井亭、作坊、碓房、畜栏、厕所……依结构形式有抬梁、穿斗、干阑、井干、拱券……依建筑各部有斗栱、勾阑、屋顶、门窗、台基、踏跺、墙垣、门阙、围垣、阁道、门楼、角楼、坞壁……举凡中国古代居住建筑的整体与局部，几乎均已具备。以上所反映的许多内容，如各种类型的结构形式、平面

（单体及组合）、外观（屋顶形式、墙面处理、门窗、屋顶装饰等）及局部（柱础、门簪、门扇、勾阑、棂格、椽桶、鸱尾、排山等），都已经相当成熟，有的还一直沿用到今日。因此可以认为，我国古代的各类民居，在汉代（至少是东汉）已基本成熟且已定型，并由此沿用了近两千年（图5-4-1）。

三、建筑模数尺度的规定与应用，组织特大工程的实施经验

周、秦两代，陕西地区已通过建筑模数的规定与应用，促进了浩大工程的组织及实施。周代对各种建筑的尺度都

作过专门的规定。不同的建筑用不同的单位衡量，如堂以"筵"，涂以"轨"。同类型的则依封建等级的高低而定，如规定城隅的不同高度。这些尺度的规定大多从实用出发，如厅堂面积度以铺席的多少，道路宽度定以并行车辆的多寡，都是相当科学的。这种利用某一标准尺度来衡量建筑的宽窄、高低与面积的方法，对后来的模数制（如宋代的"材"、"栔"，清代的"斗口"）是很有启发意义的。周代还设有专司丈量各种建筑尺度的宫吏——"量人"。建筑的尺度也必有相当严格的规定，而且它们都已定为国家制度，并由专职宫吏管理与掌握，反映了周人在建筑设计方法及建筑尺度运用中的进步。秦王朝统一天下法令制度，对建筑恐亦不例外。由秦代边城的建制已十分完备与严谨来看，其组织、实施巨大建筑工程也应有一整套严密的制度和措施。例如在建造阿房宫及骊山陵等特大工程时，共征集国内军工、匠师、人伕、刑徒70万余，又调运各地建筑材料聚汇咸阳，车输舟载，络绎不绝，全国动员，上下骚扰。面临如此范围广泛、头绪繁多的局势，必然在人员的调度、运输的安排、施工的组织以及建筑材料与构件的预制加工、装配，甚至在建筑各部尺度的模数制（周代已有若干先例）方面，都应具有目前尚未为世人所知的种种手段，否则很难想象上述多项浩大工程如何得以顺利进行。这些规模巨大与内容复杂的建设都是前所未曾有过的，而秦代通过当时的实践能够予以一一解决，这对于我国古代建筑工程来说，应是一项重大突破。

四、我国最早建筑文献的实践之地

周代出现了我国现知最早述及建筑的专门文献——《周礼·考工记》，其中特别对周王朝的政治统治中心——王城作出了较多的叙述，包括城的形状、面积、城门数量、道路宽度、王宫与宗庙、社稷的位置与关系、朝廷与市的关系等重要的布局原则，作了概略的说明。此外，又对王宫宫门、宫垣和角楼的高度以及它们和诸侯门、垣、角楼的对应关系等，从尺度上作出了较具体的规定，使我们能够从大体上

了解一些当时（估计是战国）人们对上述建筑的若干认识。诸多文献所提到的"内城外郭"、"前朝后寝"、"三朝五门"等建筑规划与设计的原则，大多都被后世沿用。这些建筑原则，应是人们在长期的建筑实践后，根据多次失败的教训和成功的经验，最后总结出来的要素与精髓。它们的表达形式简明扼要，但所包含的内容却极为丰富，显示了我们的祖先对建筑高度的概括的能力和水平。尽管《考工记》的说法较多，但是起码说明了周朝的功业，并且能够留作后人的记录。

五、对周边国家产生了巨大而深远的影响

隋唐是中国古代国家统一、强大、繁荣的历史时期之一，政治、经济、军事、文艺、科技在当时都居世界前列，和四周邻国交往频繁。对于西域、西亚、中东诸国，以商贸关系为主，以昭武九姓诸国为中介，甚至远达东罗马。隋唐二代，特别是唐代，对东方诸邻国如朝鲜半岛三国和日本有着巨大的影响。

朝鲜半岛上的高丽、新罗、百济三国，在南北朝时即分别与南朝和北朝有了较密切的联系。随着经济文化的交流和佛教的传入，南北朝对朝鲜半岛三国的建筑也产生了重大的影响。公元676年以后，新罗统一朝鲜半岛，与唐一直保持友好的关系，交往更加密切。新罗的都城庆州在规划上受唐长安影响，也是方格网街道的布局。现存的庆州佛国寺在布局和建筑做法上也有明显的唐风。朝鲜半岛自汉唐以来受中国影响，建筑以木构为主，重要建筑群采取封闭式院落布局的特点，则是确切无疑的。

日本和中国的交往有悠久的历史，仅从日本近年发现的"汉委奴国王印"金印就可知，至迟在汉代，就已有正式关系。南北朝以后，中国多故，日本较多地以朝鲜半岛三国为中介和中国联系。随着佛教的传入和兴盛，中国的建筑体系也随着佛寺的建设而输入日本。唐建立后，日本自公元630年（唐太宗贞观四年）第一次派遣唐使起，至公元894年（宇多天皇宽平六年，唐昭宗乾宁元年）共派了18次遣

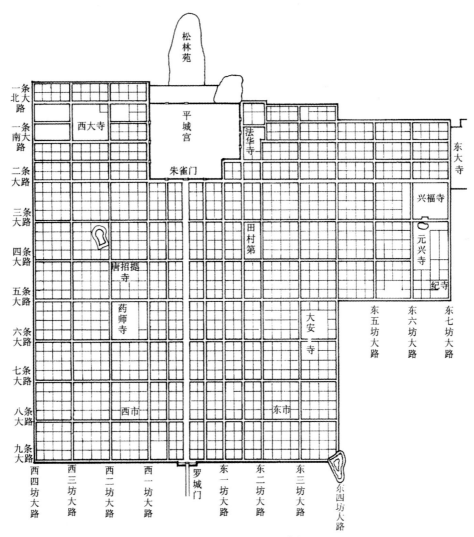

图5-4-2　日本奈良平城京平面复原图（来源：《中国古代建筑史》）

唐使，几乎和唐王朝相始终。在这期间，日本吸收了唐代文化，在政治、经济、文化、技术诸方面都发生了巨大的变化。"奈良时代"是吸收初唐、盛唐文化最多的时期，在建筑方面，于都城、宫室、寺庙和建筑艺术、建筑结构诸方面都有明显的反映。平城京是首都，也是唐文化和日本实际结合后创建出的伟大都城（图5-4-2）。

下篇：陕西现代建筑传承

第六章　陕西现代建筑传承设计的原则、策略与方法

　　陕西现代建筑传承设计的主要目标，是承袭和展现陕西优秀的传统建筑文化并对其进行创新和发展。在本书第一至第五章中，详细分析并总结提取了陕西优秀传统建筑文化的特征。本章在其基础上，分析、提出了陕西现代建筑传承设计的一般原则、基本策略和主要方法。首先，结合国际建筑发展趋势，提出了陕西现代建筑的适宜性、创新性、可持续性和保护性传承设计的一般原则。其次，在比较不同历史时期建筑影响因素变化特征的基础上，分析提出了陕西现代建筑传承设计的基本策略。第三，根据陕西实际情况，将该地区的现代建筑项目分为传统建筑环境中的复建项目、传统建筑环境中的新建项目以及现代建筑环境中的新建项目三个类型，结合实际案例总结提出了相关传承设计的主要方法。

第一节　陕西现代建筑传承设计的一般原则

一、适宜性传承的原则

适宜性或适应性（Adaptive）原指生物体与环境条件相适合的现象，是通过长期自然选择而形成的。与自然界的生物体相似，人类创造的地域传统建筑，其特征也是在长期演变过程中逐渐积累而形成的。当外界条件发生变化时，建筑特征也应随之发生变化，从而与新的环境条件相适应。与传统时期相比，现代建筑所处的自然、经济、社会和文化环境，均发生了显著甚至巨大的变化。陕西现代建筑传承设计中，应秉承适宜性传承的设计原则，在传承传统建筑核心文化价值与形态特征的同时，既要充分适应陕西现代地域自然、经济、社会、文化和技术条件，也要符合其未来总体发展趋势。

二、创新性传承的原则

万物的发展和提升，离不开变化和更新。在传承传统建筑文化的同时，也需要进行符合时代发展特征的变化与更新，提倡在传承中创新、在创新中发展。在陕西现代建筑设计实践中，可以从文化理念、空间形态、材料技术等多方面开展创新性传承。

三、可持续性传承的原则

进入21世纪以来，人类活动所引起的全球气候变化与环境问题正得到越来越多的关注和重视。现代建筑创作中，有必要挖掘传统建筑设计中所积淀的人与人、人与社会、人与自然和谐共生的智慧，并结合现代自然、文化、经济特征与发展趋势，在建筑创作实践中进行可持续性传承。

四、保护性传承的原则

文物是人类在历史发展过程中遗留下来的物品、遗迹。它们不仅从不同侧面反映了各个历史时期人类的社会活动、社会关系、意识形态以及利用自然、改造自然的情况，也反映了当时的生态环境，是人类宝贵的历史文化遗产。文物的保护管理和科学研究，对于人类了解和认识自身的历史和发展规律具有重要意义。陕西是中华民族及华夏文明的重要发祥地。先后有周、秦、汉、唐等十多个王朝在此建都，历时千余载，留下了极为辉煌的历史文化长卷。当今陕西境内不仅有大量的历史文化遗迹，如古遗址、古建筑、古墓葬等，而且非物质文化遗产也十分丰富。因此，在陕西针对各类文物古迹及周边环境进行现代设计实践时，要特别重视和坚持保护性传承的设计原则。

第二节　陕西传统建筑影响因素的现代变迁

陕西传统建筑在形体、空间及材料选择等方面，不仅受当时的气温、降水、日照等自然气候条件以及土、木、石等自然资源条件的限定，而且还受到其所在时代的文化理念、社会生活及技术经济因素的影响，表现出与之相适应的建筑特征。在现代建筑创作中，有必要基于建筑项目所在地域自然、经济、社会、文化等方面影响和限定因素的现代变迁及发展趋势，进行适宜性传承和创新。

一、自然环境的变迁

（一）现代陕西自然气候的比较特征及变化趋势

历史文献资料的对比分析显示，现代陕西气候的总体特征，大致与西周、汉、魏、晋、南北朝时期相似（冷干、寒干）；而其未来发展趋势，大致与夏商、春秋、战国、秦、隋、唐、五代时期相似（暖干、暖湿）。[①]

近40年的气象资料显示，随着全球气候变暖，陕西全境年平均气温呈上升趋势，降水量呈下降趋势，整体呈"暖干"化趋势。其中，陕北、关中地区增温较明显，特别是冬季增温幅度较大；同时降雨减少，特别是冬季降水减少，但夏季雨量略有增加。陕南地区增温幅度不明显，个别地区甚至出现降温现象；降雨呈现出增加和减少两种趋势，极端化的暴雨频次明显增加，洪水、泥石流等地质灾害呈现多发趋势。[②]

（二）现代陕西自然资源的比较特征与变化趋势

由于自然气候的演化、人口的增加以及人类活动范围和影响的不断增强，陕西现代人均森林资源、水资源、土壤资源等与历史时期相比均大幅度减少。特别是进入近现代以来，随着城镇化进程的加快，城市建设对各种资源的占用迅速增多，陕西的林木、水、耕地等都成为了相对稀缺而宝贵的自然资源。其中：

（1）关中地区位于秦岭北麓。在新石器时代，该地区处于亚热带气候区，有大量亚热带落叶与常绿阔叶混交林；自西周时期起，随着先民开垦种植能力的不断提高以及人口的不断增加，人类的聚居范围不断扩大，对木材等基本建筑材料的使用量不断增加；至秦、汉、魏晋南北朝时期，平原地区森林已砍伐殆尽。

（2）陕北地区地处黄土高原。在新石器时期，该地区气候与当今关中地区相似，其植被主要为暖温带落叶阔叶林。随着游牧与农耕生活方式的交替演化以及持续不断的垦殖、砍伐，加之广种薄收、滥垦滥伐的落后生产方式，原有森林、草原遭到了毁灭性破坏。至今，这里已成为世界上水土流失最为严重的地区之一。原来较平缓的土地变得陡峭，土地面积大为减少，土壤日趋贫瘠。同时，由于森林遭到严重破坏，水源得不到涵养，气候变得极度干旱，河流水量减

少，许多湖泊逐渐干涸，风沙侵袭加剧，动、植物种属大量减少。随着国家"退耕还林"政策的落实，现代陕北地区的森林覆盖面积虽有所增加，但总体上林木资源、水资源仍十分稀缺，唯有黄土资源仍广泛分布。另外，随着气候的变化，陕北地区逐渐成为太阳能资源富集地区。

（3）陕南地区位于秦岭南麓，多山地。虽然由于人类活动的干扰，其现代林木资源和水资源与历史时期相比已有大幅减少，但与关中、陕北地区相比，仍处于相对较丰富的状态。陕南地区对水资源的保护性开发利用以及对洪水、泥石流等自然灾害的防御要求，明显高于陕北和关中地区。

二、文化理念的变迁

由于地域的隔绝，传统文化往往呈现出鲜明的地域特征。例如陕西的关中、陕北和陕南三地，在其传统文化中分别表现出明显的帝王、游牧和商旅文化特征。随着现代交通及通信技术水平的提高，人类活动范围日益扩大、文化交流活动日益频繁，不同地区的文化呈现出日益融合的趋势。最终，历史时期遗留下来的文化印迹，与现代本土文化及外来文化交织与融合，共同构成了陕西现代建筑传承设计的新的文化背景。在现代建筑创作中，有必要在充分理解、消化和吸收深厚历史文化积淀的基础上，结合现代文化特征及发展趋势，进行适宜性的传承和创新。

三、社会生活的变迁

现代陕西社会已随中国整体进入现代文明时代。与历史时期相比，现代陕西社会生活的变迁主要体现在以下几个方面：首先，宫殿、陵墓等皇家建筑以及文庙、祠堂等已

① 朱士光，王元林，呼林贵. 历史时期关中地区气候变化的初步研究[J]. 第四纪研究，1998（1）：1-11.
② 高蓓，栗珂，李艳丽. 陕西近40年气候变化特征的分析[J]. 成都信息工程学院学报，2006，21（2）：290-295.

不再新建，而各类宗教建筑的建设量也很小，集合式城市住宅和办公、商业、教育、观览、旅馆、体育、交通等各类公共建筑成为了现代社会大量需求的建筑类型。第二，历史上因社会分裂、动荡而形成的城墙类防御建筑，随着社会的统一、安定，已失去其防御作用。第三，随着城镇化进程的加快以及交通、通信等技术的不断发达，历史时期的生活方式逐渐被现代生活方式所取代，并且关中、陕北和陕南地区（特别是其城市地区）生活方式的差异也变得越来越小。

四、经济形态的变迁

现代陕西经济，已从历史时期皇权统治下的以自然经济为主的形态，转变为以中国特色的市场经济为主的新形态。相应地，历史时期出现的商铺、钱庄、客栈等传统建筑形态，转变为商业中心、银行、旅馆等现代建筑形态。与此同时，出现了超市、证券交易所、物流中心等前所未有的新建筑形态，而小规模、单一性、独立式为主的建造与使用方式，也逐渐演变为大规模、综合性、整体式的开发与运营方式。此外，新型城镇化发展、"一带一路"建设等国家整体战略的实施，也使陕西未来的地域经济发展呈现出新的趋势与特征。

五、材料技术的变迁

现代陕西建筑的建造材料、工艺和技术，与历史时期相比发生了巨大的变化。传统的木、土、砖、石等建筑材料，已经在很大程度上被混凝土、金属、玻璃、砌块、复合材料等现现代建筑材料所代替。虽然砖石材料在民居建筑中仍有所保留，但在公共建筑中已不多见，或被装饰性贴面材料所取代。随着建筑材料的变化，传统建造工艺也逐渐被现代化的建造工艺和机械化的施工技术所替代。如何利用现代建筑材料、工艺和技术传承地域传统建筑文化，是现代陕西建筑文化传承的另一个重要议题。

第三节　陕西现代建筑传承设计的基本策略

一、适应现代地域自然环境条件的传承设计策略

陕西传统建筑具有"逐地而居"、"逐水而居"、"因地制宜"等自然环境适应性营建理念、策略与方法。在对其进行传承时，应特别注意辩证地分析其所产生年代的气候与资源特征，并将其与现代和未来的资源变化趋势进行对比分析，从而有针对性地进行传承和创新。

与现代地域自然环境因素相适应的传承设计策略主要涉及：

（1）顺应环境的选址布局设计策略。

（2）适应气候的空间演绎设计策略。

（3）地域材料的创新应用设计策略。

二、适应现代地域精神文化特征的传承设计策略

本书上篇解析并提取了"天人合一"、"道法自然"、"象天法地"、"易经卦象"、"负阴抱阳"、"藏风纳气"、"非壮丽无以重威"、"虚实相生"、"时空一体"等陕西传统建筑中与传统文化因素相关的理念。在对其进行传承时，应特别注意辩证地分析其所产生年代的精神文化特征，并将其与现代陕西文化及发展趋势进行对比分析，从而有针对性地进行传承和创新。在积淀厚重的传统文化与多元融合的现代文化并存的背景下，现代陕西建筑传承设计中，应注意在传承传统文化的同时，更多地融合现代文化与生活内容。

与现代地域精神文化因素相适应的传承设计策略主要涉及：

（1）以展示传统文化为主的传承设计策略（传统建筑环境中的复建项目）。

（2）以体现现代文化为主的传承设计策略（现代建筑环境中的新建项目）。

（3）兼顾传统和现代文化的传承设计策略（传统建筑环境中的新建项目）。

三、适应现代地域社会生活背景的传承设计策略

本书上篇中解析并提取了"中轴对称"、"均衡格局"、"前堂后室"、"前庙后学"等陕西传统建筑中与传统社会形态相适应的设计手法、策略和建筑特征。在对其进行传承时，应特别注意辩证地分析其所产生年代的社会特征，在现代陕西全新的社会制度、组织形态和生活习惯等背景下，有针对性地进行传承和创新。

与现代地域社会生活因素相适应的传承设计策略主要涉及：

（1）沿用传统空间、融入现代生活的传承设计策略。

（2）更新传统空间、承载现代生活的传承设计策略。

四、适应现代地域经济形态及发展方式的传承设计策略

如前所述，新的经济形态和发展方式，导致现代出现新的建筑功能（例如现代银行、证券交易所、大型超市、物流中心等）和形式以及新的开发运营方式等。而"一带一路"等新国家战略的提出，也给陕西未来的经济发展带来了新的机遇。现代地域经济形态及发展方式视角下的传统建筑传承设计策略，不仅涉及对传统建筑空间的保护、沿用、转化和更新，而且涉及新的产业要素的融入、对地域经济发展的带动以及传承方式自身的经济性等诸多方面。

与现代地域经济因素相适应的传承设计策略主要涉及：

（1）沿用传统空间，融入现代地域经济形态和产业要素的传承设计策略。

（2）更新传统空间，带动现代地域经济发展的传承设计策略。

五、适应现代地域材料技术水平的传承设计策略

本书上篇中解析并提取了"生土结构"、"土木结构"、"砖石结构"等陕西传统建筑中常见的本土建筑材料、民间手工技艺及简单机械辅助下的营建技艺和方法。在对其进行传承时，应特别注意辩证分析其所产生年代的材料、工艺和技术特征，将其与现代陕西的经济水平及发展趋势进行对比分析，并特别注意结合现代新材料、新技术和新工艺，进行适宜性、创新性和可持续性传承。随着自然的变化和社会的发展，陕西传统建筑中所多见的木材、石材等建筑材料，如今已成为相对稀缺的资源。因此，对既有建筑材料的再利用成为传承设计的重要策略之一。

与现代材料技术因素相适应的传承设计策略主要涉及：

（1）利用传统建筑材料塑造现代建筑空间的传承设计策略。

（2）利用现代建筑形式展示传统建造技艺的传承设计策略。

（3）利用现代材料、工艺、技术表达传统建筑形式与意蕴的传承设计策略。

（4）既有传统建筑再利用的传承设计策略。

（5）既有传统建筑材料回收再利用的传承设计策略。

（6）既有传统建筑材料循环再利用的传承设计策略。

六、兼顾形式与意蕴的传承设计策略

本书上篇解析并提取的陕西传统建筑特征，既包括传统建筑的外部形式（如选址布局、群体肌理、空间布局、材料选择、装饰细部等）内容，也包括传统建筑的内涵意蕴（如理念、文化等）内容。在现代陕西建筑传承设计中，应采取

兼顾以上两方面内容的设计策略。

兼顾形式与意蕴的传承设计策略主要涉及：

（1）以形式为主的传承设计策略。

（2）以意蕴为主的传承设计策略。

（3）形式和意蕴并重的传承设计策略。

第四节　陕西现代建筑传承设计的主要方法

与陕西现代建筑传承设计相关的项目大致可以分为以下三个大类：①传统建筑环境中的复建项目；②传统建筑环境中的新建项目；③现代建筑环境中的新建项目。针对不同类别的建筑项目，宜分别采用不同的传承设计方法。具体分析如下：

一、传统建筑环境中的复建项目

陕西建都历史悠久，留下了大量宝贵的建筑文化遗产。在传统建筑遗址周边地区有一类特殊的建筑项目，就是传统建筑的复建项目。针对此类项目，通常需要按照传统时期建筑的规模、形制、结构体系、材料选择、色彩等进行传承设计；而对其内部空间及功能的设计，则可以采用现代新的材料、技术与方法。在反映传统建筑特征、再现历史事件场景、传递传统文化价值的同时，对相关文物遗址也可起到保护和宣传的作用。唐大明宫丹凤门遗址博物馆（图6-4-1）和青龙寺二殿的复建等是此类项目的实例。

二、传统建筑环境中的新建项目

陕西地区保留有大量文物古迹，包括西安城墙、大雁塔、钟鼓楼等，在这些文物古迹周边新建项目的传承设计中，必须特别注重与相邻传统环境的协调与共生。与此相关的传承设计方法主要包括：

（一）传统建筑遗址的保护与展示

对传统建筑遗址的保护设计，应满足保护文物及其历史环境完整性和真实性的要求。为此，可以采用隐藏和消解自我的方式，彰显对历史的尊重并实现与遗址的和谐相处，汉阳陵帝陵外藏坑保护展示厅是应用此类设计方法的一个实例（图6-4-2）。

（二）传统建筑空间的修补与缝合

随着现代城乡建设的快速发展，传统建筑周边环境往往被各种建筑、道路、设施等割裂和分解，变得支离破碎。现代建筑传承设计中，可以有意识地通过设计，达到修复、

图6-4-1　大明宫丹凤门遗址博物馆（西安）（来源：中国建筑西北设计研究院有限公司 提供）

图6-4-2　汉阳陵帝陵外藏坑保护展示厅（西安）（来源：西安建筑科技大学 提供）

缝合传统建筑空间环境并使之再生的目的。西安城墙南门广场项目，通过缝合（城市的交通空间以及城市的历史与未来）、围合（广场空间和环境氛围）、融合（建筑缝合和尺度）、叠合（多元文化）、复合（功能和设施）、整合（思想和文化）的"六合"手法，探索了对破碎传统空间的现代重建（图6-4-3）。

（三）传统建筑轴线的借鉴与延续

长安城，自周、秦、汉、唐以来，在不同时期形成了一系列明确、清晰的城市轴线系统。对这些轴线的延续和应

用，有助于延续相应时代的传统文脉和建筑肌理特征。西安新行政中心项目的平面布局采用庄重、严谨的棋盘式对称布局，定位于西安老城主轴线的北端，延续了长安城的历史文脉，使新城犹如在老城轴线上自然生成（图6-4-4）。[1][2]

（四）传统建筑图式的转化与同构

陕西传统建筑在其长期发展中，形成了一些具有典型特征的建筑图式，在现代建筑传承设计中，可以直接对既有图式进行转化，也可以将其他传统文化要素转变为图式，通过同构的方式，隐含在建筑群体的肌理布局之中。

图6-4-3　西安城墙南门广场项目（来源：中国建筑西北设计研究院有限公司 提供）

① 赵元超. 都市印记[M]. 天津：天津大学出版社，2015.
② 赵元超. "缝合"城市——西安新城行政中心概念规划设计[J]. 城市建筑，2006（5）：36-38.

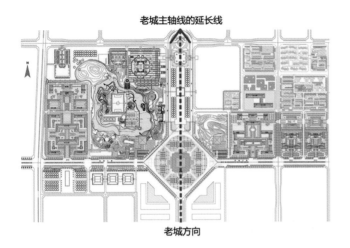

图6-4-4　西安新行政中心（来源：根据中国建筑西北设计研究院有限公司 提供，申玉杰 加绘）

1. 宫殿图式

陕西传统建筑群，"无论它们的变化多么丰富，大都有较好的整体性，这主要在于变化主次有序才不失于零乱"[①]。陕西历史博物馆借鉴传统建筑中轴线对称、主从有序、中央殿堂、四隅崇楼的宫殿图式以及对七个大小不同的内院空间的组合，形成了作为陕西历史文化殿堂所应具有的宏伟、庄重的思想内涵和布局特征（图6-4-5）。

2. 棋盘图式

隋唐长安城的里坊和棋盘路网构成了古代城市建筑群的典型布局特征。大唐西市博物馆，选址在唐长安西市遗址之上，采用尺寸为12米×12米的展览单元，将隋唐长安城的里坊和棋盘式布局体现在博物馆的单元体组合之中，以模仿和简化的方式，沿袭和展现了隋唐时代长安城建筑群体构建的棋盘图式与肌理特征（图6-4-6）。

（五）传统建筑布局理念的延续与传承

陕西传统建筑，特别是皇家建筑中，提出了"山水形胜"、"象天法地"、"大象无形"等极具气魄的建筑布局理

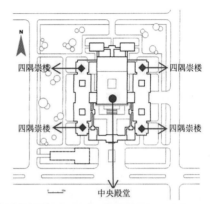

图6-4-5　陕西历史博物馆（西安市）（上：总平面图；下：鸟瞰图）（来源：中国建筑西北设计研究院有限公司 提供，赵园馨 加绘）

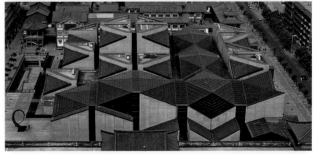

图6-4-6　大唐西市博物馆（西安市）（左：立面图；右：鸟瞰图）（来源：刘克成 提供）

---

① 张锦秋. 陕西历史博物馆设计[J]. 建筑学报，1991（9）：18-24.

念与方法，值得在传统环境中的新建项目上进行延续与传承。黄帝陵所在地——桥山，是历代帝王和名人祭祀黄帝的场所，保存着汉代至今的各类文物。黄帝陵的群体布局设计，特别是祭祀大殿的设计中，就集中传承了"山水形胜、一脉相承、天圆地方、大象无形"等传统建筑布局理念（图6-4-7）。

（六）传统建筑理念的符号化应用

提取传统文化理念，并通过隐喻、象征等手法将其转化为视觉符号，可以隐含地传承和表达传统建筑的精神意蕴。黄帝陵轩辕殿主体由36根高3.8米的圆形石柱围合成40米×40米的长方形空间，柱间无墙，上覆巨型覆斗屋顶，屋顶中央直径14米的圆形留空，将蓝天、白云、阳光引入殿内，体现天圆地方、承天接地的宇宙理念。地面采用青、红、白、黑、黄五色花岗石铺砌，隐喻"五色土"，象征黄帝恩泽大地（图6-4-8）。

对传统建筑理念的符号化应用，还可以起到与既有传统建筑环境对话与共鸣的作用。西安博物院位于以小雁塔和荐福寺为核心的历史名胜区。博物院将"天圆地方"的传统理念转化为视觉符号，与周边既有传统建筑遥相呼应。"方形台座和方形馆体厚重敦实，圆形玻璃大厅从中拔地而起，隐喻新的历史萌生于厚重的历史积淀之中。"[1]（图6-4-9）

图6-4-7　黄帝陵群体布局（来源：中国建筑西北设计研究院有限公司 提供）

图6-4-8　黄帝陵轩辕殿（延安市）（来源：中国建筑西北设计研究院有限公司 提供）

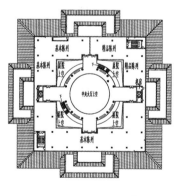

图6-4-9　西安博物院（左：外观图；右：平面图）（来源：中国建筑西北设计研究院有限公司 提供）

---

① 张锦秋，高朝君. 西安博物馆设计[J]. 2007（3）：28-33.

三、现代建筑环境中的新建项目

（一）"趋利避害"选址方法的现代传承

陕西传统建筑（包括宫殿、庙宇、民居、聚落等），在天人合一、道法自然的思想指导下，采用了顺应自然环境、趋利避害的项目选址方法。例如宫殿建筑多选择在高台之上，避免洪水的侵袭，民居及乡村聚落多选择依山傍水、背阴向阳之处等，体现了人与自然相协调的生态智慧。现代建筑项目选址中，可以直接借鉴和继承其中行之有效的选址操作方法。

（二）"山水形胜"、"象天法地"、"大象无形"布局理念的现代传承

西安世园会"灞上人家"服务区项目基地为一片自然起伏的林地，中间有一条小溪流过，由于其地形地势恰巧与"天汉"的意象近似，项目总体布局就借鉴了汉长安城"象天法地"（以渭水象征银河，以宫室、城郭及陵墓象征星辰）的做法，围绕溪流（银河），以星座的方式布局建筑单元和环境要素，从而既保持了基地环境原有的自然起伏和树木群落，又传承了古长安独特的空间布局理念，也很好地体现了西安世园会"天人长安，创意自然"的主题（图6-4-10）。①

（三）传统建筑空间的提取与转化

陕西传统建筑多采用封闭围合的空间形态。在现代建筑创作中，通过创新性地提取与转化传统空间形态，可以在传承传统建筑精神意蕴与空间特征的同时，更好地适应现代的社会文化与审美需求。西安临潼贾平凹艺术馆将关中院子围合、封闭及序列的设计内涵与朴实无华、封闭安静的建筑性格相结合。其主馆建筑以厢房与院落围合成的平面，正好与贾平凹的"凹"字吻合；辅助部分与主馆在平面及空间上进行叠加、旋转、碰撞、裂变，在关中四合院周围割裂出几组不规则的三角形院落空间。这些空间依附、穿插在主体内外，形成了分散交错的多院落体系，体现出聚落的意象，从而既传承了陕西传统四合院建筑的精神意蕴与空间特征，又演绎出不同于典型传统空间的形态与特征（图6-4-11）。②

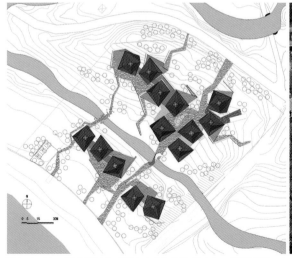

图6-4-10　西安世园会"灞上人家"服务区（左：总平面图；右：鸟瞰图）（来源：刘克成 提供）

① 刘克诚. 小品田园——西安世界园艺博览会灞上人家服务区设计[J]. 建筑学报，2011（8）：28-29.
② 屈培青. 浮华隐去，拙朴为表：临潼贾平凹文化艺术馆创作构思[J]. 建筑学报，2015（7）：74-75.

图6-4-11 西安临潼贾平凹艺术馆（来源：中国建筑西北设计研究院有限公司 提供）

（四）传统建筑形态的抽象与转化

陕西传统建筑形态多样复杂。在现代建筑创作中，通过对传统建筑形态的抽象、转化和创新应用，可以在传承传统建筑精神意蕴与形态特征的同时，更好地适应现代的社会文化与审美需求。

西安世园会长安塔的设计，集中提炼并展示了唐代方形古塔的整体形态。设计把握了远观塔势、近赏细形的原则。远望长安塔，可欣赏其唐代方形古塔的造型特色，每一层挑檐上都有一层平坐，逐层收分，韵律和谐。各层挑檐体现了唐代木结构建筑"出檐深远"之势。近观长安塔，可见到其檐下与柱头间用金属构件组合，抽象地概括了传统建筑檐下的斗栱系统。玻璃幕墙设在外槽柱内侧，通过玻璃肋与立柱和横梁固定。这一系列处理，使长安塔既饱含唐风唐韵，又不失晶莹剔透的现代感（图6-4-12）。[1]

（五）传统建筑材料的更新与再利用

陕西传统建筑通过创造性地应用生土、砖和石材等乡土材料，积累了丰富的生态智慧，也创造了富有个性的地域建筑特征。对传统乡土材料及营建技艺的挖掘、更新与再利用，可以有效传承陕西传统建筑的生态智慧与地域特征。

1. 土

陕北地区总体位于黄土高原之上，由生土砌筑的窑洞民居是该地区典型的传统民居建筑形式，具有就地取材、冬暖夏凉、节能节地等多方面的生态特征。延安枣园新窑居设计，在科学分析的基础上，挖掘并利用了生土材料的节能优势，同时改进和提升了传统窑居建筑的通风和采光特性，创造出了既传承传统生态智慧又适应现代生产生活并延续了地域特征的建筑形式（图6-4-13）。[2]

图6-4-12 长安塔（西安市）（来源：中国建筑西北设计研究院有限公司 提供）

① 张锦秋，徐嵘. 长安塔创作札记[J]. 建筑学报，2011（8）：9-11.
② 刘加平等. 黄土高原新型窑居建筑[J]. 建筑与文化，2007（6）：39-41.

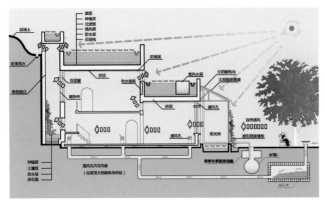

图6-4-13　延安枣园新型窑洞民居剖面图（来源：西安建筑科技大学提供，申玉杰加 绘）

2. 砖

砖是陕西传统建筑中最常用的材料之一，砖拱是关中和陕北地区常见的民间砌筑工艺。陕西富平国际陶艺博物馆挖掘了砖和砖拱这种富平当地最常见的乡土材料和砌筑工艺，通过变径砖拱所形成的强烈的韵律，形成了融于黄土高原大地景观的建筑艺术作品。博物馆窑炉样的建筑形态成为了良好的风道，而建筑墙体采用半掩土厚墙，很好地适应了富平地区夏季闷热、冬季寒冷的自然气候。通过采用乡土材料和低技术，不仅巧妙地传承了民间的生态智慧，而且创造了具有鲜明地域特征的全新建筑形态（图6-4-14）。[①]

3. 石

就地取材的设计，隐含了节约材料与能源的生态智慧。陕西蓝田的"父亲的宅"（又名玉山石柴）处在秦岭山脉、巴河和白鹿塬的交汇处。房子外墙完全用当地河里的石头建造而成（因此被当地人称为"石头房子"）。其内外石墙之间是一个狭长的游泳池，池中的水引自山上的清泉。石头浸过水之后，颜色不尽相同。一场暴雨过后，"石头房子"就会变得五颜六色，使伫立的石墙回应着地域和自然的气息（图6-4-15）。

图6-4-14　富平国际陶艺博物馆（渭南市富平县）（上：内景；下：主馆模型）（来源：刘克成 提供）

---

① 刘克成. 陕西富平国际陶艺博物馆[J]. 住区，2014（6）：112-119.

（六）传统建筑理念的符号化应用

如前所述，在现代建筑环境中，通过对传统建筑理念的符号化应用，同样可以直观地传承和表达出传统建筑的风格与特征。

（七）传统园林文化艺术的传承

陕西传统园林建筑中提出了"山水形胜"、"笼山水为苑"等营建理念以及"形态与数理相应"等营建方法，以其大尺度方位选择、空间布局、意境感知与价值表达，体现出鲜明而独特的中国北方山水美学思想及园林艺术特征；同时，也形成了"君子与山水比德"的文人造园思想以及意与匠相结合、园林与文学绘画相结合的造园方式。在现代园林营建中，在充分理解现代地域自然环境条件的基础上，通过对传统园林营建理念和方法的创新应用，可以有效传承陕西

传统园林的文化和艺术特征。

本章从适宜性、创新性、可持续性和保护性四个角度，提出了陕西现代建筑传承设计的一般原则；从气候资源、精神文化、社会生活、材料技术四个方面，分析了陕西传统建筑影响因素的现代演变特征与趋势。在其基础上，提出了适应现代自然环境条件、精神文化特征、社会生活背景、材料技术水平以及兼顾形式与意蕴的传承设计策略。最后，针对陕西传统建筑传承设计的三种主要项目类型，提出了传承设计的主要方法。传承设计的目标、原则与策略汇总详见图6-4-16。

需要说明的是，现代建筑传承设计中，多种设计手段与方法可以互相结合、互为补充，通过多元融合与共生的方式，共同体现出传统建筑的文化内涵、空间形态与意蕴特征。在共同的目标、原则和策略之下，传承设计的具体手段与方法可以千变万化，而对于新手段和新方法的探索，则永无止境。

图6-4-15　父亲的宅（西安市蓝田县）（左：庭院立面；右：游泳池）（来源：马清运团队 提供）

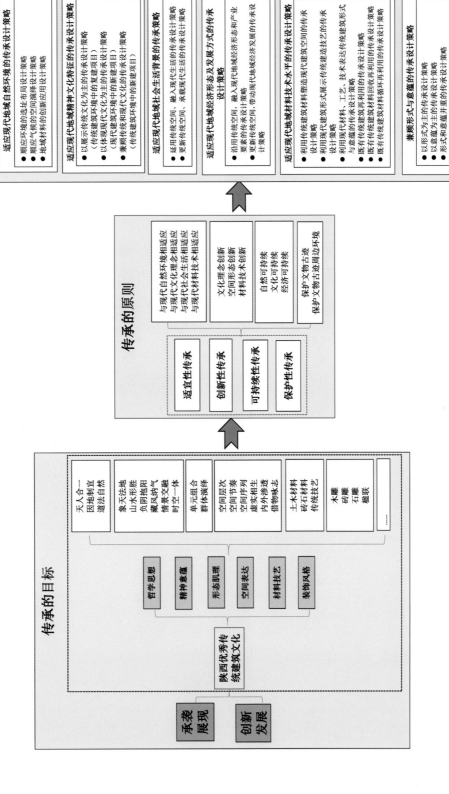

图6-4-16 传承的目标、原则与策略汇总（来源：刘煜 绘制）

第七章 陕西现代建筑发展综述

陕西的现代建筑发展历程体现着建筑界对中国传统建筑文化传承的各种创新性尝试。在新中国成立前后、改革开放以及新世纪以来的各重要历史时期，建筑界在陕西都留下了中国传统建筑文化传承的探索性作品。尊重古都格局的西安城市总体规划，反映地域建筑文化的延安革命纪念馆、大剧院，从"新唐风"的建筑风格到"和谐建筑"的建筑理念，对中国传统园林的设计性修复和创新，对明清城墙和历史街区的更新改造，对古村落的更新演绎等，反映出建筑界同仁对陕西传统建筑文化的充分肯定和积极传承。

第一节　陕西现代建筑发展概况

一、陕西近代建筑概述

　　近代民族工业、金融业的出现是新中国成立前推动陕西现代建筑发展的重要动因。20世纪30年代，陕西先后建成一批现代工业建筑，如西京电厂、大华纱厂、华峰面粉厂等，其中大华纱厂主厂房是陕西第一座钢结构建筑，1938年建成的中国银行西安分行是陕西第一座钢筋混凝土框架结构建筑。这一时期的代表性建筑还有亮宝楼（原陕西省图书馆）（图7-1-1）、黄楼（国民政府绥靖公署）（图7-1-2）、中西合璧风格的张学良公馆（图7-1-3）、高桂滋公馆（图7-1-4）、止园（杨虎城公馆）（图7-1-5）和民居风格的七贤庄（图7-1-6）等。

　　位于咸阳市杨凌区，始建于1934年的西北农林专科学校（今西北农林科技大学）3号教学楼（图7-1-7）由杨廷宝先生设计，是近代西安规模最大、最高的钢筋混凝土框架建筑，它格局对称，构图严谨，立面设计美观且洗练，是西安当时现代主义建筑的典型代表之一。至今，它仍是居于校园核心位置的主体建筑。

　　位于陕北的延安，因革命旧址分布广、范围大、实物多，被誉为"革命博物馆城"。其中，又以1930~1940年间的若干优秀建筑为代表。杨家岭中央大礼堂（图7-1-8）是中西艺术结合的典范，枣园小礼堂（图7-1-9）是将传统木构架应用于现代建筑的实例，桥儿沟天主教堂（图7-1-10）则为纯正的哥特式建筑。

图7-1-2　西安黄楼（来源：王军 摄）

图7-1-3　张学良公馆（来源：《西安建筑图说》）

图7-1-1　西安亮宝楼（来源：符英 摄）

图7-1-4　高桂滋公馆（来源：雷耀丽 摄）

图7-1-5　止园（杨虎城公馆）（来源：雷耀丽 摄）

图7-1-8　延安杨家岭中央大礼堂（来源：王军 摄）

图7-1-6　西安七贤庄（来源：王军 摄）

图7-1-9　延安枣园小礼堂（来源：王军 摄）

图7-1-7　西北农林科技大学3号教学楼（来源：王军 摄）

图7-1-10　延安桥儿沟天主教堂（来源：中国建筑西北设计研究院有限公司 提供）

二、陕西现代建筑发展的几个阶段

（一）1949年至改革开放前

新中国成立后的30年时间，陕西现代建筑翻开了新的篇章。西安市建设局成立后至改革开放前，以留法建筑师洪青（1913~1979）的作品为杰出代表，西安市涌现出一批具有极高艺术水准的中西合璧特色的建筑精品，如陕西省建筑工程局办公楼（图7-1-11）、西安市委礼堂（图7-1-12）、人民大厦（图7-1-13）、人民剧院（图7-1-14）、西安邮电大楼（图7-1-15）、西安报话大楼（图7-1-16）等。这一时期的许多建筑在对传统与现代的探索方面都堪称经典。

新中国成立初期，比较重要的建筑以采用大屋顶的居多，如西安市委礼堂和陕西建筑工程局办公楼。陕西建筑工程局办公楼仍沿用中式大屋顶加西式装饰立面的做法，但是在正立面处理上有了一定的创新，可以说是西方古典建筑同中国传统古建相结合的优秀范例。人民剧院去掉了大屋顶，仅在入口处重点装饰了一个门廊，既庄重又华丽。平屋顶加中国梁枋贴面，加古代纹饰，是当时的另一种思潮——"折中主义"。它在探索如何为现代建筑体量赋予传统形式方面做出了很大的贡献。西安人民大厦是现代陕西建筑中西结合的又一成功案例，八角攒尖的屋顶与主楼更具地域和时代特色。到了50年代末，钟楼邮局的设计已经妥善地解决了传统与现代、新与旧、繁与简、主与从的诸多矛盾。整个建筑比

图7-1-11 陕西省建筑工程局办公楼（来源：《西安建筑图说》）

图7-1-12 西安市委礼堂（来源：《西安建筑图说》）

图7-1-13 人民大厦（来源：王军 摄）

图7-1-14 人民剧院（来源：梁玮 摄）

图7-1-15   西安邮电大楼（来源：王军 摄）

图7-1-18   临潼唐华清宫九龙汤（来源：王军 摄）

图7-1-16   西安报话大楼（来源：《西安建筑图说》）

例严谨，虚实、繁简得当，虽然体量比钟楼大了许多，却尺度相宜，难能可贵，因此，一直以来都是陕西值得骄傲的现代建筑。到了60年代，老一辈建筑师们对现代建筑的探索依然没有停止。如西安报话大楼（建筑师：沈元恺），其建筑立面已经简洁了许多，除仍保留古典三段式外，仅在局部略加线脚，钟塔的顶部也仅采用了极简化的重檐收头。该建筑在城市设计方面更是具有前瞻性，在其西侧预留的西华门城市广场是如今市民聚会、休闲的地方。正是这个广场的设计使建筑与城市有了互动，为城市留出了宝贵的公共空间。

此外，由洪青主持的西安兴庆宫公园（图7-1-17）规划设计、临潼唐华清宫九龙汤（图7-1-18）规划设计，都堪称遗址公园及园林建筑设计的典范。

总的来说，在新中国成立初期到改革开放前这段时间，我们可以看出建筑形式逐渐演进的大致过程——建筑师们一直在中式与西式、传统与现代、新与旧、繁与简的关系上进行着不断的探索。从这一时期的建筑设计中我们也可以看出建筑师严谨、细致的态度，对建筑的尺度、比例、秩序以及美感的把握都有相当深厚的功底。

（二）1978年改革开放至20世纪90年代中期

这一时期，随着国家改革开放和西方元素的介入，陕西一些地方形成了多种建筑风格杂糅并存的景象，如西安南大街在20世纪80年代的改扩建中出现了仿中式的中国工商银行

图7-1-17   西安兴庆宫公园（来源：王军 摄）

大楼和现代风格的中国建设银行大楼。80年代末到90年代中期，陕西出现了一批对建筑设计态度严谨、推敲细致，对传统建筑形式与空间进行深入研究的建筑师。他们重视现代结构、现代材料与地域形式的结合。例如陕西历史博物馆的大屋顶设计中首次使用钢筋混凝土预制构件代替传统建筑的木结构，运用大型预制墙板以现代材料与技术成功地替换了传统材料，这是现代建筑探索方面的一大进步。金花饭店的全玻璃幕墙外表皮是陕西首例立面采用全玻璃幕墙的建筑。唐乐宫和古都大酒店的设计都采用了一些简化的传统构件，同时也采取了近人的尺度，使建筑很好地融于城市。唐华宾馆、曲江宾馆、建国饭店为度假式酒店，其设计从中国古典园林的特点入手，更加突出园林式的布局，利用朴实的材料和灵活的空间创造出休闲、愉快的建筑场所。凯悦阿房宫酒店更注重与周边环境的和谐，在建筑造型上通过简洁的手法隐喻古城楼的意象，并用现代手法勾画出歇山屋顶的外形轮廓，这些手法的运用都使得建筑与场所、文脉的关系更加密切（图7-1-19）。黄帝陵整修工程，是亿万海内外华人共同瞩目的大事，在建筑、文物、文化界影响甚大。该工程由西安冶金建筑学院（今西安建筑科技大学）与中国建筑西北设计研究院共同完成，包括黄帝陵总体规划、祭祀大殿建筑设计、庙前区工程设计等（图7-1-20）。

　　上述设计实践如实地反映出了建筑师在传统与现代之间所进行的探索与尝试。与此同时，在这一特定历史时期，建筑师对于我国传统建筑有了更加深入的探究，不仅注重建筑外在的形式美，同时更加注重建筑所表达的文化内涵。

（三）近20年来的建筑实践

　　在经历了改革开放初期的多元探索与反思之后，陕西近20年来的建筑设计逐渐趋于理性。张锦秋大师的"和谐建筑"对陕西建筑创作产生了较大的影响。在接受西方建筑文化的过程中，陕西本土建筑形成了其特有的地域文化表达方式，在深入理解周、秦、汉、唐"博大、创新、交融、凝重、浑厚、阳刚"等传统地域精神的基础上，建筑师们创作出了一大批具有时代特点、属于陕西的地域性建筑。

图7-1-19　西安凯悦阿房宫饭店（来源：《西安建筑图说》）

图7-1-20　黄帝陵庙前区（来源：王军 摄）

图7-1-21　西安群贤庄小区（来源：王军 摄）

　　进入21世纪以来，随着国家西部大开发战略的逐步实施，陕西的建筑项目开始逐年增加，建筑市场蒸蒸日上，建筑创作百花齐放。一系列高品质的建筑不断诞生。住宅建筑中，群贤庄小区（图7-1-21）可谓经典。文化建筑方面，一批新作品表现了传统建筑空间的意蕴，陕西历史博物馆、

图7-1-22　西安沣东城市广场（来源：西安基准方中建筑设计有限公司提供）

图7-2-1　西安新行政中心（来源：中国建筑西北设计研究院有限公司提供）

钟鼓楼广场、大雁塔南广场、大唐芙蓉园等都是这一时期的作品。现代建筑有陕西省自然博物馆、西安市博物院等。教育建筑有中国延安干部学院、西北工业大学长安校区、紫薇田园都市国际学校与示范高中等。办公建筑有浐灞生态区行政中心、西安市新行政中心、西安沣东城市广场（图7-1-22）等。超高层建筑在陕西得到发展，如西安高新技术开发区中国电信网管中心大厦、高新商务大厦、招商银行大厦、陕西信息大厦等。

第二节　陕西现代建筑的文化求索与地域性实践

一、追求深厚地域特色的陕西现代城市建筑

伴随着第四轮西安总体规划（2008-2020）的编制，对西安城市历史区域文化气质与风貌特色的研究探讨更加深入。"复兴以盛唐为代表的，极具地方文脉特征的古都风貌……以'唐'作为时间坐标……使西安身着'大唐'文化盛装，傲立于世界都市之林！"①这种理念，呈现了一种对古

都西安未来建筑风貌的期许和展望。

西安新行政中心选址在古都历史轴线"长安龙脉"的北延伸线上，建筑群体采用方格网布局，以未央路为轴对称布置，内外围合，形成了庄重严谨的格局，有机地延续了古都固有的空间秩序和城市肌理（图7-2-1）。西安城墙南门综合提升改造项目是城市核心区域立体化、集约化和复合化的综合改造工程，在原有交通等环境基础上，建筑师通过"缝合、围合、融合、叠合、复合、整合"的"六合"理念，较完美地完成了这项集交通梳理、环境提升、旅游开发、城市更新和文物保护于一体的复杂工程（图7-2-2）。西安火车站改扩建后，将与北侧大明宫遗址公园南广场融为一体。为了不偏离"大明宫-大雁塔"历史轴线，改扩建方案以现有的大明宫丹凤门遗址博物馆为基准，把新建的北站房、东配楼与博物馆布置成"品"字格局（图7-2-3），共同构成了具有古都韵味的新的城市天际线。"西安火车站应像她刚出生时的形象，对这座城市充分地尊重，也形成自己的特色。"西安浐灞行政中心的创作理念是"飘浮于绿树之上，游动于灞水之间"，"整个建筑跌宕起伏、行云流水，具有极强的滨水建筑的特色"②，该项目不仅展示了政府的新形象，而

① 和红星. 西安於我·2·规划历程[M]. 天津：天津大学出版社，2010.
② 赵元超. 都市印迹：中国建筑西北设计研究院有限公司U/A都市与建筑设计研究中心作品档案（2009—2014）[M]. 天津：天津大学出版社，2015.

图7-2-2 西安城墙南门综合提升改造（来源：中国建筑西北设计研究院有限公司 提供）

图7-2-3 西安火车站改扩建方案（来源：中国建筑西北设计研究院有限公司 提供）

图7-2-4 西安建筑科技大学草堂校区教学楼群（来源：王军 摄）

图7-2-5 延安大剧院（来源：中国建筑西北设计研究院有限公司 提供）

图7-2-6 金延安圣地河谷（来源：中国建筑西北设计研究院有限公司 提供）

且为公众提供了可参与的、具有亲和力的城市开放空间。具有悠久办学历史的西安建筑科技大学在其草堂校区教学楼群中，运用传统意象表达了对城市文化以及山水环境的回应（图7-2-4）。

革命圣地延安，不仅具有雄浑、朴实的黄土文化，而且拥有深厚的历史积淀。延安的一批优秀的现代建筑作品，从不同侧面体现了它独特的魅力。延安大剧院（图7-2-5）、金延安圣地河谷（图7-2-6）、延安博物馆群方案设计，延安干部学院（图7-2-7）、陕甘边革命根据地照金纪念馆（图7-2-8）等，都是陕北地区优秀现代建筑的代表。在延安革命纪念馆的创作中，通过"利用山水格局烘托气势、广场建筑园区融为一体、建筑体形设计超常向量、延安建筑文脉继承发扬、建筑主体形象蕴含寓意、纪念性雕塑突出主题、序厅艺术空间精神感召"[1]七个方面的巧思，赋予纪念建筑以卓尔不群的品格，浓缩了延安精神的精华，彰显了延安城市的特色（图7-2-9）。

图7-2-7 延安干部学院（来源：王军 摄）

① 张锦秋. 长安意匠·张锦秋建筑作品集：延安革命纪念馆[M]. 北京：中国建筑工业出版社，2011.

图7-2-8　陕甘边革命根据地照金纪念馆（来源：中国建筑西北设计研究院有限公司 提供）

图7-2-9　延安革命纪念馆（来源：王军 摄）

图7-2-10　阿倍仲麻吕纪念碑（来源：王军 摄）

二、从"新唐风"走向"和谐建筑"

汉唐长安的鼎盛造就了西安在中国乃至世界历史上独一无二的特殊地位。张锦秋大师以她极具特色的建筑作品独树一帜，其作品涉及面之广，影响力之大，主导着城市的风貌，定义着城市的格调。自20世纪70年代末起至今近40年间，张锦秋在西安地区主持设计了一系列颇具影响力的工程项目。这些项目的一个共同特点，即以鲜明的中国传统建筑风韵和空间艺术特征，彰显着西安的城市历史及地域文化。"新唐风"一词，最早见诸于吴良镛先生为张锦秋的

著作《从传统走向未来——一个建筑师的探索》所作序中："……改革开放，城市建设日兴，西安古都各项纪念性建设工程任务大增，亟须具有新时代精神，并赋民族的、地方特色的优秀设计。张锦秋脱颖而出，主持了一系列重大工程，这些被名之曰新唐风的创作，得到了中外建筑界人士赞赏，被国家授予设计大师的称号……"[①]

1979年，唐代杰出的日本使者阿倍仲麻吕的纪念碑在西安兴庆宫公园内落成（图7-2-10）。"（纪念碑）最后选定的方案是一个纪念柱式的石造建筑，高5.36米，取采我国传统的碑顶、碑身、碑座三段划分，其造型脱胎于我国建筑史上有名的南北朝义慈惠柱和唐代石灯幢。这种形式的纪念性建筑多见于阿倍仲麻吕所处时代前后。"[②]

1982年，为纪念另一位唐代的中日友好使者空海，在西安南郊乐游原上落成了青龙寺空海纪念碑院，是一组以七开间接待厅为中心、面积仅有422平方米的建筑群，成为张锦秋大师第一个"纯正"的唐风作品（图7-2-11）。"建筑立面处理，除了采用唐代建筑一些有特色的做法（如鸱尾、

① 张锦秋. 从传统走向未来——一个建筑师的探索[M]. 西安：陕西科学技术出版社，1992：序.
② 张锦秋. 从传统走向未来——一个建筑师的探索[M]. 西安：陕西科学技术出版社，1992：111.

图7-2-11 青龙寺空海纪念碑（院）展厅（来源：王军 摄）

图7-2-12 华清池御汤遗址博物馆（来源：王军 摄）

直棂窗、地栿和串木、梭柱、柱身侧角和升起等）以外，在设计中着重把握唐代建筑斗栱雄大、出檐深远、装修质朴、曲线舒展的基本特征。……为了使这组建筑唐风纯正、法式严谨，在进行施工图设计时，我们选择了规模相当的南禅寺大殿为蓝本，以其材栔关系为依据，推算出各种构件的规格比例，从而使这组建筑统一协调、唐风纯正。"①

　　在90年代初的华清池遗址博物馆（图7-2-12）设计中，"由于展厅将原殿宇遗迹均包在室内，因而势必形成展厅均比原殿宇放大一圈，也就不可能真正按遗址进行复原设计。……尽管不能复原，但考虑到华清池这一名胜风景区的历史特色，全部保护陈列建筑都采用了较纯正的仿唐形式。"②完成于1991年的陕西历史博物馆是"新唐风"的巅峰之作（图7-2-13）。当时，政府下达的设计任务书明确要求博物馆应具有浓厚的民族传统和地方特色，并成为陕西悠久历史和灿烂文化的象征。在这样的要求下，设计者如是表达了其设计理念："在设计过程中着力于传统的布局与现代功能相结合，传统的造型规律与现代设计方法相结合，传统的审美意识与现代的审美观念相结合。根据以上三个结合的要求，我们认为唐风现代建筑具有突出的典型性和多义

图7-2-13 陕西历史博物馆（来源：王军 摄）

性。"③不过，在陕西历史博物馆设计中，除了在"中央殿堂"、"四隅崇楼"的整体格局和坡度平缓、出檐深远、翼角舒展的屋顶形象上凸显唐风以外，大师已开始运用简化、抽象、象征等设计手法，"在建筑处理上有的'寓古于新'，有的'寓新于古'，有的'古今并存'。……（序言大厅）本色铝合金悬挂式覆斗形组合体吊顶，颇有'藻井'意味。……博物馆大门设计，采用不锈钢管和抛光铜球组合成空透金属大门，造型新颖又引起人们对传统铆钉大门的联想。"④

① 张锦秋. 从传统走向未来——一个建筑师的探索[M]. 西安：陕西科学技术出版社，1992：119.
② 张锦秋. 长安意匠——张锦秋建筑作品集·物华天宝之馆[M]. 北京：中国建筑工业出版社，2008：26.
③ 张锦秋. 长安意匠——张锦秋建筑作品集·物华天宝之馆[M]. 北京：中国建筑工业出版社，2008：17.
④ 张锦秋. 长安意匠——张锦秋建筑作品集·物华天宝之馆[M]. 北京：中国建筑工业出版社，2008：21.

如果说陕西历史博物馆确立了"新唐风"建筑的核心内涵，那么设计并建成于近些年的大慈恩寺玄奘三藏院、大唐芙蓉园、西安博物馆、大唐西市、唐大明宫丹凤门遗址博物馆、长安塔等都是大师的力作。

位于小雁塔景区内，建成于2006年的西安博物馆（图7-2-14）"从建筑造型、细部处理到内部空间、室内设计，设计师们一如既往追求传统的建筑理念与现代功能相结合，传统的审美意识与现代审美意识相结合。西安博物馆在建筑构成上体现'天圆地方'的传统理念；吸取古代明堂注重全方位形象的完整性，也有如塑造一座现代化楼阁；色彩、风格与小雁塔'和而不同'。"[①]

图7-2-14　西安博物馆（来源：王军 摄）

2010年，唐大明宫遗址公园建成开放，丹凤门遗址博物馆巍然屹立在世人眼前（图7-2-15）。这座建筑除了造型上"切近唐丹凤门的建筑特色和风采"以外，给人印象更深刻的是它的单一颜色，建筑"从上到下全部为淡棕黄色，近于黄土色彩。为的是使这座建筑在体现唐代皇宫正门的形制、尺度、造型特色和宏伟端庄风格的同时，又要使其成为一个现代制作的标志。采用色彩上高度的抽象手法，赋予这座遗址保护展示建筑以明显的现代感，有如一座巨型雕塑。"[②]

图7-2-15　唐大明宫丹凤门遗址博物馆（来源：王军 摄）

长安塔是2011年西安世界园艺博览会的中心标志性建筑（图7-2-16），"为了使长安塔远望有唐代传统木塔的造型特色，剖面设计按照1层挑檐上面有1层平坐的做法，逐层收分。内部也就分别形成了7明、6暗，共13层。挑檐尺寸较大，达4.6米，体现了唐代木结构建筑出檐深远的造型特色。"[③]长安塔虽"具有唐代传统木塔的基本造型"，但"由于采用现代钢框架结构、玻璃幕墙，因而具有鲜明的时代感……楼上各明层四周外围是平坐栏杆，平坐与栏杆均为砂光不锈钢的金属质感，栏杆造型简约，是对唐代建筑栏杆造型的抽象和概括。"[④]

图7-2-16　长安塔（来源：王军 摄）

① 张锦秋. 长安意匠——张锦秋建筑作品集·物华天宝之馆[M]. 北京：中国建筑工业出版社，2008：33.
② 张锦秋. 长安沃土育古今——唐大明宫丹凤门遗址博物馆设计. UIA亚澳地区建筑遗产保护国际会议主题报告. 西安，2010：16.
③ 张锦秋，徐嵘. 长安塔创作札记[J]. 建筑学报，2011（08）：9-11.
④ 张锦秋，徐嵘. 长安塔创作札记[J]. 建筑学报，2011（08）：9-11.

张锦秋大师曾写到："我之所以突出唐风，一则是希图在西安保持盛唐文化的延续性，使地方特色更为突出；再则也是由于唐代建筑的建筑逻辑与现代建筑的逻辑有更多的相近之处。……城市文化孕育着建筑文化。"①张锦秋作品以唐风为早期特色，之后经过数十年历练和演进，发展出了"和谐建筑"思想及实践。对此，大师写到："我在设计实践中，逐渐体会到'和谐建筑'的理念包含两个层次。第一个层次是'和而不同'，第二个层次是'唱和相应'。……在国际化的浪潮中，一方面勇于吸取来自国际的先进科技手段、现代化的功能需求、全新的审美意识，一方面善于继承发扬本民族优秀的建筑传统，突显本土文化特色，努力通过现代与传统相结合、外来文化与地域文化相结合的途径，创造出具有中国文化、地域特色和时代风貌的和谐建筑。"②

三、以民居为原型的"民风"建筑

凸显都城文化背景的"新唐风"建筑成为了西安的城市标志，构成了城市风貌的基调。与此同时，那些不占据标志性地位的"民风"建筑则成为了不可或缺的补充，正所谓"红花还需绿叶配"。在西安曲江南湖湖畔的凤凰池小区部分项目中，建筑师采用了较为写实的民居再现手法（图7-2-17），锦园长安坊项目则趋于简约和抽象（图7-2-18）。设计者曾撰文论述其设计理念："新的建筑创作，应从传统建筑中去寻找古城建筑素朴的文脉与苍古的意境，挖掘和提炼出建筑文化及建筑符号的逻辑元素，将这些资源通过剖析、割裂、连续整合到现代建筑中形成新的秩序，并从现代建筑中折射出传统建筑的神韵，追求神似，使建筑的总体构思、空间序列、建筑尺度、单体风格以及材料肌理与传统建筑相和谐，在尊重历史而不是模仿历史的同时，赋予它新的气质和涵义。"③建筑师为此实地调研了大量关中民居基础

图7-2-17　凤凰池小区的民风建筑（来源：中国建筑西北设计研究院有限公司 提供）

图7-2-18　西安长安坊大门设计（来源：中国建筑西北设计研究院有限公司 提供）

资料，建立了庞大的"数据库"，为设计提供了素材和"原型"。临潼榴花溪堂（图7-2-19）是民风建筑的又一个代表性作品。

关中民俗艺术博物院是一件古屋移建加复建的特殊作品（图7-2-20）。博物院坐落在秦岭终南山佛教圣地南五台山脚下，为一家民营文博单位。自20世纪80年代，博物院所有者已开始收集关中地区历代石雕、木雕、砖雕、字画。近年，建成后的博物院有40座迁建和复建的明清古民居，被用作民俗展览馆、文物库房、戏楼、店铺、工艺作坊、研究中心等。

---

① 张锦秋. 从传统走向未来——一个建筑师的探索[M]. 西安：陕西科学技术出版社，1992：193-194.
② 张锦秋. 长安意匠——张锦秋建筑作品集·延安革命纪念馆[M]. 北京：中国建筑工业出版社，2011.
③ 屈培青. 传统·简约·和谐——西安锦园五洲风情区[J]. 建筑学报，2004（9）：28.

图7-2-19　临潼榴花溪堂（来源：中国建筑西北设计研究院有限公司 提供）

图7-2-20　关中民俗艺术博物院（来源：王军摄）

　　位于浐灞之滨的灞柳驿宾馆是2011年西安世园会附属建筑（图7-2-21）。"设计灵感来自于对水流动包容的观察思考，浐灞生态区的独特区位和周边河流、岛屿、山脉的自然景观以及西北大地独特的气候、植被与这种流动包容的思考相结合，被引发出无限可能。整个设计随小岛地形流动，呈花瓣状的闭合曲线，通过青砖墙勾勒出建筑的边界，内侧则以连续变化的木条边墙进行围护。两道围墙间形成了私密又富于趣味变化的廊道空间。在这里，墙体不仅仅作围合之用，还是交通游憩的休闲之所。……建筑材料的选择尽可能考虑当地的传统材料，对各种材料的精心设计，使之呈现出他们自身特有的质感，其中包括大面积粗砾黄土堆积而成的夯土墙、精致细长木片织缀而成的木条边墙、以及无数三角形玻璃折面构成的内庭接待长廊。整片建筑群扎根在基地所处的环境之中，通过对当地文脉与材料的表述，激发出场地特有的气质与力量。"[1]

　　"灞上人家"是2011年西安世界园艺博览会的中国风情服务区，该项目设计因地制宜，以"小品田园"为中心

图7-2-21　西安世园会灞柳驿宾馆（来源：王军 摄）

思想，用象征传统星象的方式散布建筑组群，保留了基地原有的地形起伏和树木群落，通过小尺度空间手法和室内外空间渗透手法以及在建筑外表采用陕南片岩的独特肌理（图7-2-22），生动地演绎了世园会"天人长安，创意自然"的主题。

---

① 马达思班建筑设计事务所. 灞柳驿设计[J]. 建筑学报，2011（8）：35.

图7-2-22　西安世园会灞上人家（来源：王军 摄）

图7-2-23　陕西省图书馆（来源：王军 摄）

四、体现时代精神的多元化探索

陕西现现代建筑创作中，与"唐风汉韵"、"明城民风"并行的，是以体现地方特色和时代精神为导向的多元化探索。

一是有着古城背景的现代建筑，有时尽管没有遗址和文物保护的制约，却同样有着强烈的文化诉求。陕西省图书馆、美术馆的建设基地为高出城市道路四五米的台地，是现存不多的唐长安城六道高坡之一，为尊重历史地貌，创造有地方特色的环境，张锦秋大师将图书馆置于台地上，美术馆半嵌于坡脚下，形成错落有致的总体布局，建筑的造型、浮雕、传统席纹的面砖肌理，都展现出了文化建筑的品位和活力（图7-2-23）。此外，曲江杜陵邑管委会办公楼（图7-2-24）、西安税务干部学校（图7-2-25）、北大光华管理学院西安分院（图7-2-26）等也是以现代建筑手法着力表现地域特色的建筑作品。

二是在遗址和文物的影响范围内，建筑创作一方面有诸多制约，另一方面也有契机可寻。大唐西市博物馆建于原隋唐长安城西市遗址上（图7-2-27），建筑设计通过12米×12米的单元，将隋唐长安城里坊棋盘特点贯彻于博物馆空间。建筑师对建筑的体量、尺度、材料等进行了一系列新的探索："屋顶的设计以结构单元为单位，制造出不同坡度的变化，形成秩序严整又具有多样性的外形。博物馆的外形与周边华丽煊赫的大唐西市建筑群构成了鲜明的对比，也暗示

图7-2-24　曲江杜陵邑管委会办公楼（来源：中国建筑西北设计研究院有限公司 提供）

图7-2-25　西安税务干部学校（来源：中国建筑西北设计研究院有限公司 提供）

图7-2-26　北大光华管理学院西安分院（来源：中国建筑西北设计研究院有限公司 提供）

图7-2-27　唐西市及丝绸之路博物馆（来源：王军 摄）

了小尺度、密集排布的西市商铺是依靠数量而非体量重构城市的繁荣。"①建筑的外立面材料为仿夯土肌理的大块土黄色板材，"暗示着唐代长安城郭墙、坊墙以及西市市墙的墙体均由夯土构筑，其本身也是对历史的呼应"。②汉阳陵帝陵外藏坑保护展示厅项目由于紧邻帝陵封土，设计将整个建筑置于地下（图7-2-28），体现了保护文物及其历史环境完整性和真实性的理念，运用科技手段将遗址环境与参观环境分离，封闭模拟文物埋藏环境，为文物保护和考古提供了良好的条件。陕西富平陶艺村国际馆采用传统的黏土砖，层层叠叠的拱券呼应陶艺的造型，传统中不乏现代感（图7-2-29）。位于西安城墙西北角的藏传佛教寺院广仁寺拥有三百余年的历史，在近年的佛堂整修中，坚持了文物建筑一贯的"修旧如旧"基本原则（图7-2-30）。潼关，是历史上扼守关中平原的东大门，如今，以潼关古城西门为原型，雄踞于老县城东山之巅，俯瞰黄河的旅游建筑"山河一览楼"（图7-2-31），成为昔日军事重镇的新地标。

三是以象征手法隐喻地方文化的建筑创作。临潼贾平凹艺术馆以"凹"字为原型衍生出建筑形体方案（图7-2-32）。宝鸡青铜器博物院主体建筑形象运用"高台门阙、青铜厚土"的建筑意象，寓意宝鸡悠久的历史文化

图7-2-28　汉阳陵帝陵外藏坑保护展示厅（来源：西安建筑科技大学 提供）

图7-2-29　富平陶艺村主馆内景（来源：王军 摄）

① 茹雷. 长安余晖·刘克成设计的西安大唐西市及丝绸之路博物馆. 时代建筑，2010（5）：103.
② 茹雷. 长安余晖·刘克成设计的西安大唐西市及丝绸之路博物馆. 时代建筑，2010（5）：107.

（图7-2-33）。榆林高西沟生土建筑群通过对黄土沟壑地貌的研究，尝试用生土材料和台阶体块表现对黄土地貌形态的适应（图7-2-34）。西凤酒博物馆设计方案通过运用"酒海"、"筑台引凤"等西凤酒独有的制酒工艺、历史典故元素，将博物馆各个部分有机组合了起来（图7-2-35）。位于宝鸡凤县的古羌文化演艺中心，通过当地符号的应用体现了羌族文化特色（图7-2-36）。

　　新技术、新工艺在建筑设计中的应用愈加广泛。近年来，BIM（建筑信息模型）技术在陕西现代建筑设计中逐渐被推广，位于西安浐灞国家湿地公园的观鸟塔（图7-2-37）就是参数化设计的产物。

图7-2-31　潼关"山河一览楼"（来源：机械部勘察设计研究院 提供）

图7-2-30　西安广仁寺大雄宝殿（来源：姜恩凯 提供）

图7-2-32　临潼贾平凹文学馆（来源：中国建筑西北设计研究院有限公司 提供）

图7-2-33　宝鸡青铜器博物院（来源：王军 摄）

图7-2-34　榆林高西沟生土建筑群设计方案（来源：周庆华、王军 提供）

图7-2-35　西凤酒博物馆设计方案（来源：王军 提供）

图7-2-36　宝鸡凤县古羌文化演艺中心（来源：李岳岩 提供）

图7-2-37　西安浐灞国家湿地公园观鸟塔
（来源：叶飞、井敏飞 提供）

第三节　陕西传统建筑文化传承中的重要实践

新中国成立以来陕西省的建筑实践创新在不断发展，因循着传统建筑文化的脉络，从原址复建、原址新建到新址新建，各种类型的设计实践比比皆是，其中有不少荣获过国家、省部等各级建设成就奖的项目，它们也是陕西传统建筑文化传承中的重要实践代表。

一、西安总体城市规划与设计对传统营城思想的传承

大西安地区作为中国古代都城集中营建之地，留存着清晰的都城营建脉络，反映了深刻的都城营建思想，是陕西传统建筑广义层面上的重要内涵，与传统建筑、传统园林构成了紧密的关系。传承营城思想精华、保护自然山水格局，是延续城市历史文脉的重要内容，对于城市宏观形态布局和微观建筑形象塑造具有重要的影响作用。新中国成立以来，西安先后编制并实施了四轮城市总体规划，并于2015年编制完成了总体城市设计，保护与传承历史文脉的规划思想始终深刻影响着城市的发展定位与空间布局，为塑造西安独特的城市风貌形象奠定了坚实的基础。

（一）《西安城市总体规划》对传统营城思想的传承

20世纪50年代初，西安作为新中国中央政府直辖市，率先完成了第一轮城市总体规划（1953—1972）。以苏联专家与中国专家为主完成的规划提出了明确的功能分区，确定城市向东、西、南发展，同时绕开文化敏感区，提出了对汉长安、阿房宫等大遗址主体区的保护。城市总体形态格局延续了历史遗存的棋盘式路网和中轴格局，对明清西安城街巷格局、城墙、钟鼓楼以及唐大慈恩寺等历史遗存进行了重点保护（图7-3-1）。然而，受历史局限和当时各种因素的影响，城市东南与西南方位采用了斜向放射路网，改变了隋唐长安城棋盘式路网的总体格局，留下了城市文脉传承中的历史遗憾。

20世纪80年代初，西安编制了第二轮城市总体规划（1980—2000）。规划突出了历史文化名城保护工作，确定了"显示唐长安城的宏大规模，保持明清西安的严整格局，保护周秦汉唐的重大遗址"的古城保护原则（图7-3-2），开始注重从整体系统层面对都城发展脉络的保护。同时，开始显现恢复棋盘路网整体格局的意向。

20世纪90年代中期，西安编制了第三轮总体规划（1995—2010）。规划定性西安为世界闻名的历史名城，我国重要的科研、高等教育及高新技术产业基地，提出"中心集团，外围组团，轴向布点，带状发展"的规划布局结构。在古城保护方面延续第一、第二版的名城保护理念，提出了"保护古城，降低密度，控制规模，节约土地，优化环境，发展组团，基础先行，改善中心"的规划原则（图7-3-3）。

2003年起西安市编制了第四版总体规划（2004—2020）。规划明确提出了九宫格局的城市形制，以保护西安历史大环境。对周秦汉唐的都城脉络、隋唐长安城空间框架、秦岭与渭水的宏观格局等提出了明确的保护与传承要求，明确提出在高新区等城市新区保持隋唐长安城的棋盘路网格局，通过绿化廊道等显现唐长安城城墙等结构框架，提出了恢复"八水绕长安"的生态系统规划。总之，通过多种路径，形成了传承历史文化意蕴的城市形态主体风貌，并在此基础上进行了历史名城保护和总体城市设计等专项系统研究（图7-3-4）。

西安各轮城市总体规划通过宏观空间格局和微观遗产保护对传统营城思想加以传承，主要体现在以下几个方面：

第一，保护山、水、塬、池等自然环境。古代长安始终重视与秦岭及渭河的关系，形成了山水营城、天人合一的规划思想。现代西安城市规划注重传承这一思想，保护秦岭、骊山等自然山脉，设定城市边界与山体的距离；保护渭河景观生态体系，再现"八水绕长安"的生态面貌，保护昆明池、曲江池、太液池、广运潭、美陂湖等历史湖池和白鹿

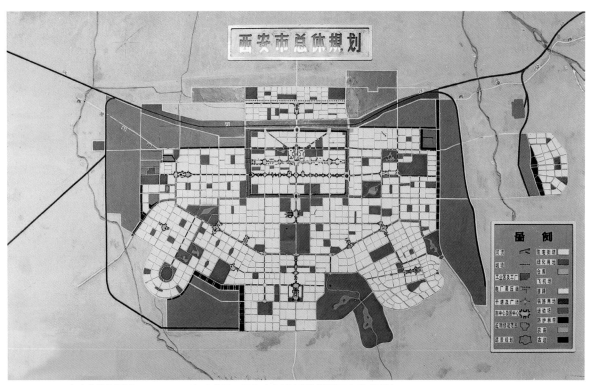

图7-3-1　西安市总体规划（1953—1972）（来源：西安建大城市规划设计研究院 提供）

图7-3-2　西安市城市总体规划（1980—2000）（来源：西安建大城市规划设计研究院 提供）

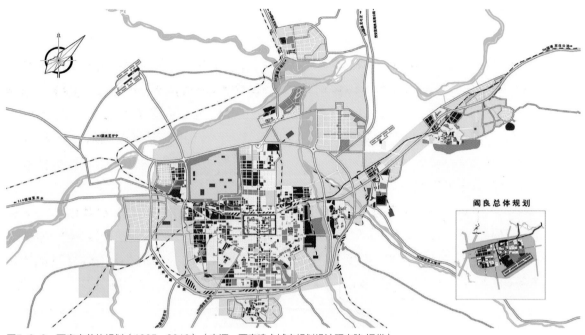

图7-3-3　西安市总体规划（1995—2010）（来源：西安建大城市规划设计研究院 提供）

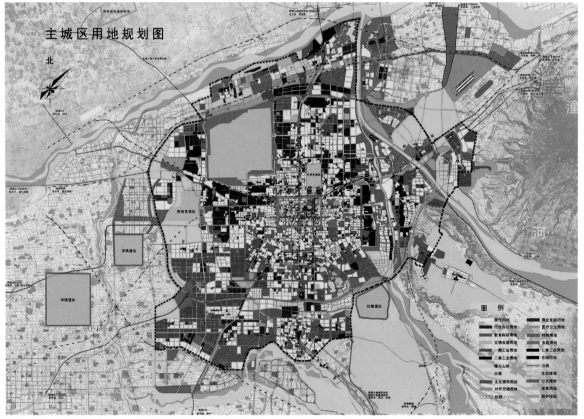

图7-3-4　西安市总体规划（2004—2020）（来源：西安建大城市规划设计研究院 提供）

塬、少陵塬、乐游塬等黄土台塬地貌，进一步强化了西安山水同构的历史风貌特色。

第二，传承了中轴线与棋盘路网的整体格局。自第一轮总体规划确定延续中轴格局和棋盘路网以来，各轮总体规划均沿承了这一规划理念，尽管存在一定的遗憾，但通过不断的规划调整与建设实施，现已成为西安城市空间的主体形态。第四轮总体规划提出的九宫格局，更是进一步在总体层面探索了历史文脉与城市组团空间结构的融合。

第三，整体保护汉长安、周丰镐王城、唐大明宫等大遗址区。西安市在修建二环、三环时明确绕开汉长安城、大明宫等大遗址区，有效分离了遗址区与现代城市功能区域，保存了历史空间序列的完整性，基本形成了周秦汉唐都城脉络历史文化廊道。

第四，限定建筑高度，保护历史文化环境。西安在新中国成立初期就具有远见地对城墙加以整体保护，对大雁塔、小雁塔、钟鼓楼等遗产建筑周围进行限高，注重突出历史建筑与现代城市空间结构的关系和标志性作用，使重要历史环境成为西安的城市空间名片。

第五，结合历史空间修建文化遗址公园，使历史与市民生活相融合。新中国成立以来，西安先后修建了兴庆宫公园、明清城墙环城公园、唐城墙遗址公园、曲江池遗址公园、大明宫遗址公园等城市文化遗址公园。这些公园的修建给世人展示了古代长安历史环境的魅力，并成为了市民休闲生活的好去处，将历史文化保护与市民休闲和旅游体验相结合，强化了历史空间的感知度。

（二）《西安总体城市设计》对传统营城思想的传承

2015年底西安市编制完成《西安总体城市设计》，该设计在第四轮总体规划的基础上，对西安历史文化名城的综合价值、核心构成、与现代城市发展的关系等展开了进一步的深度认知与研究，形成了更加全面与明确的历史文化传承体系，构建了以传承历史文脉和构建现代城市新形象为要旨的大西安空间艺术构架，进一步拓展了历史空间保护的视野，

并使之成为了现代城市空间发展的有机构成，共同形成了城市发展的内在动力。重点体现在以下几个方面：

第一，突破行政界限，将西安、咸阳乃至关中天水经济区作为整体历史文化区域进行研究，结合华胥陵、伏羲庙、炎黄帝陵、汉唐帝陵、古代都城等大遗址区域，共同构建中华文明溯源地。以渭河为轴，构建"渭水贯都，以象天汉"的宏观山水格局，进一步凸显古代都城象天法地、天人合一的宏大气象。

第二，沿承并发展了西安市总体规划明确的中轴对称、棋盘路网、九宫格局的空间形态特征，结合周、秦、汉、唐大遗址的整体保护，构建历史与现代城市的多轴线体系，明确对历史都城演化脉络的保护与展示，研究古代长安及更早人居聚落演化的规律，建立现代西安城市发展与历史城市发展的逻辑脉络关系。

第三，加强对兵马俑、大雁塔、大明宫等历史空间节点的保护与展示，使之在现代城市总体空间结构中形成更加突出的标志性作用。同时，深度挖掘包括非物质文化遗产在内的历史文化沉积，通过唐诗主题园、周秦汉唐主题城等具体项目的建设活化历史文化、表征历史情景、体现传统城市营造思想。

第四，进一步明确提出对隋唐长安城进行结构性修复。对唐城墙、明德门、朱雀门、唐坊、重要历史水系与地貌等进行标记性保护和修复，通过结构性显现与展示，使人们对唐长安城能够获得更多的感知与联想，并通过绿色休闲空间的结合与感知游览线路的串联，进行遗产空间活动性项目策划，构建历史环境与现代城市市民文化休闲空间的融合体系，加强遗产空间的可感知性与活化利用。

第五，通过高度控制、轴线引导、天际线展示、节点营造、生活场景再现、眺望系统构建等城市设计手段，结合旅游休闲活动的组织，使人们从不同视角、不同层面、不同领域、不同价值等方面观察、感知、体验城市的历史、现在与未来，为文化的传承提供更丰富的路径，为城市的发展提供更多的动力，为城市气质与精神的展现提供更宽阔的平台。

二、黄帝陵整修项目

（一）黄帝陵整修规划

黄帝陵，是中华民族始祖轩辕黄帝的陵冢，1962年被国务院公布为全国第一批重点文物保护单位，号称"天下第一陵"。据《黄陵县志》记载，此庙始建于汉代，在春秋时期，人们已开始祭祀黄帝（图7-3-5）。[①]

汉代轩辕黄帝陵选址于子午岭桥山上，山势西高东低，坡势缓长似桥，墓冢北依龙首而置于九二之吉位。墓冢前两条支脉伸向沮水，沮水三面环绕桥山，在桥山的东、西、南侧分别形成了东湾、西湾与山前空间，山麓与沮水之间的缓坡地，即现在的黄陵县老城区。此处，桥山与印台山相对，

地景形胜之气具佳。[②]这些视像信息影射出古人运用地景文化形胜理念进行营建的实践活动在早期就已具备。古代黄帝陵营建时通过观山相物及相形的方法选出穴地明堂。从吉位选址来看，黄帝墓冢与陵园庙祠从西至东龙驭整个桥山。整体陵墓及祠庙布局均循九二、九五为吉位的易经理论，使后代人在心理上感到选址师在择吉辟邪理论上做到了恰如其分。[③]

1992年8月依据《整修黄帝陵一期工程设计方案审定会会议纪要》的精神，批准了"整修黄帝陵一期工程初步设计"。1993年7月陕西省人民政府、建设部、国家文物局以"陕政函"[1993]150号文批准了《整修黄帝陵规划大纲》。1994年7月，在陕西省政府的领导下，由省计划委

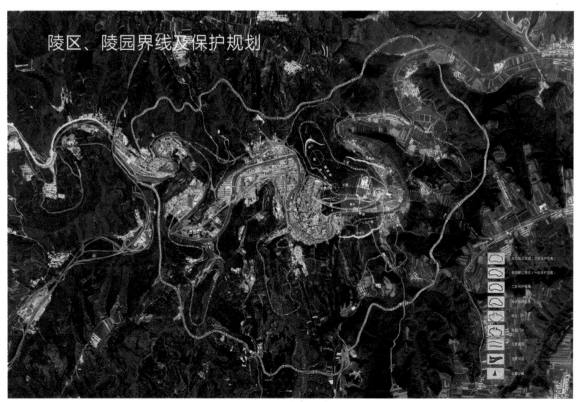

陵区、陵园界线及保护规划

图7-3-5　黄帝陵陵区、陵园界线及保护规划（来源：《祖陵圣地：黄帝陵：历史·现在·未来》，李梦珂 改绘）

① 黄陵县地方志编纂委员会. 黄陵县志[M]. 西安：西安地图出版社，1995.
② 佟裕哲，刘晖. 中国地景文化史纲图说[M]. 北京：中国建筑工业出版社，2013.
③ 西安建筑科技大学黄帝陵基金会. 祖陵圣地黄帝陵 历史·现在·未来[M]. 北京：中国计划出版社，2000.

员会委托有关单位开展了"黄帝陵总体规划"研究和编制工作。①

陵庙区总体规划始终从大的空间环境着眼，将桥山与周围的山水桥城及其他景点景区建成一个协调的整体。陵轴线的确定，主要依据皇帝陵墓所在的桥山本身的山形水势构成的地形地貌特征，桥山之南隔水与印台山相对，从桥山主峰墓冢越过沮水河谷正对印台山是一条较为典型的传统风水轴线，确立以传统风水格局的轴线为陵轴线有利于揭示桥山及其周围山水环境的固有气势，陵靠山烘托，山靠整体环境烘托。庙轴依据庙前区的规划轴线确定，由历史留下的旧庙轴线前伸后延而成，南起印台山主峰，北至要新建的祭典大院，庙前是桥山山前与印台山北面之间的山水空间，它对于体现整修黄帝陵的规划目标，创造祖灵圣地山灵水秀的观感有着非常重要的作用，体现出了历史的连续性。在规划设计中决定轩辕庙庙址不变，庙的主轴线不变。照应陵轴线与庙轴线两条规划轴线，在两者夹角处大体收束于入口广场。在桥山南侧边缘与印台山相望的地方筑功德坛，明确提示出陵墓至印台山的主轴线，从而有力地强化桥山及其周围山川的天然秩序和主从关系（图7-3-6）。

改造后印池的水面恢复了历史上黄陵八景之一"桥山夜月"②的景观。印池西段，开辟映池公园，为水上活动区，以满足县城居民和旅游者休息娱乐的要求。印池水景的设计不但改善了庙前区的景观环境，还可以满足下游千余亩农田的灌溉需要。沮水印池的规划设计与营建是历史景观再现、休憩娱乐与水利功能利用相融合的多重功用营造设计。

拜谒祭祖中庙祭、陵祭、坛祭、瞻仰参观古柏名树等的空间序列安排为：陵区门户—序列1—交通枢纽1—序列2—交通枢纽2—庙前序列—庙—功德坛、凤凰岭—神道—墓冢—

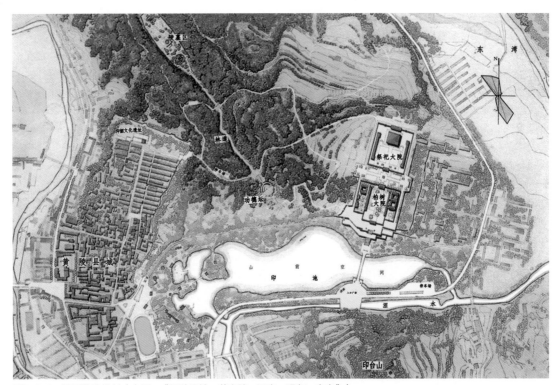

图7-3-6 陵园总体规划（来源：《祖陵圣地·黄帝陵·历史·现在·未来》）

---

① 周若祁等. 黄帝陵区可持续发展规划研究[M]. 北京：华文出版社，2002.
② 桥山夜月，桥山山形似桥，并有沮水从其下环绕而得名。月光下，桥山威武圣洁，别有一番胜景。

禁地。黄帝陵整修规划再现形胜的同时，满足了现代人的活动需求。

在黄帝陵区视域规划中，以祭祀区中心桥山制高点为视点，向周围环视，所及范围为一次界定区，自一次界定区边缘的制高点向外扩散的视野范围，划定整体的环境控制界域。依据黄帝陵区的环境特征和结构组织，将具有黄土高原地貌特征的景观纳入界域内，充分显示祖灵圣地所在地区独特的地理环境，同时注重动物生态系统、地质地貌及自然生态的平衡与发展（图7-3-7）。

图7-3-7　整修后的轩辕庙前区前景（来源：《祖陵圣地：黄帝陵：历史·现在·未来》）

（二）黄帝陵祭祀大殿（院）

黄帝陵祭祀大殿（院）工程位于黄帝陵轩辕庙以北，沿原庙区中轴向北延伸扩展，直抵凤凰岭麓，适应了新时代的祭祀要求。建筑特色可概括为"山水形胜、一脉相承、天圆地方、大象无形"。为体现黄帝陵区宏伟、庄严、古朴的氛围，突出圣地感，进而提升、整合环境质量，设计力求从宏观上处理好与大环境山川地形的关系，格局上有鲜明的民族文化特征，风格上与中国建筑传统一脉相承，又具有鲜明的新时代气息，手法凝练、简洁。

祭祀大殿命名为轩辕殿，由36根圆形石柱围合成40米×40米的方形空间，柱间无墙，上覆巨型覆斗屋顶。顶中央有直径14米的圆形天光，整个轩辕殿形象地反映出了"天圆地方"的理念，融入山川怀抱之中的气势，可引发人们对于"大象无形"的体验。轩辕殿的时代性不仅体现在其手法简练，符合现代审美情趣，同时还体现在因较高的技术含量而增加的现代感。在石材尺度和肌理的处理上，轩辕殿更加古朴、沉稳、大气磅礴（图7-3-8）。

黄帝陵祭祀大殿的建筑并不大，只有40米见方，柱高也仅4米，但它很庄重，纪念性很强，这一效果的取得在于对中国传统布局手法的娴熟应用。整个空间序列古今结合。人们

图7-3-8　黄帝陵祭祀大殿正立面图（来源：中国建筑西北设计研究院 提供）

首先仰望山门，拾级而上，穿过山门、狭长的甬道、黄帝手植柏，可感受到时间的沧桑。然后通过碑院，来到明清人文初祖殿，空间不断地缩放，自然与建筑不断地交替，尺度均不大。经过这一系列的时空变化后，突然来到大院、大殿，豁然开朗，形式单纯，材料一致，天地一色，天圆地方，层层台阶之上托出一个简单到不能再简单的"远于秦汉"的建筑，在双阙的辉映下更显得雄伟壮观。取得这一效果的原因在于细部的处理，三重台阶没有栏杆，整个柱子浑然一体，没有接缝，中央御道是整块巨石，除了大殿之外，广场上没有任何建筑，一种盘古开天地的粗犷、原始感油然而生。

三、秦始皇陵保护规划：地景文化思想之传承

秦始皇陵是我国历史上第一位皇帝——秦始皇的陵墓[1]，位于陕西省临潼县城东5公里处，陵园选址在"骊山之阿"和"天华"形胜之地，即"葬于骊山金莲的中心"[2]。陵址南倚骊山，北临渭水，规模十分宏大壮观。它始建于公元前246年[3]，陵基占地面积约为12公顷，1982年国务院宣布骊山为国家重点风景名胜保护区，由于兵马俑的发现，秦始皇陵及秦兵马俑闻名中外。对于秦始皇陵及兵马俑，进行了多次保护和总体规划（图7-3-9）。[4]

根据《秦始皇陵保护规划》，秦陵规划范围为36平方公里，南至骊山，北至新丰塬下，东至代王街办，西至临潼城区，保护范围20.32平方公里，可有效地保护秦始皇陵及其环境风貌，减缓自然因素造成的损伤，保持遗址的原真性和完整性（图7-3-10）。

秦始皇陵的保护和建设旨在完整、真实地反映秦代陵园的布局、形制和建园意图，从而使陵园保护区规划整体上折射出"都邑法天象"，"陵墓法都邑"的天、地、人合一的古代规划思想以及形胜、风水学理论等地景文化思想，通过对地面建筑遗址及地下文物进行有重点的恢复、保护和展示，反映秦王朝的政治、经济和文化生活（图7-3-11）。

图7-3-9　秦始皇陵选址背靠骊山，前临渭水之地势（来源：《中国地景文化史纲图说》）

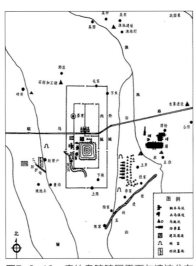

图7-3-10　秦始皇陵陵园平面与遗迹分布图（来源：《陕西省志》）

图7-3-11　秦始皇陵保护规划（来源：西安建筑科技大学陕西文化遗产保护研究中心，2010）

---

① 陕西百科全书编委会. 陕西百科全书[M]. 陕西人民出版社，1992.
② 佟裕哲. 中国地景文化史纲图说[M]. 中国建筑工业出版社，2013.
③ 雪犁. 中国丝绸之路辞典[M]. 新疆人民出版社，1994.
④ 1998年，封土陵的保护规划和陵园植物的种植规划，西安丝路城市发展研究院主持。2010年7月，《秦始皇陵保护规划》，西安建筑科技大学陕西文化遗产保护研究中心主持。2011年，《秦始皇陵保护与建设控制规划研究》，西安丝路城市发展研究院主持。2013年，《骊山临潼风景名胜总体规划（修编）2015—2030》，中国城市规划设计研究院、风景园林规划设计研究院主持。

陵园保护区总体空间布局遵循陵园建制，以封土保护为核心，功能分区结构形态呈"亚"字形，景观空间组织以墓冢为中心形成南北、东西两条轴线和五大功能区。南北轴线是陵冢景观气势轴线。从公路专用线经渔池—陵园外城垣北门—墓冢—望峰，全线以自然绿化为主，严格控制建设内容、强度和位置。规划东西两轴线为人工景观控制轴。在陵冢东西两侧各集中建设形成博览服务区，使文物博览、旅游活动和服务设施有机聚集（图7-3-12）。①

重点文物保护区的文物及遗址应保持其历史的真实性和整体性，严格保持其原有的历史格局和景观风貌，区内只能进行考古、保护、修复和合理的复原利用工程，文物遗址展示场馆的建设应采取慎重的态度，应以地下及半地下工程为主。重点保护区范围可以随文物考古工作深度的变化而进行调整。采取有效措施保护墓冢封土免受自然及人为的破坏，做好排水防雨措施，保持现有的绿化格局。其次，继续进行坑内文物的挖掘、整理和修复抢救工作，深化展览内涵建设，净化场馆内外展示环境，提高展示设施的现代化水平（图7-3-13）。②

随着人们对遗址价值认识的不断加深，遗址保护得到了广泛的重视，其保护规划应尊重遗址景观动态发展的过程、空间格局、历史环境及原貌景观规划意象。秦始皇陵的选址体现了地景文化理论中的形胜、风水学理论以及地景文化特征——天地人合一，由此而形成的秦始皇陵保护规划尊重遗址的空间格局、历史原貌、陵园建制，体现了对地景文化思想的传承。

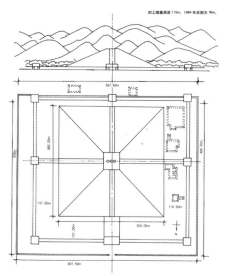

图7-3-12　秦始皇陵覆斗形封土墓选址与骊山天华形胜测绘图（来源：《中国地景文化史纲图说》）

图7-3-13　秦始皇陵（来源：《陕西古建筑》）

四、大明宫考古遗址公园

（一）大明宫遗址概况

大明宫位于唐长安城（外郭城）北的龙首塬上，初建于唐太宗贞观八年（公元634年），自高宗以后成为唐帝国的政治活动中心，繁盛200余年，唐末废毁。考古研究表明，大明宫遗址面积约3.2平方公里，宫墙周长约8000米，已探明宫城的范围和形制，钻探出9座宫门遗址，37座建筑遗址以及大部分宫墙和夹墙遗址。1961年，唐大明宫遗址被列为第一批全国重点文物保护单位。大明宫规模宏大，气势宏伟，在建筑艺术和技术方面均达到了极高的成就，被建筑史学家誉为"中国宫殿建筑的巅峰之作"。由大明宫开创的中

---

① 范少言. 秦始皇帝陵保护与建设控制规划研究. 1998.
② 同上

国古代宫殿建筑形制，对明清故宫及日本、韩国等地的宫殿建筑产生了重要影响。

（二）大明宫考古遗址公园规划建设概况

大明宫自唐末废毁后，历宋、元、明、清，渐成废墟。20世纪30年代，大量河南黄泛区难民流入西安，落脚在陇海铁路以北的大明宫遗址区内外，加之后来陆续涌入的外来人口，使这一地区成为西安最大的"道北"棚户区。20世纪80年代以后，随着飞速发展的城市化进程，大明宫地区成为西安市最大的建材市场聚集区，各类建设对遗址及其环境造成了极大的破坏，文物保护与城市建设的矛盾加剧，大明宫遗址保护迫在眉睫（图7-3-14）。

2005年，包含大明宫遗址在内的道北地区保护改造工作正式启动。2007～2009年，先后举办了"大明宫地区总体规划"、"大明宫国家遗址公园总体规划设计"、"大明宫国家遗址公园景观规划设计"等多项国际竞赛，并确定了各项实施方案。实施方案确定的遗址公园总面积为3.84平方公里，分为五个功能区，即殿前区、宫殿区、宫苑区、北夹城和翰林院。实施方案中，文物保护内容包括地形地势的保护、大明宫历史格局的保护和重点遗址的保护等三个方面，遗址展示内容包括大明宫遗址及其整体环境展示、建筑文物展示、太液池及周围皇家园林展示、考古及保护工程展示、历史文化展示等五个部分，景观意象则体现了"繁华落尽的苍凉"和"历史过后的萧瑟"，构成了"一轴、三区"（即主轴线，殿前区、宫殿区和宫苑区）的景观空间结构。2010年10月，大明宫考古遗址公园正式建成开放。同年，大明宫遗址入选首批国家考古遗址公园（图7-3-15）。

（三）丹凤门遗址保护展示工程设计

丹凤门是大明宫的正南门，是唐朝皇帝举行登基、改元、宣布大赦等外朝大典的重要政治场所和国家象征。考古发掘表明，丹凤门遗址是用黄土夯筑而成，由东、西墩台和5个门道、4道隔墙以及东、西两侧的城墙和马道组成，整个门址墩台东西长74.5米、南北宽33米。丹凤门的规模之大、规

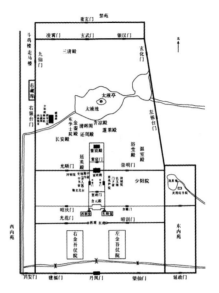

图7-3-14　大明宫遗址格局图 （来源：西安市文物局）

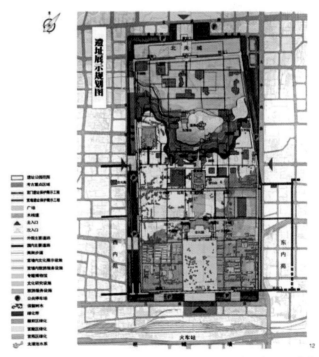

图7-3-15　大明宫遗址展示规划图（来源：大明宫国家遗址公园：总体规划设计《建筑创作》）

格之高均为隋唐城门之最，体现出宏大的皇家气派，被誉为"盛唐第一门"（图7-3-16）。

丹凤门遗址保护展示工程是大明宫考古遗址公园的重要组成部分。工程占地面积为7699平方米、总建筑面积为

图7-3-16　丹凤门照片（来源：王璐 摄）

图7-3-17　宫墙照片（来源：王璐 摄）

11474平方米。为实践保护展示建筑的现代性和可逆性，设计采用了全钢结构，结构与遗址边沿距离大于60厘米，内部空间用于保护展示丹凤门遗址。城台与城墙部分外壁采用大型人造板材，城台外表为城砖肌理，城墙外表为夯土墙肌理，以反映遗址状况。外装修色彩全部选用淡棕黄色，这种浑然一体、高度抽象的色彩手法赋予了这座遗址保护展示建筑以雕塑感和现代感。

（四）宫墙遗址保护展示工程设计

　　大明宫宫墙大致呈南北向的矩形，据考古实测，宫城墙南北长2256米，东西宽为北端1135米、南部1674米，规模宏大，形制完整，其展示对于显现大明宫和唐长安城的宏大格局具有重要意义（图7-3-17）。

　　宫墙遗址保护展示工程根据遗址保存状况及环境条件，采取了意象模拟、地面标识、绿化标识等不同的展示方式，其中南宫墙、东宫墙北段为意象模拟方式，具体方式为：先对宫墙遗址本体进行覆土保护，然后在其上部采用浅基础、钢结构的可逆性建筑方式新建保护展示厅，用以容纳各类展示及服务设施。保护展示厅平面规整，造型上则运用现代建筑手法形成高低起伏、变化丰富的不规则空间形态，用以表现遗址的残缺美和沧桑感。墙体外表为夯土肌理的黄色人造板材，以反映宫墙的材料特征。

五、西安城墙四位一体工程

　　西安城墙是我国现存规模最大、最完整的明清城墙，对我国的城市建设史和文化遗产研究意义非凡。能够保存至今，离不开各历史时期政府、人民和专家学者的不懈努力，也有其历史必然性。

　　1. 新中国成立前，政局多变，接连混战，对明清城墙多有损坏，几欲拆除，及至1947年实施"增辟城门"以适应人口发展[1]，出现了初步的保护意识。新中国成立初期，西安城墙的"存废之争"不断，甚至出现了对南城墙的大面积拆除。继而随着西安市第一轮总体规划中对古城格局、汉唐遗址的保护，1959年终于真正在国家层面确定了保护方针，1961年被列为国家文保单位。

　　2. "文革"之后，西安市政府以"维修城墙，整治城河，改造环城林，打通环城北路"的"四位一体"规划模式展开了环城建设工程。[2]以城墙为主体，实行墙、河、林、路综合治理，保护历史文物，综合考虑排水、蓄水、绿化、

---

① 1947年西安市建设局拟订《西安市分区及道路系统计划书》，在"增辟城门"中提到："一般时政家认为城墙为古代堡垒遗迹，已不适于现代战争，徒束约市区之发展，应拆除之，辟作环市路。此论甚为正确，世界及吾国已有许多名城付之实行，市民称便，唯就目下西安市财力及将来军事上之需要两点观之，长安古城，尚有保留数十年或数百年之价值，而市区发展又刻不容缓，欲求两全，唯有多辟城门。"
② 张景沸，裴兆雄. 介绍西安环城建设工程 [J]. 城市规划，1984（03）：43-45.

游览和市政交通等各项要求。完善雨水排蓄系统，保证古城安全；开通道路，缓解交通阻塞状况；增加绿化面积，建设环城公园；营造城墙文化景观，吸引更多游客和市民浏览驻足。[①]1983年4月1日，全民参与的"西安环城建设工程"正式开工，大量西安市民亲身经历和参与了城墙的保护修建工程。

3. 之后持续多年的古都风貌建设，围绕城墙的各类工程不间断进行。2004年的抢修安定门工程，西安城墙南门综合提升改造项目是城市核心区域立体化、集约化和复合化的综合改造工程，建筑师通过"缝合、围合、融合、叠合、复合、整合"的"六合"理念，解决了集交通改造、环境提升、旅游开发、城市更新和文物保护等复杂问题，为西安古城实施了一次成功的"心脏搭桥手术"。人行、地面快速交通和地铁交通立体实施，建成了南门公园，真正实现了古城保护与城市发展并重。同年完成的修补城墙火车站段缺口使得西安城墙真正实现了环城一周。同年，启动了西安顺城巷改造项目打通了顺城巷，将城门、碑林、东岳庙、广仁寺、董仲舒墓、湘子庙等多个历史文化节点，古城中的城墙风貌得以生动呈现。随后的环城西苑的整修让西安城墙整体风貌得到改善（图7-3-18）。

就西安城墙的历史演进脉络而言，面貌更迭，兴废交替，角色不断发生变迁，从古代都城的城市边界，到新中国成立初期的城市废墟状态，而后发展到重拾文化价值，挖掘其作为城市遗产所蕴含的礼制秩序、城市标志等特质，如今西安城墙已经成为市民公共生活的城市客厅，与西安的总体规划融合，成为了新型的城市公共空间（图7-3-19）。

六、北院门历史文化街区建设

北院门历史文化街区，在西安市历史文化名城保护规划中，明确将其列为三个历史文化街区之一（图7-3-20）。

图7-3-18 西安城墙（来源：袁海 摄）

图7-3-19 西安城墙南门广场（来源：赵元超 提供）

自唐宋开始，北院门历史街区就居住有很多回民，历经元、明、清，形成了伊斯兰文化与儒释道文化相融合的典型传统回民聚居区。这里有西安乃至国内最完整的清真寺群落。如今的北院门主要聚居形态依然是"寺坊"，以11个清真寺为核心，因循方正的里坊格局和长街短巷中，3万穆斯林保持绕寺而居、依坊而商、前店后宅。因为社会结构和院落式邻里生活方式延承至今，几乎没有改变，使得北院门街区成为了西安"老街巷"生活的真实写照，反映着西安固有的城市肌理、空间尺度和质感。现北院门街区的空

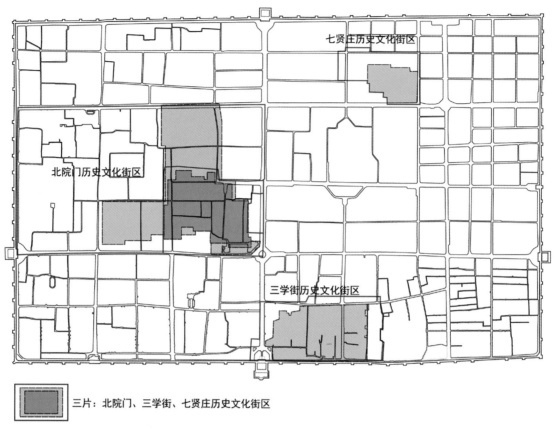

三片：北院门、三学街、七贤庄历史文化街区

图7-3-20　历史文化街区区位（老城保护体系规划图）（来源：西安城市总体规划（2008—2020））

间整体布局与形制，传承了明清时期传统建筑的卓越成就，并在回坊独特的餐饮和宗教文化背景下形成了特色旅游商业街，整个传统街区至今述生动鲜活地存在于西安古城中（图7-3-21）。

　　对北院门街区历史价值和文化的认知，随着新中国成立后诸多专家学者和政府管理部门的努力而逐年提高，对街区的保护力度不断加大。1984年，西安冶金建筑学院设计的"北院门街区城市更新"在国际建协主办的UIA竞赛中获得大奖，"振兴四合院居住传统街坊"，"焕发旧居住区活力"和"建筑师、政府与居民互动"等理念，拉开了北院门旧街区改造的序幕。之后先后实施了北院门街区保护与更新工程，钟鼓楼东、西广场工程及城隍庙保护工程，传统民居挂牌保护和修缮工程，北院门旅游景点及周边环境提升改造

规划等，诸多国内外院校的学者也对北院门的传统街巷风貌进行了提升。在2002年2月6号通过的《西安历史文化名城保护条例》中，正式将北院门与三学街、竹笆市、德福巷、湘子庙街区共同认定为西安历史街区，范围为：东至社会路、西至早慈巷、北至红阜街、南至西大街。持续多年的北院门历史街区保护与更新采取"政府主动引导、居民自我更新、近期实施项目以利用公产改造为切入点"的保护模式进行，主要从以下几个方面实施（图7-3-22）：

　　（1）尊重北院门历史街区自身文化特点和历史演变，延续回坊的宗教特色、民俗民风、传统商业和餐饮习惯等生活形态。建设中始终强调公众参与性，通过调查表，设计人员与社区干部、规划管理部门人员入户调查访谈等实现。街区建设要保持街—巷—院—坊（教坊）的空间层次和长街短

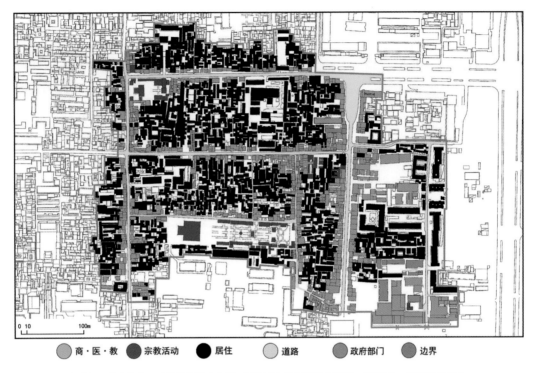

商·医·教　宗教活动　居住　道路　政府部门　边界

图7-3-21　北院门历史文化街区功能分布图（来源：西安城市总体规划（2008—2020），丁琳玲 改绘）

图7-3-22　北院门历史文化街区商业街巷（来源：李立敏、丁琳玲 摄）

巷的道路特点，核心区建筑高度控制在9米，拆除乱建，逐步降低建筑密度至50%，保护街区内古树名木。[①]

（2）将北院门历史街区内的行政办公单位逐步外迁，原有用地功能转换，优化区域功能，为街区提供公共服务设施和旅游服务设施，设立游客服务中心，开设北院门历史文化街区旅游信息网。

（3）针对重点地段的建设，强化经济驱动力，对北院门、化觉巷、大皮院、西羊市、北广济街、社会路等6条街道，拓展合理的商业空间，形成商业网络，提升整体街巷立面风貌，增设指示牌、雕塑小品等文化标识和街道家具。

① 王晓龙，刘春凯. 西安北院门历史文化街区保护规划探讨. [J]规划师，2010，12：50-53.

图7-3-23　北院门144号高家大院（来源：李立敏、丁琳玲 摄）

（4）改善基础设施，改造和增加北院门街南、北两端，社会路北端等街头绿地广场，提供休闲空间，改善人居环境。在西安市政府门前、原卫生防疫站处规划2个地下停车场，白天用于旅游车辆停靠，夜晚为街区居民提供停车服务。

（5）对历史街区内建筑进行价值评价，确定保留名单及内容，登记入册并挂牌。对保留建筑进行分级分类保护，复建大清真寺、城隍庙等文保单位，在专业人员的设计或指导下修补、加固北院门144号、西羊市6号、化觉巷232号等具伊斯兰教文化特色的关中传统民居，收集、整理精美的废弃建筑构件用于宅院内修缮（图7-3-23）。

七、陕西历史博物馆

陕西历史博物馆是国家"七五"计划的重点建设项目，是我国20世纪80年代首座在设计上突破了传统博物馆模式而兼具研究、科普、会议、购物、餐饮、休息等文化活动中心综合功能的现代化大型国家级博物馆。考虑到陕西历史上的鼎盛时期为唐代，而盛唐建筑博大、恢宏、开放的气质与我们中国现代的时代精神一脉相通，这组现代建筑融入了浓郁的唐风。设计在"象征"上反复研究，最后决定在建筑艺术上借鉴"轴线对称、主从有序、中央殿堂、四隅崇楼"的章法，概括出中国古代宫殿的空间布局和造型特征，用以象征历史文化的殿堂（图7-3-24）。建筑风格上采用唐风与现代建筑的结构、材料、色彩、手法相结合，从而塑造出一组唐风浓郁而又简洁、明快，具有时代气息的城市标志性建筑，成为陕西悠久历史和灿烂文化的象征（图7-3-25）。

陕西历史博物馆是现代建筑的多元表达，虽然采用了唐风，但这是一次传统建筑现代化的过程，在设计上着力于传统布局与现代功能相结合，传统的造型规律与现代设计方法相结合，传统的审美意识与现代的审美观念相结合。用现代材料和技术，建造了当时全国最先进的博物馆（图7-3-26）。

为了突出中国传统空间的意识，在空间格局中以中国传统园林的手法组织了大小不同的多个院落，其中三个前区院落为连接展厅与公共服务区的半开敞式院落，大小院落相互错落，大院落展现恢宏的气势，小院落符合人体亲切尺度，让观众得以轻松停留、使用。

建筑的色彩极为典雅，以白、灰、茶三色为博物馆建筑群的主色调，像一幅淡雅的山水画。材料选择适度简朴，毫无矫揉造作之感，建筑细部精致、尺度合理，绿化小品配置得当。陕西历史博物馆作为西安的一个地标，永远铭刻在几代人的记忆中，已成为西安新的遗产。

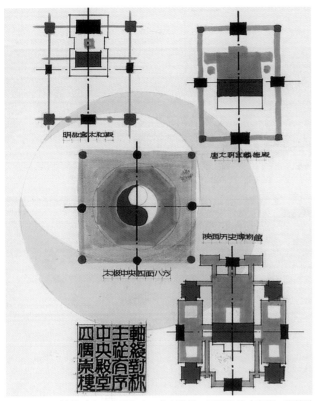

图7-3-24 轴线对称、主从有序、中央殿堂、四隅崇楼（来源：张锦秋手绘）

图7-3-25 东南角楼上俯视庭院（来源：中国建筑西北设计研究院有限公司 提供）

图7-3-26 陕西历史博物馆正立面（来源：中国建筑西北设计研究院有限公司 提供）

八、华清宫景区规划与建设：地景文化思想与唐园林

华清宫是唐代封建帝王游幸的别宫，位于新丰县（今临潼县）骊山西北麓。自西周始，骊山就被开辟为王室游览区（图7-3-27、图7-3-28）。①

华清宫地景文化与建筑风格采取"笼山为苑"与"冠山抗殿"的建筑理论，表现了半山建筑群崇高巍峨的气魄和自然山水相和谐的气氛，表现了相地选址与人工建筑的布局关系，依地景选景而定界。②华清宫背依骊山，面向渭河，左右临水，山宫城一体，环山列宫室，治汤井而为池。每当夕阳西下，霞映青山，各色花木便能反射出五颜六色，形成"骊山晚照"这一关中名景。骊山之上，向北鸟瞰可遥望渭水，向东可望秦始皇的封土之陵。华清宫超然的地景因素，成为了华清宫苑建筑群落布局的重要基础、背景与骨架，山势起伏与宫苑错落相互映衬，林木与山势同构，形成了其顺应自然与利用自然之地景文化特征（图7-3-29）。

1959年，人民政府对华清宫进行了大规模的扩建。2008~2012年，对华清宫进行了保护规划设计，规划面积约为393公顷，南北约2.4公里，东西约2公里，其中核心区

---

① 佟裕哲，刘晖. 中国地景文化史纲图说[M]. 北京：中国建筑工业出版社，2013.
② 张颖，王璐艳，刘晖. 古典园林文化审美在其景观规划设计中的运用研究——以西安市华清池风景区为例[J]. 安徽农业科学，2012，（29）：14364—14365，14480.

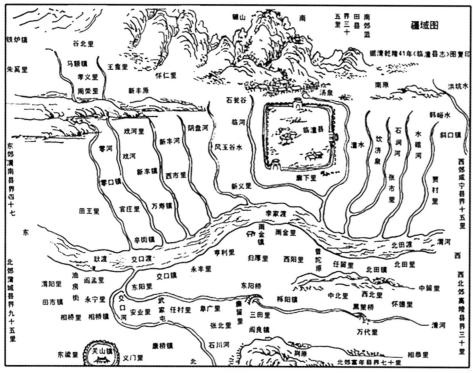

图7-3-27　清乾隆四十一年 临潼县疆域图（来源：《临潼县志》卷一）

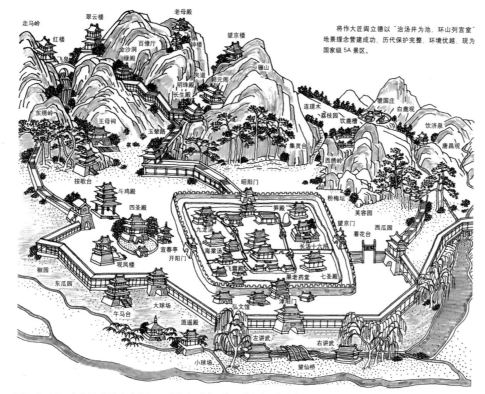

图7-3-28　唐临潼华清宫（来源：《关中胜迹图》，佟裕哲 摹绘）

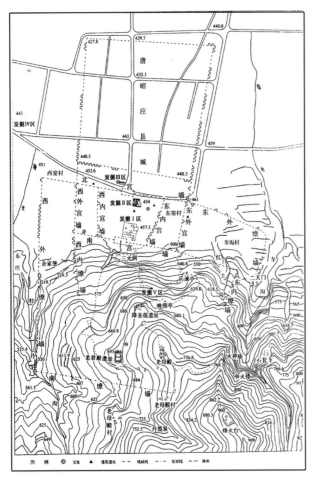

图7-3-29　华清宫形胜空间内涵：山、宫、城的地景空间格局（来源：《中国地景文化史纲图说》）

域面积为171公顷。[①]

　　"华清宫景区"的规划，由"池"到"宫"的转变，有利于将风景游赏规划、重点景观的复原保护、文化遗产挖掘与遗址保护融为一体，科学开发与保护并举，生态和文化结合，丰富华清宫文化的全景体验。

　　规划结构注重：保护地貌特征。尊重、保护、展示"山-宫-城"的整体地景格局（图7-3-30），再现"环山列宫室的历史景象"。以唐代华清宫宫殿和禁苑的建设，宫廷文化、禁苑的游憩体验活动为游赏展示序列的主题，组织

游线，从格局的整体性、城市建设（高度、视线通廊等）的控制、旅游服务带动昭应县城休闲购物区三个方面辐射临潼城市生活，协调景城关系（图7-3-31）。

　　对华清宫空间形胜的保护侧重：保护华清宫历史人文遗产的完整性与真实性。保存华清宫"山-宫-城"特有的地景文化遗产及历史环境，在维持原有风景资源特征的基础上对其历史遗址进行更好的保护性展示，控制人为因素对自然及历史文化环境的干扰。总体上应当加强、扩大考古探查、发掘和研究，严格按照保护古代文化遗址的科学方法，分别采用回填原址、原址基础复原保护、室内保护等方法，使之成为华清池沐浴文化亮点，以增强景区的历史文化内涵和历久弥新的吸引力、竞争力。对骊山观赏环境和地质地貌进行独特的保存、保护，提高和维护骊山自然生态系统的修复及平衡能力（图7-3-32）。[②]

　　对于标志性景点的设计，根据山与宫、城的空间视觉关系（图7-3-33），确定能够展示典型景观的几个视点：

1. 望山

　　1）城中观骊山（高速口观骊山山形——骊山晚照，过渡区主入口文化广场观骊山）

　　2）华清宫中观骊山（芙蓉湖视点观骊山，望京门前"山水唐音"观骊山）

　　3）骊山中观骊山（骊山灵泉观骊山绣岭，芝兰亭望烽火台、骊驹亭等绣岭山峦，老母殿望烽火台等绣岭山峦）

2. 望沟/谷

　　1）骊驹亭望石瓮谷

　　2）骊驹亭望老虎沟

3. 望宫/城（在骊山上望华清池）

　　1）三元洞望华清池

①　李锋涛. 地景空间格局研究及其保护性展示[D]. 西安建筑科技大学，2013.
②　郭静. 基于地景文化的华清宫景区风景资源评价与游赏规划研究[D]. 西安建筑科技大学，2013.

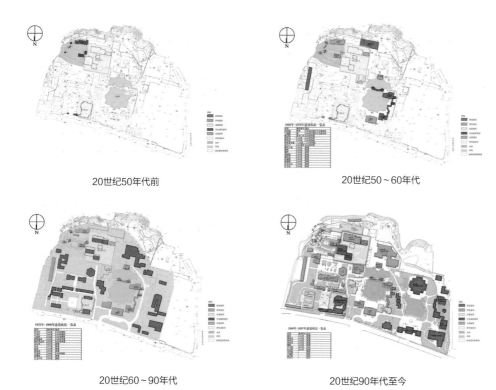

20世纪50年代前　　　　　　　　　　　　　　　　20世纪50～60年代

20世纪60～90年代　　　　　　　　　　　　　　　20世纪90年代至今

图7-3-30　20世纪50年代来华清池风景区建设（来源：2008年西安建筑科技大学建筑学院风景园林研究所）

（a）环园（民国）

（b）1978年全景　　　（c）九龙湖　　　　　　　　（d）华清池宾馆　　　　　　　（e）华清池津阳门

图7-3-31　华清池建设历史（来源：陕西华清宫旅游文化有限公司提供）

图7-3-32　唐华清宫景区保护规划平面图（来源：2012年西安建筑科技大学建筑学院风景园林研究所 提供）

图7-3-33　华清池区域（来源：华清宫保护规划设计项目——西安建筑科技大学建筑学院西北地景研究所 提供）

2）八卦台望华清池

3）烽火台望老母殿、宫、城的大格局

九、西安渼陂湖文化生态旅游区

西安渼陂湖文化生态旅游区是古长安八水之一的涝河

的重要组成部分，也是历史上著名的游览胜地，风景优美，人文资源丰富。它距离西安市中心40余公里，交通便捷，规划面积897.7公顷，设计水体总面积约4194亩。渼陂湖地区历史悠久，可追溯至商周，在唐代，因其山水形胜又地处京畿之便，广受文人雅士喜爱，常来此游赏宴饮，并多留赞誉诗篇，加之唐代兴修水利扩大了其水域面积，渼陂湖达到其鼎盛。宋代渼陂湖虽不似唐时繁盛，但因其风景秀美，物产丰饶，仍吸引了不少文人雅士来此游历。自元以后，由于战乱，渼陂湖逐渐衰落，湖光山色仍在，人文气质却不复当年，到明代，又有王九思在此兴学，建立书院，也是因渼陂湖风景秀美，又有先贤墨迹（图7-3-34）。

为更好地保护渼陂湖的整体生态环境，规划秉承"充分挖掘历史文化资源，突出自然风貌，体现乡野情趣"的指示精神，传扬建筑与环境相融合的设计理念。以现状作为基础，结合渼陂湖的历史文化背景，以展示渼陂湖的自然风景为主，将建筑融入自然景观之中，以生态环境营造优先为原则，为世人展现渼陂湖的历史胜景及周边宜人的田园风光，将渼陂湖打造为以文化体验、生态游憩、田园观光、养生度假为主题的关中特色水乡。

以渼陂湖记载的历史文化为要素，结合周围现状文化遗存，围绕渼陂湖水系重点打造农民文化艺术村、萯阳宫、周王季陵、空翠堂、云溪寺、云溪塔、渼陂书院、紫烟阁、杜公堤等多处文化景观节点，以进一步体现旅游区文化景观风貌（图7-3-35）。

在研究并恢复历史水系的基础上，扩大了景观水面。水体设计综合了古渼陂湖的岸线范围和场地的现状标高，恢复历史记忆中"青葱掩映，气象清幽"的关中山水最佳处水乡景象。

规划以农耕文明体验为特色，对规划区内的原生村庄进行原址改造，尽量保留原有的街巷系统、传统院落肌理和建筑风貌。在此基础上加以重新梳理，整修路网及环境，使村落古建筑群与开放空间互相交织，形成层叠有序、收放自然的空间意向，使原生态的村落格局得以保护延续，传承具有

图7-3-34　西安美陂湖文化生态旅游区鸟瞰图（来源：中国建筑西北设计研究院有限公司 提供）

图7-3-35　西安美陂湖文化生态旅游区湖景透视图（来源：中国建筑西北设计研究院有限公司 提供）

关中气息的乡土文化（图7-3-36）。

　　陕西风景园林传统思想和营建的三个方面，对陕西现代风景园林建设具有重要的影响，一是面对社会发展的需要，认识和保护风景园林文化遗产，不断修复，适当重建和新建；二是传承传统造园模式和手法，满足市民现代生活和对传统文化的精神需求；三是发扬传统文化的文化精神，通过诗词点景，营造情景交融的陕西地域性现代风景园林文化特色。

十、曲江池遗址公园

　　曲江池自秦汉以来即是以山水自然风光著称的游览胜地，到唐代又经疏浚、整流达到鼎盛。曲江池分南、北两部分，北部在唐城墙以内，现已先期建成"大唐芙蓉园"。为复兴生态、向市民提供开放式休闲场所，启动了曲江池遗址公园项目。公园北接大唐芙蓉园，南邻秦二世遗址，东与寒窑相通（图7-3-37）。

图7-3-36 西安美陂湖文化生态旅游区水镇透视图（来源：中国建筑西北设计研究院有限公司 提供）

图7-3-37 曲江池遗址公园鸟瞰图（来源：中国建筑西北设计研究院有限公司 提供）

设计依托周边丰富的旅游文化资源，根据考古部门提供的池体边界确定池形，再现曲江地区"青林重复，绿水弥漫"的山水人文格局。构建集生态环境重建、观光休闲服务功能于一体的综合性城市生态文化休闲区。根据唐诗对曲江池诗情画意的表述，设计了曲江亭、疏林人家、芦荡栈道、柳堤、祈雨亭、阅江楼、云韶居、荷廊、畅观楼、江滩跌水十大景点。建筑为一般民间的唐代结构，不设斗栱，基调是木色、灰瓦、白墙，建筑形式力求朴实、明朗（图7-3-38）。

曲江池遗址公园是大唐芙蓉园的续篇，不同于大唐芙蓉园皇家园林的宏丽，这里表现了民间的朴素和山林野趣。两者一南一北，互为补充。如今曲江池遗址公园已经成为西安最生态的城市开放空间。

图7-3-38　江滩跌水（来源：中国建筑西北设计研究院有限公司 提供）

十一、兴庆宫公园：一池三山模式之传承

兴庆宫公园位于唐兴庆宫遗址的西南处，是建在兴庆宫遗址上的城市公园，约占宫城总面积的1/4，是反映唐兴庆宫历史文化、展示盛唐风韵的主题公园。公园依据唐兴庆宫的空间布局，结合我国传统园林造景手法，将兴庆宫公园空间结构划分为"一池三山"、"北宫南苑"（图7-3-39）。

兴庆宫遗址地处西安东部，地势较高，靠近浐河。唐代，兴庆宫是长安城三大宫殿区之一，是开元二年（714年）以隆庆旧宅改建而成的离宫。[①]兴庆宫的布局为北宫南苑。其中北部宫殿区以正宫、寝殿为主；南部风景园林区以椭圆形龙池为中心，周围堆山建亭，兴庆宫以牡丹花最为著名，沉香亭也以观花赏景的佳所而成为苑内最著名的建筑。

兴庆宫公园自建园以来共经历三次规划及改造，分别为1956年的建园总体规划、1995年的总体规划、2006年的公园改造方案，主要是对公园设施的改造更新，在继承公园建园时期的规划理念和保持公园景观现状的基础之上，对公园进行深化设计。其中建园规划和"1995版"规划为两次重要

图7-3-39　兴庆宫公园平面图（来源：西安市兴庆宫公园管理部门）

的总体规划。

兴庆宫作为以遗址保护为前提的城市公园，在设计和开发方式上应有别于普通的城市公园。公园建园时有意再现唐宫，建筑均以唐兴庆宫命名，运用"一池三山"的古典造园

---

① 孙亚伟. 西安市志（第四册）[M]. 西安：西安出版社，1996.

手法。

在我国古代神话传说中，东海里有蓬莱、方丈、瀛洲三座仙山，山上长满了长生不老药，封建帝王都梦想万寿无疆与长久统治，自从汉武帝在长安城修建了象征性的"瑶池三仙山"开始，"一池三山"就成为了历代皇家园林的山水格局。兴庆宫公园沿用了"一池三山"的传统园林格局，其中，"一池"指兴庆湖，"三山"指湖中的三座岛屿，分别为灵仙岛、芙蓉岛和中心岛（图7-3-40）。

公园采取自然山水园的总体布局形式，继承并运用了传统皇家宫苑"一池三山"的造园模式，以水面为主景。兴庆湖开合互济，岸线变化曲折，沿用唐宫建筑名称的亭台楼阁散布湖岸。[①]园中采用集中用水的手法，水面辽阔，以水包围陆地形成三座岛屿，主岛面积颇大并偏于一侧，将水面分为大小悬殊的两部分，再有两座小岛，正是"一池三山"园林模式之体现。这些传统造园艺术手法，使兴庆宫公园典型地再现了岛、半岛、渚、洲、冈阜、峰峦等自然山水的地貌景观。

兴庆宫公园借山石分割单一的大空间，遮挡不良景观和城市街道。公园东部景区，上有沉香亭的山石高台将空间一分为二；西部景区，山石将公园管理建筑群隔在主景外；公园东南、西南、西北部靠边引出山坡，分隔园内外空间。[②]

公园里的园林建筑则有着显著的盛唐遗风，按原兴庆宫的方位布设沉香亭、南熏阁、花萼相辉楼等主景建筑（图7-3-41）。除此之外，沿湖还有其他殿、楼、亭、轩（图7-3-42）。全园无高大建筑，部分建筑也无轴线。沉香亭和彩云间都是园内典型建筑，同处主岛上，沉香亭地势高而有高台，可远观水面，近揽牡丹园；彩云间位置突出，起到"点景"作用。

在景观提升改造设计中，根据兴庆宫公园周边的环境及园内外景观特质，结合相关历史文献及考古资料，以现代居民的使用功能，规划以"一池三山、北宫南苑"作为骨架划分功能区，各功能区紧扣主题，以起伏地形、绿化植物、水

图7-3-40　西安兴庆宫公园鸟瞰图（来源：西安兴庆宫官网）

图7-3-41　西安兴庆宫公园沉香亭（来源：西安兴庆宫官网）

图7-3-42　西安兴庆宫公园花萼相辉楼（来源：西安兴庆宫官网）

① 菅文娜，岳邦瑞，宋功明. 兴庆宫在城市空间中的角色演绎 从宫殿到遗址再到文化休憩公园[J]. 风景园林，2012（02）：33-37.
② 吕丹丹. 西安市兴庆宫公园景观提升改造研究[D]. 西安建筑科技大学，2016.

系作为划分空间的物质要素，通过各级园路的联系和贯穿，使各功能区之间既独立成景又相互联系，营造具有浓厚的唐代文化氛围的景观。

从古至今，皇家宫殿从辉煌到没落，再到今天这座集遗址保护与休憩为一体的城市公园，是传承也是新生。"一池三山"模式之传承，古典园林与现代园林巧妙结合，既适应现代社会文化生活的需要，又再现了古都西安的历史风貌。

十二、乐游原青龙寺保护与复建：地景文化思想与长安六爻

乐游原为隋唐时期登高眺望的胜地，呈现为东西走向的狭长形土原，唐代，其东部的制高点在长安城外，中部的制高点在当时城内的新昌坊，西端的制高点在升平坊。遗址位于现在的西安市城南铁炉庙村附近，距大雁塔东北1.5公里处。[①]其地势高敞，南对终南，北望渭水，景色秀丽，俯视全城（图7-3-43）。

青龙寺坐落在乐游原上，曾经是隋唐长安的著名寺院，位于长安新昌坊东南1/4坊内，青龙寺初创于隋文帝开皇二年（582年），几经更名（图7-3-44）。

隋代，宇文恺因景随形，合理地利用了北起龙首原直到东南乐游原一带约40米高的东西走向的六条丘岗，巧妙地将中国的八卦学传统哲理引入城市景观规划，唐都城长安的城市建设利用了独特的地形，其中"九五"之地为乐游原，分布在延兴门、青龙寺、兴善寺，向西延伸到朱雀大街处，是六冈中最大的冈阜带，并在"九五"冈阜带上建有多处寺庙及园林绿地，也是伸入城内的一条东西走向的绿化带。[②]青龙寺处于乐游原之首，院址北枕高原，南望爽垲，与大雁塔相

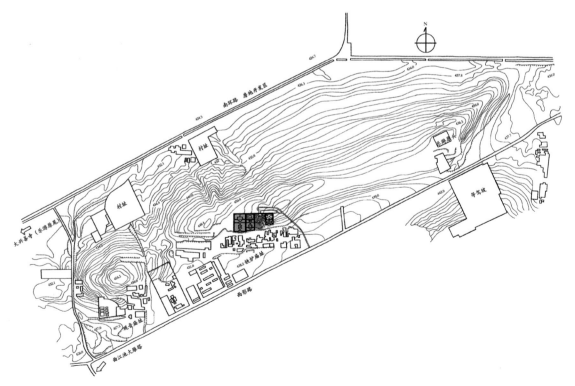

图7-3-43　隋唐长安乐游苑与青龙寺（来源：《中国地景文化史纲图说》，张珊珊 改绘）

① 张锦秋. 江山胜迹在 溯源意自长——青龙寺仿唐建筑设计札记[J]. 建筑学报，1983（05）：61-66，84.
② 佟裕哲. 中国传统景园建筑设计理论[M]. 西安：陕西科学技术出版社，1994.

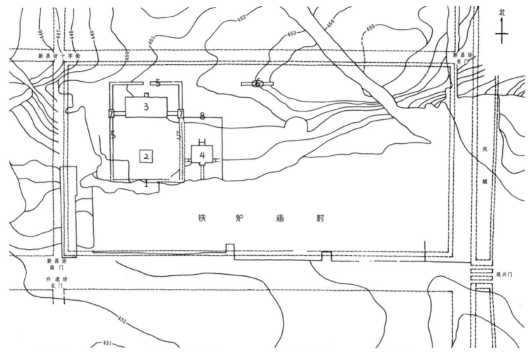

1-1号遗址（中三门遗址）；2-2号遗址（塔基遗址）；3-3号遗址（殿堂遗址）；4-4号遗址（东院遗址）；5-5号遗址（回廊遗址）；6-6号遗址（北门遗址）；7-7号遗址（配房遗址）；8-8号遗址（墙址）

图7-3-44　唐青龙寺遗址勘测总图（来源：唐青龙寺遗址发掘简报，李梦珂 清绘）

互通视，有互相眺望之美（图7-3-45）。[①]

青龙寺经历了三次考古发掘和两次保护性规划。1980年第一次保护性规划：纪念空海促进中日交流，中方负责青龙寺的总体规划和其他建筑设计。2008年第二次保护性规划：保护遗址，提升形象。对青龙寺景区及其周边地区、主要街道进行了详细的规划设计，此次规划首先确定了青龙寺紫线保护范围，2009年起，西安市开始对青龙寺景区进行扩建，经过3年的建设，崭新的青龙寺遗址公园于2011年12月30日正式开始免费迎接游客。[②]

第一次保护性规划：

在古塬、古寺遗址旁修建纪念古人的建筑，要求规划设计的构思一定要保持历史的连续性。保护古寺历史遗址，保持古塬的历史风貌，在环境设计和视觉设计中，再现古代诗词中所描述的登临情景，因塬就势，成景得景，建筑形式着意仿唐，力求法式严谨，古朴有据。根据考古发掘资料，对青龙寺遗址的建筑复原进行了认真的探讨，确定了新建工程的范围。该院以山门、方塔、大殿为主轴。

青龙寺空海纪念碑工程选点在青龙寺址的东部，距主院140米的塬地上。这片地下没有建筑遗址，同时也因为这个地段居青龙寺址东端，可相对独立，以保持纪念性建筑的肃穆环境，地势高爽、视野开阔，有利于成景得景。在青龙寺有遗址的院落与空海纪念碑院之间，以北门为中轴，布置了一片寺庙园林，使其起到既分隔又联系的作用，有利于保持原寺遗址区与新建工程区各自的气氛。布置这组园林还有着内外观赏视线上的要求。

青龙寺空海纪念碑院在乐游原的一个坡地上。南部是陡

① 佟裕哲. 中国地景文化史纲图说[M]. 北京：中国建筑工业出版社，2013.
② 李风歧. 基于遗址保护和古迹再现的现代建筑地域性表达[D]. 西安建筑科技大学，2015.

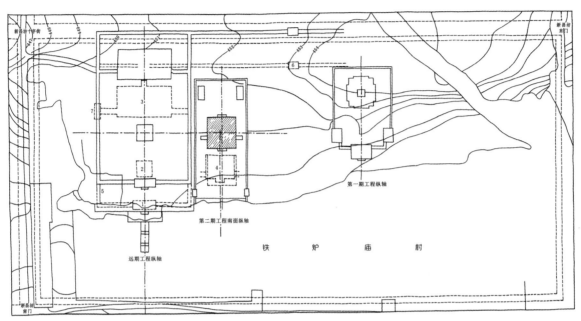

图7-3-45　青龙寺遗址及建设工程总平面图（来源：根据"唐长安青龙寺密宗殿堂（遗址4）复原研究"《考古学报》，李梦珂 改绘）

峭的土坎，土坎以上向北地势渐高，形成一个高地。作为工程主体的空海纪念碑就布局在这个高地之上。由接待厅、东西门、回廊组成的三合院，则布置在纪念碑南侧。这样就形成了接待厅高踞土坎而低于纪念碑的竖向布局。返身步出厅堂，踞高眺望，豁然开朗，大雁塔影、终南云霭尽收眼底。从接待厅观赏院内外，视线一俯一仰，视景一近一远，视野一收一放，形成强烈对比。

由于纪念碑布置在高地上，站在碑坛之上，又是居高临下的形势。视线越过屋脊、脚顶、墙头，远借雁塔影，悠然见南山。从平面图上看，似乎是被封闭在院墙之内，而实际上，借助于地形的高差，扩大了视野。这种因山就势地利用地形，前低后高地布置院落而收到得景效果的手法，在我国传统园林建筑中被广泛运用。

第二次保护性规划：

规划总用地面积为61.12公顷，共分为七个区域：青龙寺公园一期、青龙寺遗址保护区、青龙寺公园二期、休闲景观带、教育科研区、住宅区、商贸服务区。北侧主入口、古

原楼和惠果空海纪念堂形成一条南北轴线，南侧休闲景观带、台阶道、山门和西塔院形成第二条南北轴线。两条南北轴线相互补充，汇聚到第一次规划的东西轴线上。三条轴线交汇在东、西塔院处，突出东西塔院的中心地位。青龙寺公园二期将王家村拆迁，改造成主题公园；休闲景观带在格局上沿用第一次规划确定的青龙寺佛教寺院前塔后殿的格局，同时为住宅区增加相应的绿化面积。

新建成的青龙寺遗址公园，以唐代建筑风格为主，融合乐游原古文化特征，重点突出遗址保护特色，实施和完成了青龙寺遗址保护展示工程，以遗址区的开放式景观效果较好地展示了青龙寺遗址的历史风貌（图7-3-46～图7-3-48）。

十三、西安世园会：山水营建模式之传承

2011中国·西安世界园艺博览会，简称西安世园会，是由国际园艺者协会（AIPH）批准举办的最高级别的专业性

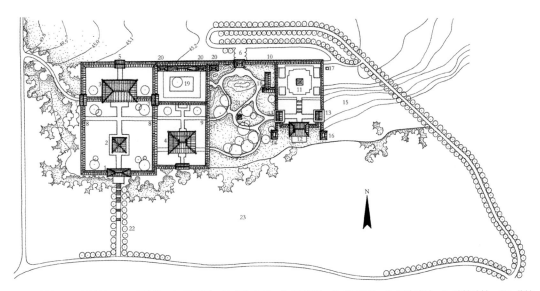

1-1号遗址；2-2号遗址；3-3号遗址；4-4号遗址；5-后门遗址；6-6号遗址；7-7号遗址；8-回廊遗址；9-院墙遗址；10-北墙遗址；11-空海纪念碑；12-陈列厅；13-门；14-厕所；15-停车场；16-司机休息；17-机井；18-管理处；19-客舍；20-辅助用房；21-园林；22-台阶道（远期）；23-铁炉庙村

图7-3-46　青龙寺规划总平面图（来源：根据"江山胜迹在溯源意自长——青龙寺仿唐建筑设计札记"《建筑学报》，张珊珊 改绘）

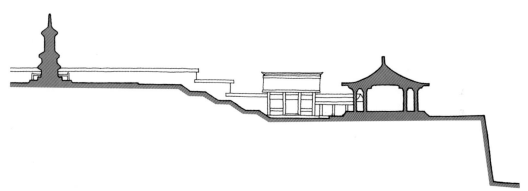

图7-3-47　青龙寺碑、亭空间关系剖面示意图（来源：根据"江山胜迹在溯源意自长——青龙寺仿唐建筑设计札记"《建筑学报》，李梦珂 改绘）

图7-3-48　青龙寺鸟瞰图（来源：根据"江山胜迹在溯源意自长——青龙寺仿唐建筑设计札记"《建筑学报》，惠禹森 改绘）

国际博览会，是世界各国园林园艺精品、奇花异草的大联展（图7-3-49）。[①]以"天人长安·创意自然——城市与自然和谐共生"为主题的西安世园会，于2011年4月28日至10月22日在西安浐灞生态区举行，会期178天，园区总面积418公顷（图7-3-50、图7-3-51）。[②]

西安世园会的主会址选定在广运潭，位于史称"灞上"的浐灞之滨。这里是我国古代主要内河港口之一，在隋唐时期，是长安的漕运码头。盛唐天宝年间，唐玄宗在此举办了大规模水运博览和商品交易会，展示了唐代商贸的发达和水运的畅通，创世界博览会之发端。[③]如今的广运潭，河道纵横，水域广阔，是我国北方地区罕有的城市生态湿地。

园区规划设计着重于依托广运潭的自然环境，营建山水格局，以突出的水域面积和灞河风情来展现城市特色与西安历史文化。园区内营造以植物为主体的自然景观，构建世界化的园林建筑背景，展示人类与自然、城市与自然和谐共生的理念和创意。

西安世园会的主要功能区均围绕大片水域分布——西安世园会的水域面积为188公顷，占据近45%的总园区面积，

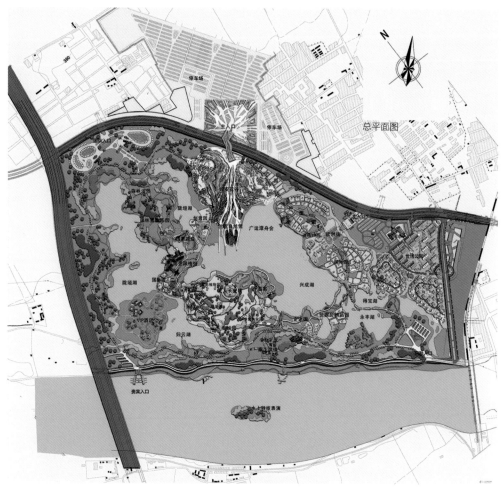

图7-3-49　2011年西安世园会规划平面图（来源：中国风景园林网）

①　陈磊，岳邦瑞. 我国三大园艺博览会规划建设与景观特色比较[J]. 建筑与文化，2012（7）：16-17.
②　王娟. 西安世园会会址可持续发展思考[J]. 物流科技，2012（8）：37-39.
③　宋林涛. 天人长安·创意自然——2011西安世界园艺博览会设计选介[J]. 美与时代（上），2011（03）：5-8.

图7-3-50 2011年西安世园会鸟瞰图1（来源：百度百科词条——西安世博园）

图7-3-51 2011年西安世园会鸟瞰图2（来源：西安世博园官网）

图7-3-52　2011年西安世园会长安塔（来源：太平洋摄影博客）

为历届世园会之最。通过合理利用浐灞自然水系和湿地，营造特色水景观。从西安世园会的总体规划布局中，仍能觑见传统风景园林山水营建模式的影子。

长安塔是西安世博园的标志性建筑和观景塔，位于园区的制高点——小终南山上，起到"点景"的作用。塔高99米，地上七明层、六暗层，塔的外观造型具有唐代木结构塔的造型特点，有唐长安方形古塔之神韵。全塔采用先进的内钢框架支撑结构，屋顶及所有挑檐均采用安全玻璃，与墙体的玻璃幕墙共同构成水晶塔的效果。长安塔既体现了中国建筑文化的内涵，又彰显出了时尚现代的都市风貌。游人登塔俯瞰，全园美景尽收眼底。除此之外，园区内还有创意馆、自然馆、广运门等标志性建筑，长安花谷、灞上彩虹、五彩终南、丝路花雨等园艺景点，灞上人家、椰风水岸等特色服务区。这些重要景点和建筑物的选址和设计旨在凸显地域特色和传统文化。[①]

西安世园会选址于城市滨河生态区、盛唐时代的港口，规划布局依托基地自然环境，传承传统山水营建模式，景观营造突出"天人长安"的地域性以及灞河风情。从选址、命名到建设，西安世园会的规划无不凸显了西安地域特色与传统文化（图7-3-52）。

十四、咸阳礼泉旅游村落袁家村

袁家村总占地面积约500亩，早前全村仅有37户人家，不足200人，仅有民居、耕地和大量的荒地，是环境比较恶劣的村落空间。随着袁家村大力发展集体经济，投资建厂，从传统农业跨入现代农业，村落风貌也从无组织的环境发展为具有村民活动中心、戏台、宗祠、寺庙等村落公共空间的有组织、有整体风貌规划的乡村旅游基地。袁家村的整体空间结构表现出了"两横三纵三大区"的主要特征，三大片区内部空间又各自具有主要的空间轴线，整体结构清晰明了、连续贯通。目前，其空间主体构成包括：关中印象体验地、村史博物馆、唐保宁寺、农家乐以及关中古镇区。村落的街巷肌理、院落布局、单体建筑形态、装饰艺术均延续、传承了关中民居建造的特点，是集民俗体验、休闲娱乐、旅游观光、特色餐饮、特产销售、民居生活等多类型空间于一体的现代复合型乡村空间典范。

1. 村落空间格局与形态的传承

村落整体形态并非古村落的自然生长形态，而是以人为规划的紧凑型的几何形态为主，但却在一定程度上融入了某

---

①　三大服务区四大主体建筑五大主题园艺景点——2011西安世园会设计集锦[N]. 建筑时报，2010-11-08（006）.

图7-3-53　袁家村整村鸟瞰图 （来源：李立敏 摄）

些有机生长的乡村形态的特点（图7-3-53）。基本形态为规则的矩形或矩形演变形，街巷空间形态以直线形、斜线形和锯齿形为主。[①]整体村落布局是中和了自然生长式乡村与现代规划式乡村的特点所形成的一定语境下的现代乡村空间，边界形态呈现出参差不齐的生长动态。此外，区域内部空间格局较为灵活多变，多条路径交叠共生，形成了移步换景、层次丰富的整体空间效果。

米，最窄处为1.8米，民俗作坊建筑高度约为4米，$D:H$值在0.45～1之间，所以村落街巷给予人的空间感受介于压抑与安定之间，相对内聚。这种强烈的围合感也是对关中狭窄、密闭的建筑风格的反映，营造了具有关中生活气息的"场所感"。这种内聚的尺度感也成为了吸引游客的一大要素。袁家村的巷道空间曲径通幽，序列感强，巷道狭窄，行走其中，可获得丰富的体验，也加深了建筑群落的领域感（图7-3-54）。[②]

2. 街巷尺度及形态的传承

袁家村民俗作坊街和小吃南街街巷空间，最宽处为4

3. 院落空间布局的传承

村落中的院落布局方式多以"口字形"、"二字形"、

① 内容引自吴珊珊.乡土的重构——袁家村"关中印象体验地"，空间分析[D].西安建筑科技大学，2015，6.
② 内容引自王迪.旅游产业导向下的乡村空间艺术创造研究——以礼泉县袁家村为例[D].西安建筑科技大学，2015，6.

图7-3-54 袁家村街巷尺度（来源：李立敏 摄）

"一字型"的一进院落为主，也会有典型的窄院式二进院落的"三字形"。多数院落以关中民居的院落尺度与形态为依据来营建，也有一部分在保留传统村落的尺度及围合方式的基础上进行了调整，将礼制风俗融入院落建筑的布局当中，建筑北高南低、东高西低，即厅房高于门房，东厢房高于西厢房，厢房又略低于门房。庭院的地平面也随着门前照壁一级、门房一级、厅房一级，层层上升。整个院落空间布局等级明确，层次丰富，空间序列为实—虚—实—虚，从而形成了关中民居院落的特色（图7-3-55）。

图7-3-55 袁家村民居院落空间形态（来源：李立敏 摄）

4. 建筑形态及结构体系的传承

村落中多数民居为砖木式民居建筑形式，构架形式为抬梁式，少数为穿斗式，而抬梁式构架以三架梁和五架梁最多，房间的进深较大或需设檐廊时，则会在三架梁或五架梁前加一步架；当椽子的用料较短时，可在三架梁的一边设置童柱，用以支撑云梁和腰檩，从而形成四架梁形式，一般用于进深较小的房间。对于一些体量较大，内部空间需灵活划分的传统建筑，则会采用五架梁甚至七架梁的结构形式[①]。屋面以硬山双坡顶为主，墙身以砖或夯土为主要材料砌筑，不论是屋顶还是墙体都以关中民居的建造形式为原型。

5. 装饰构件的艺术传承

袁家村民居建筑装饰有砖雕、石雕、木雕，延续和传承了关中民居中装饰构件精湛的雕刻技法和装饰本身所传达的丰富的文化内涵。民居中砖雕主要应用于建筑的屋脊装饰以及墀头装饰，屋面多以小青瓦铺装，屋脊和脊吻以花砖雕饰，显示出其精致、轻巧的一面。木雕装饰被大量应用于建筑的细部装饰之中，门、窗、挂落、檐下斗栱，室内的梁架、隔断、家具等均有木雕工艺的表现；石雕主要应用于建筑的柱础、门枕石以及拴马桩的装饰（图7-3-56）。

图7-3-56 袁家村民居装饰构件（来源：庞佳 摄）

---

① 内容引自吴珊珊.乡土的重构——袁家村"关中印象体验地"，空间分析研究[D].西安建筑科技大学，2015，6.

第八章 陕西现代建筑设计传承实践探索

　　本章在前述陕西传统建筑主要特征和现代建筑传承目标、原则、策略、方法的基础上，结合实际工程项目案例，介绍了陕西现代建筑传承设计的实践探索。具体包括：基于布局肌理的传承，基于自然环境的传承，基于大遗址保护的传承，基于空间原型提取的传承，基于材料与建造方式的传承，基于传统符号的传承等。通过对六种主要传承方式的案例解析，探讨在新材料、新技术条件下，陕西建筑创作对传统建筑文化的传承机理，对传统建筑文化的演绎过程。

第一节　基于布局肌理的传承

建筑肌理布局通常是指在城乡空间环境中自然环境与人工环境共同作用所呈现出的形式，包括建筑群体组合方式、路网格局、街区尺度、建筑尺度等方面。本节在此基础上，综合考虑陕西人居空间营建渊源及建设特征，进行更大尺度的研究拓展，分别从宏观、中观及微观三大层次对空间肌理的传承运用予以阐述，并结合相关案例对三大层次在现代建设传承中的重点内容进行深化说明。

一、宏观空间肌理——"天人合一"整体观的传承

所谓宏观肌理，是指区域视野中由城、镇、村与外部自然环境所构成的整体空间肌理形态，它既反映了一定区域地形地貌的自然山水环境特征，也体现了该地区人工建设与自然环境的空间关系，是人居环境营建智慧的外在体现。

陕西省关中与陕南、陕北的自然环境差异显著，千百年来"天人合一"的整体观的传承，造就了陕西省三大区域宏观空间肌理的显著差异。在当前不断强化地域建设发展特色的思想指引下，珍视丰厚的人居环境营建智慧，依托地域环境本底塑造城乡人居空间特色，更成为了地方规划建设管理的共同的价值追求。其中，陕南地区地处秦巴山脉，人居空间建设秉持山水营城思想，依托青山秀水而成的陕南独特的山水城市风貌格局，不仅在汉中、安康、商洛三市的城市建设中得以充分体现，更是在青木川、华阳等历史古镇的空间格局中得以保护传承。陕北地区地处黄土高原，呈现出典型的地貌分形特征，而孕育在这里的城、镇、村，其空间分布与规模等级也呈现出与自然地貌高度的分形耦合特征，形成了陕北地区嵌生于黄土沟壑地貌中的独特的人居空间肌理形态，并在现代的人居空间发展中继续延承。关中地区地势开阔平坦，古代农耕文明的发展不仅孕育了千年古都，也形成了这里较为稳定有序的

人居空间分布的肌理形态。以大西安地区城镇群空间布局为例：

（一）重现"渭水贯都、以象天汉"的宏观山水格局

古代长安"渭水贯都，以象天汉"的山水格局与"表南山之巅以为阙"的山城轴线关系，无疑是千年古都西安营城思想智慧的精华。现代西安，在城市规划建设过程中，对古代营城智慧思想的传承与发展从未停下探索的脚步。

1995年西安市第三轮总体规划确定城市向北发展；2002年西咸一体化发展战略的提出为两城一体化发展建立了开端；2014年西咸新区正式成为国家级新区，城市跨过渭河向北发展。至此，西安、咸阳、西咸新区在未来的空间发展战略中已成为一个城市，渭河成为了大西安的城中河。《大西安空间发展战略规划》、《西安国际化大都市发展战略规划》、《西安总体城市设计》等重大规划中已明确象天法地的营城思想。自西咸新区发展建设至今，渭北秦汉新城、泾河新城、空港新城已初具规模，渭河成为了西安的城中河。户县、阎良、富平、三原、兴平等卫星城及周围村镇宛如银河星斗，"渭水贯都、以象天汉"的宏观山水格局已经初步显现，秦咸阳"象天法地"的营城思想得以传承（图8-1-1）。

（二）保护城郊绿色生态空间

古代长安郊野是重要的皇家园林，分布了众多离宫别院，大尺度的郊野园林成为了古代长安郊野空间的一大特色。秦汉时期，上林苑、宜春苑等是皇家园林的代表，是皇族狩猎的重要场所，生态环境良好，景观品质较高。

近些年，随着城市的不断扩张，外围生态农业用地逐渐转化为城市建设用地，西安郊野生态空间的保护存在压力。政府和城市规划建设部门也加强了城郊生态环境的保护与提升工作，先后完成了《八水润长安规划》、《大秦岭西安段保护规划》等重大课题，进一步控制了城市增长边界，有效保护了西安郊野生态空间的完整性。

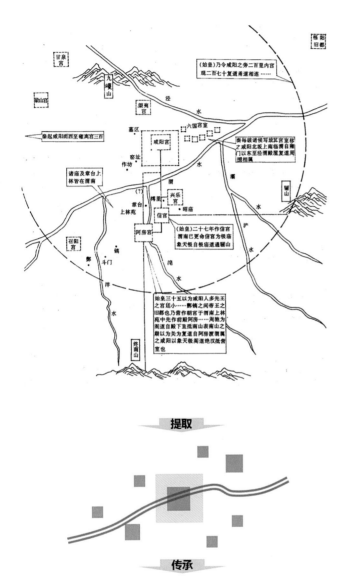

提取

传承

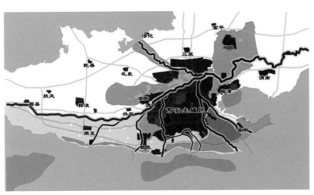

图8-1-1　通过宏观肌理传承"渭水贯都、以象天汉"的山水营城格局
（来源：根据《西安历史地图集》，李晨 改绘）

二、中观空间肌理——城市历史格局的保护

中观空间肌理是指城市整体层面的肌理，其布局特征和秩序结构是城市空间形态的艺术表现。它是由城市的山水环境、街巷道路、建筑空间、公园绿地等物质空间要素以一定的排列方式而构成的，有如城市的DNA，携带着城市空间延续文脉的遗传密码。在现代城市建设发展中，识别与保护这些城市遗传密码，已成为塑造城市风貌特色的重要技术手段。

（一）西安市"中轴对称、棋盘路网"空间肌理的传承

古代长安是东方营城典范，城市建设受中国传统"天人合一"理念和古代礼制城市建设思想的影响。周丰镐二京择沣水而立确立了东方古典城市的营城法则，之后经历了秦咸阳、汉长安、唐长安、明清西安至新中国成立后的各轮总体规划，西安的城市规划与布局特色无不体现了对城市历史文脉和营城思想的传承与发展。礼制城市建设思想下形成了棋盘路网、对称布局、里坊街区的肌理特征，这一肌理特征正是西安城市最为独特的基因。 新中国成立以来的第一轮城市总体规划，明确要对西安城市"中轴格局、棋盘路网"的传统特色加以传承和发展；第二轮城市总体规划中明确提出保持城市的严整格局；第三轮城市总体规划延续了前两轮总规对城市空间布局的传承与保护理念。

2004年编制的西安市第四轮总体规划中明确提出了"九宫格局"的城市形制，进一步延续了"中轴对称、棋盘路网"的城市格局，并且对城市八水廊道提出了规划措施（图8-1-2）。

2015年编制的西安城市总体规划延续了"九宫格局"的城市空间发展模式，提出了"两轴一脉，三山拱卫，五址展示，八水润城，九宫格局，十点表征"的大西安空间构架。重现"渭水贯都，以象天汉"的宏观山水格局，对长安龙脉中轴线、沣河城市轴线等主要轴线在延续历史轴线文脉的基础上进行发展与创新，进而形成新的城市轴线格局（图8-1-3）。西安总体城市设计结合城市设计导则对轴线体系、山水景观廊

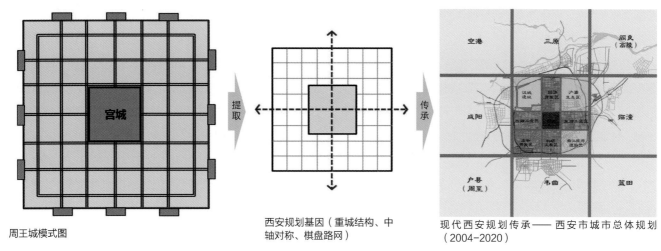

周王城模式图

西安规划基因（重城结构、中轴对称、棋盘路网）

现代西安规划传承——西安市城市总体规划（2004-2020）

图8-1-2 通过中观肌理传承古代营城思想（来源：李晨 绘）

道、城市路网等宏观肌理加以研究和管控，为以后的城市空间发展打下了根基。"新九宫"成为了近年来西安城市规划传承历史空间肌理的重要举措。

（二）延安市"Y"形城市空间格局的延续

延安地处陕北黄土高原丘陵沟壑的典型区域，梁、峁、沟、壑是延安的基本地貌类型，"Y"形的空间结构是对延安地貌特征的形象概括。独特的地貌条件是延安城市发展的主要约束，也是延安城市肌理特征形成的主要条件。延安城市的主要功能区位于延河冲刷出的较为开阔的川道区域，其余功能区沿河流线性分布（图8-1-3）。

自古延安的城市建设便遵循着因地制宜、顺应自然的规划思想。延安城市的建设主要集中于沟谷地区，沿河流川道向外延伸。河流两侧的山体成为城市外围重要的景观，与城市空间发生着密切的对话关系。沟壑地貌形态也成为了延安城市一脉相承的主要基因，延续这一肌理特征是延安城市建设须遵循的基本原则。

多年来，延安市的城市建设延续了"Y"形的空间结构特征，顺应了自然山体环境。由于城市发展与建设用地有限的矛盾，近年来，延安在探索适度的上山建城的新思路，并总结出了遵循自然环境优先保护的理念，多采用自由式组团

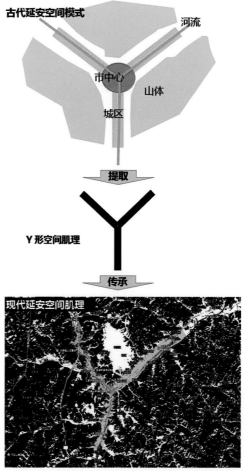

图8-1-3 延安市区及周边地貌空间肌理（来源：李晨 绘）

布局模式，传承了黄土沟壑和台塬地貌的肌理形态，与传统空间肌理相融相生。

总体来看，"Y"形的空间结构和台地肌理形态是延安城市肌理的核心特征，因地制宜、顺应自然是延安城市建设的核心理念。未来延安的城市建设必须一脉相承地传承这一基因，延续城市肌理特征，树立典型的城市风貌特色。

三、微观空间肌理——保护、更新及创新式传承应用

微观空间肌理指城乡人居空间中局部区域呈现的肌理形态，可较为直观地展现人工建造空间的秩序特征，在当前的城乡人居空间建设中具有普遍的传承应用。本文按微观空间肌理的呈现尺度将其分为街巷空间肌理与建筑空间肌理的传承应用两部分。

（一）街巷空间肌理传承

街巷空间肌理主要为建筑群与街巷环境共同构成的肌理形式，从目前陕西的建设发展中的具体运用来看，主要包括肌理保护式传承、肌理更新式传承与肌理创新式传承等三方面。

1. 肌理保护式传承

在建设发展中，对原有街巷中的街区文化信息、街区业态与空间肌理形式进行保护式发展。

在榆林古城城市设计中，首先提出了"风貌格局保护与展示保护——修复古迹遗址，展现古城格局风貌，地域文化复兴与传承——发展文化产业，壮大旅游文化业，环境景观改造与提升——降低建筑与人口密度，改善人居环境品质"等保护式发展思路；其次，在具体的空间环境设计中，强调新旧分治、修新如故的设计理念，注重传统肌理形式的保护与有机生长，通过原有街巷尺度、建筑群体布局、街巷格局的提取，运用转译与演绎的方法对更新发展地段进行空间布局，进而有效地延承历史空间脉络（图8-1-4）。

2. 肌理更新式传承

主要指城市发展中，在保存基地原有文脉的前提下，对历史地段周边地区进行更新式传承。西安大雁塔南北轴线作为城市文化空间和秦岭山水环境的重要联系廊道，已成为西安肌理更新传承的典型代表。

在大唐不夜城街区（图8-1-5）规划中，通过对唐长安城"里坊制"街区布局与"院落式"建筑群组合形式的提取，将传统街巷空间氛围及格局肌理形式以现代的方式予以表达，进而形成了适应现代功能需求的街巷空间环境与尺度。

3. 肌理创新式传承

肌理创新式传承方式在陕西运用较多，主要为提取地区

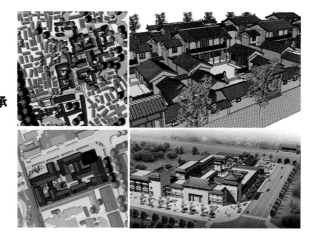

图8-1-4 榆林古城城市设计空间更新的传承（来源：王建成 绘）

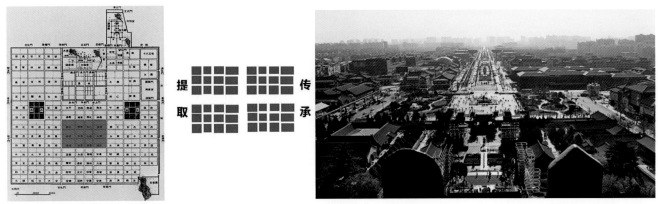

图8-1-5　大唐不夜城街巷格局肌理传承（来源：根据人教网高中历史，王建成 改绘）

文化基因与历史城市特色肌理格局并结合具体地段进行现代化的创新性运用的方式。

　　在西安建筑科技大学草堂校区规划中，结合城市文化底蕴与基地环境特色，首先对西安历史城市形成的"九宫方格"肌理予以提取，并结合中国传统书院制的文教建筑空间布局特征，采取"方格状"的建筑院落组合与再构成形式，对校园整体空间进行构建，形成不同功能的实体"方块状书院"；其次，结合周边自然山水环境自由的肌理，在校园内部环境设计中，一方面采取曲水环绕、林带相间的景观组织方式以理水，另一方面采用坡顶建筑高低组合方式以拟山，在破除方正格局的沉闷氛围的同时，也与自然环境肌理形成了有机的对话；最终，形成了"学问之修融其城蕴、山脉之通按其画境、水道之达理其山形"的整体空间环境（图8-1-6）。

（二）建筑空间肌理传承

　　主要指建筑之间的组合形式及联系方式，包括序列肌理传承、环境肌理传承及意境氛围传承等方面。

1. 序列肌理传承

　　序列肌理传承主要指建筑中的"场、院、街"空间关系的传承，场为群体组合中的公共空间，院为建筑单体的院落空间，街为联系单体建筑与公共空间及外界区域的通道。

　　在韩城市乡村设计中（图8-1-7），首先结合山形地势，对村中广场、祠堂等公共场所予以落位，并形成空间秩

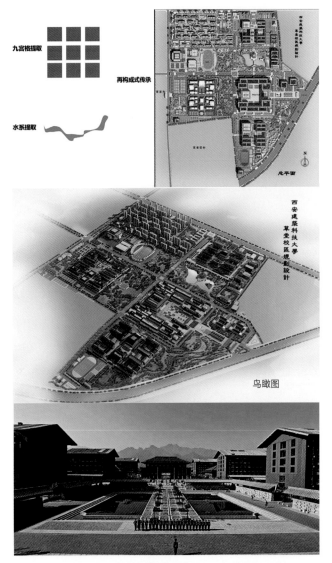

图8-1-6　西安建筑科技大学草堂校区规划及建设图（来源：王建成 摄）

图8-1-7 序列肌理与街巷形式传承（来源：王建成 绘）

序中心的"场"；其次，按照乡村住宅的排布肌理，对各宅院建筑群围绕中心空间进行排布，形成"场+院"的实体空间肌理；最后，将乡村自由灵活的街巷肌理进行提取，运用于场院建筑群的通道联系空间。

2. 环境肌理传承

通过建筑空间形式反映建筑组合特征与肌理的方法。

在曲江凤凰池区域曲江池东岸设计中（图8-1-8），首先结合基地环境，灵活设置沿街建筑界面，以进退、虚实的不规则界面形成与水系自然形态呼应的带状街区，通过带状街区的"线性"肌理与进退的建筑界面形式传承基地周边的水系环境肌理；其次充分运用民居街巷中的"井"字形与"丁"字形等肌理形式进行建筑群体布局，并通过带状街区将各院落有机串联，进而形成与环境融合的肌理空间形式。

3. 意境氛围传承

在历史空间场所周边区域的建设开发中最为显著，西安大雁塔"三唐工程"中，通过建筑平面布局、建筑高度与轮廓线控制、功能形式与尺度设计等，使传统风格与现代化功能、设施有机地结合，传承历史空间意境。

图8-1-8 空间文脉传承（来源：《关中地区传统文脉传承的探索——以西安曲江民俗商业街设计为例》）

在平面总体布局中，以人和塔为空间构图中心，紧邻大雁塔陈列馆采用规整的三重四合院布局，纵轴线与慈恩寺纵轴平行，其主要庭院与大雁塔同在一条东西横轴上（图8-1-9）。距离稍远的也有明确的中轴线与慈恩寺平行，但东、西并不对称。环境协调区以外的宾馆完全园林化，客房单元及庭院空间的布局注意与大雁塔保持视线联系。

在建筑形式与轮廓线控制中，大雁塔稍近的建筑为一层平房，稍远的宾馆以二层为主，局部三、四层，低平的建筑轮廓与挺拔的塔形成强烈对比，以起到陪衬、烘托塔的作用。在建筑形式上，三组建筑依据与大雁塔的不同距离，其

体现唐风的做法也由近而远递次简化。另外，设计中格外注意屋顶的俯视效果，三组建筑大部分采用灰瓦坡顶。

在功能形式与尺度设计中，为了使每组建筑既符合现代功能要求，又具有传统建筑特色，设计在两者结合的基础上运用中国园林建筑布局中的化整为零、自由布局、不对称中有对称、虚实对比、尺度对比、动态空间、借景等传统手法，在建筑造型上注意控制尺度，以小屏大。体量较大的建筑屋面设计成传统的"勾连搭"形式，以减小屋顶的高度和体量，同时在屋顶两侧各作部分平面，将中部主体坡顶和两侧坡顶脱开，使坡顶轮廓像一组建筑的组合。

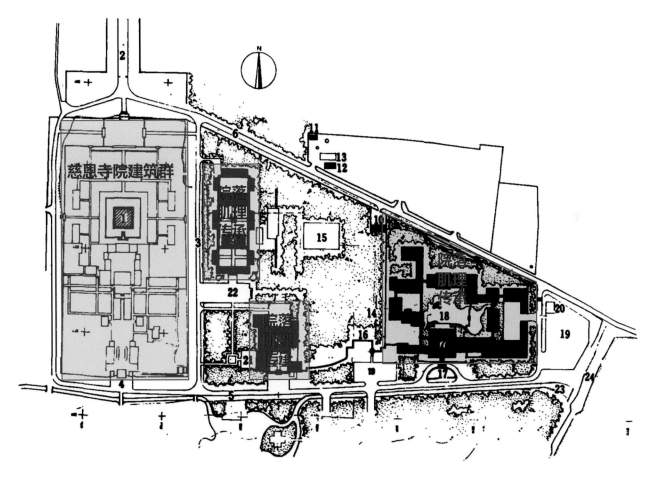

总平面　①大雁塔；②雁塔路；③现有环路；④慈恩寺大门；⑤旅游风景区干道；⑥雁引路；⑦唐华宾馆；⑧唐歌舞餐厅；⑨唐艺术陈列馆；⑩交配电站；⑪液化气站；⑫水泵房；⑬贮水池；⑭唐慈恩寺东围墙遗迹位置；⑮遗址花园；⑯长廊；⑰南池；⑱山池；⑲停车场；⑳垃圾箱；㉑露天快餐场地；㉒小广场；㉓泄洪沟；㉔防洪堤

图8-1-9　建筑空间与布局肌理传承（来源：《理解环境保护环境创造环境——"三唐"工程创作札记》，王建成 改绘）

第二节　基于自然环境的传承

一、建筑适应自然地貌

从古至今，人们在建筑营造中从未停止过对"天人合一"传统理念的追求。无论气候条件、地形地貌如何改变，人们始终遵循建筑与自然和谐相处的原则，秉持建筑与自然环境相契合的设计手法，以此实现建筑与自然的交融和共鸣。陕西省包含陕北、关中和陕南三大区域，地貌多样，气候迥异，地形条件各具特色。在不同的区域中，现代建筑设计以自然环境为先决条件，针对各区域地形地貌特点，因地制宜，不仅传承了传统建筑对环境的态度，同时融入了现代建筑营建手法和思想，逐渐形成了丰富多样的、适应不同地域自然环境的建筑风貌。建筑与自然环境在此地区的处理手法可以总结为三个方面：因地制宜，顺应地形；还原地貌，隐于环境；共构共生，重塑再造。

（一）因地制宜、顺应地形

顺应地形是指以原有生态地貌为基础，建筑营造不对地形地貌做过多的改变，顺应其势，和谐统一。

以陕北地区建筑为例，其地貌是以黄土高原为主。高原千沟万壑，连绵起伏，独具特色。此地区的建筑多为错台式布局、带状空间、收缩式体量，依山就势，随形生变，尽可能地保证原有地貌，达到建筑与环境的统一。

延安杨家岭石窑宾馆四周都是高低起伏、错落不一的山丘（图8-2-1），建筑从低到高共有 8 排 268 孔窑洞，窑

居错落有致，浑厚坚固，隐藏于山体之中，采用下大上小的收缩形态，与山形浑然一体。

（二）还原地貌、隐于环境

自然界天然形成的地貌或是旧的建筑遗存承载着历史的记忆，古人在传统建筑营建中对基地周边的环境给予了充分的尊重和理解，以维系为主，减少破坏，使建筑消隐于其中，这种谦卑的态度传承至今。还原地貌，使建筑隐于环境是对传统建筑理念极好的诠释。在西安曲江秦二世陵遗址公园博物馆的设计中，就运用了这样的建筑设计思维。

西安曲江秦二世陵遗址公园博物馆的基地原貌是一片树林，建筑师并没有采取大修大建的方式占据整个基地，而是尊重原有地形环境，充分利用场地的高差变化，将大部分建筑体量巧妙地隐于土中（图8-2-2），以大面积绿植还原场地地貌，让游览者漫步其中，追忆历史，静谧而又肃穆的气氛尽情呈现（图8-2-3）。虽然大部分建筑以一种"谦卑"的姿态隐于地下，但并不影响建筑的庄严性和纪念性，在缓缓上升的地势中，建筑直到与陵墓相接之处才瞬间拔起（图8-2-4）。

图8-2-1　杨家岭窑洞宾馆（来源：李强 绘）

图8-2-2　秦二世博物馆鸟瞰（来源：《第三种态度下的实践——西安秦二世陵遗址公园博物馆》）

图8-2-3　秦二世博物馆下沉广场（来源：第《三种态度下的实践——西安秦二世陵遗址公园博物馆》）

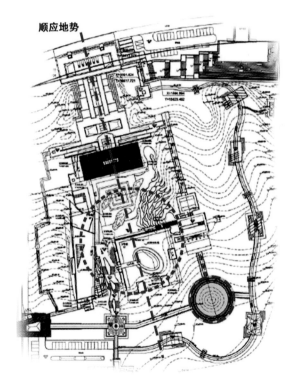

图8-2-4　秦二世博物馆总平面（来源：姚雨墨 绘）

从基地的剖面处理上可以看出，建筑师不仅让建筑体量隐于环境，还通过庭院、踏步、建筑屋面等要素随着地势的不断起伏，将建筑与自然环境紧密联系，使得自然环境与建筑空间环境互相渗透与融合，同时在视线的处理上力求做到建筑与周边环境最大限度的交流（图8-2-5）。

图8-2-5　秦二世博物馆剖面（来源：《第三种态度下的实践——西安秦二世陵遗址公园博物馆》）

场地北侧由主入口广场与一号馆共同构成，一号馆正门入口由一条通长的水道延伸引出，高耸的桦树分布在正面步道的两侧，形成了鲜明的轴对称关系。二、三号馆的建筑体量大部分隐藏于土中，与一号馆的北侧共享下沉庭院，用极具张力的线条凸显了秦文化"振长策而御宇内"的气势。台阶利用南、北场地8米的高差制造悬念，隐喻一种变化的可能性。通过三段线形阶梯的设计，游览者可远眺大雁塔的视线通廊及南侧原有林地共同组成三号馆的顶部，视觉通廊宛如一个在三号馆顶部悬置的长方形景框。登高远眺，远处的大雁塔、芙蓉园和曲江池尽收眼底。在这个与自然相通、与历史相融的制高点，那段埋藏于地下的厚重的历史似乎也悄然呈现。

（三）共构共生、重塑再造

人们遵循自然规律，有组织地进行建筑活动，是对自然最大的尊重。我们可以认为自然环境孕育了一个时代的建筑，然而建筑的存在重塑了环境，在一定程度上赋予了环境新的形态与意义，建筑应与环境和谐共处、共生共构，彼此相得益彰。这种手法常应用于现代建筑规划设计当中。

鲁艺位于延安地区，地形以黄土高原山地为主。鲁艺景区总平面规划设计，结合地形高差，将原有无组织、无规律的建筑体量消解分散，渗入环境，依照山势地貌对其进行了空间布局的重构（图8-2-6）。多采用"凹"字形、"一"字形、"回"字形的建筑围合出院落空间，院落与院落形成有序的组团，与现状地形肌理相适应（图8-2-7）。建筑单体结合地貌，依山而建，通过崖窑、台地院落、道路、景观节点分层布置的方式处理建筑与山地高差的关系。为顺应地形特征，将大体量建筑埋入土中，以降低对周边环境的影响。整体规划空间张弛有度，自由有序，图底均衡，与自然环境和谐共生（图8-2-8）。

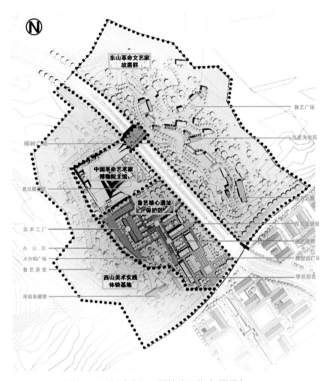

图8-2-6　鲁艺景区规划（来源：屈培青工作室 提供）

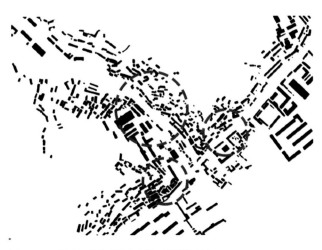

图8-2-7　旧建筑图底关系（来源：姚雨墨 绘）

图8-2-8　新建筑图底关系（来源：姚雨墨 绘）

二、建筑适应自然气候

建筑的营造过程，是人与自然相互适应的过程。在不断探索适应当地气候特征的建筑形式、材料、体量的同时逐渐积累设计经验，总结形成对不同区域气候建筑的不同处理方式。陕西现代建筑秉承传统建筑营造中应对气候的技术措施，应用现代建筑处理手法、现代材料、现代绿色技术等综合手段在适应自然气候方面进行了探索。

（一）依靠形体、材料适应气候

建筑适应气候的措施很多，其中最简便且被广泛应用的措施是建筑单纯通过自身形体、材质的改变达到被动适应当地气候、改善室内环境的效果。

延安机场新航站楼（图8-2-9），根据延安地区多风沙、夏热冬冷的气候特点，在立面设计中采用虚实对比的设计手法，采用当地石材，加大了热惰性较大的实体部分，减少了玻璃幕墙的面积，并采用节能型幕墙，从而有效控制了室内温度波动的峰值，在一定程度上调节了室内环境。

（二）采用现代技术调节微气候

将现代技术手段应用于建筑构件中，使建筑具有应对气候因素、调节改善室内微气候的作用。

图8-2-9　延安机场新航站楼（来源：中国建筑西北设计研究院有限公司第十设计所 提供）

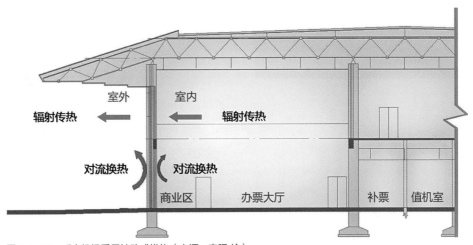

图8-2-10　延安机场采用被动式措施（来源：李强 绘）

　　陕西省天然气股份有限公司大楼在立面设计中不仅考虑了建筑效果，而且思考了玻璃幕墙对建筑环境和气候可能造成的不良影响，继而在南立面采用了弧形双层呼吸式玻璃幕墙体系（图8-2-11），有效抵御了太阳辐射和城市噪声，达到了调节微气候，提升办公环境舒适度的目的。"呼吸式幕墙"实际为双层幕墙（图8-2-12），外层幕墙通透，采用无镀膜处理，内侧玻璃窗可开启。"呼吸"的关键部位就在这两层幕墙的中间通道，双层幕墙之间有半米多厚的中间层，在内部幕墙窗开启的状态下，室外空气首先经过外层幕墙底部的百叶、过滤设施进入中间层，使空气干净无尘。经过室内循环之后，通过外层幕墙顶部的百叶窗溢出（图8-2-13）。双层玻璃幕墙不仅可以净化空气，而且可以作为空气间层，当室内温度过高时，可以通过空气间层的空气流通将热量带走；当室内温度低时，太阳辐射会使空气间层温度升高，进而通过空气间层的空气流通将热量传导进室内，使室内温度升高。

图8-2-11　陕西省天然气公司（来源：石媛 摄）

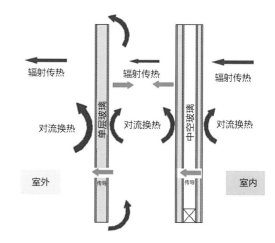

图8-2-13　呼吸式玻璃幕墙做法（来源：李强 绘）

（三）运用综合科技手段建造生态适应性建筑

现代建筑根据不同地区的自然生态气候环境，综合运用生态学、建筑技术科学的基本原理和现代科学技术手段，使建筑具有良好的室内气候条件和较强的生物气候调节能力，满足建筑使用的舒适性要求。现代建筑的综合节能手段是一种对自然环境的有效保护，也是对传统建筑理念的传承。

西安高新技术产业开发区的陕西省科技资源中心是一个利用综合技术手段达到生态适应性的公共建筑。该项目利用了目前最先进的绿色建筑技术研究成果和建筑节能设计理念，采用九大节能降耗系统（图8-2-14）最大程度地降低了能源的消耗，减少了对环境的影响，以建筑的构造、体形、遮阳措施来改善其物理环境，以大地资源作为冬季采暖以及夏季制冷的主要能耗来源，并辅助以节材、节电、节水等措施，提高了建筑适应当地气候的能力，减少了建筑能耗。

在该建筑的外立面设计中，对于材料的应用、外围护结构的选择、外表皮系统的设计都有所考虑。建筑首选"绿色建筑材料"建造外围护结构，有效利用建筑垃圾，节约建筑资源；在外围护结构的选择上，分别采用屋面保温体系、墙体保温体系、呼吸式玻璃幕墙体系和节能门窗体系，每年节约能源约10万千瓦，节能率达到2.8%；外表皮系统中的玻璃幕墙，选用通风雨幕外墙系统，提高建筑的保温隔热、隔声、防雨性能，并采用多种形式的遮阳系统（图8-2-15），包括根据温度变

图8-2-12　呼吸式玻璃幕墙内景（来源：石媛 摄）

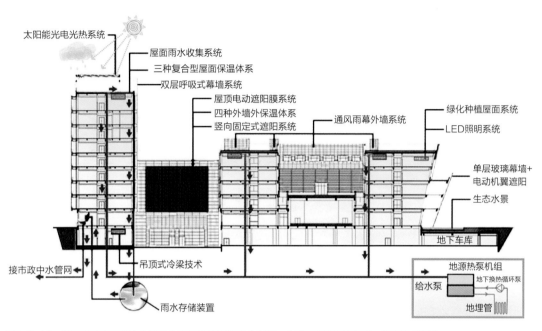

图8-2-14　陕西省科技资源中心绿色生态系统综合策略（来源：中联西北院提供资料，姚雨墨 改绘）

图8-2-15　陕西省科技资源中心遮阳系统（来源：中联西北工程设计研究院有限公司 提供）

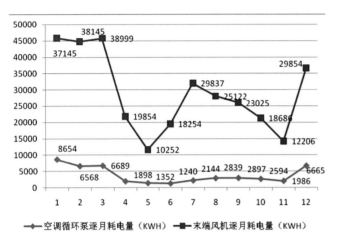
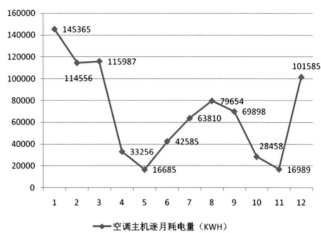

图8-2-16　运行过程中央空调系统中一整个空调季的逐月耗电量（来源：中联西北院 提供资料，姚雨墨 改绘）

化而进行自调节的可动遮阳措施，随风微动的竖向可动遮阳系统以及根据光线强弱自行调节开启程度的电动遮阳膜系统。

在综合技术手段的使用上，采用雨污水回收技术实现景观浇灌，完成中水、雨水和景观水的综合利用；利用太阳能技术满足建筑的地下车库照明用电以及热水供应。

在建筑中还设计了三个技术系统，其中，生态绿化系统构建了室内与室外环境之间的良好关系，在建筑周边及内部都设置了景观园林区，绿化率达到47%；在智能系统的设计中运用成套的先进智能系统实现了空调等设备的节能监控、大型遮阳百叶的旋转控制、照明采光的动态调节；在空调系统的设计上，选用了地源热泵的方式，以大地为冷热源，结合采用高温冷冻水的冷梁末端，这样不但比传统采暖空调系统节能70%以上，还可以创造舒适健康的室内环境（图8-2-16）。

第三节　基于大遗址保护的传承

作为文物大省的陕西，有着十分丰富的文物资源，全省登记在册的各类文物点3万余处，其中全国重点文物保护单位89处（113个点）。全省的文物资源中，大型墓葬遗址及陵园遗址1万余处，占全省文物点总数近1/2。遗址数量在陕西文物资源中占有非常大的比重，其中被公布为全国重点文物保护单位的有30处，省级文物保护单位156处，县级文物保护单位480处。全省107个县市（区）都有分布，地理位置优越、自然条件好、经济发达的关中地区尤为密集。

陕西大遗址具有分布广、数量多、面积大、种类全、等级高的特点，这在中国乃至世界都较为罕见。在这些大遗址中，有的是有关中华文明起源的遗址，有的是我国古代封建王朝的都城遗址，有的是封建王朝皇帝的陵园遗址。我国古代文化发展鼎盛时期——周、秦、汉、唐的都城遗址都分布在陕西，其地上、地下的建筑遗址、遗迹和出土文物均是当时科技、文化发展最高水平的典型代表，并形成了完整的历史文化序列，是当时中华文明辉煌成就的典型代表，具有极高的历史、文化、科学价值，是人类历史文化的宝贵财富。[1]

大遗址保护工作是一项涉及多方利益的复杂而庞大的工程，在具体的实践过程中要注重因地制宜，根据遗址区所处的郊野环境、城市环境等不同地理位置，采取适当的模式来协调各方的利益关系。为实现遗址的历史文化环境的永续发展，就必须使遗址环境适应其区域发展的时空背景与现实要求。

---

① 赵荣. 陕西大遗址的保护[J]，文博，2005（4）：4.

（一）郊野环境中的大遗址项目

此类遗址处于郊野环境之中，距城市密集区有一定距离，一直延续着传统的农业经济模式，遗址土地多与村庄和耕地叠置。生态保护方式是以"退耕还林"的方法对大遗址地区进行保护，在大遗址周边进行绿化，建立"都市森林"，以生态建设支持大遗址保护（图8-3-1）。

该种模式以杜陵遗址最为典型。杜陵遗址是一个包含遗址与森林，赋存丰富文化与生态信息的复合区域。杜陵遗址的环境营造以遗址及其圈域为载体，以生态与文化的和谐为导向，在分析遗址与自然环境的关系的基础上，探索出其相互间的联系。绿地配置以生态安全引导规划景观塑造。景观环境营造不仅考量了遗址安全与生态健康，更注重了历史文化要素的发挥，通过遗址区域的景观建设实现了历史环境与生态环境的

图8-3-1　杜陵遗址公园鸟瞰图（来源：吕成 摄）

图8-3-2　杜陵遗址公园透视（来源：吕成 摄）

共荣共生。绿地配置以绿化美化、保持水土为目标，严禁在重点区域从事苗木生产（图8-3-2）。植被选择充分结合遗址的类型与特性，以灌木、草本等浅根系植物为主体确保遗址、遗迹安全；依据历史资料，在进行考古研究与景观研究的基础上，运用传统造园理论，营造具有文化内涵和深远意境的陵园氛围，通过植被类型、品种的选择及配置设计，诠释不同遗址的原型、形制、风貌及其空间特征，保护遗址的真实性与完整性。为保持规划区生态系统的持续平衡发展，规划结合遗址区的空间特性与地域特征，通过各种森林的保存、维护、利用及改良，依照不同的保育类型，落实不同的保育措施。对处于陵园边缘的地形复杂、高差较大的区域，为舒缓土地恶化与水土流失等灾害压力，植被保育模拟绿地边缘的自然生态群落，选择防风固沙、水土保持的景观树种，并以种植松树、刺槐、栎类为主，积极建立森林生态系统监管区，确保了森林的自然性与安全性；为保持生态系统的稳定性，规划严格控制了单片种植面积，形成了混交林，并遵循"三季有花，四季常绿"的原则，优化林分结构，形成以季相变化为序列的花带景观，促成了森林的多样性与永续性。生态景观规划坚持以景观诠释历史文化、以植被标识空间格局的指导思想，以陵园原有格局为依据，以现状自然地形、地貌为基底，形成了以汉宣帝帝陵、王（皇）后陵为景观绿地核心，以司马道及陵园南北轴线为主轴，以陵园城垣与陵邑城垣为骨架，以地貌单元和现状植被种植为基础的三带四区的生态景观格局。微观景观的营造中，采用了花灌木标识城垣，柏树突出城门，"植被配置汉代纹饰图案"表征古道以及"植株自高向低规则栽植"的种植方式寓意"陵庙祭祀文化"等造景方式，有效提升了景观环境的历史意境。[1]

（二）城市环境中的大遗址项目

此类遗址项目位于城市核心区域，周边人口密集，保护及展示方式多为对大遗址区进行建设性的开发和利用，在

---

① 陈稳亮. 环境营造——大遗址保护与发展的重要抓手[J]. 现代城市研究，2010（12）.

原址上进行一定程度的重建、复建，尽可能在尊重历史的基础上，恢复其本来的盛况，将大遗址保护区建成公园对外开放，供游人参观。

大明宫是唐长安最大的一处宫室，是中国古建史上的巅峰之作，废毁至今已1100多年。在对大明宫遗址的保护与展示中，首先是以考古和历史研究为基础，注重遗址的原真性表现，将遗址的保护放在第一位，制止自然或人为行为对遗址的破坏，保护遗址的历史真实性和历史价值，遵循严格保护原则、可识别性原则及可逆可还原性原则，强调保护工作中对遗址的全面尊重。

唐大明宫宫殿布局注重历史氛围的塑造，以大轴线景观体现出大明宫国家遗址公园的宏伟气势，通过对轴线空间的营造和周边片区的功能规划建立空间秩序，将遗址与城市之间的过渡区域建成开放式的城市商业和绿色文化休闲空间，使公园与城市相对独立而不孤立，实现两者的过渡和融合。园内总体上延续原有的三大功能格局，即殿前区、宫殿区、宫苑区，各自塑造不同氛围的景观空间（图8-3-3）。

对遗址采取丰富的保护展示措施，如丹凤门、紫宸殿等，在部分重要遗址上部或附近进行模型复原予以展示。复制层采用可还原、易拆除的新材料和轻质结构，以保证对遗址层无任何破坏（图8-3-4）。含元殿南侧的金水河遗址，去除遗址上部的非唐代地面层，显出遗址层，并用特殊玻璃覆盖遗址，既完好地保护了遗址，又向人们展示了遗址的真实面貌。含元殿两侧的东、西朝堂遗址采用碎石铺地进行标识与展示，将遗迹原封埋在地下，以阻止各种因素对遗址的破坏。中轴地面采用木格嵌套碎石的方法标识，两侧采用地面植被与灌木结合的方法标识遗迹、营造空间。

围绕中轴组织公共空间体系，并通过南宫墙绿带、绿地展区及院落展区与主轴相连，形成完整的开放空间网络。各级空间通过多样的标识系统有序相连，为公园内各种必要的公共活动及城市大型文化活动的开展提供空间。公共绿地系统分为休闲绿地、过渡绿地、保护与展示绿地，采用三绿合一的土地利用方式，使之更好地融入遗址环境，并与城市环境形成有机联系（图8-3-5）。

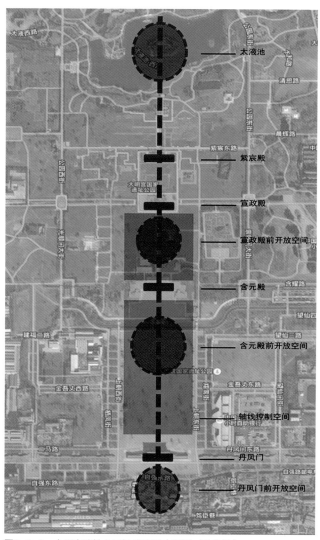

图8-3-3　大明宫遗址公园轴线序列（来源：吕成 绘）

图8-3-4　大明宫遗址公园紫宸殿（来源：中国建筑西北设计研究院有限公司 提供）

图8-3-5　大明宫遗址公园复原模型（来源：中国建筑西北设计研究院有限公司 提供）

　　大明宫遗址公园为遗址维系了相对独立并有利于经营维护的空间，为民众开放服务的现代公园空间建立了现代人与历史遗址之间的情感联系，人性化的景观空间和配套性的服务设施和展示装置可以使遗址与现代人的需求相融合，通过人与遗址的互动，让遗址与人和谐共生，最终真正保护好大遗址。

　　唐城墙遗址公园（高新区段）的建设中率先提出以建设遗址公园的方式实现隋唐长安城外郭城城墙、城门等遗址的保护与展示（图8-3-6）。

　　位于遗址公园中段的延平门遗址广场既实施了延平门遗址回填覆盖保护工程，同时利用全新的遗址标识系统设计给公众传递了丰富的隋唐长安城外郭城历史信息，将这一隐没于地下的历史节点空间在现代城市空间中重新激活，同时满足了城市绿地广场的功能与观赏要求。以陶砖砌筑模仿延平门城门基址的黄土砌筑效果，采用条石、绿化等标出城墙遗

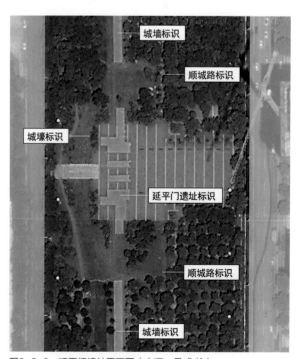

图8-3-6　延平门遗址平面图（来源：吕成 绘）

址、壕沟遗址、顺城巷遗址等城墙的组成部分，用碎方石铺装标识穿越遗址区的城市道路路面，完整地表达了延平门遗址的尺寸、色彩、工艺等基本信息，在满足考古信息合理反映的同时，又实现了城市广场的基本功能，实现了历史节点与现代城市空间的完美结合（图8-3-7，图8-3-8）。[①]

（三）大遗址中的建筑单体项目

为保护在大遗址中的重要遗址，在已发掘的遗址原址上建立遗址博物馆，使之得到完整的保护，将对文物古迹造成的破坏降到最低，并且真实地将大遗址的原貌反映给群众，使参观者都可以感受到古迹的恢宏，体会到先人留下的文化

遗产，从而潜移默化地提高对文化遗产的保护意识。

丹凤门是唐大明宫的南门，为保护丹凤门遗址的原真性与完整性，将遗址本体在建筑中整体保护展示，而不采用局部封闭的保护展示方式。5个门道均不作为园区及展示厅的出入通道，且所有工程构件在平面位置上均保证距离遗址本体（含城台与城墙地基）外沿不小于60厘米。展示设计着意显示丹凤门的宏伟规模，为参观者提供方便的、多方位的、多视角的参观步道。步道基本按架空周边式布置，也设有踏步可到达遗址地面，以满足不同的参观接待要求。

鉴于唐大明宫的历史地位及丹凤门在大明宫内、在唐长安城和现代西安城市中的重要位置，在满足保护与展示遗址的基础上，丹凤门的艺术形象又要承担起沟通历史和未来的职能，在建筑造型上尽量采用切近唐丹凤门的建筑特色和风采，在城市空间中形成一个标志性形象，引发人们的历史联想（图8-3-9）。

为了实现保护展示建筑的现代性和可逆性，结构设计采用了大跨度全钢结构。作为主展厅的城台与城墙部分全封闭的外围护墙采用了预制大型人造板材，壁板的外表分别呈现城砖和夯土墙的肌理。楼板屋顶为轻型铝镁锰合金仿瓦陇板材，仿木构的檐柱、梁枋、阑额、斗栱、椽条等外露部分均采用铝镁锰合金板预制构件组合而成。所有室内空间内部

图8-3-7　延平门遗址细部（来源：吕成　摄）

图8-3-8　延平门遗址（来源：吕成　摄）

图8-3-9　大明宫丹凤门（来源：中国建筑西北设计研究院有限公司　提供）

①　常海青，唐城绿带建设与隋唐长安城遗址保护[J]．2012（02）．

装修均不仿古，采用现代材料、现代手法与风格，色彩从上到下全部为淡棕黄色，近于黄土色彩，采用了高度抽象的手法，赋予这座遗址保护建筑以明显的现代感，有如一座巨型雕塑（图8-3-10）。

汉阳陵博物馆所在的墓道紧挨着陵墓封土主体，如何保护和维持汉阳陵的历史面貌是一个重要的挑战。在建筑设计中，建筑主体采用全地下的方式，主入口避开司马道正面，置于东阙门一侧，最大程度地弱化建筑体量，保护环境原有历史风貌及周边自然景观。在展示方式上，通过精巧的流线设置使观众可以从不同的角度接近文物，结合空间的引导、收放和灯光的设计，营造出极具历史氛围的遗址展示空间。在长达500米的展示流线上，采用引、停、绕、跨、靠、观等手段，引导游客从不同的方位和视角观察文物，形成丰富的游览体验。全地下的设计也极好地满足了文物对于温湿度的要求，对文物本身的保护也起到了极其重要的作用（图8-3-11、图8-3-12）。

图8-3-10　丹凤门遗址（来源：中国建筑西北设计研究院有限公司 提供）

图8-3-11　汉阳陵帝陵外藏坑保护展示厅室内展示空间（来源：刘克成 提供）

图8-3-12　汉阳陵帝陵外藏坑保护展示厅入口（来源：刘克成 提供）

第四节　基于空间原型提取的传承

陕西传统建筑遵循和发展传统空间意识中"天人合一"、"天人感应"的思想和"虚实相生、时空一体、情景交融"的空间美，"因天时、就地利"，肯定自然、顺应自然，在自然环境中寻找自己恰当的位置和形态，而不是与自然相抗衡。传统建筑规划设计中讲究阴阳相合、主从有序，把人与自然、自我与宇宙加以统一，从而形成人工与自然、群体与个体、主体与配体融会贯通、统一协调而又气韵生动的效果。

陕西现代建筑传承和发展了传统空间意识，贯彻了以人为本的设计思想，追求传统空间的审美意境，或以汉唐博大、恢宏、开放的气质反映中国现代的时代精神，或以朴实的材料和民俗民风，进行地域风情建筑的探索，或以创新的形式探索新建筑与历史文化环境的和谐共生，以多元化的现代建筑创作手法演绎优秀的传统空间文化。

一、延续文脉，对历史空间原型的提取与演绎

（一）对建筑组群空间的演绎

陕西古典建筑并不追求单体建筑的宏大突出，而是更多地关注建筑与建筑之间的联系以及建筑与自然环境的和谐共生，在设计中遵循"淡化单体、强调群体"的设计原则，在传统哲学和艺术思想的催化下，营造独特的中国传统建筑意境。此外，陕西传统建筑群的空间布局深受中国礼制文化和宗教观念的影响，多呈现出对称、庄严的群组形象，大气恢宏，而群组的空间布局在轴线对称中又融入了更多微妙的变化，"将深沉的对自然的谦恭情怀和崇高的诗意组合起来，形成任何文化都未能超越的有机的图案"。①建筑群的宏伟气势，并不在于单体建筑体量的大小，而是集中在建筑的群体组合上，通过巧妙的空间组合显示出空间的大小纵横、形体的高低错落、色彩的冷暖繁简、线条的直曲刚柔，在变化中求统一，静态中求运动。伴随着人在建筑中的运动，在时间的推移中，建筑空间阴阳交错、开阖屈伸，从而引发观赏者的审美情感。

陕西历史博物馆作为西安历史文化博大精深的真实写照，在设计上着意突出盛唐风采，反映出唐代博大、辉煌的时代风貌。在布局设计上，借鉴了中国宫殿建筑"轴线对称，主从有序，中央殿堂，四隅崇楼"的特点，整组建筑采用中轴对称的布局，院落四周的崇楼簇拥着中央殿堂，主次分明、散中有聚、恢宏大气，突出古朴凝重的格调（图8-4-1，图8-4-2）。

西安市行政中心位于西安城的历史轴线——长安龙脉的两侧，这一历史轴线串联起了汉唐、明清等不同历史时期的文化遗存。西安市行政中心着重强调新城与老城的血缘关系，一脉相承，和而不同，一方面要延续城市的文脉和肌理，另一方面又要重建城市的秩序和空间。西安城市所蕴含

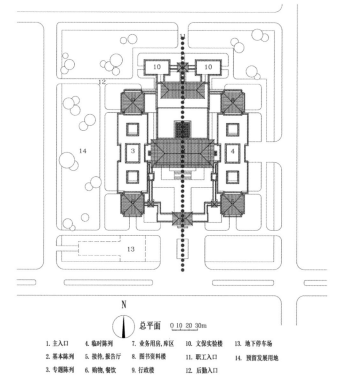

图8-4-1　陕西历史博物馆馆总平面分析图（来源：中国建筑西北设计研究院有限公司 提供）

图8-4-2　陕西历史博物馆鸟瞰图（来源：中国建筑西北设计研究院有限公司 提供）

的不仅仅是明朝留下的四方城墙，更是恢宏大气、威仪四方的城市格局，深沉、朴实、厚重。西安市行政中心建筑传承文脉、轴线突出，又根据不同地块的特点，突破层数的限定，形成了主从有序、高低错落、变化丰富的空间层次，在总体上表现出了西安老城"四方城"的总体特征，体现出了

庄重典雅、大气朴素的性格（图8-4-3，图8-4-4）。

（二）对园林空间的演绎

陕西本土现代园林设计规划及营造，不仅要继承陕西传统古典园林普遍的空间意识和造型特征，遵循"虽由人作，宛自天开"或"巧于因借，精在体宜"等传统园林共性的造园法则及技法，营造崇尚自然写意的审美心理，追求浑然天成的美，形成自然山水园林的风格，还要融入秦汉、盛唐时期气势恢宏、水体广袤、建筑宏伟的造园理念及手法，在造园风格及特征上体现陕西秦汉、盛唐时期园林设计的精髓，将其精华继承、发扬，用于现代园林的营造，使得源远流长的陕西园林文化更好地被传承和发展。

西安大唐芙蓉园园林空间以自然景观为背景，以建筑组群为核心，以湖为主，环水布局，北岸景点适当分散，南园景区相对集中，充分体现了唐代园林善于利用地势起伏，园林风格气势恢宏、水体广袤、建筑宏伟的造园理念及手法，在设计中充分利用地形，采用"崇尚天然、点化自然"的自然山水式布局，对现有地势、水面进行整理、加工。规划充分利用自然地形，堆山理水，形成了"南部冈峦起伏、溪河环绕，北部湖池坦荡、水阔天高"的自然山水式格局（图8-4-5）。在园区南部山峦区，结合原有台塬南高北低的地形基础上，强化了这一特点，将全园的地形制高点主峰放在位于东南部的土山上，山势起伏的轮廓与远处的南山相呼应。主峰可以北俯芙蓉园，南眺终南山（图8-4-6）。

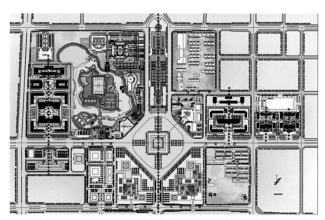

图8-4-3　西安西安市行政中心总平面分析图（来源：中国建筑西北设计研究院有限公司 提供）

图8-4-4　西安西安市行政中心（来源：中国建筑西北设计研究院有限公司 提供）

图8-4-5　西安大唐芙蓉园总平面分析图（来源：王美子 绘）

图8-4-6　西安大唐芙蓉园（来源：中国建筑西北设计研究院有限公司 提供）

园区北部将原来的涝池开辟为北凸南凹的"腰月"形主湖面,对全园中心区呈怀抱之势。其水口位于东南部,通过跌落的瀑布与曲江南湖相连,整体形态为环抱紫云楼中心区,经芙蓉池汇入"曲水流觞"溪流后东折形成紫云湖,最后流经主峰回到主湖面,组成了一个环形水系,从而有机地联系了全园各个景区。在经过主轴的湖面上,布置水幕,作为紫云楼的视线对景景观。各个景区、景点之间有园林道路和水系为之联络,更以"对景"、"障景"等传统园林手法构成了似隔非隔的联系。园林布局层次分明、主从有序,各标志性建筑和其他园林建筑组群既对比又呼应,形成了群星拱月、宾主相生的园林意境美。

兴庆宫公园位于西安市东郊,是我国最古老的唐代遗址公园。兴庆宫公园在设计中参考了历史文献记载和出土的《兴庆宫图》碑石来进行总体布局,规划设计充分体现了唐代传统皇家园林"一池三山"的形制以及水体广袤的造园理念。在园林设计手法上,不仅继承了陕西唐代传统园林气势恢宏、水体广袤的园林营造风格,而且在不同景区的细部处理上吸收了江南园林的曲径通幽、移步换景等分割与组合空间的手法,来丰富和扩大园区空间,同时又在南部入口区域吸收了西方古典园林的造园风格与手法,几种风格相互融合,相得益彰。

兴庆宫公园取西北高而东南低之原有地势,在公园的东南、西南、西北引入山坡,作了冈阜式的处理,山势前喧后寂,既屏蔽了墙外城市交通的干扰,又取山脉蜿蜒不尽之意。在公园东南处挖湖堆山,其山形模拟自然山脉,依势构筑峦、丘、壑、崖,与兴庆湖形成了"山嵌水抱"之势。规划设计以湖面作为公园布局及视线的中心,又有萦回的溪河相连,全园水流弯环绕抱,景观层次丰富,比较典型地再现了岛、半岛、洲、冈阜、峰峦等自然山水的地貌景观(图8-4-7)。

兴庆宫公园空间设计基于传统的"一湖三岛"模式,三山植林木,湖中立三岛,以兴庆湖为中心,在郁郁葱葱、山水相依之中,按原兴庆宫的方位,布设了沉香亭、花萼相辉楼、南薰阁、长庆轩,彩云间、日本遣唐使"阿倍仲麻吕"

纪念碑、五龙潭亭等景点,随着湖岸线的曲折凸凹,或敞或隐地镶嵌在各式树木花草之间,体量分散。以东北隅沉香亭作为园区构图的重心,并且建于高台之上,与共处一岛的彩云间形成对景,此景是游人在公园大部分空间内都能看到的对象,成功地起到了点景的作用(图8-4-8)。

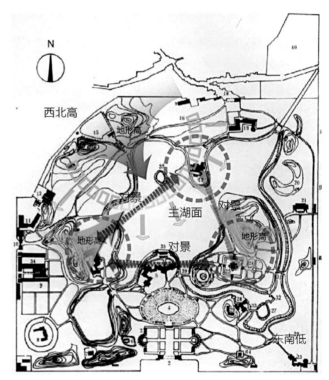

图8-4-7　西安兴庆宫公园总平面分析图(来源:王美子 绘)

图8-4-8　西安兴庆宫公园(来源:王美子 摄)

　　"三唐工程"在设计创作中，结合唐代陕西传统的造园手法，充分利用地形，采用自然山水式布局，形成了以雁塔高耸、三唐奔趋，雁塔刚健、唐华幽深为特色的刚柔相济、虚实相生的空间格局。

　　在总体布局上，"三唐"园林景区将三组建筑分散布置在园区的三个角上，而在中心安排了以大面积绿化为主的唐慈恩寺遗址公园，从而形成了以虚为主的空间格局，与大雁塔形成了虚实相生的对景关系、掩映烘托的空间特色（图8-4-9）。

　　"三唐工程"在空间设计中运用了传统的庭院空间设计元素，以大雁塔为庭院空间的构图中心，结合宾馆的功能定位，形成了以雁塔古朴高耸为对景、以唐华庭院幽深为特色的虚实相生的园林庭院式空间格局，它与唐慈恩寺遗址公园通过传统风格的开敞回廊相互联系，景色浑然一体，与大雁塔形成了良好的对景关系（图8-4-10）。

　　在满足使用功能的基础上，将建筑分成若干个相对较小尺度的建筑群，结合院落式的布局，这种布局对大雁塔的原有格局景观影响最小，不仅消解了庞大的建筑体量，而且对周边的大雁塔等文物保护建筑起到了衬托和保护的作用。邻近大雁塔的博物馆采用规整的三重四合院布局，其纵轴与慈恩寺纵轴平行，其主要庭院与大雁塔同在一条东西横轴上，整个平面布置得规矩、严谨，犹如慈恩寺向东的延续。唐歌舞餐厅布置在博物馆东南，其坡屋顶被分段处理，前后两段各做坡顶，平坡结合，并将辅助用房部分的坡顶与主体隔开，使屋顶尺度相宜，变化有致，并以曲廊与唐华宾馆相连接，担当三组建筑的承接转换之角色。唐华宾馆则分解体量，避实就虚地设计成了尺度相宜的园林化建筑，其内庭院空间呈现出多层次的变化，展现出不同的景观，整组建筑东高西低、东实西虚、东直西曲。

　　陕西历史博物馆中心轴线两侧对称环绕、曲径通幽的游廊增加了建筑的亲切感，它是游离于中轴线古典威严之外的休憩空间，游廊一侧是由中央殿堂统领的对称严谨、庄严大气的院落，而另一侧是曲径通幽的游憩花园。游廊就像是浑然天成的屏障，保护着等级森严的古典空间外另一片古色古香的天地，正如老子所言："道行天地有形外，玄通万物无形中。"相较于游廊外部轮廓分明的有形空间，这里才是通玄万物的无形天地。陕西历史博物馆营造出了古代帝宫与传统园林相结合的气氛，恰到好处地表现了中国传统宫殿建筑"太极中央，四面八方"的空间构图特色以及千百年来早已潜入中国人空间意识中的"超以象外，得于寰中"的东方宇宙哲理（图8-4-11，图8-4-12）。

图8-4-9　西安三唐工程总平面分析图（来源：王美子 绘）

图8-4-10　唐华宾馆遥看大雁塔（来源：中国建筑西北设计研究院有限公司 提供）

图8-4-11　陕西历史博物馆游廊（来源：吕成 摄）

图8-4-12　陕西历史博物馆游廊（来源：吕成 摄）

（三）对纪念性空间的演绎

具有圣地感的纪念性空间主要由三个方面构成。

1. 传统纪念性空间格局的延续与发展

传统的礼制建筑非常重视格局的轴线序列，黄帝陵祭祀大殿正是通过秩序感来强调礼仪空间的重要性，由轩辕庙古柏院拾级而上进入宽阔的祭祀区，气势一脉相承，整体布局具有鲜明的民族文化特征，以烘托宏伟庄严的氛围。轴线上的重要节点——祭祀大殿，造型取意秦汉时期"黄帝明堂四面无壁"的意象，由36根圆石柱围合，形成完整的纪念空间，屋顶层层叠涩向上聚拢，中央为直径14米的圆形采光天井，形成了轴线上最为恢宏的场景，也体现了纪念性空间

"天圆地方"、"大象无形"的意境（图8-4-13）。

现代城市中的纪念性建筑，设计的重点在于体现其自身的标志性与仪式感。延安革命纪念馆旨在激发人们对延安革命时期的缅怀，弘扬爱国主义精神。首先，在体形上要与周边城市建筑形成对比。建筑以超长的水平尺度舒展开来，并呈现出围合的态势，前广场树立着高大的毛主席纪念铜像，水平展开的建筑前竖起挺拔高耸的形体，体现了纪念馆的核心地位。其次，以广场及建筑体现纯粹的几何秩序感，通过轴线转折和几何形态的序列控制，使建筑形体尊重原纪念馆，并与彩虹桥形成了空间呼应，实现了纯粹的精神空间（图8-4-14）。

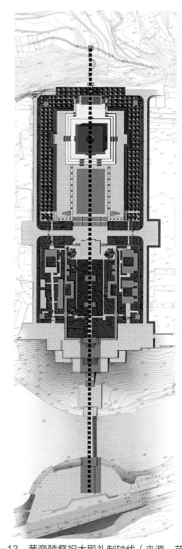

图8-4-13　黄帝陵祭祀大殿礼制轴线（来源：范小烨 绘）

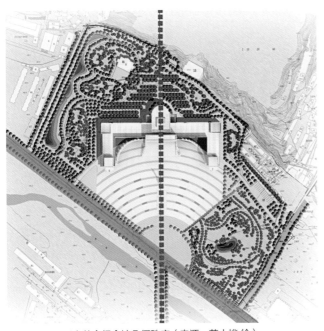

图8-4-14 延安革命纪念馆几何秩序（来源：范小烨 绘）

图8-4-16 延安革命纪念馆景观与自然的关系（来源：范小烨 绘）

图8-4-17 川陕革命纪念馆鸟瞰（来源：中国建筑西北设计研究院有限公司 提供）

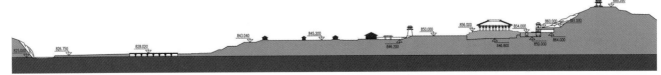

图8-4-15 黄帝陵祭祀大殿场地剖面（来源：范小烨 绘）

2. 尊重环境，融入山川地貌

纪念性建筑与环境不可分割，二者相结合，共同表达着这个场地与空间经历过的历史故事。建筑布局与自然山水相协调，体量与环境彼此融合，造型寓形于景，整体气势与环境相映生辉，体现了古人建都营城的宇宙整体观及中国传统"天人合一"的生态环境观、和谐共生观。

黄帝陵祭祀大殿所处区域背山面水，自然环境优越，场地北高南低，建筑依地势而起，从入口处开始至山门，台地层层抬起形成了仪式性的进入空间，穿过宁静的古柏院，渐渐地在空旷的广场上展开恢宏的祭祀大殿主体体量，与群山呼应，与苍松巨柏及汉武灵台等和谐共生，大有哲人所说"天地有大美而不言"的境界。站在祭祀大殿最高之处极目远眺，通透的空间仅以柱廊作为限定，视野极为开阔，桥山峨峨，沮水泱泱，翠柏参天，建筑与大地山川融为一体，整体气氛庄严、肃穆（图8-4-15）。

延安革命纪念馆背倚赵家峁，南临延河，总体上利用原有的自然环境条件，以纪念性园林环绕建筑，点缀延安特色的植被，与原有自然环境相融合。整个纪念馆横向体量舒展，尺度庞大，但在竖向上进行了控制，尊重原有的地形地貌，尊重延安本土的山水环境（图8-4-16）。

川陕革命纪念馆建筑位于红寺湖风景区，建筑最大的特点是适应自然地形、地貌、植被、和陕南地域文脉，整体设计采用建筑、雕塑、广场、景观、山水一体化的大地艺术策略，建筑本身自成一景，并覆以绿化，形体融于环境，材质与场地铺装就地取材，与山坡合为一体，馆前水系自然蜿蜒，整个空间如同大地中生长出来的一般（图8-4-17）。

3. 建筑空间庄严大气

具有圣地感的纪念性建筑自身具有特殊性，设计应当尊重其表达的历史形象，塑造更为朴实、庄重、明朗、大方，更具雕塑感的体量，使用符合自身气质的材料，使整体建筑形象能够激发人们对于历史文化背景的共鸣。

黄帝陵祭祀大殿，为表达其圣地感，重在体现"大象无形"。大型祭祀广场空旷、肃穆，两侧仅以阙楼作为限定，将各种服务设施隐蔽于台下，使其仪式感更为纯粹。祭祀大殿设计通过通透完整的空间、层层叠涩的屋顶、周围环绕的柱廊以及体现天圆地方的采光露顶，共同形成了尺度巨大、完整纯粹的精神空间。为了烘托建筑凝练大气的特质，建筑的细部包括柱头檐口都力求简洁，不设纹饰，石材的尺度和肌理都力求体现古朴、沉稳、大气的特点。整个设计对传统建筑形式的运用和思考是对中国文化精神的一种理解，是一种精神上的寄托和象征（图8-4-18）。

延安革命纪念馆东西长222米，南北深119米，建筑水平展开，以长向的舒展的环抱之态围合了核心的馆前广场。建筑立面轮廓高低起伏，且没有多余的装饰，外墙浅驼色的石料形成了浑然一体的简朴、庄重的风格。室内空间高大明亮，日光云影尽入厅中，映照着五大书记群雕，整个空间肃穆而明朗（图8-4-19）。

图8-4-19　延安革命纪念馆外观（来源：中国建筑西北设计研究院有限公司 提供）

二、寓意于形，对地域空间原型的提取与演绎

（一）传统形象与现代功能的结合

近些年的一些建筑设计沿用了传统设计手法，通过各种处理手法，使其既体现出了传统建筑的意味，也满足了现代功能以及审美的需求。

临潼榴花溪堂主要是在传承传统四合院建筑空间的基础上，赋予其现代化生活的功能元素，建筑采用关中民居形式，功能集住宿、餐饮、商务办公、KTV、中医理疗等为一体的高端会所。外部空间以传统建筑外部空间的形式呈现出来，建筑细节非常考究，以展现对传统文化的传承，其内部空间则更加符合现代的需求，增加了现代的理念和技术，对传统北方四合院建筑的院落功能进行了改良和创新。

临潼榴花溪堂采用传统的两进院落的空间形式，但是两进院落分别设置成下沉式庭院和景观水池，并在两进院落的一层四周以暖廊围合，打破了传统院落空间中的只承载交通、采光的单一功能，提升了建筑空间的品质，丰富了建筑使用空间的感官效果。第二进院落中的景观水池可以在一层形成静怡的水面，规避了传统两进院落空间的重复，水池表面灯光效果的设计也使得在夜晚稍显沉寂的院落变幻出了精彩的一幕。同时，顶部水池的波纹通过光线映射到地下空间，极大地提升了休憩空间的品质（图8-4-20，图8-4-21）。

图8-4-18　黄帝陵祭祀大殿内景（来源：中国建筑西北设计研究院有限公司 提供）

图8-4-20 临潼榴花溪堂院落空间（来源：中国建筑西北设计研究院有限公司 提供）

图8-4-21 临潼榴花溪堂室内空间西北院（来源：中国建筑西北设计研究院有限公司 提供）

关中民俗博物院是将散落在关中各地的、具有保护价值的100多所典型民居整体收购，移建到此，实施异地保护并开发利用，将过去散落各处的民居建筑转变成博览建筑，既是对传统建筑文化的展示，也为人们提供了传统关中生活的体验。

关中民俗艺术博物院按功能划分为民俗文物展馆区、游览区、名人活动区、休闲度假区、会议中心、别墅区等功能区。博物院总体规划采用中国传统园林的设计手法，通过水系、绿化的组织，将用地与秦岭联系起来，建筑群落围绕水系布局，各自通过轴线联系。各个区域的规划布局则采用传统街巷与院落层层递进的布局手法，组织出层次分明的空间结构。

建筑空间设计保持了传统窄院的格局，外观、屋面都用传统青砖和瓦，原汁原味地呈现出了传统关中民居的特色。将各处收集来的各种砖雕、石雕大量地使用在建筑上，是对原有建筑的再现，也更突出了项目的展览功能，使游客可以体验到浓郁的传统关中风情（图8-4-22、图8-4-23）。

（二）传统院落空间的延续与创新

对于传统院落空间的创新实践包含了几个方面：

1. 传统院落空间的延续

延安干部学院建筑总体布局遵循了关中传统院落轴线布局、秩序性强的特点。主体教学区域南北轴线贯穿，强调轴线对称、庄重大气的格局，体现了政治院校秩序清晰，制度严明的特点。整体广场与建筑群体现了庄重、严肃的空间氛围。生活区区的东西轴线采用传统园林式布局，建筑群体错落有致，高低搭配，自然围合成不同的组团，结合亭、桥、廊、水等设计元素，自然连贯，空间层次变化丰富，创造了一个静雅、惬意的空间环境（图8-4-23）。

蓝田玉山镇的"井宇"，平面为三合院式的民居模式，入院直接进入狭窄的庭院，两侧屋顶为单坡顶，向内院倾斜，形成了关中民居"房子半边盖"的特色形式，出挑的屋檐为庭院遮阳避雨，形成了一个舒适的场所，末端的后院布置泳池，提供了现代休闲娱乐场所（图8-4-24）。

2. 传统院落空间的创新

尊重传统关中院子的围合特色，通过形体的错动、叠加、旋转、碰撞等方式，制造具有冲击力的新空间，保留原有传统民居的特色，也有新的建筑语汇产生的新意。

贾平凹文化艺术馆总体形态上呈聚合状态，抽象提炼了中国传统民居的院落形式。整个设计让关中民居与现代建筑进行对话，主体建筑以关中合院民居的正房、厢房与院落进行围合，形态取意"凹"字；辅助空间与主馆在平面及空间

图8-4-22　关中民俗艺术博物院（来源：中国建筑西北设计研究院有限公司 提供）

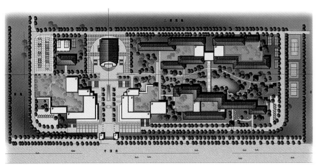

图8-4-23　延安干部学院院落空间（来源：范小烨 绘）

图8-4-24　井字院落（来源：齐科宇 摄）

上进行叠加、旋转、碰撞、裂变，将完整的四合院分割成多组不规则的院落，在空间上相比传统院落空间有更多的碰撞与变化。变异的空间与主体形成了适度的交错和分散，建筑内外空间交错有致，富于变化（图8-4-25，图8-4-26）。

蓝田玉山镇的"父亲住宅"在总体布局上延续了关中地区的传统居住理念，采用传统的"井字"布局，分为前、后两部分，主体建筑为三开间，符合关中人民的生活习惯。在入口处，用水池代替传统民居的照壁，院落一平一凸、一阳一阴，相对平坦的下沉院子供人活动、聚集，鹅卵石满铺的院子内种植玉兰，院墙外为一方水池，开门见水，凭窗望山，打造出了一个动人的山水空间。"父亲住宅"就地取材，摒弃了现代建筑的繁复工法，用当地的砖、木、卵石等材料，进行反传统工艺的建造，创造了具有当地特色但又非当地的建筑（图8-4-27）。

（三）传统街巷空间的延续与创新

1. 传统街巷空间的延续

丹凤棣花镇规划意在延续传统陕南街巷空间，塑造一个历史与文化、生态与自然、民风与民俗相融合的陕南小镇。

规划分为两个部分：一是老村落原有街巷空间的梳理以及建筑的休整，保持原有村镇街巷肌理与原汁原味的建筑风貌；二是延续原有街巷空间结构体系，整合自然环境，营造出与老的村镇相融合的空间氛围（图8-4-28）。

整个古镇东西长、南北窄，坐北朝南，背后依靠着大山，南侧面对着丹江，高速公路从用地南侧经过。主要街道由东向西，与丹江水流方向平行，主街横贯东西，成为控制总体布局的主线，又在南北方向规划了几条次要街巷，建筑之间若干小的巷子在这个主体结构上分散布局，这便是由主街生长出的次一级的街道和巷道，沿自然地形交错变化，整个结构层次清晰完善，形成了"主街—次街—主巷—支巷"的空间层次变化。建筑随地形错落有致，围合出井然有序的街巷系统，随着两侧民居的转折、凹凸变化，街巷也呈现出宽窄多变的形态，给人以丰富的感受，这延续了传统街巷空间的自发性、偶然性和无序性，使人感觉街巷空间像是自然生长出来的。作为街巷界面的民居建筑中融入了灰瓦、青砖墙、黄泥墙、双吉字山墙等乡土元素，延续了本地居民建筑元素，给人一种回味无穷的感觉。街巷两侧的民居建筑檐口出挑，错落有致的屋檐为街巷形成了丰富的顶界面，尤其当两侧界面距离较小时，更是形成了明确的顶界面和下部空间，顶界面半虚半实，街巷空间虚实相交，建筑与街巷有机

图8-4-25　贾平凹文化艺术馆入口庭院（来源：中国建筑西北设计研究院有限公司 提供）

图8-4-26　贾平凹文化艺术馆沿街（来源：中国建筑西北设计研究院有限公司 提供）

图8-4-27　父亲住宅院落（来源：马清运团队）

图8-4-28　棣花镇街景（来源：中国建筑西北设计研究院有限公司 提供）

地融为一体（图8-4-29、图8-4-30）。

街巷空间不仅是一个空间组织，更是一种运用空间语言而产生的社会效果，街巷中的节点空间，通过界面的凹凸、转折或错落而产生的空间的局部放大，往往会成为居民聚集的场所，成为最具生活魅力的空间。在街巷的规划设计中，还强调了街巷的开放节点和公共空间的存在感，例如宋金街上的戏楼广场、二郎庙前的魁星楼广场，不仅完善了村落街巷开放的公共空间，而且还使当地的高台芯子等民俗表演有了展示的空间，一方面使建筑和街巷空间有了很好的展示窗口，一方面也使非物质文化遗产得到了很好的传承与延续。在棣花古镇的南侧设计了百亩荷塘，位于古镇文化景区的核

心部位，从南侧道路望去，整个棣花镇生机勃勃的街巷完整地显现在眼前，荷塘里水清鱼跃、碧叶连天，南北向的主要道路穿过，通过一座优美的廊桥将古镇与南边的道路联系起来，街巷体系与自然地貌以及人工设计的景观自然地结合在一起（图8-4-31）。

2. 传统街巷空间的创新

灞上人家是公园中的休闲空间，设计者意图形成一种富于人情味的乡村尺度的街巷空间和开敞的新型四合院空间，将类似星座布局的建筑划分成12米×12米的14个单元，随坡就势，环溪布局，街巷的每个角落或静或动，邀请人们驻足、交谈或聚会。14个建筑单元用同样的设计手法构成，却又不同，每个单元都有一些小的变化，步移景异，漫步其间，有一种穿越乡村的趣味。建筑之间的空隙引入植物、花草、水景等，营造出自然朴素、舒适宜人的休闲空间（图8-4-32、图8-4-33）。

街巷空间中充满了多色彩、多情调的公共生活，是私生活的延伸区域、公共生活的舞台，是延续中国传统生活脉络的重要场所。在空间设计中，设计师试图捕捉和再现充满活力和生活情趣的街巷形态，使灵动的街巷格局与自然的生活相互交织，高墙窄巷，井然有序，从而展现街巷独特的魅力。在街巷的界面处理上，街巷的围合元素不单

图8-4-29 棣花镇内街（来源：中国建筑西北设计研究院有限公司 提供）

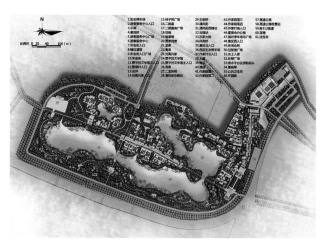

图8-4-30 棣花镇总平面图（来源：中国建筑西北设计研究院有限公司 提供）

图8-4-31 棣花镇荷塘（来源：中国建筑西北设计研究院有限公司 提供）

图8-4-32　灞上人家（来源：刘克成 提供）

图8-4-33　灞上人家透视（来源：刘克成 提供）

单是墙或者建筑，也可以加入多种自然元素，即使是墙，也可以有多种虚实变化，从而创造出丰富的空间层次和多样的空间体验。

（四）创新空间延续文脉

1. 对地域内历史尺度的重构

大唐西市博物馆是在唐代长安城西市原址上再建的、原真性保存"西市遗址"的博物馆，采用12米×12米的展览单元，将隋唐长安城的棋盘路网的特点贯穿于博物馆空间设计的始终。建筑在切实保护隋唐西市道路、石桥、沟渠和建筑等遗址的基础上，通过合理布局，创造性地保护和展示了

隋唐西市十字街遗址遗迹。同时，对建筑的体量、尺度、材料、肌理和色彩等进行了一系列新的探索，创造出了高低错落、丰富有序的空间层次和效果，立体地还原了大唐西市历史街道的真实尺度与空间感受。配合经过特别设计的外墙材料，从肌理、质感和气度等方面表现了隋唐长安城与建筑文化的深层结构以及唐代西市的恢宏气度与繁华景象（图8-4-34，图8-4-35）。

2. 对地域内特有元素的提炼

"新"的建筑总是在"旧"的环境中产生和发展，往往还要与旧环境共存，与之融为一体。

西安广电中心则是以另一种方式体现了其作为新建筑的特性。建筑承袭了西安汉唐文化表现出的舒展大气、简洁雄浑的特征，使建筑群尽量整合布置、整体处理，突出并夸张了给定建筑面积的条件下的尺度概念。整个建筑中的诸多功能由一道有象征意义的"墙"围合起来，暗示了西安城墙大地艺术的气质，又合理、统一地解决了四周场地标高不同的问题，同时还表达了西安广电"媒体城"的寓意。

场地的设计中顺应了曲江公园景观的地势、地貌特征，建筑群中组织了一道非常明确的南北轴线，回应了汉唐以来

图8-4-34　大唐西市博物馆（来源：刘克成 提供）

图8-4-35　大唐西市博物馆室内（来源：刘克成 提供）

自然山水的情怀。建筑轮廓线的起伏重叠、舒缓连绵，建筑外立面虚幻的光影、阵列的构建，体现了音乐的节奏感和韵律感，宽大的玻璃幕墙犹如音乐厅徐徐拉开的帷幕，向城市展示其最精彩的一幕。这是建筑艺术对音乐的完美诠释（图8-4-37）。

图8-4-36　西安广电中心（来源：王军 提供）

大型建筑群依轴线组织的建筑方式。这道建筑的轴线还同北面的曲江轴线系统形成了一个轴线的贯通体系，延长了曲江公园形成的南北轴线。此轴线在竖向上则顺应场地标高的变化，在穿越建筑群内部时由北向南逐渐跌落，将场地的标高变化引入室内，既展示了曲江自然的地脉地貌，又加强了大型公共空间的纪念性（图8-4-36）。

3. 寓意于形的建筑表达

西安音乐学院演艺中心、学术交流中心将庞大的体量化整为零、化直为曲、化实为虚，减少了大尺度的公共建筑对城市空间的挤压。设计采用错落布局，高低搭配，形成了起伏跌宕、波澜壮阔的景象，犹如秦岭逶迤，延绵不绝，使演艺中心与学术交流中心不但具有了文化的气质，更拥有了

图8-4-37　西安音乐学院演艺中心西北院（来源：中国建筑西北设计研究院有限公司 提供）

第五节 基于材料与建造方式的传承

一、传统材料的直接使用与循环利用

（一）石材的肌理性砌筑

1. 石材的地域性认知

石材在陕西传统建筑中常用于营造城墙、墓、庙宇、亭、祭坛、屋面、围墙、地面铺地、台阶、栏杆、雕塑、台基、拴马石、上马石、柱础、石槽、石碑等建筑或者建筑构件，现代建筑中则多应用于围护墙体。

陕西的石材种类主要有汉白玉石、青白石、花岗石、花斑石、鹅卵石、砂岩等。秦岭南麓的花岗石通常是青色、棕色斑点状纹理，鹅卵石给人光滑、冰冷、圆润的感受，青白石是大理石的一种，整体偏青白色；陕北地区的砂石颜色偏黄，呈条形层状纹理分布，给人温暖、厚重、质朴的感受。

2. 石材建造技术的重新诠释

在现代建筑设计中，石材作为非承重性材料用于墙体营造时出现了四种传承创新[1]的形式（图8-5-1）。在陕西地区的现代建筑石材应用案例中，以结构-表层叠砌方式为主的非结构性材料的创新有两种方式：

（1）天然石材与混凝土框架结合做法

天然石材与混凝土框架结合是陕西地区的一种传承传统民居村落围墙毛石砌筑的创新方式。父亲宅先由钢筋混凝土浇筑建筑的整体圈梁框架，在框架之间填充石材，垒砌为墙体，为了弥补随机的大小石材之间的缝隙，建筑师采用了混凝土砂浆浇灌将石材和混凝土内芯墙体粘结起来，并将缝隙填满。在混凝土内芯内侧进一步铺设防潮层、竹和混凝土模板、棉絮保温层、钢框架内嵌竹胶板作为室内饰面材料（图8-5-2）。

（2）石材幕墙做法

干挂石材幕墙的构造做法传承了料石砌筑的规则层状砌筑肌理的构造做法，以同一种石材切割加工成不同大小，进行拼接，形成规律的砌筑肌理。由于其规则、质朴的肌理效果，使得石材幕墙成为了现代建筑设计中常见的一种墙体饰面类型。干挂法适用于大面积石板幕墙的构造。西安广播电视中心（图8-5-3），墙体表层外挂石材幕墙作为墙体饰面材料，石材颜色古朴沉稳，是传承了陕西地区传统建筑中官式建筑台基或者民居墙身组合式砌筑中规则性层状砌筑的方式，来体现建筑的地域性特点。

3. 现代建筑创作中石材的肌理特征

（1）随机性肌理特征

陕西的建筑创作中常运用天然石材的乱砌、拼贴砌和不规则的层状砌[2]来体现秦岭大地的地域建筑特征。不同形状的石材的随机性肌理效果，能展现原始的乡土情怀以及陕西的地域性记忆和情感特征。

陕西西安蓝田父亲住宅的墙面表层运用了大量精心挑

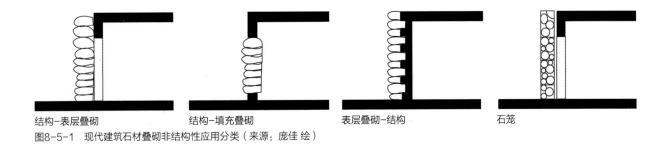

结构-表层叠砌　　　　结构-填充叠砌　　　　表层叠砌-结构　　　　石笼

图8-5-1　现代建筑石材叠砌非结构性应用分类（来源：庞佳 绘）

---

① 石材在现代建筑中应用的分类方法，参考：白杰. 石材建构方式中的叠砌研究[D]，南京：南京大学，2012：8.
② 石材砌筑的种类，参考：普法伊费尔. 砌体结构手册[M]. 大连：大连理工出版社，2004：230.

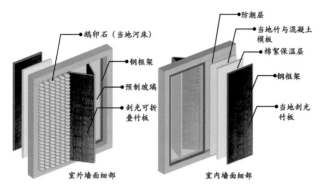

图8-5-2 父亲宅墙体随机性肌理效果及墙体构造解析（来源：庞佳 绘制）

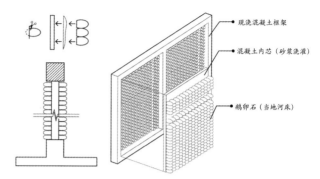

图8-5-4 父亲宅墙体乱砌肌理效果（来源：庞佳 绘制）

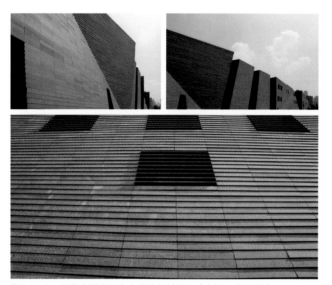

图8-5-3 西安广播电视中心外挂石材墙面（来源：庞佳 摄）

图8-5-5 浐灞生态园区灞上人家石材随机性肌理（来源：庞佳 摄）

选的当地的浅滩卵石。这些石头都按色泽、大小和形状进行了分类，使每块墙板都具有了独有的色彩和纹理，光线变化时，色彩也随之而变。肌理效果随机多变，无法复制，是传承传统民居毛石砌筑方式，形成的大小石块组合堆砌的效果（图8-5-4）。

灞上人家采用产自陕西南部的深灰、墨绿和铁锈红 3 种颜色自然片岩作为主要外饰材料。片岩不加裁切，上下搭接，钢网悬挂，墙面与屋面一体（图8-5-5）。效仿传统民居墙体的天然石材砌筑效果，整个建筑在灰色石材的衬托下与周围的石材铺地融为一体，仿佛建筑从土地中生长出来。

浐灞四合院中也采用了横向层状砌筑的方式，内外墙体均附着尺寸不等的暖黄色及暖灰色石材，不规则层砌肌理效果和石材凹凸不一的表面形成了极其丰富的阴影关系，层层叠砌的石材、爬在墙壁上的绿色蔓藤植物、地上的石子铺路……当人们漫步其中，能感受到建筑师想表达的诗意和园林的空间趣味（图8-5-6）。

（2）规则性肌理特征

西安秦二世王陵博物馆，建筑师采用干挂深灰色洞石作为主要的建筑表皮材料，对于石材的长宽比、加工线条和收分关系都进行了大量的实物研究。预制好尺寸的石材表面抛光后以干挂的形式层状砌筑，石材颜色深浅不一，一块石材

图8-5-6　四合院石材盒子墙体肌理效果（图片来源：庞佳 摄）

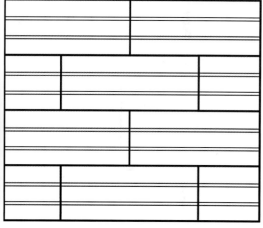

图8-5-7　秦二世王陵博物馆墙面规则性肌理（来源：庞佳 摄、绘）

表面可有三道加工线条，石材与石材之间采用1/2错缝砌筑的形式（图8-5-7），传承了陕西地区传统建筑中官式建筑台基或者民居墙身组合式砌筑中规则性层状砌筑的方式，符合规则性肌理特征。

（二）砖的肌理性砌筑及装饰艺术

1. 砖的地域性认知

砖在陕西建筑中应用十分广泛，不仅可作为承重材料形成坚固的拱圈结构，还可作为非承重材料形成丰富的表皮肌理。墙的厚度越小，砖块的尺寸越小，砌筑的灵活度就越高，形成的装饰性图案、肌理和阴影变化就更加丰富。砖的颜色由砖本身的颜色和砌缝颜色组合而形成图底关系。在陕西传统建筑中，以青砖为主形成了稳重的地域建筑特色，现代建筑创作中则融入更多的红砖，与新型材料结合形成了时尚、多元的现代地域建筑特色。

在陕西，砖可以通过凸凹砌筑和透空砌筑两种方式，形成丰富的肌理效果，如平砖顺砌1/2、平砖顺砌1/4、两平一侧、满丁满跑、梅花丁、两丁一侧、一眠多斗、多层一丁等。

2. 现代建筑创作中砖的应用

1）砖围护墙体的创新

陕西地区传统建筑中，垂直砖墙肌理效果可归纳为点、线、面。[1]点状肌理效果是通过将丁砖隔段抽出半砖的距离而形成的；线状肌理效果是由密集排列、横向舒展的灰缝勾勒而成的；面状肌理效果则是以砖的凸凹变化拼合而成的图案性肌理。

（1）点状肌理

我们可以从浐灞生态园区灞柳驿精品酒店（图8-5-8）

① 庞佳，李立敏. 基于传统材料与建造方式的传承设计研究——以陕西省当代建筑创作为例［J］建筑与文化，2017,9.

图8-5-8　灞柳驿精品酒店砖墙点状肌理效果（来源：庞佳 摄）

图8-5-9　井宇墙体凸凹砌筑方式（来源：李立敏 摄）

的围护结构设计中看出，以钢筋混凝土框架结构搭建建筑主体结构，砖墙作为围护结构砌筑山面墙体，采用梅花丁砌的砌筑方式结合突出的丁砖形成点状肌理效果，配合砌筑时预留的方形孔洞，用瓦片构筑传统文化符号，使得传统文化在建筑中得以体现与传承。

（2）线状肌理

这种砌筑方法使墙体获得了多重功能，可以在带来视线与空间延伸的同时保障庇护的功能，以较少的材料来提供有效的遮蔽，可以让风和光线穿过厚实的墙体，创造更好的生活条件。以浐灞生态园区的四盒园为例，它采用了花墙砌法和多层一丁的砌筑方式，并将其中一顺抽取掉形成了透空砌筑。

（3）面状肌理

陕西蓝田"井宇"（图8-5-9）的建造，虽然采用传统

的人力和材料，但在建造方式上却完全反叛了传统。建筑师对砖叠加的方式进行了创新，建筑主入口的山墙面采用一丁一顺的排列方式，青砖为顺，红砖为丁，顶砖向内凹1/4匹砖的距离，整面墙出现了阴影和色彩的变化，打破了大片实墙的乏味感。

2）砖拱砌筑的创新

砖拱在陕西地区传统建筑中的应用多为民居的承重结构，在现代建筑设计创新中则给予了更富生命力的建筑表现。

在陕西富平陶艺博物馆设计中，充分展示了现代砖拱砌筑的无穷魅力。它采用了流线形的设计，两个曲面筒体和一个球形几何体嵌在坡地上，拱券叠在一起，层层密密。建筑师把低技和非专业的手工艺砌筑方式纳入建筑设计的考量中，营造出了粗犷、原始的建筑氛围。建筑师用传统技艺设计了全新的建筑形式，所有的砖砌拱以一侧的竖直砖墙

为基点，发券、叠加、渐变，开敞与狭小相互过渡穿插的变化空间打破了砖窑不变的条形空间，避免了乏味感（图8-5-10）。

3）装饰性构件的创新

陕西传统建筑中砖雕艺术灿烂丰富，集"天人合一"、宗教礼制、伦理民俗等文化于一身，在现代设计创作中，结合新型材料，使砖雕艺术得以进一步发扬。陕西临潼榴花溪堂的室内外隔墙延续了关中民居的花墙和照壁的做法。整体的建筑形制和砖雕的装饰纹样延续了传统关中民居的布局方式、形态特点等，结合现代建筑的新功能和钢筋混凝土结构体系，加之屋顶、檐口、墙壁、影壁上砖雕纹饰的沿用，墙壁上的砖雕采用自然植物花草纹样居多，屋顶神兽砖雕占据着屋脊和山墙的尽端，反映出了自然崇拜的文化内涵（图8-5-11）。

在陕西现代建筑设计创作中不乏将传统空间中的装饰构件转换为其他形式，使其空间艺术表现力得以时空转换。灞柳驿

图8-5-10　富平陶艺村博物馆主馆拱券砖墙砌筑方式（来源：师晓静 摄）

图8-5-11　榴花溪堂室内外隔墙砌筑体现传统文化（来源：庞佳 摄）

图8-5-12　灞柳驿酒店围墙砖砌筑方式（来源：庞佳 摄）

酒店的围墙采用了两种砌筑方式：模仿关中民居檐口的30度转角砌筑方式（图8-5-12）以及抽取其中一块砖形成透空砌筑的独特阴影和肌理效果，这是对传统砖材砌筑方式的创新与传承，通过转角砌筑的形式唤起人们对传统民居的记忆，也通过建筑师自己的智慧形成了独特的围墙砌筑方式和肌理效果。

（三）木材的线性编织建构

1. 木材的地域性认知

陕西地区传统建筑中，以木材作为建筑承重结构，应用面广，形成了丰富灿烂的斗栱、藻井文化，在官式建筑、民居建筑中大量使用抬梁式和穿斗式两种结构，将雕刻艺术与门窗结合，形成了反映地方文化色彩的立面肌理。在现代建筑创作中，沿用了木材温暖柔和的情感特征，利用木材易切割和抛光的特点将其与新材料结合进行转译与创新，反映了陕西传统建筑的意蕴与精神。

2. 现代建筑创作中木材的地域文化传承与应用

1）钢木结构工艺的创新

中国传统木建筑的结构连接也有用金属件辅助连接的形式，一般只起加固和保护作用。不同于榫卯通过构件本身的直接穿插把木材搭接起来，现代设计当中调配了钢与

木的比例，形成了丰富的肌理效果。在现代设计中，钢木结构作为围护墙体往往有两种构造：一种是利用尺寸较大、厚度较厚的木板拼贴组成很厚的砌块状，使用金属节点连接砌筑而成；另一种板材的应用方式是通过木条线性拼贴铰接将其嵌入预制好的金属钢框架之中，作为厚木板通过铰链或者转轴的方式将每块木板连接在一起而形成围护墙面。

西安浐灞四盒园中的木构盒子墙体的建构（图8-5-13）同时反映了这两种钢木结构形式。由钢轴串接木质板材进行铰接，转动一定角度后固定，形成了四盒园独特的图案性拼贴肌理效果，拼贴效果是模仿砖砌的1/2错缝搭接的关系，也可以转动形成图案式镂空的肌理效果。

2）饰面材料的创新应用

（1）传统木构建筑屋顶构件的抽象模仿

西安曲江威斯汀酒店入口屋顶木条饰面装饰构件（图8-5-14），细木条横向排列模仿传统木构建筑屋顶椽子的排列方式，形成了经线编织肌理效果，引导人流进入，也凸显了入口前厅的空间纵深感。与垂直方向的纵向木条配合形成了入口半围合的灰空间，利用木条温和的颜色、质感带来亲切的感受，也利用了木条编织的空隙，使得灰空间与室外空间互相渗透。

（2）线性编织的创新饰面

陕西地区传统建筑中，椽、檩作为结构体系中的承重构件呈现出线性编织的肌理效果，门窗构件中的纹样呈现出图案性肌理效果。在陕西现代建筑创作中对木材的线性编织肌理进行传承与创新，形成了四种编织形式，即经线编织、纬线编织、交错编织、图案式编织（图8-5-15）。

陕西地区现代建筑创作中，经线编织是采用横向木条或者木块编织的方式形成横向编织肌理，适用于走廊、围墙等需表现空间纵深感的墙体；纬线编织是采用纵向木条或者木板编织的方式形成纵向的编织肌理，适用于需在视觉上有纵向高耸的感受的空间；交错编织就是通过木条或者木板交错形成编织肌理，多用于隔墙，丰富室内设计效果；图案式编织一般用于门窗类、隔墙类装饰构件。

（3）传统装饰构件的沿用

陕西地区现代建筑中的图案性编织方式和交错式编织方式多用于室内外隔墙装饰、门窗构件装饰、室外小品等，主要

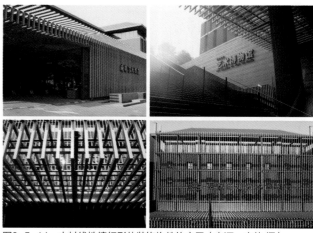

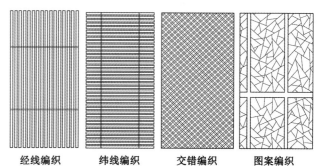

图8-5-14 木材线性编织形体装饰构件的应用（来源：庞佳 摄）

图8-5-13 四盒园木板材金属铰接拼贴砌筑（来源：庞佳 摄）

经线编织　　纬线编织　　交错编织　　图案编织

图8-5-15 木材线性编织方式示意（来源：庞佳 绘）

是对传统民居门窗、隔墙图案花纹的延续。在陕西地区传统民居建筑中，门窗构件上的纹样作为传承传统文化的重要载体，所反映出来的"天人合一"、宗教礼制、伦理民俗的文化内涵是要继续在现代建筑中使用符号来表达传统文化技法的重点传承，也是最快速地唤醒人们对传统文化的认知的途径和方式。

在临潼榴花溪堂以及蓝田井宇中的门窗构件的设计上（图8-5-16），均沿用了传统民居中的冰裂纹样和线条刻画构成几何图案，作为符号性质的设计手法来传承和表现传统建筑文化。这种肌理效果也是图案性编织的一种，有植物纹样、宗教纹样、器物纹样、动物纹样、文字纹样和几何纹样这几种。

图8-5-16　木材图案编织作为门窗装饰构件的应用（来源：庞佳 摄）

（四）生土材料的营造与创新

1. 生土建筑材料的地域性认知

生土材料在陕西传统建筑中不仅可以用作承重材料，也可作为围护材料使用。生土建筑的建造方式和建造技术的多样性造就了生土材料多样化的材质美，如丰富的色彩、粗糙的质感以及建造过程形成的横向匀质肌理。因为生土材料具有温暖的触感和厚重感，在现代建筑设计当中往往也会成为设计师们反映陕西地域建筑文化的宠儿。现代工艺在生土砌块中添加骨料、砂、纤维、筋料、添加剂等混合材料，根据设计意图控制生土混合料的成分配比，可以此控制肌理的粗糙程度。除生土材料自身的厚重特性外，夯筑过程中通过不同色料调整肌理效果，形成如国画般独特的纹理效果，使人浮想联翩。

2. 现代建筑创作中生土材料的创新应用

生土材料也许已不能满足现代建筑大面积灵活空间的设计要求，但是要从传统材料中寻求与现代材料结合的新形式。在陕西地区传统建筑创作中，生土材料作为围护材料可以和混凝土、砖、石材进行结合，形成拼接混搭的建筑风格，甚至可以作为围墙出现在整个建筑设计中，使原本冰冷的混凝土和玻璃有了温暖的气氛和容易亲近之感。

夯土与玻璃的结合，一个厚重古朴，一个现代透明，在色彩与质感上都会形成对比。西安灞柳驿酒店（图8-5-17）中夯土墙与玻璃幕墙的结合也展现着传统材料与新型材料的融合，体现着传统文化在现代建筑中的传承，夯土墙体与玻璃幕墙形成互补的"L"形立面组合形式，夯土将玻璃幕墙包裹，两种材料形成对比，配以金属压边使得夯土墙体的使用更加稳固、耐久，力学性能更强劲，在这种新旧材料的碰撞中，依然可以体会到传统文化带给我们的震撼与创新。

西安万科大明宫住宅规划项目中夯土景观墙的设计，利用传统夯土墙体的制作工艺，营造了新型夯土墙体，使用

图8-5-17　灞柳驿酒店夯土围护墙体与玻璃结合（来源：庞佳 摄）

混合材料与夯土结合，提高了夯土的抗压能力，利用新型模板、捣固机夯筑制作新型夯土墙（图8-5-18），在住宅区中形成了温暖、厚重、易于亲近之感，也能唤起人们对传统民居建筑的回忆，加深人们对传统民居建筑的亲切感。

在夯土墙体层层夯筑的过程中加入颜料进行局部晕染，可以形成独特的肌理效果，在西安建筑科技大学建筑学院材料建构教学试验中，就是利用颜料与夯土砌筑的结合，形成了山水画般的墙体立面肌理（图8-5-19）。

（五）瓦装饰艺术的再现

1. 瓦的地域性认知

陕西传统建筑中，瓦作为屋面构件，承载着防水、保温等实际功能，无论是官式建筑的彩瓦还是民居的灰瓦，都表现出了稳重、端庄的建筑气质。现代设计创作中，除了它的

屋面使用功能外，更多地利用灰瓦宁静、质朴的特性，将其运用到墙面装饰、地面的铺设、装饰品的再创作当中。

2. 现代建筑创作中瓦的创新应用

现代建筑设计当中，设计师会模仿传统民居建筑、官式建筑的屋顶形制，对传统建筑屋顶的形体进行抽象塑造。瓦和瓦当会伴随着屋顶形态的塑造而同时出现。例如屈培青先生设计的临潼榴花溪堂会所、曲江凤凰池等，就是对传统关中民居建筑屋顶形式的模仿，通过复原式的屋顶设计来展现传统建筑文化与现代建筑设计的传承与融合。

临潼贾平凹艺术馆的设计（图8-5-20），以传统关中民居门楼为设计原型进行抽象的形式提取和再创造，此时的瓦当以及门楼已不是传统民居中的有建筑意义的设计，而转变为装饰性的构件出现在现代建筑设计当中。这样的装饰作为一种传统符号出现，确实能够唤起人们对传统文化的回忆，但是在现代建筑设计中作为装饰出现的频率和位置需要很强的艺术设计能力来控制，与建筑整体形态、材料肌理、颜色表达进行统一协调。

陕西礼泉县袁家村酒吧街建筑设计中，利用瓦的弧度拼贴在一起形成密集的层层叠砌的围护墙体以及密集排列的地面铺装，是将原本在陕西地区传统建筑中的屋面材料转译为陕西地区现代建筑设计中的其他建筑构件，改变瓦的交接方式形成有别于传统瓦屋面铺排的肌理效果，不仅能够利用材

图8-5-18　西安万科大明宫夯土墙体景观设计（来源：穆钧团队 提供）

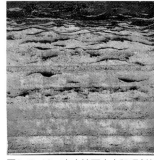

图8-5-19　夯土墙面山水肌理创新试验（图片来源：穆钧团队 提供）

图8-5-20　瓦当作为装饰材料的艺术效果呈现（来源：庞佳 绘、摄）

料本身的弯曲特性进行叠砌方式和肌理效果的创新，也能够通过材料的再利用勾起人们对陕西地区传统建筑的回忆，传递内敛、稳重、端庄的气质。

二、现代材料的应用表达传统建筑特征

陕西传统建筑的建造受自然条件、经济技术、社会文化习俗的影响，通常是就地取材，这样就形成了特有的建筑材料及建构方式，体现了陕西的地域建筑特征。现代建筑创作中，对传统建筑材料的重构是延续历史文脉、表达本土文化的重要手段，对传统建筑文化传承也极其重要。

现代建筑中，钢铁、混凝土以及平板玻璃等现代材料被广泛应用，变异、衍生的现代材料正在逐步取代手工技术条件下的传统地域材料，在这样一个大的背景下，陕西现代建筑风格形成了多元化局面，如何应用现代材料与现代建造技术来创造具有陕西地域特征和场所精神的建筑，这是摆在现代建筑师面前的一个重要课题。

通过对陕西已有现代建筑的调研，分析如何利用现代建筑材料表达陕西传统建筑特征，发挥现代技术的力量传承陕西地域文化，发现其规律，将其中具有普遍性和代表性的部分继续发展，在满足陕西地域文化性表达需求的同时，营造出继承传统建筑特征的现代建筑。

（一）利用现代材料表达传统材料肌理

1. 混凝土表达传统夯土肌理

从汉长安城用夯土方法修筑城墙，到唐长安的皇城、宫墙均为夯土墙，城内的里坊也用夯土墙分隔，陕西传统民居中生土建筑应用广泛，但是随着社会经济的发展，夯土、土坯这类生土建筑逐步被混凝土、砖石房屋所取代。混凝土是现代建筑中应用最为广泛的材料之一，根据混凝土的流动、凝固、硬化的特性，清水混凝土逐渐由单纯的结构材料发展

为一种富有外在表现力的现代材料，形态和色彩变化无穷，可以表达特定的情感，渲染各式的气氛；预制混凝土在工厂预制加工，现场安装，混凝土饰面板可创造出丰富多彩的纹理和质感。建筑师在创作过程中努力在现代建筑设计中重拾传统夯土的记忆。

大明宫丹凤门遗址博物馆设计是从建筑历史学家的科学翔实的研究成果出发，建筑造型尽量贴近唐丹凤门的特色和风采，而为了让它区别于唐代建筑，建筑师将它的形象设计得更抽象、更概括，故在建筑色彩上采用高度的抽象手法，选取了单一的色彩——土黄色，使得这座建筑成为了一座大型雕塑，赋予了这座遗址保护展示建筑以明显的现代感（图8-5-21）。

为了实践保护展示建筑的现代性和可逆性，设计采用了全钢结构。为了满足国家对文物保护的规定，建造时需是干作业，拆时要保证不会对下面的遗址造成破坏。墙就要采用大型板材。城台与城墙部分外壁均为大型人造板材，这种人造板材是利用废弃的石粉、石渣作为原料，预制成混凝土板，通过加工可以形成不同的表皮肌理。根据考古资料，唐长安城的城墙中大部分是夯土，小部分采用的是砖，故大明宫遗址博物馆的墙体肌理分为两种效果：城台的大板外表为城砖肌理，城墙的外表则为夯土墙的肌理，以反映遗址状况（图8-5-22）。①

大唐西市博物馆的内外墙体也采用了这种混凝土装饰板，先将混凝土板预制成齿条状的表皮肌理，通过人工剁凿，最后形成有序中的无序效果，宛若天成。这种材料的选

图8-5-21　大明宫丹凤门遗址博物馆（来源：师晓静 摄）

---

① 张锦秋. 长安沃土育古今——唐大明宫丹凤门遗址博物馆设计[J]. 建筑学报，2010（11）.

图8-5-22　大明宫丹凤门遗址博物馆墙面肌理（来源：师晓静 摄）

图8-5-23　混凝土挂板肌理（来源：师晓静 摄）

图8-5-24　大唐西市博物馆外立面（来源：师晓静 摄）

择是对唐长安城夯土城墙、郭墙的暗示，所以混凝土板的色彩以土黄色为基调，视觉上形成了黄土堆积层的肌理，又似中国传统建筑中版筑夯打的建筑肌理效果（图8-5-23），契和并彰显了陕西厚重的历史文化底蕴。装饰墙和钢架玻璃斜屋面互相衬托，相得益彰，与周边的建筑群很好地融于一体，整个建筑显得既现代时尚又不失历史的厚重（图8-5-24）。

　　混凝土材料在现代的应用中不再是单纯的建筑结构材料，而是被广泛地运用在建筑的结构、造型中，建筑师们努力挖掘混凝土的特性，控制施工精度，使混凝土展现出了自身丰富的外在表现力。如何用混凝土材质体现陕西传统建筑特征，在贾平凹文学艺术馆（图8-5-25）的设计中，建筑

图8-5-25　贾平凹文学艺术馆（来源：师晓静 摄）

师作了大胆的尝试。艺术馆是由西安建筑科技大学校内20世纪70年代建设的一栋旧楼改建而成的，原建筑为砖混结构，设计中保留了老建筑的清水砖墙和外刷深色涂料的基底，选择玻璃、钢架和混凝土这三种原建筑没有的词汇作为新的因子介入，老建筑基本维持不变，新构件以对话的方式与老建筑并置。钢架、玻璃与混凝土依据光影的变化，统一到同一形式逻辑中。钢架分主框架、次框架和装饰性框架三层，以不同的角度和密度，形成新老元素的和谐对话。钢筋混凝土墙采用俯首可得的建筑废料——竹条作为模板浇筑，形成粗糙而又富有肌理的表面，在密度上与清水砖墙和谐，在文化上形成了与陕西农村普遍使用的"干打垒"墙体类似的效果（图8-5-26）。[①]

2. 玻璃拼贴抽象传统砖肌理

玻璃是一种暧昧的材料，在现代建筑设计中大量使用。它的美学特性是不确定性，透明、不透明、半透明及反射交融混合，形成了真实、虚幻并重的美学效果。陕西是历史文化厚重之所，如何巧妙应用玻璃的虚幻特性，创作出反映传统建筑文化的设计，成为了现代建筑师迫在眉睫的问题。在城市历史地段下进行现代建筑创作，要尊重与延续传统文化，让玻璃幕墙与传统对话，设计师利用街景、树木、历史建筑的倒影，来消解新的建筑物的体量感。西安明城墙（图8-5-27）和平门里（西安丹尼尔）商务酒店的玻璃幕墙（图8-5-28），采用了灰色的镀膜玻璃，在颜色与城墙间取得了协调，并且很好地与周边环境相融合，通过对玻璃幕墙的节点进行设计上的调整，让幕墙的立面肌理产生了叠涩的效果，进行适当的尺寸划分，取得了与古城墙在韵律上的共鸣。建筑表皮形式没有传统建筑构件的变形痕迹，没有多余的装饰，在改变了铝合金和玻璃这两种材料的构造方式的基础上形成了与历史建筑对话的方式，将城墙的肌理、韵律通过现代建筑构造手段在现代建筑表皮上重现。[②]

图8-5-27 西安明城墙和平门（来源：师晓静 摄）

图8-5-26 混凝土细部（来源：师晓静 摄）

图8-5-28 西安和平门里（西安丹尼尔）商务酒店立面细部（来源：师晓静 摄）

---

① 刘克成，贾平凹文学艺术馆[J]，世界建筑，2014，12.
② 叶飞. 历史地段建筑表皮的设计尝试[J]. 建筑创作，2005，09.

（二）利用现代材料延续传统建筑形态

陕西现代建筑中不乏用现代材料修建传统风格的建筑。为保存传统风韵，再现传统文化，古都西安在探索现代建筑的道路上，定位西安的历史地位，延续唐风建筑。

1. 玻璃和钢营造传统建筑特征

陕西是保留古塔较多的省份之一。古塔不仅是佛教建筑的代表，也鲜明地反映着陕西省各个时代的建筑风格、特色，蕴含着深厚的地域文化，是建筑史、艺术史、佛教史的有机结合体，是我们普及与传承传统文化的重要载体。

西安世园会内的长安塔（图8-5-29）保持了隋唐时期方形古塔的神韵，同时增加了现代元素。长安塔由全钢结构加上超白玻璃幕墙组成。长安塔外形具有唐代传统木塔的特点：一层挑檐上面有一层平坐，逐层收分，充满韵律。各层挑檐尺寸开阔上扬，体现了唐代木结构建筑出檐深远的

特色和风采。柱头与檐下之间层层出挑的金属构件相互搭接组合，是传统木结构建筑檐下构件系统的溯源和创新，比传统的斗栱系统更简洁，造型却由于更真实地反映了结构的力学特性而显得更具有现代感。挑檐采用钢结构上铺装夹层玻璃，玻璃分块尺寸结合开间模数，挑檐玻璃下设有遮阳百叶，所有百叶与屋面"瓦"的走向相同，且在透明的玻璃挑檐下面形成了一个半透明的层次，给挑檐的透明玻璃与钢结构梁的强烈的质感对比增加了一个细腻的中间层次，使气势恢宏、雄浑大气的唐风建筑多了些许柔和、娟秀（图8-5-30）。一系列处理使这一座现代的塔处处展现着唐风唐韵。[1]

2. 金属材料构建传统建筑形态

金属材料作为现代建筑材料在现代建筑中有着举足轻重的作用，在西安大唐不夜城文化交流中心建筑设计（图8-5-31）中，采用了传统建筑中的高台设计，高台采用了两层表皮的现代设计手法，这样既满足了建筑高台的内部功能，又能保证高台的体量感。外层表皮采用仿石（部分为仿木）金属格栅（图8-5-32），形成了高台的第一层装饰性表皮；其后第二层表皮是用玻璃幕墙与素混凝土墙体构成的建筑真实墙体。在白天，仿石金属格栅维持并塑造高台厚重的感觉，到了晚上，建筑内部的灯光透过这些格栅洒落出来，让高台呈现出一种优雅而神秘的效果。内层的表皮体现了建筑

图8-5-29　长安塔（来源：师晓静 摄）

图8-5-30　长安塔（来源：师晓静 摄）

① 张锦秋，徐嵘. 长安塔创作札记[J]. 建筑学报，2011，08.

图8-5-31　西安大唐不夜城文化交流中心（来源：师晓静 摄）

图8-5-32　西安大唐不夜城文化交流中心外层表皮（来源：师晓静 摄）

内部功能对采光面的真实需要；而外层的格栅表皮，通过精心的细部设计，希望能体现构造的现代美感。①

　　陕西建筑创作对传统和现代建筑材料都进行了创新性的尝试，通过对材料的转译、更新和替代，运用具象和抽象的手法，努力使建筑在满足现代功能需求的同时，反映和传承陕西地域建筑文化的精髓，不仅传其形，亦承其韵。

第六节　基于传统符号的传承

一、传统地域文化符号的类型与表达

　　著名建筑学家梁思成先生曾指出：历史上，每个民族的文化都产生了属于自己的建筑。正如不同民族有不同的语言文字一样，不同民族的建筑也不尽相同，各自有各自民族共同遵守的形式与规则。而建筑本身就是一个符号系统，这个符号系统具有其自身的内部规律和秩序。建筑符号反映的不仅仅是建筑所表达出来的外部形态，它更是结构与形式之间的内在联系在一定领域的反映。

　　传统建筑中的地域文化符号可划分为抽象性符号与实体性符号两大类。抽象性符号包括我国传统建筑中的生态观与情境观这两类抽象观念，也就是所谓的"意境"；而实体性符号则包括我国传统建筑中的外部形态、色彩装饰、建筑材料、建筑构件、屋顶造型等可见的实体元素。

（一）抽象性符号

　　在陕西传统建筑精神中，崇尚自然、喜爱自然的观念一直存在。古人一直强调"天、地、人"三才协调的重要性。道家推崇"自然无为"，"天地与我并生，而万物与我为一"，儒家尊崇"天人合一"，"上下与天地同流"。古人将人与万物视为不可分割、紧密联系的共同体，从而形成一种主观的力量，提倡人们亲近自然，与自然和谐共处。抽象

① 项秉仁，程翌. 古城西安的"文化大殿"——西安大唐不夜城文化交流中心建筑和室内设计[J]. 建筑学报，2010，02.

性符号的表达就是对传统建筑基因中蕴含的思想特征、文化意蕴等软质因子构成的内在精神品质进行表达，从而追求传统建筑意蕴的"神似"，并与"形似"因子一同构建现代建筑中形神兼备的传统建筑文化风貌。

陕西黄陵县的黄帝陵轩辕殿（图8-6-1），坐北朝南，由36根圆形石柱围合成40米x40米的方形空间，柱间无墙，上覆巨型覆斗屋顶。顶中央有直径14米的圆形天窗，天、白云、阳光直接映入殿内，整个空间显得恢宏神圣而通透明朗（图8-6-2）。大殿地面采用青、红、白、黑、黄五种彩色石材铺砌，隐喻传统的"五色土"，以象征黄帝恩泽的祖国大地。整个轩辕殿形象地反映出了"天圆地方"、"天人合一"等抽象性的中国传统文化符号。

传统地域文化抽象性符号的表达还体现在一些象征性符号的运用上，注重形式背后所蕴含的思想内容和象征意义。在陕西传统建筑中，往往以龙凤的图案象征帝后，以蝙蝠、鹿、鱼、松树或者仙鹤的图案象征福、禄、长寿等，这些都是典型的象征性符号以及对传统文化中精神层面的抽象性表达。例如陕西关中民俗博物院中木质门窗的窗棂、木雕以及砖雕图案等（图8-6-3），这些具有典型象征意义的传统文化符号都抽象地表达了人们的精神世界以及对美好生活的祈福。

图8-6-1　陕西黄帝陵轩辕殿（来源：王翼 摄）

图8-6-2　圆形天窗象征"天圆地方"（来源：王翼 摄）

图8-6-3　陕西关中民俗博物院中的砖雕、木雕（来源：魏锋 摄）

（二）实体性符号

1. 色彩与材料符号

从象征性与符号性的角度去思考，色彩与材料对于建筑不仅具有本身的功能意义，它们作为一种文化符号，还有一定的精神意义。按照陕西省城市建筑色彩控制管理条例，陕西西安的建筑主色调是土黄色系，辅色调是灰色系和赭石色系，当然，还有其他运用较多的色彩。

土黄色即传统常用的夯土的色彩，陕西地处黄河文明的中心——黄土地上，这种色彩在陕西传统民居中有大量的运用（图8-6-4）。

红色在许多国家和民族中有驱逐邪恶的功能。中国的传统文化中，"五行"中的火所对应的颜色就是红色，八卦中的离卦也象征红色，许多宫殿和庙宇的墙壁是红色的，官吏、官邸的服饰多以大红为主，即所谓"朱门"、"朱衣"。同样，在陕西传统建筑中，也有很多红色元素，如西安城墙上红色的门和西安市西大街都城隍庙的红色柱子的牌楼（图8-6-5）。

赭石色是陕西传统木建筑的色彩，形成了传统建筑庄重、典雅的建筑性格。在现代建筑设计中，赭石色常被作为木建筑的色彩符号来使用，例如陕西西安的大唐西市商业街区建筑就使用赭石色作为建筑的主色调（图8-6-6）。

陕西关中地区民居主要使用青砖灰瓦来建造，陕西西安的城市名片——明城墙便是由青砖建造（图8-6-7）。因此，关中乃至陕西建筑的辅助色调为灰色，延续了城市的传统。

2. 屋顶符号

屋顶在中国传统建筑中有着独特的作用和魅力，被称之为建筑的第五立面。陕西传统建筑的屋顶在具有鲜明的坡屋顶形式特征的同时，又有其显著的地域特点。在陕西关中地区流传的"关中八大怪"的说法中，第二怪"房子半边盖"所描述的就是关中地区单坡屋顶的传统做法。在陕西现代建筑设计中，建筑师对传统的大屋顶进行变异创新，用现代建筑技术和材料表达了传统建筑的屋顶符号，例如位于陕西省蓝田县的玉川酒庄通过对关中地区传统民居单坡屋顶符号的借鉴，传承了"房子半边盖"的陕西传统地域文化（图8-6-8）。

3. 构件符号

在陕西传统建筑中，构件有着严格、特定的处理方式与制作工艺，是建筑构成系统中不可缺少的重要元素。例如陕西省图书馆（图8-6-9）和陕西黄帝陵轩辕殿（图8-6-10）的设计中，就是对传统建筑中的斗栱等构件进行了提炼与简化，在起到装饰作用的同时，也使建筑体现出了陕西的地域特点。

图8-6-4　陕西民居中的夯土墙（来源：张斌 摄）

图8-6-5　西安城墙建筑中的红色运用（来源：王欣 摄）

图8-6-6　西安大唐西市商业街区中赭石色的运用（来源：魏锋 摄）

图8-6-9　陕西省图书馆入口柱廊（来源：王翼 摄）

图8-6-7　西安城墙（来源：王翼 摄）

图8-6-10　陕西黄帝陵中传统构件符号的运用（来源：王翼 摄）

图8-6-8　蓝田玉川酒庄（来源：张斌 摄）

4. 装饰符号

　　在中国传统建筑中，建筑的装饰符号具有物质与精神两方面的功能，独立于技术系统而存在，它是维系建筑体系的精神支柱。在传统文化中，建筑与建筑装饰符号有着密不可分的联系，它们互为依存、相得益彰。建筑装饰符号的物质功能使某些元素构件在起到装饰作用的同时，还可对建筑结构以及围护结构起到加强、保护的作用，例如传统建筑中的斗栱、壁柱、雀替、瓦当以及檐椽门窗的漆饰彩绘等（图8-6-11）。建筑装饰符号的精神功能是指建筑符号能够满足人们的精神、心理、审美以及伦理等方面的精神功能需

图8-6-11 陕西关中民俗博物院中的斗栱装饰（来源：魏锋 摄）

要。例如建筑屋脊的鸱尾、吻兽装饰，不仅是建筑等级的象征，还有厌避火灾的象征功能。建筑石墙、台基的石雕以及建筑彩绘的内容都具有祈福求祥、教化劝诫以及传世记志等功能（图8-6-12、图8-6-13）。

二、传统地域文化符号的现代传承与运用

建筑作为一种重要的文化载体，承载了丰富的地域文化。在建筑创作中，通过将传统地域文化符号化以及对传统地域性建筑的典型特征进行总结和提炼，直接或间接地与现代建筑形体、构件、肌理、色彩等相融合，将其体现于建筑的空间以及形体中，最终达到利用传统地域符号传承传统文化的目的，使建筑的气质体现出地域性的风格。

（一）传统地域文化实体性符号的直接运用

对于传统文化符号的直接运用主要是指将能够代表地域文

图8-6-12 陕西关中民俗博物院中的建筑屋脊装饰（来源：魏锋 摄）

图8-6-13 陕西关中民俗博物院中的建筑石墙石雕（来源：魏锋 摄）

化的符号以及一些传统建筑形式比较直接地进行引用和借鉴。通过将传统建筑形式以及地域文化演绎为视觉形态符号，运用现代材质与手法来传承传统地域文化的精髓以及韵味。

1. 传统地域文化符号在建筑形体上的直接运用

陕西省历史博物馆地处唐代文化标志性建筑物——大雁塔的西南侧，与大雁塔隔街相望（图8-6-14）。由于其特殊的地理区位，在设计中传承了唐代陕西传统建筑形式，突出西安唐文化的地域特征，力求达到传统建筑形式与现代化的功能、技术相结合，传统建筑设计手法与现代技术相结合，传统审美观念与现代审美观念相结合，将陕西唐代建筑的出檐深远、屋顶坡势平缓、翼角舒展、斗栱宏大的造型特征与现代钢筋混凝土材料与结构形式完美结合（图8-6-15）。挑檐下的椽子及斗栱不仅造型简洁，而且在结构上都是受力构件，在表现传统韵味的同时，力求具有时代特征。在博物馆大门的设计中，使用现代的不锈钢管与抛光铜球材料表现了传统建筑中铆钉板门的形式符号（图8-6-16）。

丹凤门是唐长安城的主要标志性建筑——大明宫的正南门，是唐代门阙建筑的代表作品。鉴于丹凤门在唐大明宫的历史地位以及唐长安城的文化背景，遗址博物馆设计以建筑历史考证为依据，引用、借鉴唐代丹凤门的建筑形式，尽量贴近其原始风貌，可起到沟通历史和现代的作用。为了表现建筑的现代感以及历史原貌的不确定性，在建筑色彩上，采用高度抽象的手法，整个建筑采用统一的土黄色，这也是这座城市的主色。

2. 传统地域文化符号在建筑材料及色彩上的运用

在不同的地域文化背景下，不同的地区都有着各自独特的能够适应当地气候环境特征的色彩偏好与当地材料。陕西地区的城市以土黄色为主色调，常用灰色、赭石色，这些色彩与陕西传统建筑中常见的材料息息相关，例如砖石、夯土、木材等。经过长期的艺术沉淀，这些材料与色彩逐渐形成了特定的文化符号，承载着陕西传统地域文化。在现代建筑设计中，通过对传统地域性材料与色彩符号的使用，使建筑能够蕴含地域文化气质，具有较强的可识别性。

大唐西市博物馆的设计中，建筑师利用可再生石材形成了陕西地区传统夯土材料的色彩与肌理符号，力求现代形式与传

图8-6-14 陕西省历史博物馆（来源：王翼 摄）

图8-6-15　陕西省历史博物馆中传统建筑符号的运用（来源：王翼 摄）

图8-6-16　陕西省历史博物馆大门（来源：王翼 摄）

统地域性的结合（图8-6-17）。西安世园会中的"灞上人家"服务区采用了产自陕南的深灰色自然石材——片岩，提取了陕西传统民居中灰砖、天然石块以及瓦的肌理符号，将其抽象化，使墙面与屋面自成一体，自然质朴（图8-6-18）。

3. 传统地域文化符号在建筑构件与细部上的运用

位于陕西省西安市西门外环城西路和西关正街十字路口的西北角的辰宫广场，与明代建筑遗迹西门城墙（安定门）隔街相望，在这样特殊的城市环境与文化背景下，立足于西门外，眺望城墙内的飞檐斗栱，以中式仿古的特征给西安城市中心的延伸段画下了一个完满的句号。辰宫广场的设计通过对屋顶以及斗栱形式的简化，与西安古城墙以及安定门形成对话（图8-6-19）。

在亨特道格拉斯建筑产品西安生产基地的设计中，建筑师将陕西传统文化中的博古架元素符号抽象成建筑肌理，作为建筑外立面表皮形式，突出了传统文化的视觉表现力。图案化的建筑肌理与建筑的开窗相结合，形成了丰富的光影效果。建筑的整体风格在力求现代气息的同时，也具有传统韵味（图8-6-20）。

（二）传统地域文化实体性符号的间接运用

任何建筑符号的运用都不能够脱离其所处的社会与时代背景，不能只是简单地将传统建筑构件与现代建筑相加，忽略它们的逻辑关系、美学功能和整体比例。有时对传统符号的直接运用会与整体的设计风格不相融合，这时就应对其进行简化、

图8-6-17　西安大唐西市博物馆（来源：王翼 摄）

图8-6-18　西安世园会灞上人家服务区（来源：魏锋 摄）

图8-6-19　陕西西安辰宫广场（来源：中联西北工程设计研究院有限公司项目资料）

图8-6-20 陕西西安亨特道格拉斯厂房（来源：中联西北工程设计研究院有限公司项目资料）

变异的设计处理，在保持传统的同时，又有一定的创新，力求创造出能够结合时代特征，传承历史文脉的地域性建筑。因此，在现代建筑创作中，对于传统文化符号的间接运用往往更能体现时代精神，将传统与现代完美融合，"去其形，而取其意"，在全新的秩序下，将传统建筑构件以及文化符号进行变形、分裂、抽象、夸张、引借、重构等，使其成为具有象征意义的地域符号，在建筑创作中加以运用。

1. 抽象

建筑符号的抽象是指将需要表达的形象进行简化、加工、提炼，使其更具有典型性和深层次的内涵。抽象手法的关键是对符号进行合理的简化变形，使其更具典型性以及深层次的内涵，并与现代材料相结合，运用到设计中，使其既有现代建筑的时代感，又有传统地域文化的精神。

在陕西西安北客站的设计中，建筑的整体风格传承了能够突出西安地域特色的"唐文化"，其特征是运用新结构、新技术和新材料传承唐风意蕴（图8-6-21）。立面的设计取意于唐代大明宫含元殿，车站的屋顶、进站大厅、高架层分别提炼于大明宫含元殿出挑深远的屋顶、结构外露的墙身、浑厚有力的台基。设计者并未将含元殿的古典形式直

接运用在设计中，而是将其语言简化变异并与现代材料相结合，形成了具有浓厚陕西关中地域风格的建筑气质。

在屋顶的设计中，运用传统庑殿顶的形式符号，取其正脊与垂脊的弧线形式，体现传统唐风建筑屋檐出挑深远的韵味。檐口处运用现代的金属构件抽象提炼了屋顶飞椽所形成的韵律美。在斗栱构件的设计中，抽象简化了斗栱的传统构造做法，运用现代的钢构材料提炼了斗栱层层外挑出踩的形式意象，同时与建筑的现代结构形式相结合，在体现现代构造之美的同时也保留了传统建筑的意蕴。建筑的主色调采用了具有陕西地域特色的土黄色，是体现传统的地域色彩符号。建筑一层虽然整体形式上取意于唐大明宫含元殿厚重的台基，但其檐口以及门窗洞口的线脚细节也是通过提炼城墙的符号特征传承了陕西传统地域文化，体现了陕西地域风格的建筑气质（图8-6-22）。

2. 变异

变异是指将传统的建筑符号在原有的形式基础上进行演变，转化为一种新的建筑语言，与现代材料、结构以及构造做法相结合，应用于现代建筑创作中。这些符号在新的形式下，通过与现代建构的结合，也会赋予它新的功能，这样就避免了为形式而形式的表象做法，不仅做到了形式的变异，

图8-6-21　陕西西安北客站（来源：王翼 摄）

图8-6-22　西安北客站对城墙传统符号的传承（来源：王翼 摄）

同时也有功能的变异。

　　坐落于西安建筑科技大学的贾平凹文学艺术馆是由20世纪70年代建设的一栋旧楼改建而成的，原建筑为砖混结构，上下两层，局部三层，是西安建筑科技大学的历史建筑之一。由于其历史的特殊性，设计者保持了原有建筑风貌，结合新的功能，赋予其新的生命力。设计中建筑师选择光影作为设计的重点，在原建筑东南面增加了一条曲折的光廊，这条光廊是对传统建筑的坡屋顶形式进行变异，对屋顶与墙体之间的关系进行改变，使墙体变成了屋顶的延伸面，屋顶与墙体浑然一体。采用玻璃、钢架和混凝土三种新的建筑材料作为新的语汇介入，与老建筑的清水砖墙形成对话。阳光透过变异的光廊形成丰富的光影变化，长长的光影划过老建筑的砖墙墙面，新建筑形式与老建筑、历史与现实形成了新老元素的和谐对话（图8-6-23）。

图8-6-23　西安建筑科技大学贾平凹文学艺术馆（来源：魏锋 摄）

3. 夸张

建筑设计中夸张的手法是指将传统建筑符号在原有基础上进行夸大、变形或是突出其中某个片段的转换手法。其目的在于夸大或凸显某些局部特征，加强艺术表现力，可重复运用，突出对象的作用与影响，使之成为一种全新的象征符号，以此引起人们的联想和共鸣。

例如西安音乐学院的演艺中心（图8-6-24）就是通过挖掘陕西关中地区的地域文化特征，对陕西秦岭山脉绵延起伏的形态进行提炼，并且概念化，形成了一种全新的象征性符号，夸大地表现了秦岭山脉的这种形态特征。当然，也可以理解为对传统大屋顶的夸张变异和联想，具有强烈的地域文化色彩。正因为这种对地域文化的夸张性表现手法的运用，也使得建筑的整体气质体现出了陕西浑厚有力、大气质朴的地域特色。建筑的屋顶与墙体浑然一体，绵延起伏，既是对秦岭层峦叠嶂的模拟，也会使人联想到传统建筑群落层叠屋顶呈现出的丰富的天际线，引起人们的联想与共鸣。

4. 重构

在李敏泉的"重构——现代建筑文化的标志"一文中，"重构"被定义为"破坏（打散、分散）原有系统之间或某一系统内部的原始形态之间的旧的构成关系，根据社会客观现实需要和创作者的主观意念，在本系统内或系统之间进行重新组构，形成一种新的秩序，这种'破坏'、'重组'以

图8-6-24　西安音乐学员演艺中心（来源：王翼 摄）

及'新秩序'必须以适应时代新需求为根本立足点"。在建筑设计中，重构并不是将符号进行简单的堆砌与重叠，而是在全新的构成关系中注重新旧并存，在旧的系统中焕发出新意，在新的系统中又能看见传统，是一种时代感与历史感的精神联系。

"时间中的宫殿"是对唐大明宫中轴线上最核心的两座标志性建筑——宣政殿以及紫宸殿的复原设计方案。在这个特殊的历史地段以及特殊的设计语境中，设计师并未使用传统的建筑语言来呈现一座具象的建筑，而是在遗址上利用树木和钢构呈现了一种时间与空间交融的全新的构成关系（图8-6-25）。"在这里，建筑是一个时有时无的形象，是一个不断生长中的建筑。'时间性'在此发挥了巨大的表现力——四季、色彩、生长、阳光、新芽、密枝、落叶、枯枝、鸟巢、积雪……将以与自然最贴近的方式诠释关于大明宫的一切。"设计师选取了能够代表时间概念与生长变化的符号——树木作为这座建筑的基本材料，在约70米长，30多米宽的宫殿遗址上种植树林，将茂密的树冠修剪成考古复原的宫殿形状，待枝叶茂盛时，宫殿的形象渐渐模糊、消失，之后再通过修剪的方式使建筑的形象重现（图8-6-26）。同时，将传统建筑构架解构，提炼简化出符号性的构件，运用现代材料——钢材将其重新组构成宫殿的剪影轮廓，形成支离破碎的、概念的、片段性的建筑形式（图8-6-27）。树木、钢构、遗址三者在这里形成一种新的构成关系，在传统的符号中建立的是新的秩序，在新的秩序下能够感受到传统的韵味。随着四季时间的变化，建筑的存在与消失、清晰与模糊给了人们贯穿古今的想象。这些象征生命轮回以及代表人们对这块历史的模糊记忆的符号，构成了一个真正活着的建筑（图8-6-28）。

陕西西安大华1935项目根植于1935年投入生产的长安大华纺织厂，承袭珍贵的近代工业文明遗存，集合现代社会城市的综合功能，通过内部功能的重构，形成了涵盖文化艺术中心、工业遗产博物馆、小剧场集群、购物街区等城市生活多种功能、多样文化的历史文化商业街区（图8-6-29）。尽可能地保留了原有建筑遗存以及整个厂区的空间结构，将20世纪

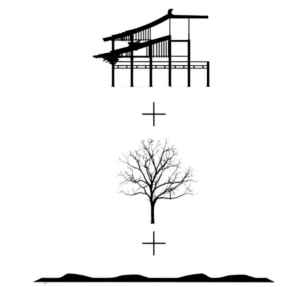

图8-6-25　西安大明宫"时间的宫殿"的符号构成（来源：IAPA 提供）

图8-6-26　西安大明宫"时间中的宫殿"的立面图（来源：IAPA 提供）

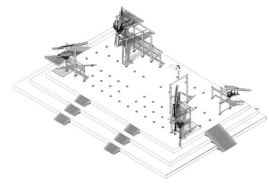

图8-6-27　西安大明宫"时间中的宫殿"传统建筑构架的解构与重构（来源：IAPA 提供）

30~90年代不同时期的建筑风貌与现代城市功能相结合，保留了原有的锯齿形采光窗屋顶、三角钢架结构厂房等特色（图8-6-30），并将其形式符号提炼成新的建筑语言，运用于新建改造部分的立面设计中，与原有厂房建筑形成呼应，在一个全新的构成关系中，延续了这个地段以及原有的城市文脉。对这些具有历史记忆的形式符号的提取与运用，不仅将整个建筑中新建与保留部分的形式统一起来，也使新与旧形成了鲜明的对比，在对比中使人感受到历史的纵深感和时间的张力。

（三）传统地域文化中抽象性符号的传承运用

陕西省作为十三朝古都，是中华文明的重要发祥地之一，经过几千年历史的积淀，陕西形成了深厚、鲜明的地

图8-6-28　西安大明宫"时间中的宫殿"（来源：张斌 摄）

图8-6-29　陕西西安大华1935（来源：王翼　摄）

图8-6-30　西安大华纺织厂原有建筑风貌（来源：中联西北工程设计研究院有限公司，王翼 摄）

域文化特征，这些文化特征在历史的演变中逐渐与建筑相结合，形成了具有地域文化特色的建筑风格。这些在历史中形成的传统建筑通过前文所提到的一些设计手法的处理，提取其特征，形成具象的元素符号，运用于现代的建筑创作中以传承传统地域文化。建筑作为社会文化的载体，在现代的创作中也应该从深厚的历史积淀中去挖掘地域文化特征，通过文化符号的建筑体量化、符号元素的建筑构件化以及地域文化的建筑气质化，将其演绎成与建筑形式相融合的文化符号，在现代中体现传统地域精神。

1. 文化符号的建筑体量化

传统的地域文化是一个抽象的概念，在建筑创作中，我们需将其提炼成元素符号，并且通过形态上和尺度上的处理，使之作为建筑的基本体量出现在现代建筑设计中，形成一种具有传统文化内涵精神的现代风格建筑，具有直观的文化可识别性。

西安市沣东仙乐苑骨灰纪念堂项目位于西咸新区沣东新城，为下沉式布局。设计中依据对传统丧葬文化的理解，结合当地的风俗习惯，体现了"天圆地方"的永恒理念。圆形属于大吉的宅基形状，下沉式广场以"大地为母"，体现传统丧葬文化"入土为安"的思想。进入下沉广场的无障碍

坡道形似八卦，体现了古人选择葬地"藏风得水"的理想生态环境（图8-6-31）。本项目便是将陕西传统文化中的一些理念提炼成符号元素，将其与建筑形体语言相结合，形成体量化的表达，在现代的建筑形式上赋予了传统文化的象征寓意。建筑的入口处也是对汉代墓葬中的汉阙形式进行了现代的演绎，运用现代的建筑语汇传承了其文化形制（图8-6-32）。

2. 符号元素的建筑构件化

传统文化在现代建筑中的构件化表达主要是将传统文化中的一些抽象概念符号化，然后将这些符号与建筑中的某些构件相结合，既可起到现代建筑外部细节装饰的作用，也能与现代构造相结合，从建构中体现传统地域文化特征。

传统文化符号在建筑构件中的体现并不是简单地堆砌与胡乱拼贴，也不应是对传统符号的复制与再现，这样只会使传统文化符号成为纯粹的装饰叠加，在建筑中失去其生命力。我们应当注重传统文化元素符号与现代建筑建构的融合，结合时代背景以及实际的构造功能需要，与建筑形体语言有机结合，避免过多装饰语言的堆砌。

例如陕西省图书馆和美术馆在设计中就努力探索现代建筑的地域性表达，通过一系列传统地域文化符号与建筑细部

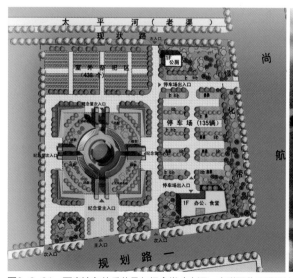

图8-6-31 西安沣东仙乐苑骨灰纪念堂（来源：中联西北工程设计研究院有限公司 提供）

构件的结合运用，使建筑整体既充满现代的生气与活力，又具有中国传统文化的韵味以及陕西的地域气质（图8-6-33）。图书馆的设计，利用高层书库塔楼顶部和四个塔式楼梯间顶部做向上起翘的檐顶，使建筑具有典雅、飘逸的气质，给人一种摆脱重力、奋发向上的力度感。同时，半弧形檐顶面向天空的形象犹如一本打开的书籍，也象征着人们对知识的渴求。中国最早的图书馆为汉代长安的石渠阁和天禄阁，设计中将此传统文化体现在了建筑构件的设计中，建筑入

图8-6-32　沣东仙乐苑骨灰纪念堂对汉代墓阙的现代传承（来源：左：中联西北工程设计研究院有限公司 提供；右：贺飞 绘）

图8-6-33　陕西省图书馆（来源：王翼 摄）

口弧形空廊的柱头以及起翘的屋檐均是汉代石造建筑构件的抽象（图8-6-34）。建筑立面上采用了陕西省图书馆初创时期的藏书楼——"亮宝楼"的建筑符号——拱券形窗（图8-6-35），表达了对历史的回应和地域性的传承。在

美术馆的设计中，圆弧形形体的构成、立面拱券形的开窗以及土黄色花岗石和仿石材面砖的使用，都与相邻的图书馆形成了呼应，两者成为了一个有机的整体（图8-6-36）。美术馆外墙饰面砖的拼贴做法传承了汉代席纹的肌理（图8-6-37），其拱券形的开窗也是对陕西地域建筑——窑洞的立面特征的传承。

这一系列的建筑符号均是在深入挖掘地方传统文化精髓的基础上，将其恰当地融入现代城市建筑中，将传统元素符号与建筑的形式、功能有机地结合起来，使其获得新的生命力，同时也充分地体现了地方建筑的场所感和归属感。在设计中，为了弱化具象元素符号的装饰感，对传统元素符号的内涵进行抽象表达，从而使传统文化元素符号与现代建筑风格更为统一协调。

3. 地域文化的建筑气质化

建筑文化是人类社会历史实践过程中创造出的建筑物质和建筑精神财富的总和。在不同的地域与地域之间，由于社会发展和自然环境的不同，因而出现了地域建筑文化的差异，这

图8-6-34 陕西省图书馆对汉代建筑构件的抽象（来源：王翼 摄）

图8-6-35 陕西省图书馆拱券形窗（来源：王翼 摄）

图8-6-36 陕西省美术博物馆（来源：王翼 摄）

样的差异形成了不同的地域建筑气质。它表现在建筑的方方面面，诸如建筑的形体、空间、构造、色彩、装饰等。

陕西建筑通过千年的积淀，历经十三朝古都的洗礼，不仅表现出了皇家建筑的大气与磅礴，而且还有着陕西这片黄土地的质朴与低调。例如陕西省科技资源中心锐利、厚重、极具雕塑感的外部造型便是通过简洁的建筑体量来体现陕西地域文化中的厚重、大气（图8-6-38）。

延安革命纪念馆通过运用极具陕北地域特色的拱券门、窑洞建筑符号以及在建筑主入口门廊处设置延安工农兵雕塑，使延安的地域文化特征融入建筑气质中（图8-6-39）。

秦二世遗址公园的设计中，设计师将大部分的新建筑置于地下或半地下，从极具雕塑感的建筑造型到整体的环境营造，都强调了萧瑟、凝重的感情因素，让人们从展览中体会到秦王朝的由强到衰、从叱咤风云到崩溃灭亡的历史反思。通过整体的意境营造体现了地域特色的建筑性格（图8-6-40）。

图8-6-37　汉代席纹肌理（来源：中华古玩网）

图8-6-38　陕西省科技资源中心（来源：中联西北工程设计研究院有限公司 提供）

图8-6-39　延安革命纪念馆（来源：中国建筑西北设计研究院有限公司 提供）

图8-6-40　秦二世遗址公园（来源：王翼 摄）

第九章　结语

　　陕西是华夏文明之源，历经了上古时期的文明初创、西周时期的文明奠基、大秦时期的文明集成、汉唐时期的文明辉煌等重要历史阶段，养育了陕西传统建筑文化，也是我国建筑文化最早向周边国家传播的重要原生地。传承陕西传统建筑文化，是弘扬中华文明、增强中华民族自信的重要途径。

　　传统建筑文化的传承，关键在于对传统建筑基因特征的解析、价值的认知和传承方法的探究。在当今世界文化多元融合的大背景下，传统建筑文化传承将面临各种新的挑战。探索既富有地域文化底蕴又适应时代需求的城乡建筑可持续发展之路，是未来本土建筑师和相关从业者的重要使命。

一、陕西传统建筑文化传承面临的挑战

陕西位于中国陆地版图的中心，纵跨黄河、长江两大水系，是中华民族和华夏文明的重要发祥地，独特的自然生态环境与悠久的历史文化沉积造就了陕西丰厚而灿烂的传统建筑文化。在当前实现中华民族伟大复兴的时代背景下，实现传统建筑文化的传承具有多方面的重要意义，同时任重道远。

（一）是民族的也是世界的

在现代快速的城市建设进程中，历史文脉断裂、民俗文化和地域特色丧失、城市建设贪大求洋的现象比比皆是。"十八大"以来，习近平总书记多次强调要弘扬中华传统文化，增强民族文化自信，文化建设已上升到前所未有的战略高度。陕西是中华文明溯源地，是极具代表性的中国传统建筑文化的表征区。在全球化背景下，复兴中华民族传统文化，正是中华文明具有更强大的世界影响力的重要内涵，是陕西传统建筑文化传承必须面对的历史使命和挑战。

（二）是传统的也是现代的

传统建筑是适应传统社会生活的产物，与现代生活的功能需求存在显著差异。然而，具有可持续特征的传承使得传统建筑文化场所同时也是具有现代时尚活力的环境。根植于传统文化的土壤，满足现代功能需求，适应现代技术进步，符合现代审美趋向，将传统文化继承与现代社会发展相融合，为探索具有中国特色的现代建筑之路提供支撑，是陕西传统建筑文化传承的重要任务。

（三）是地域的也是融合的

陕西南北地跨三大地理单元，传统建筑受到地域自然环境、人文环境的影响，呈现出鲜明的地域特征。如何在现代建筑设计中注重适应地域环境、融入地域文化、体现地域风格、培育地域气质，是陕西传统建筑文化传承的关键。营建不同地域的鲜明特色，保持与时代同步，融合多方面的精华

要素，也是陕西传统建筑文化传承应该形成的优势。

（四）是个性的也是统一的

陕西传统建筑类型多样，分布广泛，个性突出。如何保持不同类型传统建筑的个性，提取富有特色的空间、肌理、材质、色彩等要素原型，创新现代设计过程，营建特色鲜明、个性突出，但又与周边环境相融合、与时代发展相统一的现代建筑，是陕西传统建筑传承必须关注的创作路径与方法。

（五）是城市的也是乡村的

陕西传统建筑文化既为中国古代城市营建提供了清晰的发展脉络和形制典范，也为不同地域乡村建筑特色的形成提供了丰富的案例，如关中窄四合院、陕北黄土窑洞、陕南山水乡居等都形成了独特的演化路径。随着城镇化进程的推进，城市空间的内涵发展、乡村空间的整合提升都是城乡建设急迫要解决的问题，也是陕西传统建筑传承需要注重的问题。

二、陕西传统建筑文化传承再思考

陕西传统建筑体现了中国传统文化的核心价值与内涵，在中国古代文明的发展历史中占据了重要的位置。周王朝营城肇始，是中国传统建筑营建理论形成的重要时期；秦砖汉瓦，见证了中国传统建筑材料的重要进步；都城时期，周城、秦宫、汉苑、唐坊肆，在中国古代建筑史上留下了浓墨重彩的一页；后都城时期，明城、清街巷也为中国古代建筑遗产提供了重要的例证。关中半坡四合院、陕北黄土窑洞、陕南山水民居等地域建筑丰富了中华传统建筑的内涵。综合把握传统建筑的本质特征，将天人合一的有机整体观、以德化人的环境文化观和阴阳相生的辩证空间观转化为现代城乡空间意境和场所精神，是陕西传统建筑文化传承之精髓，也是增强中华文明自信的重要内涵。

传统文化是陕西的核心竞争力之一，大量的建筑遗产是陕西最为独特的文化资源优势。传承陕西传统建筑文化，展

现陕西传统建筑的气质与风貌，对于陕西的社会经济发展与文化繁荣，对于推进中华文明的复兴有着重要的意义。

传统，不仅仅是历史之于现在，也是现在之于未来。传统建筑文化的重要价值在于其不仅属于过去，也属于未来。传承传统建筑文化精髓的建筑，应该是具有长久生命力的可持续发展的建筑。传统建筑文化传承，不仅是对富有特征的物质空间形态的创新、延续，更是对饱含生命力的精神内涵的深度认知与弘扬。以传统文化精神为核心，回应时代需求，运用现代语言创造出具有生命力的新建筑，是传统建筑文化传承的目标。为了这一目标，我们惟有不断地探索与创新，努力续写既传承过去又属于未来的建筑文明！

附 录

Appendix

关中地区主要佛寺一览表

附表 1

序号	名称	位置	创建年代	现存建筑及创建年代	备注
1	大慈恩寺	西安	唐太宗贞观二十二年（648 年）	山门、钟鼓楼、大雄宝殿、法堂、大雁塔、玄奘三藏院、藏经楼等；明宪宗成化二年（1466 年）	"慈恩宗"祖庭；全国重点文物保护单位
2	大荐福寺	西安	唐睿宗文明元年（684 年）	山门、慈氏阁、大雄宝殿、小雁塔、鼓楼、白衣阁等；明英宗正统八年至十四年（1443 ~ 1449 年）	全国重点文物保护单位
3	大兴善寺	西安	晋武帝泰始二年（226 年）	天王殿，大雄宝殿，观音殿，东西禅堂，法堂等；1955 年	"密宗"祖庭；陕西省重点文物保护单位
4	广仁寺	西安	清康熙四十四年（1705 年）	观音殿、护法殿、长寿殿、千佛殿、藏经阁等；民国二十年（1931 年）	全国重点文物保护单位；中国惟一的绿度母主道场
5	卧龙寺	西安	汉灵帝时（168 ~ 189 年）	金刚殿、大雄宝殿、禅堂、念佛堂等；清同治七年（1868 年）	陕西省重点文物保护单位，汉族地区佛教全国重点寺院
6	草堂寺	西安	东晋	天王殿、钟楼、鼓楼、碑廊、碑亭、大雄宝殿、大悲殿、地藏殿、三圣殿等；1952 年	"三论宗"祖庭；全国重点文物保护单位，汉族地区佛教全国重点寺院
7	华严寺	西安	唐太宗贞观年间（627 ~ 649 年）	杜顺大师舍利塔、澄观大师舍利塔、少数碑石；2009 年启动重建工程	"华严宗"祖庭；全国重点文物保护单位，全国佛教重点寺院；
8	香积寺	西安	唐高宗永隆二年（681 年）	牌楼、山门殿、天王殿、碑廊、钟楼、鼓楼、大雄宝殿、法堂等；1979 年	"净土宗"祖庭；全国重点文物保护单位，汉族地区佛教全国重点寺院
9	敬业寺	西安	隋文帝开皇元年（581 年）	天王殿、五观堂、华藏世界大殿、塔林等；2000 年	"律宗"祖庭；汉族地区佛教全国重点寺院

续表

序号	名称	位置	创建年代	现存建筑及创建年代	备注
10	罔极寺	西安	唐神龙元年（705年）	大雄宝殿、金刚殿、钟鼓楼等； 清道光三十年（1850年）	西安市重点文物保护单位
11	大佛寺	彬县	唐贞观二年（628年）	大佛窟、护楼、题刻等	全国重点文物保护单位
12	法门寺	宝鸡	东汉末年恒灵年间	真身宝塔、地宫、大雄宝殿等； 1988年	全国重点文物保护单位
13	兴教寺	西安	唐高宗总章二年（669年）	玄奘塔：唐总章二年（669年）；窥基塔：唐永淳元年（682年）；园侧塔：北宋政和五年（1115年）	唐代樊川八大寺院之首，"法相宗"祖庭，唐代著名翻译家、旅行家玄奘法师长眠之地； 全国重点文物保护单位，汉族地区佛教全国重点寺院

关中地区主要道教建筑一览表　　　　　　　　　　　　　　附表 2

序号	位置		名称	创建年代	遗存现状	备注
1	西安	碑林区	八仙宫	明正德中	仅有八仙殿和斗姥殿两殿的山墙保有原面貌，其余为按原貌仿明清建筑修复	省文物保护单位全国重点宫观
2		新城区	东岳庙	北宋正和六年（1116 年）	大殿（明）中殿及后殿（明至清）	省文物保护单位
3		莲湖区	都城隍庙	明洪武二十年（1387 年）；宣德八年（1433 年）迁建今址	大殿［明至清戏楼（清）］	省文物保护单位
4			雷神庙	不详	仅存万阁楼一座（明）	省文物保护单位
5		户县	化羊庙（东岳行祠　化羊宫天齐庙）	元代	存一道山门（东岳山门）、二道山门（菩萨山门），戏楼、东岳献殿、金刚殿等古建筑 5 座及东岳献殿（明）、金刚殿（清）	省重点文物保护单位
6			重阳宫	金大定十年（1170 年）	尚存祖师殿（清）、灵官殿（清）两座古建外，主要以保存元代及明清两代石刻的"祖庵碑林"著称	省重点宫观中国道教十大文化旅游胜地之一
7		周至县	楼观台说经台	先秦	现存建筑都为明清时期所建启玄殿（明至清）灵官殿（清）	省重点文物保护单位全国重点宫观
8	宝鸡	金台区	金台观	元末明初		省重点文物保护单位
9		宝鸡市	钓鱼台	汉代	文王殿为清代遗构	省文物保护单位
10		陇县	景福山道教建筑群	元代	山中现存主要道教建筑及名胜古迹有龙门洞道院、云溪宫、灵官殿、玉皇殿、斗姆殿、丘祖殿、老君殿、祖师殿、子孙宫、三玄洞、三皇洞、丘祖洞、磨性石、混元顶等	省文保护单位
11		岐山县	周公庙	唐武德年间	现为清代道教建筑群	省文物保护单位
12			五丈原诸葛庙	元代	多为明清建筑	省文物保护单位
13		扶风县	城隍庙	明洪武三年（1370 年）	正殿（明）、木牌楼（清）、戏楼（清）、献殿（清）、八卦亭（清）	省文物保护单位
14	咸阳	渭城区	凤凰台	明代	高台式庙宇建筑现存中殿两座、东殿一座（明至清）	省文物保护单位

序号	位置		名称	创建年代	遗存现状	备注
15	咸阳	三原县	三原城隍庙	明洪武八年（1375年）	中轴线依次砖雕影壁、木牌楼、庙门、石牌楼、戏楼、木牌楼、拜殿、大殿、无梁门、明滟亭、寝宫；两侧对称排列盘龙铁蟠杆一对、石狮一对、东西碑廊、东西廊庑、钟楼、鼓楼、东西配殿等，计有房舍115间（明）	省文物保护单位
16		武功县	城隍庙	明代	中轴线上依次为献殿、正殿、寝殿（明至清）	省文物保护单位
17	渭南	韩城市	薛村三圣庙	元至元十年（1273年）	存门楼、戏台（清）献殿、寝殿（元代遗构）	市文物保护单位
18			韩城九郎庙	元至大元年（1308年）	正殿（元代遗构）献殿、过厅、道房（清）	市文物保护单位
19			禹王庙	元惠宗元统三年（1335年）	寝殿（明）禹王殿（元）	市文物保护单位
20			法王庙	北宋	宋王殿、享殿、法王宫（元）	省文物保护单位
21			玉皇后土庙	元代	戏楼、拜殿、寝殿两侧对称分布廊庑、道房（元）	省文物保护单位
22			关帝庙（孝义庙）	元大德七年（1303年）	献殿（清）、寝殿（元代遗构）	省文物保护单位
23			韩城大禹庙	元大德五年（1301年）	存献殿、寝殿（元）	全国重点文物保护单位
24			紫云观（薛曲庵）	元代	三清殿（元代遗构）、三圣殿、四圣殿、游龙殿、东西厢房（清）	省文物保护单位
25			张带关帝庙	明洪武九年（1736年）	山门、献殿、寝殿（明至清）	市文物保护单位
26			南周关帝庙	明宣德六年（1431年）	门楼、献殿、正殿、东厢（明至清）	市文物保护单位
27			玉峰玉皇庙	明天顺三年（1459年）	戏楼、献殿、寝殿	市文物保护单位
28			马陵庄九郎庙	明成化年间	庙一座（明至清）	市文物保护单位
29			韩城城隍庙	明隆庆五年（1571年）	琉璃六龙壁屏门、山门、扶化坊、威明门、广荐殿、德馨殿、灵佑殿、含光殿；两侧有对峙木牌坊、戏楼（东楼已毁）东西两庑（明）	省文物保护单位
30			南潘庄三义庙	不详	正殿（明）	市文物保护单位
31			东营庙	明万历三十八年（1610年）	山门、正殿、寝殿、东西两厢、道房、享殿（清）、献殿（明代遗构）	市文物保护单位

序号	位置		名称	创建年代	遗存现状	备注
32			寺村关帝庙	明万历年间	正殿、戏台	市文物保护单位
33			北营庙	元代	过庭、献殿、正殿（明至清）	市文物保护单位
34			史带禹王庙	明代	献殿（明至清）	市文物保护单位
35			干谷玉皇庙	元代	后殿（明至清）	市文物保护单位
36			涧南三义庙	不详	庙1座（明至清）	市文物保护单位
37			涧南三圣庙	不详	正殿（明至清）	市文物保护单位
38			阳山庄三官庙	明代	庙一座（明至清）	市文物保护单位
39			柳枝关帝庙	不详	献殿、寝殿、东西厢房（明至清）	市文物保护单位
40			白矾关帝（老爷庙）	清顺治年间	庙一座（清）	市文物保护单位
41			郭庄府君庙	元至正元年（1341年）	存前、后两殿（清）	市文物保护单位
42			祖师行宫	清乾隆元年（1736年）	存献殿、寝殿（清）	市文物保护单位
43			王家村九郎庙	明代	存献殿（清）	市文物保护单位
44			文昌寺（关帝庙）	不详	山门、献殿、正殿、文昌阁（清）	市文物保护单位
45			郭庄寨三圣庙	不详	存献殿、寝殿（清）	市文物保护单位
46	渭南	韩城市	白家庄关帝庙	不详	庙一座（清）	市文物保护单位
47			三官神阁	清乾隆五十六年（1791年）	阁一座（清）	市文物保护单位
48			西赵庄关帝庙	清中叶	存正殿（清）	市文物保护单位
49			圣贤庙	清嘉庆年间	存献殿东厢（清）	市文物保护单位
50			楼子村土地庙	不详	庙一座（清）	市文物保护单位
51			白矾马王庙	清道观三年（1823年）	存前殿后殿（清）	市文物保护单位
52			雷家岭土地庙	清朝	庙一座（清）	市文物保护单位
53			段堡法王庙	不详	庙一座（清）	市文物保护单位
54			法王宫	不详	享殿、法王宫、文星楼（清）	市文物保护单位
55			雷寺庄土地庙	不详	庙一座（清）	市文物保护单位
56			财神庙	清光绪三十四年（1908）	存前殿、后殿（清）	市文物保护单位
57			杨村玉皇庙	不详	存前殿、后殿（清）	市文物保护单位
58			西贾关帝（老爷庙）	清朝	庙一座（清）	市文物保护单位
59			沟北马王庙	清朝	庙一座（清）	市文物保护单位
60			雷许庄药王庙	清朝	庙一座（清）	市文物保护单位

续表

序号	位置		名称	创建年代	遗存现状	备注
61	渭南	韩城市	忠义庙	不详	存山门、寝殿（清）	市文物保护单位
62			祖师庙	清朝	庙一座（清）	市文物保护单位
63			高家台关帝庙	清朝	庙一座（清）	市文物保护单位
64			丁公庙	不详	前殿、后殿、神龛（清）	市文物保护单位
65			东赵药王庙	清朝	戏台、献殿、药王殿（清）	市文物保护单位
66			强家巷关帝庙	明朝	山门、过庭、寝殿（清）	市文物保护单位
67			三官庙	清朝	庙一座（清）	市文物保护单位
68			范村关帝庙	清朝	庙一座（清）	市文物保护单位
69		大荔县	崇祐观（东岳行祠或岱岳行宫）	唐贞观元年（627年）	岱岳祠楼（宋）	省文物保护单位
70		白水县	仓颉庙	无考	元明清建筑后殿（元至明）、中殿（清）、前殿（明至清）	省文物保护单位
71		合阳县	玄帝庙青石殿	明万历四年（1576年）	主体建筑全部用青石构筑（明）	省文物保护单位
72		华阴市	西岳庙	春秋战国	现存建筑多为明清建筑	全国重点文物保护单位
73			东岳庙	明代	仅存大殿（清）	市文物保护单位
74			太白庙	明代	存大殿东西戏楼（清）	市文物保护单位
75	铜川	耀州区	药王山道教建筑群	元明清	南北两大建筑群	全国重点文物保护单位

关中现存文庙一览表

附表 3

序号	名称	位置	创建年代	遗存建筑	遗存建筑建造年代	备注
1	蒲城文庙	陕西蒲城	唐贞观四年	照壁 棂星门、戟门、明伦堂、崇圣祠	明万历四十四年 明正德七年	陕西省重点文物保护单位
2	合阳文庙	陕西合阳	宋元祐八年	大成殿 尊经阁 明伦堂、两庑、两厢	明洪武二年 万历三十八年 不详	陕西省重点文物保护单位
3	西安文庙	陕西西安	宋代	棂星门、仪门、泮池 太和元气坊	明成化十一年 明万历二十年	全国重点文物保护单位
4	铜川文庙	陕西铜川	宋代	大成殿	不详	陕西省重点文物保护单位
5	耀州区文庙	陕西耀州区	北宋嘉祐三年	大成殿 棂星门、戟门 东西庑	洪武五年 洪武九年 不详	全国重点文物保护单位
6	韩城文庙	陕西韩城	明洪武四年	影壁、棂星门、泮池、戟门、大成殿、明伦堂、尊经阁	集宋、元、明、清于一体	全国重点文物保护单位
7	咸阳文庙	陕西咸阳	明洪武四年	牌楼、一殿（原戟门处）、东西两庑、大成殿（二殿）、三殿（原明伦堂处）、小牌楼、偏院正殿	明代	陕西省重点文物保护单位
8	兴平文庙	陕西兴平	明洪武五年	大成殿	不详	陕西省重点文物保护单位
9	户县文庙	陕西户县	明洪武五初年	戟门、大成殿、明伦堂、崇圣祠、藏经阁	清康熙十七年	陕西省重点文物保护单位
10	礼泉文庙	陕西礼泉	明洪武二年	大成殿、戟门、崇圣祠、东西两庑	清代的康熙、雍正、嘉庆、咸丰年间均进行过修葺或扩建	陕西省重点文物保护单位
11	渭南文庙	陕西渭南	元代	大成殿	明洪武时重修	陕西省重点文物保护单位
12	蓝田文庙	陕西蓝田				
13	泾阳文庙	陕西泾阳	清同治四年	大成殿、戟门、东西庑	清光绪十一年	陕西省重点文物保护单位
14	华县文庙	陕西华县	清嘉庆三十八年	大成殿、东西庑	不详	陕西省重点文物保护单位
15	汉中府文庙	陕西汉中	明洪武五年	木牌坊、石狮、泮池和大殿前的龙雕御道	不详	汉中市重点文物保护单位
16	凤县文庙	陕西凤县	明洪武三年	大成殿五间	同治十二年	
17	旬邑文庙	陕西旬邑	明万历十一年	大成殿	不详	旬邑县重点文物保护单位

参考文献

Reference

[1] 吴良镛. 中国人居史[M]. 北京：中国建筑工业出版社，2014.

[2] 潘谷西. 中国建筑史（第五版）[M]. 北京：中国建筑工业出版社，2004.

[3] 赵立瀛. 陕西古建筑[M]. 西安：陕西人民出版社出版，1992.

[4] 贺业钜. 中国古代城市规划史[M]. 北京：中国建筑工业出版社，1996.

[5] 王贵祥. 中国古代人居理念与建筑原则[M]. 北京：中国建工出版社，2015：109.

[6] 李允鉌. 华夏意匠[M]. 天津大学出版社，2005.

[7] 王其亨. 风水理论研究[M]. 天津：天津大学出版社，2004.

[8] 梁思成. 中国的佛教建筑[J]. 清华大学学报，1961：4.

[9] 杨鸿勋. 大明宫[M]. 北京：科学出版社，2013.

[10] 杨鸿勋. 宫殿考古通论[M]. 北京：紫禁城出版社出版，2009.

[11] 张锦秋. 西安化觉巷清真寺的建筑艺术[J]. 建筑学报，1981：10.

[12] 佟裕哲，刘晖. 中国地景文化史纲图说[M]. 北京：中国建筑工业出版社，2013.

[13] 王军. 陕西古建筑[M]. 北京：中国建筑工业出版社出版，2015.

[14] 王军. 西北民居[M]. 北京：中国建筑工业出版社，2009.

[15] 佟裕哲. 陕西古代景园建筑[M]. 西安：陕西科学技术出版社，1998.

[16] 佟裕哲. 中国传统景园建筑设计理论[M]. 西安：陕西科学技术出版社，1994.

[17] 佟裕哲，刘晖. 中国地景文化史纲图说[M]. 北京：中国建筑工业出版社，2013.

[18] 朱士光，吴宏岐. 古都西安：西安的历史的变迁与发展[M]. 西安：西安出版社，2003.

[19] 周庆华. 黄土高原·河谷中的聚落——陕北地区人居环境空间形态模式研究[M]. 北京：中国建筑工业出版社，2009.

[20] 史念海. 西安历史地图集[M]. 西安：西安地图出版社，1996.

[21] 史红帅. 明清时期西安城市地理研究[M]. 北京：中国社会科学出版社，2008.

[22] 张沛，胡永红等著. 关中"一线两带"城镇群发展规划研究[M]. 西安：西安地图出版社，2015.

[23] 陈世珍. 宫殿的欲念[M]. 北京：中国发展出版社，2009.

[24] 贺从容. 古都西安[M]. 北京：清华大学出版社，2011.

[25] 刘毅. 中国古代陵墓[M]. 天津：南开大学出版社，2010.

[26] 刘庆柱，李毓芳. 陵寝史话[M]. 北京：社会科学文献出版社，2011.

[27] 周若祁 等. 黄帝陵区可持续发展规划研究[M]. 北京：华文出版社，2002.

[28] 刘临安. 中国古建筑文化之旅[M]. 北京：知识产权出版社出版，2004.

[29] 中国建筑工业出版社编. 道教建筑[M]. 北京：中国建筑工业出版社，2009.

[30] 王炳照. 中国古代书院[M]. 北京：商务印书馆，1998.

[31] 朱汉民. 中国书院文化简史[M]. 北京：中华书局，上海：上

海古籍出版社，2010.

[32] 陈谷嘉，邓洪波. 中国书院制度研究[M]. 杭州：浙江教育出版社，1996.

[33] 丁钢. 书院与中国文化[M]. 上海：上海教育出版社，1992.

[34] 刘致平. 中国伊斯兰建筑[M]. 乌鲁木齐：新疆人民出版社，1985.

[35] 马希明. 西安清真大寺[M]. 西安：陕西人民美术出版社，1988.

[36] 田季生，刘志选. 三秦文化[M]. 北京：中央广播电视大学出版社，2012.

[37] 段进. 城市空间发展论[M]. 南京：江苏科学技术出版社，2006.

[38] 周春山. 城市空间结构与形态[M]. 北京：科技出版社，2007.

[39] 李立. 乡村聚落：形态、类型与演变[M]. 南京：东南大学出版社，2007.

[40] 中国建筑工业出版社. 中国美术全集. 陵墓建筑[M]. 北京：中国建筑工业出版社，2004.

[41] 李晓峰，谭刚毅. 两湖民居[M]. 北京：中国建筑工业出版社，2010.

[42] 李先逵. 四川民居[M]. 北京：中国建筑工业出版社，2009.

[43] 诗经·秦风·蒹葭[M]. 北京：中华书局，2015.

[44] 司马迁. 史记·秦始皇本纪[M]. 四川：天地出版社，2017.

[45] （北宋）郭熙. 林泉高致[M]. 北京：中华书局，2010.

[46] （清）包世臣. 艺舟双楫[M]. 北京图书馆出版社，2004.

[47] （汉）班固. 汉书·贾山传[M]. 北京：中华书局，2007.

[48] （宋）宋敏求. 长安志·卷十二·县二，长安·引·三秦记[M]. 西安：三秦出版社，2013.

[49] （晋）独语，注. [唐]孔颖达，疏. 春秋左传正义. 卷49. 文公传七年.

[50] （唐）张彦远. 历代名画记（卷十）.

[51] 饶尚宽. 论道[M]. 北京：中华书局，2006：09.

[52] 刘大钧，林忠军. 译注：周易经传白话解. 系辞上[M]. 上海古籍出版社，2006-12.

[53] 张锦秋. 江山胜迹在 溯源意自长——青龙寺仿唐建筑设计札记[J]. 建筑学报，1983（05）：61-66+84.

[54] 王树声. 隋唐长安城规划手法探析[J]. 城市规划，2009，33（6）.

[55] 缪朴. 传统的本质（下）[J]. 建筑师，（37）：63.

[56] 罗哲文，骆中钊. 风水学我国古代建筑的规划营造[J]. 古建园林技术，2008（2）.

[57] 程建军. 中国古代帝陵选址的风水艺术[J]. 资源与人居环境，2005（8）.

[58] 宋林涛. 天人长安·创意自然——2011西安世界园艺博览会设计选介[J]. 美与时代（上），2011，（3）：5-8.

[59] 胡武功. 关中帝陵[J]. 中国西部，2002，（1）.

[60] 徐卫民. 秦帝王陵墓制度研究[J]. 唐都学刊，2010，26（1）.

[61] 陶复. 秦咸阳宫第一号遗址复原问题的初步探讨[J]. 北京：文物杂志社，1976.

[62] 张卫. 谈谈中国传统的书院建筑[J]. 建筑师，1993：51.

[63] 胡佳. 浅议我国古代书院的营造艺术[J]. 规划师，2007：8.

[64] 王媛. 汉唐佛教建筑发展概况[J]. 华中建筑，2002：3.

[65] 李晓波. 从天文到人文——汉唐长安城规划思想的演变[J]. 城市规划2000，9（24）.

[66] 强菲，赵法锁. 段钊. 陕南秦巴山区地质灾害发育及空间分布规律[J]. 灾害学，2015，30（2）：193-198.

[67] 李小燕，任志远，张翀. 陕南气温变化的时空分布[J]. 资源科学. 2012，34（5）：927-932.

[68] 张根年. 人地关系的时空演化与对应分析[J]. 中学地理教学参考. 1998，（1-2）：6-9.

[69] 尹行创. 明清湖广移民对陕南地域文化的影响初探[J]. 2012，（6）：78.

[70] 王慧芳，周恺. 2003-2013年中国城市形态研究评述[J]. 地理科学展，2014，5：689-701.

[71] 尹怀庭，陈宗兴. 陕西乡村聚落分布特征及其演变[J]. 人文地理，1995，4：17-24.

[72] 李辉，王黎囡，张磊. 文物建筑周边环境保护的重要性——

旬阳蜀河古镇保护规划的思考[J]. 建筑与文化，2012，7：90-91.

[73] 钟运峰. 蜀河聚落形态及传统建筑研究[J]. 四川建筑科学研究，2014，02：267-272.

[74] 周艳华. 南京城市二元论——南京古今山水格局的传承与延续[J]. 城建档案，2008，1：37-40.

[75] 陈鑫，张斌. 浅谈山水格局下的城市空间形态发展的拓扑分析——以利川市为例[J]. 华中建筑，2010，9：94-96.

[76] 栾峰，王忆云. 城市空间形态成因机制解释的概念框架建构[J]. 城市规划，2008，05：31-37.

[77] 梁中效. 历史时期秦巴山区自然环境的变迁[J]. 中国历史地理论丛，2002，3：40-48.

[78] 袁莉莉，孔翔. 中心地理论与聚落体系规划——以苏州工业园区中心村建设规划为例[J]. 世界地理研究，1998，2：67-71.

[79] 单纬东，陈彦光. 信阳地区城乡聚落体系的分形几何特征[J]. 地域研究与开发，1998，3：49-52，65.

[80] 张京祥，张小林，张伟. 试论乡村聚落体系的规划组织[J]. 人文地理，2002，01：85-88，96.

[81] 闫杰. 安康民居建筑文化及形态特征分析[J]. 四川建筑科学研究. 2012，（2）：255-258.

[82] 闫杰. 陕南乡土建筑的类型研究[J]. 华中建筑. 2012（6）：144-146.

[83] 李根. 秦巴山地传统聚落空间特点及人居环境研究[J]. 四川建筑科学研究，2014（3）：230-233.

[84] 李琰君，马科，杨豪中. 刍议陕南传统民居建筑形态及对应保护措施[J]. 西安建筑科技大学学报（社会科学版），2012（4）：35-40.

[85] 陈磊，岳邦瑞. 我国三大园艺博览会规划建设与景观特色比较[J]. 建筑与文化，2012（7）：16-17.

[86] 王娟. 西安世园会会址可持续发展思考[J]. 物流科技，2012（8）：37-39.

[87] 李世武. 从鲁班和姜太公神格的形成看传说和仪式的关系[J]. 民族文学研究，2011，2.

[88] 张颖，王璐艳，刘晖. 古典园林文化审美在其景观规划设计中的运用研究——以西安市华清池风景区为例[J]. 安徽农业科学，2012（29）：14364-14365，14480.

[89] 菅文娜，岳邦瑞，宋功明. 兴庆宫在城市空间中的角色演绎——从宫殿到遗址再到文化休憩公园[J]. 风景园林，2012（02）：33-37.

[90] 张晓燕等. 浅析廊在传统园林中的作用[J]. 北京林业大学学报（社会科学版），2008（06）.

[91] 任云英. 近代西安城市空间结构演变研究（1840-1949）[D]. 陕西师范大学，2005.

[92] 邢兰芹. 基于可持续发展的西安城市空间结构研究[D]. 西北大学，2012.

[93] 单连建. 城市交通与城市内部空间结构互动关系研究[D]. 西北大学，2011.

[94] 赵哲. 西安工业发展与城市空间结构之关系研究[D]. 西北大学，2005.

[95] 卢亚东. 秦宫殿建筑形制与技术特点研究[D]. 北京：北京建筑大学，2014.

[96] 陈扬. 唐太极宫与大明宫布局研究[D]. 陕西：陕西师范大学，2010.

[97] 郭敏. 关中地区道教建筑艺术形态研究[D]. 西安：西安理工大学，2012.

[98] 刘二燕. 陕西明、清文庙建筑研究[D]. 西安：西安建筑科技大学建筑学院，2009.

[99] 张建忠. 中国帝陵文化价值挖掘及旅游利用模式[D]. 陕西师范大学，2013.

[100] 段清波. 秦始皇帝陵园相关问题研究[D]. 西北大学，2007.

[101] 曾晓丽. 关中皇家陵寝园林研究[D]. 西北农林科技大学，2005.

[102] 邵崇山. 风水对古代帝陵选址的影响[D]. 陕西师范大学，2013.

[103] 田苗. 宝鸡金台观建筑研究[D]. 西安：西安建筑科技大学建筑学院，2004.

[104] 张蕾. 楼观台道教建筑研究[D]. 西安：西安建筑科技大学建

筑学院，2005.
[105] 陶卫宁. 历史时期陕南汉江走廊人地关系地域系统研究[D]. 陕西：陕西师范大学. 2000.
[106] 高蓓. 基于GIS的陕西省气候要素时空分布特征研究[D]. 陕西：陕西师范大学，2014.
[107] 闫杰. 多元文化下的陕南民居一以陕南古镇青木川为例[D]. 陕西：西安建筑科技大学，2007.
[108] 吕凯. 关中书院建筑文化与空间形态研究[D]. 西安建筑科技大学，2009.
[109] 许娟. 秦巴山区乡村聚落规划与建设策略研究[D]. 西安：西安建筑科技大学，2011.
[110] 刘伟. 城固县上元观古镇聚落形态演变初探[D]. 西安：西安建筑科技大学，2006.
[111] 张博. 平地型传统聚落环境空间形态的气候适应性特点初探[D]. 西安：西安建筑科技大学，2014.
[112] 张向武. 集聚与重构——陕南乡村聚落结构形态转型研究[D]. 西安：长安大学，2012.
[113] 饶三春. 陕南汉中小城镇公共空间发展模式研究[D]. 西安：西安建筑科技大学，2008.
[114] 贾鹏. 陕南山地聚落环境空间形态的气候适应性特点初探[D]. 西安：西安建筑科技大学，2015.
[115] 刘俊宏. 陕南传统城镇形态保护与发展的研究——以漫川关镇老街为例[D]. 西安：西安建筑科技大学，2013.
[116] 苌笑. 漫川关古镇空间形态演化及其规律研究[D]. 西安：西安建筑科技大学，2015.
[117] 柴森. 陕西省山阳县漫川关老街空间形态研究初探[D]. 西安：西安建筑科技大学，2015.
[118] 田兵权. 陕南地区近代社会发展研究[D]. 杨凌：西北农林科技大学，2012.
[119] 温湲. 关中渭北地区传统村落的空间形态特色及其延续——以三原县柏社村为例[D]. 西安：西安建筑科技大学，2010，5.
[120] 周涛. 多元目标影响下陕南乡村聚落形态变迁研究[D]. 西安：长安大学，2014.
[121] 朱卓峰. 城市景观中的山水格局及其延续与发展初探—以南京为例[D]. 南京：东南大学，2005.
[122] 范志永. 再现失落的形胜：陕北历史城镇山水空间形态案例研究[D]. 西安：西安建筑科技大学，2008.
[123] 冯书纯. 关中地区传统村落空间形态特征研究[D]. 西安：长安大学，2015.
[124] 翟静. 沟谷型传统聚落环境空间形态的气候适应性特点初探[D]. 西安建筑科技大学，2014.
[125] 梁健. 坡地型传统聚落环境空间形态的气候适应性特点初探[D]. 西安建筑科技大学，2014.
[126] 吴瑶. 基于空间信息技术的聚落体系研究[D]. 四川师范大学，2013.
[127] 刘立欣. 广州新城市中心区空间形态整体控制研究[D]. 华南理工大学，2014.
[128] 李建华. 西南聚落形态的文化学诠释[D]. 重庆大学建筑，2010.
[129] 刘华彬. 西湖风景建筑与山水格局研究[D]. 浙江农林大学，2010.
[130] 陈朝云. 商代聚落体系及其社会功能研究[D]. 郑州大学，2003.
[131] 李熙. 安康传统民居形制及建筑细部意匠探究[D]. 西安美术学院，2012.
[132] 王振宏. 柞水县凤凰镇传统民居及民间艺术的保护研究[D]. 西安建筑科技大学，2007
[133] 李婧. 生态文化视野下的安康地区传统民居及其环境保护与再利用研究[D]. 西安建筑科技大学，2014.
[134] 李锋涛. 地景空间格局研究及其保护性展示[D]. 西安建筑科技大学，2013.
[135] 郭静. 基于地景文化的华清宫景区风景资源评价与游赏规划研究[D]. 西安建筑科技大学，2013.
[136] 胡仁锋. 传统石景的现代演绎研究[D]. 西安建筑科技大学，2010.
[137] 杨波. 唐代园林石景艺术及其现代意义[D]. 西安建筑科技大学，2008.

[138] 李风歧. 基于遗址保护和古迹再现的现代建筑地域性表达[D]. 西安建筑科技大学，2015.

[139] 吕丹丹. 西安市兴庆宫公园景观提升改造研究[D]. 西安建筑科技大学，2016（6）.

[140] 蒋匡文. 中国古代建筑及城市规划所用之建筑"建除"法模数初步探讨，2009年全国博士生学术论坛.

[141] 三大服务区四大主体建筑五大主题园艺景点——2011西安世园会设计集锦[N]. 建筑时报，2010（6）.

[142] 中国科学院地理研究所. 汉江流域地理调查报告[R]. 北京：科学出版社，1957.

[143] 陕西省地方志编纂委员会. 陕西省志·地理志[M]. 西安：陕西人民出版社，2000.

[144] 陕西省地方志编纂委员会. 陕西省志·行政建置志[M]. 西安：三秦出版社，1992.

[145] 陕西省地方志编纂委员会. 陕西省志·气象志[M]. 北京：气象出版社，2001.

[146] 陕西省地方志编纂委员会. 陕西省志·旅游志[M]. 西安：陕西旅游出版社，2008：11.

[147] 陕西省文物局. 陕西文物古迹大观·三陕西省省级文物保护单位巡礼[M]. 西安：三秦出版社，2003：10.

[148] 刘於义. 陕西通志[M]. 1729.

[149] 西安市地志编纂委员会. 西安市志（第二卷）[M]. 西安：西安出版社，2000.

[150] 孙亚伟. 西安市志（第四册）[M]. 西安出版社，1996.

[151] 户县志编撰委员会. 户县志[M]. 西安：西安地图出版社，陕西省第四测绘大队印刷厂，1987.

[152] 蒲城县志编撰委员会. 蒲城县志[M]. 西安：中国人事出版社，1995.

[153] 安康市地方志编纂委员会. 安康县志[M]. 1989.

[154] 张鹏翼. 洋县志[M]. 1898.

[155] 张良知. 汉中府志[M]. 1689.

[156] 南郑县志编纂委员会南郑县志[M]. 1794.

[157] 黄陵县地方志编纂委员会. 黄陵县志[M]. 西安：西安地图出版社，1995.

[158] 西安建筑科技大学黄帝陵基金会. 祖陵圣地黄帝陵 历史·现在·未来[M]. 北京：中国计划出版社，2000.

[159] 国家文物局. 中国文物地图集陕西分册（下）[M]. 西安：西安地图出版社，1998.

[160] 陕西省地图册[M]. 西安：西安地图出版社，2011.

[161] http：//emap. shasm. gov. cn/main. html

[162] 西安建大城市规划设计研究院. 安康市城市总体规划（2010-2020）.

[163] 上海同济城市规划设计研究院. 商洛市城市总体规划（2009-2020）.

[164] 上海同济城市规划设计研究院，汉中市城乡规划市政工程设计院. 汉中市城市总体规划（2008-2020）.

[165] 深圳市市政设计研究院有限公司. 城固县城市总体规划（2012-2030）.

[166] 西南交通大学建筑勘察设计研究院. 汉阴县城市总体规划（2012-2030）.

[167] 陕西省城乡规划设计研究院. 青木川镇旅游文化名镇建设规划（2012-2020）.

[168] http：//www. xunyang. com. cn/govzjxy/

[169] http：//www. nq. gov. cn/info/iIndex.jsp?cat_id=10008

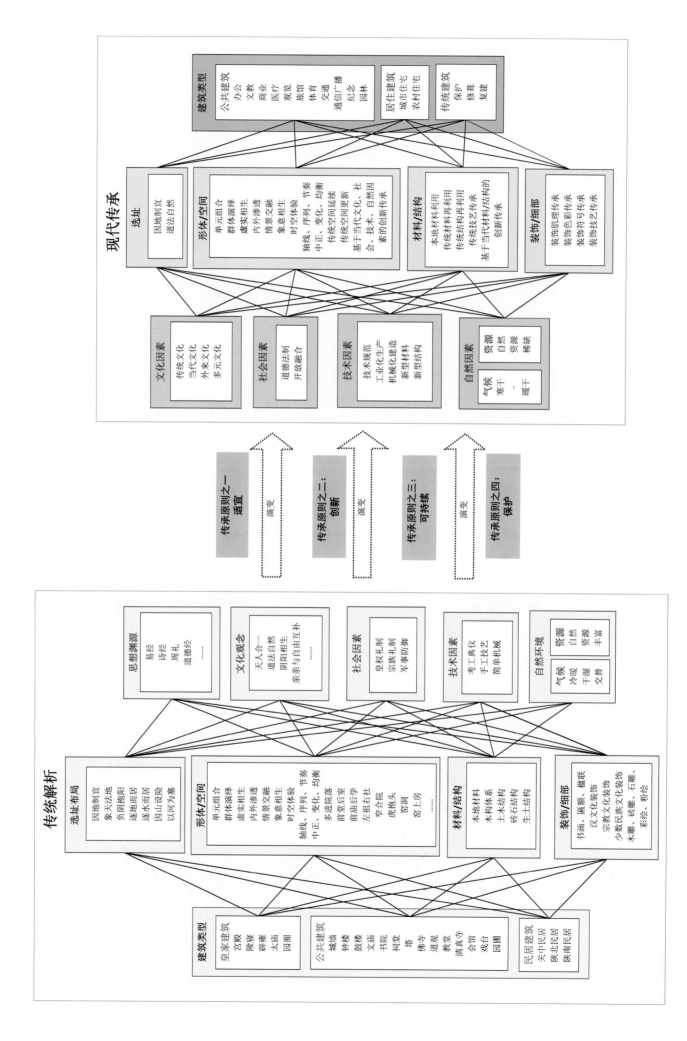

陕西省传统建筑解析与传承分析表

后 记

Postscript

　　抚案结语，《中国传统建筑解析与传承　陕西卷》的编写工作终于顺利付梓，实为不易。回首书稿编写过程，心境可谓一波三折。项目组所有成员无偿地全心投入，直抒胸臆，每人都获益匪浅、感受良多。

　　参与本书编写的多数成员对陕西地域建筑文化似乎都较为熟识，许多研究与教学工作都与此相关。然而，随着本书研究的开始和讨论的推进，大家发现，要梳理清楚陕西传统建筑"是什么"，解释清楚"为什么"，传承应该"怎么做"则绝非易事，是一项十分艰巨的工作。

　　从中国住房和城乡建设部村镇建设司启动全国第二批省份编写工作开始，到现在约一年半的时间，其中大小会议40余次，从大纲的几易其稿和逐渐深化，到各小组的全面调研与撰写，从不断的逻辑推演和文稿调整，到反复修改，最终成稿，这其中不乏思想的碰撞、认识的升华、汗水的付出。尽管依然存在许多问题，但大家对陕西省传统建筑文化研究中的诸多空白和不足形成了清晰的认识，为今后的陕西地域性建筑文化研究找到了诸多契机。多达百余人次的讨论甚至争论，将参与其中的众多高校和设计单位的学术热情充分调动了起来，并促使更多的人开始有意识地在设计中关注和传承中国传统建筑文化，也实现了住房和城乡建设部组织编撰本套丛书的初衷。

　　许多专家、领导对本书的研究与写作工作给予了诸多帮助和大力支持，在此表示由衷的感谢！首先要感谢张锦秋院士对本书总体思路的战略性把握以及许多具体的指导意见；感谢赵晖总经济师、陈同滨教授、崔愷院士、韩一兵副厅长对书稿的审定；感谢朱士光教授、李骊明教授、赵立瀛教授、吕仁义教授、王祯副秘书长等多位专家对研究思路的拓展和多方面的重要意见；感谢刘永德教授、王军教授等专家在书稿编纂过程中多次参与研讨，这些对书稿的编写起到了重要的作用。感谢中国住房和城乡建设部村镇建设司、陕西省住房城乡建设厅和各个地区有关职能部门的相关领导和同志的有效组织与支持，为编写组的实地调研和资料的收集汇总工作提供了巨大的帮助。感谢相关设计师提供的关于城镇、传统聚落、群体及单体现代建筑设计案例的详尽资料，保证了案例解析工作的顺利展开。最后，要感谢众多单位编写组成员的辛勤工作，包括西安建大城市规划设计研究院、西安建筑科技大学建筑学院、长安大学建筑学院、西安交通大学人居环境与建筑工程学院、西北工业大学力学与土木建筑学院、中国建筑西北设计研究院有限公司、中联西北工程设计研究院有限公司、陕西建工集团有限公司建筑设计院等8家单位56位成员，感谢大家的付出与坚持。

整本书的编著由西安建筑科技大学城市规划设计研究院周庆华总负责，西安建筑科技大学建筑学院李立敏负责协调和组织。周庆华负责调整、确定书稿结构，对第五章等重要章节提出初步成果并组织核心组成员进行研讨，组织大组成员对各章节进行例行讨论汇总，对全稿进行多次梳理统稿。李立敏负责对接住建部工作组相关工作，协调各单位编写进度，组织核心组和大组的重要讨论，参加编写，并进行了多轮次的排版、统稿工作。陕西建工集团有限公司建筑设计院总建筑师孙西京参与统稿，西安建筑科技大学建筑学院教授刘永德、李志民和中国建筑西北设计研究院总建筑师赵元超书参与审稿，李志民对全稿图片进行指导、审定。周庆华、李立敏、李志民、赵元超、孙西京、王军（博）、刘煜、吴国源等核心组成员对重要章节一同进行研讨。各章节具体编写情况：中国建筑西北设计研究院总建筑师赵元超书写前言；西建大的祁嘉华、吴国源、刘煜、王蓉执笔第一章和第二章第一节；第二章第二节由西建大的任云英、李立敏、李涛和王怡琼执笔；第二章第三节由西工大的陈新、李静、刘京华、毕景龙、黄姗、周岚和西建大刘辉、白宁、张颖、张涛、李晨执笔；第三章由西安交大的陈洋、雷耀丽、刘怡、张定青、张钰瑢和党纤纤执笔；第四章由长安大学的武联、鱼晓惠、林高瑞、朱瑜葱、李凌和陈斯亮执笔；第五章第一节由西建大的吴国源执笔，第二节由李立敏执笔，第三节和第四节由王军（博）、时阳执笔；第六章由西工大的刘煜执笔；第七章第一、二节由王军（博）、黄磊和时阳执笔，第三节由周庆华、刘辉、吕成、尤涛、李立敏、吴左宾、张颖、李晨和庞佳完成；第八章第一节由西建大规划院的雷会霞、李晨、白钰、王建成、杨彦龙执笔，第二节由西建大的石媛执笔，第三节和第四节由西北院的吕成、王美子、范小烨、曹惠源、张丽娜和陆龙执笔，第五节由西建大的李立敏、师晓静和庞佳执笔，第六节由中联西北院的倪欣、石燕、魏锋、张斌执笔；第九章由西建大规划院雷会霞、周庆华执笔，传承表由刘煜绘制。各学校的部分研究生、本科生参与了调研与资料整理工作。

本书的完成并不意味着陕西传统建筑解析与传承的研究工作的结束，而是拉开了新一轮研究工作的序幕，相信越来越多的专家学者和设计师会参与到这一有意义的工作之中。本书对陕西地区传统建筑文化特征的解析和总结限于现存资料及研究状态，尚存许多不足。传统建筑传承策略、原则和方法仅代表现阶段建筑实践与理论思考成果，尚待今后的进一步探索与沿承。陕西在中国古代建筑历史上曾写下恢宏的一笔，为后世树立了诸多典范。在国家大力推进"一带一路"和西部大开发战略的今天，如何传承和发展传统建筑文化，增强中华文明的自信，我们还任重道远！

欢迎各方面的专家、学者和同行对本书提出批评指正！